半導体工学
第2版

基礎からデバイスまで

東京電機大学 編

東京電機大学出版局

まえがき

　現今の華やかな科学技術革新の一翼を担っている半導体工学は，その取り扱う分野においても極めて広い範囲に及んでいる。そのため，これを学ぶ者に対しては，深い基礎学力と多岐にわたる専門的な知識をもつことが要求される。このことは，初学者にとり極めて困難なことである。

　大学の半導体工学，およびこれに関連する授業担当者は，日頃の授業を通してこれを痛切に感じ，初学者のための適当な教科書または参考書の出版されることを切望していた。

　幸いにも，この度，本学出版局において，上記の目的に合う教科書出版の企画がなされることになり，早速，上述の授業担当者等は，執筆委員会を作り，その取り上げるべき内容の主項目と解説の基礎水準に関し慎重な審議を行った。

　本書は，学部学生が，週1回90分の講義時間で30週の期間にこれを学習できるように計画された。この限られた制約を満たすためには，あまり枝葉末節にとらわれ，その根幹を見失うことのないよう執筆内容が整理され，その解説に対する記述はなるべく平易に，また参照図は，見やすさを考慮して比較的大きく，2色刷にした。

　委員会では，さらに執筆分担者を前記のように定めると共に，監修者を決めて執筆分担者相互間における，講述内容の良好な脈絡と，解説水準の統一を計った。

　読者は，このようにして著作された本書により，半導体工学の概要を理解し，さらに高度の専門書へ進む足掛りが得られるならば，著者等にとって無上の喜びとするところである。

　なお，本書の出版に当たり，東京電機大学出版局，および特に編集担当の岩

下行徳氏のご尽力に対し，深い感謝の意を表し筆を置く．

1986年11月

深 海　登世司

第2版にあたって

　本書を刊行してから17年の歳月が流れた．この間，半導体関連技術の発展には目覚ましいものがあり，理工系大学のカリキュラムで対応すべき範囲も拡大してきた．本書においては重版の度に見直しと若干の手直しを行ってきたが，今回，近年の技術の発展に対応した内容とするために大幅な修正と加筆を行い，第2版とすることとした．

　第2版にあたっては，初版を監修された深海登世司先生の方針に従いながら，主に下記の点について修正加筆を行った．

① 素子や応用技術に関して発展の著しい太陽電池について，第6章に大きく加筆した．
② 新たにパワーデバイスを取り上げ，第7章とした．
③ 初版では「その他の半導体デバイス」としてまとめていた章を，「センサ関連デバイス」と「その他のデバイス」に分け，撮像デバイスなど新しい素子に関する加筆を行い，第8章，第9章とした．
④ 全体として，データを最新のものに修正するとともに，必要なデータを加筆した．

　半導体工学の基礎的な内容とデバイスに関する解説を網羅することを意図したことで大部の書籍となったが，広く学習者に活用いただければ幸いである．

2004年6月

著者一同

目　次

第1章　緒　論
　1・1　半導体とは……………………………………………………1
　1・2　半導体デバイスの歴史………………………………………2

第2章　半導体の基礎的性質
　2・1　結晶構造………………………………………………………1
　2・2　エネルギー帯構造……………………………………………14
　2・3　真性半導体と外因性半導体…………………………………21
　2・4　キャリア密度…………………………………………………26
　2・5　キャリアの運動と電気伝導…………………………………33
　2・6　キャリアの生成と再結合……………………………………42
　2・7　連続の方程式…………………………………………………49
　演習問題〔2〕………………………………………………………58

第3章　ダイオードとバイポーラ トランジスタ
　3・1　pn接合…………………………………………………………61
　3・2　金属-半導体(MS)接合………………………………………80
　3・3　異種の半導体による接合……………………………………93
　3・4　バイポーラ トランジスタ……………………………………97
　3・5　シリコン制御整流器(SCR)…………………………………116
　演習問題〔3〕………………………………………………………121

第4章 電界効果トランジスタ

4・1 電界効果トランジスタの基礎概念 …………………………123
4・2 接合形電界効果トランジスタ(JFET) …………………128
4・3 MOS形電界効果トランジスタ(MOSFET)の基礎 ………138
4・4 MOSFETの特性 ……………………………………………154
演 習 問 題〔4〕………………………………………………………164

第5章 集積回路

5・1 集積回路の基礎概念 ………………………………………168
5・2 バイポーラ集積回路 ………………………………………172
5・3 MOS集積回路 ………………………………………………178
5・4 メモリ集積回路 ……………………………………………184
演 習 問 題〔5〕………………………………………………………189

第6章 光電素子(オプトエレクトロニックデバイス)

6・1 半導体の光吸収と発光 ……………………………………190
6・2 受光デバイス ………………………………………………196
6・3 発光デバイス ………………………………………………203
6・4 太陽電池 ……………………………………………………215
演 習 問 題〔6〕………………………………………………………236

第7章 パワーデバイス

7・1 パワーデバイスの種類と用途 ……………………………237
7・2 短絡エミック構造 …………………………………………238
7・3 GTO (Gate Turn Off) サイリスタ ……………………240
7・4 パワーバイポーラトランジスタ …………………………242
7・5 パワーMOSFET ……………………………………………243
7・6 絶縁ゲートバイポーラトランジスタ ……………………245

目次　　　　　　　　　　　　　　v

　演習問題〔7〕……………………………………………247

第8章　センサと関連デバイス
　8・1　温度センサと熱電変換デバイス ………………248
　8・2　磁気効果デバイス ………………………………261
　8・3　歪効果デバイス …………………………………267
　8・4　ガスセンサ，イオンセンサ ……………………275
　演習問題〔8〕……………………………………………280

第9章　各種半導体デバイス
　9・1　マイクロ波デバイス ……………………………281
　9・2　撮像・表示デバイス ……………………………291
　9・3　その他のデバイス ………………………………298
　演習問題〔9〕……………………………………………308

第10章　半導体材料と素子製造技術
　10・1　半導体材料の高純度化 …………………………309
　10・2　半導体材料の単結晶化 …………………………312
　10・3　不純物および構造欠陥の制御技術 ……………320
　10・4　微細加工技術 ……………………………………330
　10・5　集積化技術 ………………………………………338
　10・6　半導体材料の評価法 ……………………………347
　演習問題〔10〕 …………………………………………355

演習問題の解答 ………………………………………………357

索　引 …………………………………………………………369

第 1 章　緒　　論

1・1　半導体とは

　固体物質は，その導電率によって，導体，半導体，絶縁体に大別することができる。

　図1・1に示すように，導電率が，およそ 10^5 S/m 以上の物質を**導体**（conducting material），10^{-8} S/m 以下の物質を**絶縁体**（insulating material）といい，その中間に位置する物質が**半導体**（semiconductor）である。もちろん，半導体の厳密な定義は，このように，簡単に導電率だけで行うことはできない。

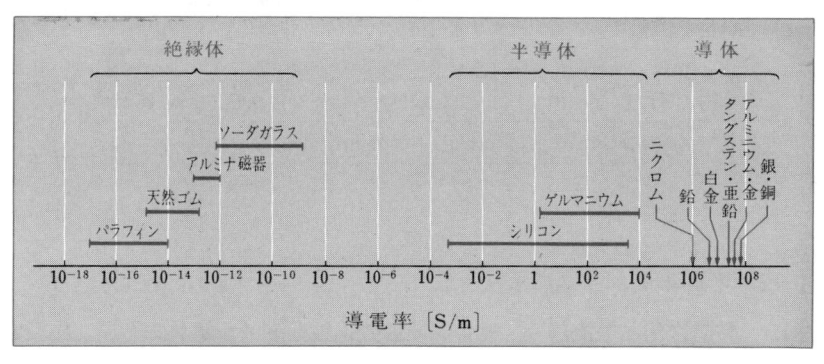

図1・1　固体物質の導電率

　正しくは，物質構造から物性論的に，第2章において詳細に述べられるので，ここでは，半導体のもつ顕著な性質について説明し，逆に，その特徴をもつ物質として，半導体を定義しておこう。次に，その主な特性を述べる。

　① 温度によって導電率が著しく変化する。

　　不純物を含まない純粋な半導体の導電率 σ は，その絶対温度 T が高く

なると,顕著に増大し,その間に,およそ,式(1・1)に示すような関係が成立する。

$$\sigma = A \exp\left(-\frac{B}{T}\right) \tag{1・1}$$

ここで,A, B は,物質により定まる定数である。
② 光照射により導電率が増加する。
③ 微量不純物の添加量に,ほぼ比例して,導電率が増加する。
④ 金属などと接触させると,整流作用がある。
⑤ ホール効果が大きい。

などであるが,これらの個々の事柄に関しては,第2章で説明する。

表1・1は,主な半導体物質を示す。

表 1・1 主な半導体物質の例

元素　半導体	(IV属)	シリコン (Si)，　ゲルマニウム (Ge)
	(VI属)	セレン (Se)，　テルル (Te)
III-V属 化合物半導体		ガリウムひ素 (GaAs)，　ガリウムりん (GaP) インジウムひ素 (InAs)，　インジウムりん (InP)
II-VI属 化合物半導体		硫化亜鉛 (ZnS)，　セレン化亜鉛 (ZnSe) 硫化カドミウム (CdS)，　セレン化カドミウム (CdSe)
酸化物半導体		酸化亜鉛 (ZnO)，　亜酸化銅 (Cu_2O)

1・2 半導体デバイスの歴史

(1) 整流作用と整流器　セレンや亜酸化銅などの半導体を金属と接触させたとき整流作用を示すが,この現象が発見されたのは,それぞれ,1876年および1878年のことである。整流作用が発見された当初は,何故,このような現象が現れるのか,その理由が全くわからなかった。従って,この現象を利用して実際に整流器を作製するにしても,何等,科学的な指針に基ずくものではなく,ただ,経験的に試行錯誤を繰り返しつつ進められたのである。

しかし,研究が進むにつれて,整流作用は,半導体と金属の接触部で起こる

1・2 半導体デバイスの歴史

ことが明らかにされ，整流現象の理論的解明が進展した。

このようなことで，半導体を利用した整流器の実用化には，かなり長い年月を要し，亜酸化銅整流器は1920年，セレン整流器は1928年になり，始めて，商品として市販されるようになった。

これとは別に，方鉛鉱や黄銅鉱などの鉱石に金属針を立てたものの整流作用を利用した，鉱石検波器の研究が1920年をやや過ぎたころから始められた。

この鉱石として，シリコンや，ゲルマニウムが取り上げられ，特に，第二次大戦中にはマイクロ波レーダ用検波器を目的として，米国を中心に活発な研究が行われた。この研究は，後のトランジスタ発明のための基礎を形造ることになった。

(2) トランジスタの誕生と成長 トランジスタが生まれる以前は，高周波の増幅や発振は，三極管を主体とする真空管によって行われていた。

真空管は，真空容器内で，ヒータにより加熱された陰極が放出する電子を用いるため，ヒータの断線や真空の劣化などにより，寿命にも限界があり，さらに，真空管内での消費電力も大きく，また，その形状もあまり小さくすることができない欠点がある。

米国のベル研究所では，真空管に代わる新素子の実現を目的に，半導体の性質に関する理論と実験の両面から，その基礎研究を組織的に行い，トランジスタ作用を発見するに至った。

この研究の中心となったShockley, Bardeen, Brattainの3名が，1965年にノーベル物理学賞を授与されたことは良く知られていることである。

最初に開発されたトランジスタは点接触形トランジスタと呼ばれ，図1・2に示すように，ゲルマニウム結晶の表面に，2本の先の尖った針を，極めて接近させて立てた構造のものであった。

しかし，初期のトランジスタは，信頼性，安定性において劣り，製品の歩留まりも極めて悪かった。そのため，これの使用範囲は，動作周波数，動作電力ともに低いものに限られていた。その後，幾多の研究開発が急速に行われ，結晶材料の主力はゲルマニウムからシリコンへ，素子の構造は点接触形からｐｎ

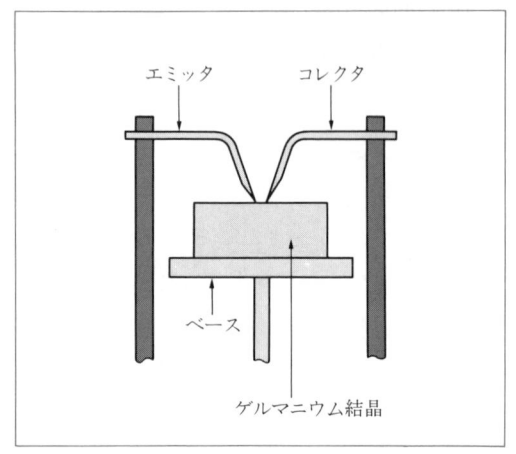

図1・2　点接触トランジスタ

接合形へ置き換わり，先に挙げた問題点はほとんど解決され現在に至っている。

また，この間に，電界効果トランジスタ，特に MOS (metal oxide semiconductor) トランジスタの発展には顕著なものがあり，材料面では，ガリウムひ素などの導入も相当進んでいる。

以上のように，トランジスタの発明は，真空管に代わる新しい素子を生み出したということだけでも十分に革命的な事柄であるが，これの発展過程を通して半導体工学という学問体系が確立され，また工業の分野に半導体工業という大きな新分野が築かれたことを考えると，これの与える影響の極めて大きいことが知れる。

（3）　**半導体集積回路**　　トランジスタの発明により，素子のレベルでの小形化，高信頼化は達成されたが，大規模な電子装置を小形化し，かつ，信頼性を高めるためには，電子部品を接続して電子回路を構成するうえで抜本的な手段が必要とされた。

これを半導体技術のレベルで実現したのが，**半導体集積回路**(IC；integrated circuit)である。集積回路の概念は，1952年に英国の Dummer によって述べられたが，これがやや具体化されたのは，1959年 Texas Instruments 社の，いわゆる Kilby 特許である。

1・2 半導体デバイスの歴史

　この特許では，トランジスタ，抵抗，コンデンサなどをシリコン半導体中に造り込み，これらをリードによって結線し，回路を構成させる方法が述べられている。

　これとほとんど同じ時期に，Fairchild 社の Noice により，シリコン酸化膜の上に金属を蒸着し，これにより配線を行う方式の特許が提出された。このことによって，半導体集積回路に関する基本的な構成思想が固まってきた。

　IC の商品化は，この基本思想を実現するため，半導体工学上の多くの技術が総合させて始めて可能になったものである。半導体技術の流れとしては，トランジスタの発明に伴う必然的帰結と考えられる。

　集積回路の技術的メリットは，電子回路の，小形軽量，高信頼性，高性能，低価格化にあるが，これらの長所を生かすためには，歩留まりさえ許すならば，1つのチップの上に造られる素子の数が多ければ多いほど良いのは当然なことである。

　従って，IC も SSI（small scale integration）から MSI（medium scale integration），LSI（large scale integration）を経て，VLSI（very large scale integration）へと，発展の道をたどっている。

　これに伴って，集積回路で実現される対象も，当初の小規模な電子回路から，現在ではマイコンで代表されるシステムに移行してきた。こうして，半導体はデバイスからシステムに至る現代電子工業の中核を荷うようになっている。

第2章　半導体の基礎的性質

　本章は，次章以降で述べる各種半導体デバイスを理解するために必要な半導体物理の基礎知識の整理と，これらのデバイスの特性解析に用いる基本式の誘導とを行う．内容の理解を深めるため，代表的な例題を本文中で取り上げて解説する．

2・1　結晶構造

〔1〕　原子構造

（1）**ボーアの模型**　　物質を構成する原子は，原子核とそれを取りまく電子とから成り立っており，それぞれの総電荷量が原子の種類を定めている．この原子の基本的な構造は，**ボーアの原子模型**（Bohr atomic model）によって説明することができる．

　図2・1のように，電荷 $-q$，質量 m の電子が，電荷 Zq（Z は原子番号）の原子核のまわりを速度 v で半径 r の円軌道上を運動しているものとする．このと

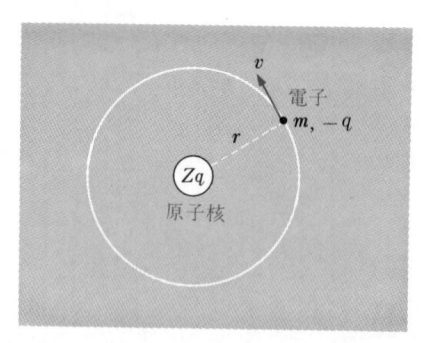

図2・1　ボーアの原子模型

き電子のもつ全エネルギー E は，電子のポテンシャル エネルギー U と運動エネルギー E_k の和として表され，

$$E = U + E_k = -\frac{Zq^2}{4\pi\varepsilon_0 r} + \frac{1}{2}mv^2 \tag{2・1}$$

となる。ここで，ε_0 は真空の誘電率である。

電子に作用する**クーロン力**（Coulomb's force）と遠心力とがつり合っており，

$$\frac{mv^2}{r} = \frac{Zq^2}{4\pi\varepsilon_0 r^2} \tag{2・2}$$

が成立する。また，電子の角運動量に関するボーアの量子条件は，

$$mvr = \frac{h}{2\pi}n \qquad (n = 1, 2, 3, \cdots\cdots) \tag{2・3}$$

で与えられる。ここで，h は**プランク定数**（Planck's constant）である。式(2・2)と式(2・3)を式(2・1)に代入すると，電子の取り得るエネルギー E_n は，

$$E_n = \frac{1}{2}U = -\frac{mZ^2q^4}{8\varepsilon_0^2 h^2} \cdot \frac{1}{n^2} \tag{2・4}$$

となり，飛び飛びのエネルギーが許されることがわかる。この許されたエネルギーを**エネルギー準位**（energy level）という。水素原子の場合には，通常 $n=1$ の状態にのみ電子が存在しているので，この状態を**基底状態**（ground state）といい，それより高いエネルギー状態を**励起状態**（excited state）という。基底状態にある電子を $n=\infty$ の状態（自由電子の状態）に移すに要するエネルギーを**イオン化エネルギー**（ionization energy）という。例えば，水素原子の場合では，式(2・4)で，$Z=1$, $n=1$ であるから，13.6 eV となる。

（2） 量子状態の数　　ボーアの原子模型では説明できなかった，より詳細な電子のエネルギー状態は，**ド・ブロイ波**（de Broglie wave）の概念を用いて導びかれた**シュレーディンガーの波動方程式**（Schrödinger's wave equation）によって明確にされた。時間を含まないシュレーディンガーの波動方程式は，

$$\frac{h^2}{8\pi^2 m}\left(\frac{\partial^2 \psi}{\partial x^2} + \frac{\partial^2 \psi}{\partial y^2} + \frac{\partial^2 \psi}{\partial z^2}\right) + (E - U)\psi = 0 \tag{2・5}$$

で与えられ，これを解けば，定常状態における電子の状態が求まる。ここで，E は電子の全エネルギー，U はポテンシャル エネルギーである。ψ は電子を

波動として考えたときの振幅を表す波動関数であり，$|\psi|^2$ は電子の存在確率を与えるものである。

この波動方程式は，U が与えられたとき，E が特定の値をとるときにのみ解が存在する。このことは，電子のエネルギー準位が飛び飛びの離散的な値をとることを意味している。

〔例題〕 **2・1** 図2・2のように，$0<x<L$ の領域で，電子に対するポテンシャルエネルギー U が0，その他の領域では十分に大きな値をもつ井戸形ポテンシ

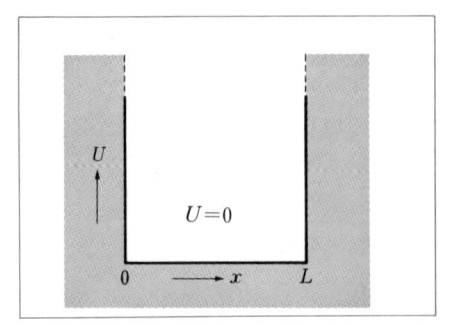

図2・2 一次元の井戸形ポテンシャル

ャル中にある電子について，それの取り得るエネルギー E および波動関数 ψ を求めよ。

〔解答〕 一次元のシュレーディンガーの波動方程式は，$0<x<L$ の領域で，

$$\frac{h^2}{8\pi^2 m}\cdot\frac{d^2\psi(x)}{dx^2}+E\psi(x)=0 \tag{2・6}$$

で与えられる。この式の一般解は，A, B を積分定数として，次式で与えられる。

$$\psi(x)=A\exp(jkx)+B\exp(-jkx) \tag{2・7}$$

ここで，右辺第1項は電子をド・ブロイ波として考えるとき，$+x$ のほうへ伝搬する波の振幅を表し，第2項は $-x$ のほうへ進む波の振幅を示す。そして，

$$k^2=(8\pi^2 mE)/h^2$$

で，k はド・ブロイ波の波数（単位長さ当たりの波の数の 2π 倍で，波長を λ とすれば，$k=2\pi/\lambda$）を表す。電子の運動量を P とすれば，ド・ブロイ波長 $\lambda=$

h/P を用いて,

$$E = \frac{P^2}{2m} = \frac{h^2 k^2}{8\pi^2 m} = \frac{\hbar^2 k^2}{2m} \tag{2・8}$$

となる。ここで,$\hbar = h/(2\pi)$ である。さらに,P と k の間には,

$$P = \frac{hk}{2\pi} = \hbar k \tag{2・9}$$

の関係がある。

さて,式(2・7)の解において,$x=0$ および $x=L$ では,波動関数 $\psi(x)$ は 0 でなければならない。すなわち,電子は,井戸形ポテンシャル中に束縛され,ポテンシャル壁で反射されるため,次に示す 2 つの境界条件が満たされなければならない。

$$x=0 \text{ で } \psi(0)=0, \quad x=L \text{ で } \psi(L)=0$$

従って,まず,第1の条件から,$B=-A$ が得られ,$C=2jA$ とおけば,

$$\psi(x) = A\{\exp(jkx) - \exp(-jkx)\} = C \sin kx$$

となる。さらに,第2の条件から,

$$\psi(L) = C \sin kL = 0$$

となり,これを満足させる k の値として,

$$k = \frac{n\pi}{L} \quad \text{ただし,} n=1, 2, 3, \cdots\cdots$$

のみが許される。この値を式(2・8)に代入すれば,電子が取ることを許されるエネルギーの値 E_n として,

$$E_n = \frac{h^2 n^2}{8mL^2} \quad \text{ただし,} n=1, 2, 3, \cdots\cdots \tag{2・10}$$

の飛び飛びの値(エネルギー準位)が許容され,また波動関数 $\psi(x)$ としては,

$$\psi(x) = C \sin\left(\frac{n\pi x}{L}\right) \quad \text{ただし,} n=1, 2, 3, \cdots\cdots \tag{2・11}$$

が得られる。これは,$x=0$ および $x=L$ に節をもつ定在波を意味し,これらの波動関数とエネルギー準位の概略を,それぞれ,図2・3(a),(b)に示す。

原子内の電子の場合には,表2・1の4つの量子数が定まることにより波動方程式が解をもつ。すなわち,許される電子状態(量子状態)は,ボーア模型に

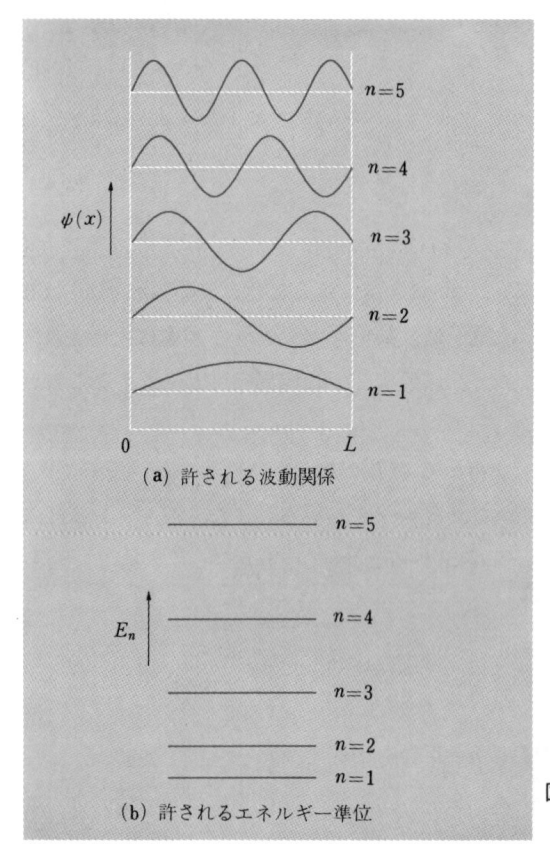

図 2・3 許される波動関数とエネルギー準位

(a) 許される波動関係
(b) 許されるエネルギー準位

おいて導入された主量子数 n 以外に，量子数 l, m, m_s が加わった計4個の量子数の組み合わせによって定まることを示している。主量子数によって定まる軌道を殻(shell)といい，内側の殻から順番に，$n=1, 2, 3, 4, \cdots\cdots$ の状態に対応す

表 2・1 量子数

量子数と記号	量子化される物理量	許される値
主量子数 n	電子の全エネルギー	$n=1,2,3,\cdots$
方位量子数 l	電子の軌道角運動量	$l=0,1,2,\cdots,(n-1)$
磁気量子数 m	磁界に対する軌道面の向き	$m=0,\pm 1,\pm 2,\cdots,\pm l$
スピン量子数 m_s	電子のスピン角運動量	$m_s=\pm 1/2$

る殻をそれぞれ，**K, L, M, N,** ……殻という。さらに，$l=0, 1, 2, 3, 4, 5,$ ……の量子状態を，それぞれ **s, p, d, f, q, h,** ……状態という。

　量子状態は，以上の4つの量子数の組み合わせによって定まるが，そのとき，電子は**パウリの排他律**（Pauli's exclusion principle）に従って，原子のエネルギーが最低になるように，低いエネルギー準位から順に埋められる。このときの量子状態と電子数との関係を表2・2に示す。n番目の殻に入り得る電子の数は$2n^2$個である。殻が許容された数の電子で満されている場合を**閉殻**(closed shell) という。最外殻の電子数は，原子の化学的性質を決める重要な役割をしている。この電子を**価電子**（valence electron）という。

表 2・2　量子状態と電子数

殻	K	L		M			N			
lの状態	1s	2s	2p	3s	3p	3d	4s	4p	4d	4f
電子数	2	2	6	2	6	10	2	6	10	14
記号	$1s^2$	$2s^2$	$2p^6$	$3s^2$	$3p^6$	$3d^{10}$	$4s^2$	$4d^6$	$4d^{10}$	$4f^{14}$
殻の電子数	2	8		18			32			

　Si 結晶を構成する Si 原子の場合，原子番号 $Z=14$ であり，図2・4のように，K，L殻は閉殻，M殻は，$3s^23p^2$ の4個の電子が価電子となっている。殻全体の電子数は14個である。

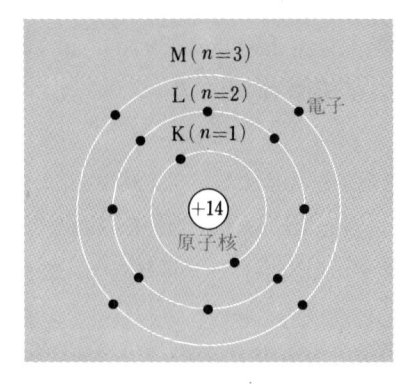

図 2・4　シリコン原子の電子

〔2〕 半導体結晶

(1) 結晶と非晶質　図 2·5 (a) のように，原子が規則的に配列した固体を**結晶**（crystal）といい，固体全体が 1 つの結晶である場合を**単結晶**（single crystal）という。半導体デバイスの製作に用いられる Si や Ge の結晶は，通常，単結晶である。また，固体が多くの小さな結晶から構成されている場合を**多結晶**（poly crystal）という。一方，図 2·5 (b) のように，原子が不規則に配列している固体を**非晶質**（amorphous），または**無定形**という。非晶質状態の Si や**カルコゲン化合物**（chalcogenide；Ⅵ族と O, S, Se, Te などの化合物）は，半導体的性質をもつことから，最近，注目されている。

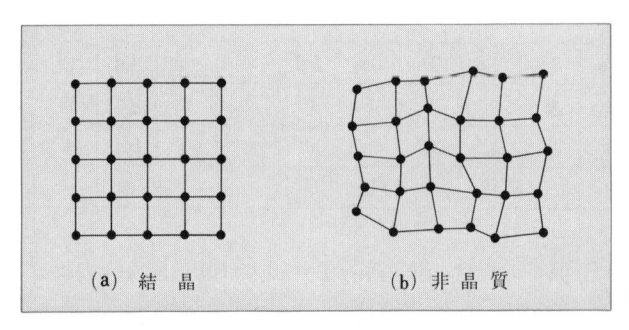

図 2·5　結晶と非晶質

原子が固体を構成する場合，原子間には結合力が働いている。この結合の仕方には，**共有結合**（covalent bond），**イオン結合**（ionic bond），**金属結合**（metalic bond），**ファンデルワールス力結合**（wan der waals force bond），**水素結合**（hydrogen bond）などがあるが，重要な Si や Ge などの半導体結晶においては，共有結合によって結晶が構成されている。

共有結合は，隣接する原子間で価電子を共有する結合方式である。C, Si, Ge などのⅣ族の元素の結晶においては，各元素における価電子が 4 個であるため，隣接する 4 個の原子が価電子を 1 個ずつ供出し合って共有結合（**電子対結合**ともいう）を作り，ダイヤモンド形の結晶構造を形成している。この場合，各原子は，図 2·6 で示すように，隣接する 4 個の原子で囲まれた正四面体の重心に

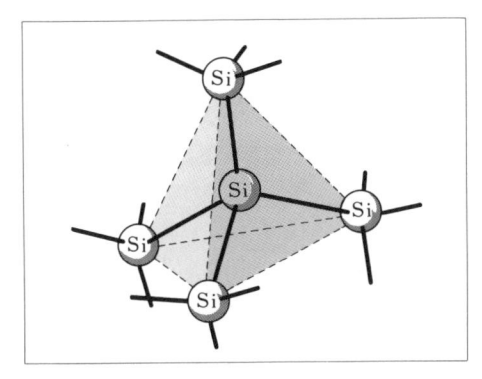

図2・6　正四面体構造

位置する。

　図2・7は，ダイヤモンド結晶の単位胞を示しており，面心立方に並んだ原子 $8\times(1/8)+6\times(1/2)=4$ 個と，立方体中の4個の原子の合計8個の原子から成り立っている。

図2・7　ダイヤモンド構造

　GaAs, InSb などのⅢ-Ⅴ族の元素からなる化合物半導体結晶は，せん亜鉛鉱構造をなす。また，CdS, ZnO などⅡ-Ⅵ族の元素からなる化合物半導体結晶の場合はウルツ鉱構造をなす。これらの結晶構造も，ダイヤモンド結晶構造と並んで，半導体材料において重要な位置を占めている。

　結晶は，結晶軸の方向によって，その物理的性質が異なる（異方性）ため，

それらの方向を表示することが必要である。ダイヤモンド結晶のような立方晶系を例にとると，次のようになる。図2・8のように，単位胞をx, y, z座標軸上に置き，着目する面が各座標軸と交差する点と原点との距離の逆数を求める。これらの3個の逆数の値が整数となる公約数を求め，これで結晶面を表す。こ

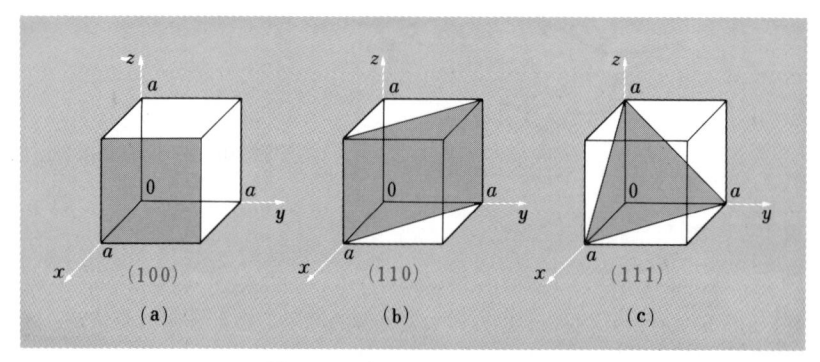

図2・8 立方晶系のミラー指数

の1組の数を**ミラー指数**（Miller indices）という。例えば，図2・8(a)では，着目する面が座標軸と交差する座標は(a, ∞, ∞)であるから，その逆数をとってから整数に直し，(1 0 0)面となる。一方，結晶軸の方向は，ミラー指数で決まる面に対する垂直方向で表す。例えば，図2・8(a)で，(1 0 0)面に垂直な方向は，<1 0 0>方向として表す。なお，以後，結晶面は（　），結晶軸は<　>で区別する。

2・2 エネルギー帯構造

〔1〕 エネルギー帯

（1） 一次元結晶のエネルギー帯　　孤立原子中で電子が取り得るエネルギーは，飛び飛びの値となることを2・1節〔1〕で述べてきたが，そのエネルギー準位の様子は，図2・9(a)のようになる。このような原子を多数接近させて，等

(a) 孤立原子の場合   (b) 一次元結晶の場合

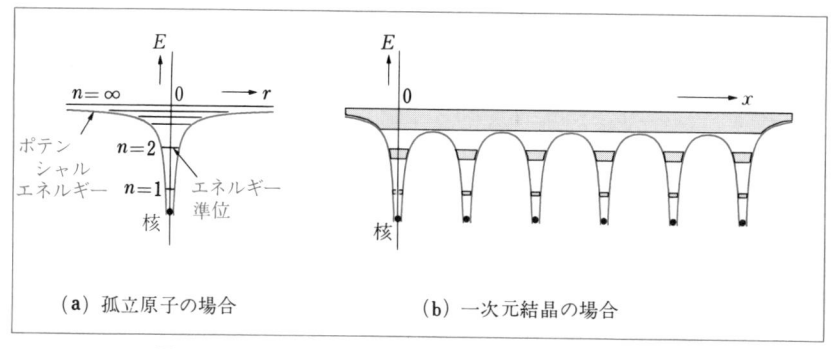

図2・9 ポテンシャル エネルギーと電子のエネルギー準位

間隔で一次元的に配列した場合の仮想的な結晶におけるポテンシャル エネルギーとエネルギー準位は図2・9(b)のようになる。この一次元結晶においては，各ポテンシャル エネルギーは，隣接原子どうしで合成されるため，そのエネルギーは，図(b)のように下がってくる。各原子における電子のエネルギー準位は，原子間の相互作用のため同一のエネルギー値を取らず，結晶内の原子数の数に分離する。これらの分離して幅をもったエネルギー準位の集まりを**エネルギー帯**（energy band）という。エネルギーの高い電子，すなわち外側の軌道の電子ほど隣接原子の影響を受けやすく，エネルギーの広がり方が大きくなる。

図2・10は，N 個の原子からなるダイヤモンド構造の結晶において，原子間隔を変えたときのエネルギー準位の変化の様子を示している。図2・9の説明と同様に，各原子が，孤立原子の位置から互に接近すると，2s準位の$2N$状態と2p準位の$6N$状態が広がって帯状のエネルギー状態，すなわちエネルギー帯となる。原子間隔がさらに接近すると，2s準位のエネルギー帯と2p準位のエネルギー帯は互に重なり合ったのち，別の2つのエネルギー帯に分離する。この分離してできた各エネルギー帯における量子状態の数は，共に$4N$である。各エネルギー帯のエネルギー幅は，各原子を実際の原子間隔まで接近させたときの値である。これらのエネルギー帯は，電子の存在が許される帯状のエネルギーであることから**許容帯**（allowed band）という。また，2つの許容帯の間で，電子が存在できないエネルギー領域（E_g の範囲）を**禁制帯**（forbidden band）

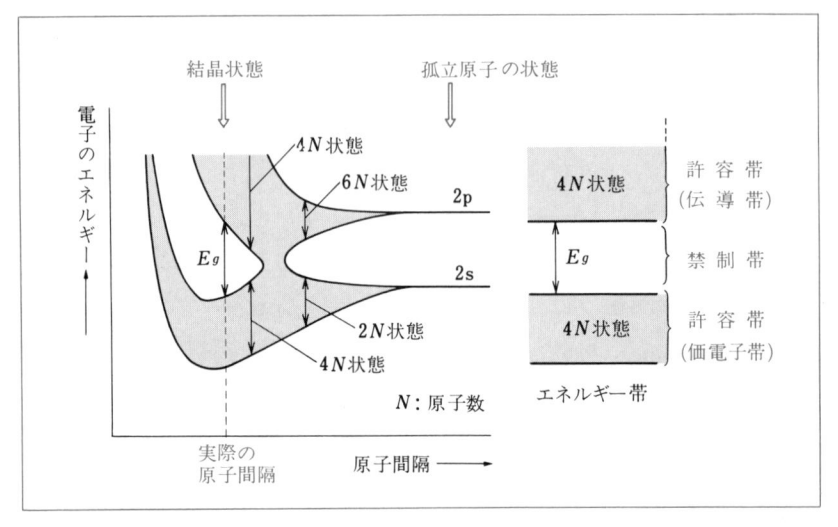

図2・10 原子間隔を変えた時のエネルギー準位
（ダイヤモンド構造の場合）

という。実際の結晶における原子数は，1 cm³ 当たりおおよそ 10^{23} 個程度であるため，許容帯内のエネルギー準位間のエネルギー差は非常に小さく，この許容帯内では，電子は連続的なエネルギーが許されると考えてよい。

〔2〕 導体，半導体，絶縁体のエネルギー帯

導体，半導体，絶縁体のエネルギー帯を図2・11に示す。図（a）のように，許

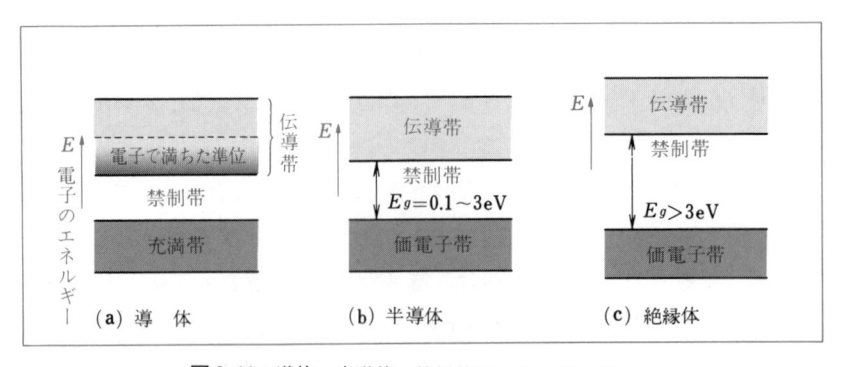

図2・11 導体・半導体・絶縁体のエネルギー帯

容帯が部分的に電子によって占められている場合には，電界作用によって電子が直ぐ上の空の準位に入ることができるので，電気伝導が容易に起こる。これは，導体の場合である。

図(b)，(c)は，絶対零度において，ある許容帯が完全に電子で満され，その直ぐ上の許容帯が完全に空の準位となる場合である。この場合，電子によって完全に満されている許容帯は，価電子によって占められているので，**価電子帯**（valence band）または**充満帯**（filled band）という。温度が絶対零度より上がると，価電子帯中の電子は，熱エネルギーを得て，その上の許容帯に上がり電気伝導に寄与する**伝導電子**（conduction electron）となる。この伝導電子の存在する許容帯を**伝導帯**（conduction band）という。

価電子帯から電子が伝導帯に励起されると，電子の抜け穴ができる。これは，正電荷 $+q$ をもつ荷電粒子としてふるまい，伝導電子と同様に電気伝導に寄与する。この荷電粒子を**正孔**（hole）という。また，この伝導電子と正孔を総称して，**キャリア**（carrier）という。

禁制帯のエネルギー幅，すなわち伝導帯の底と価電子帯の頂上のエネルギー差 E_g を**エネルギーギャップ**（energy gap）あるいは**バンドギャップ**（band gap）という。ダイヤモンド結晶のように，この E_g が数 eV 以上の結晶では，室温において価電子帯から伝導帯に励起される電子の数が非常に少なく，抵抗率が高い。これは，図(c)の絶縁体の場合である。Si 結晶のように E_g が 1 eV 程度の場合には，室温において，価電子帯から伝導帯に励起される電子の数が多くなり，導体と絶縁体の中間の抵抗率をもつ。これは，図(b)の半導体の場合である。すなわち，絶縁体と半導体の違いは，E_g の大小により決まる。

おおざっぱに区別すると，$E_g=0.1 \sim 3$ eV の場合が半導体，$E_g>3$ eV の場合が絶縁体である。表 2・3 に，室温における半導体と絶縁体の E_g と抵抗率の一例

表 2・3 E_g と真性抵抗率の例（300 K）

	Ge	Si	GaAs	C（ダイヤモンド）
E_g [eV]	0.66	1.11	1.43	$6 \sim 7$
ρ_i [Ω·m]	0.5	2.3×10^3	$\sim 10^6$	$\sim 10^{12}$

を示す．

〔3〕 エネルギー波数図と有効質量

結晶内の電子状態を表す場合，エネルギーだけでなく運動量も考慮することにより，さらに進んだ議論が展開できる．これには，電子を波動として扱うことが基礎となっている．

一次元結晶のポテンシャルエネルギーの形は，図2・9(b)で示したような周期的ポテンシャルになるが，簡単化のため，この周期的ポテンシャルを図2・12のような矩形ポテンシャルで近似する．さらに，結晶が環状になり，周期的ポ

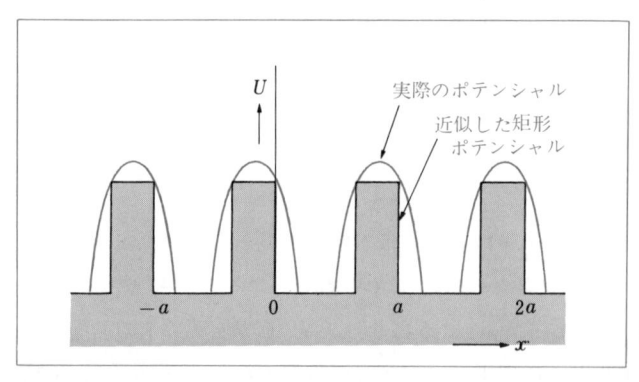

図2・12 周期的ポテンシャル

テンシャルが両端で接続されていると仮定した場合，電子が許されるエネルギーは，図2・13における緑色の曲線となる．その結果，エネルギーの不連続が生じ，許容帯と禁制帯ができる．このような周期的ポテンシャルの近似法は，**クローニッヒ・ペニーのモデル**（Kronig-Penney model）といわれている．

さて，電子を波動として考えた場合の質量は，エネルギー波数図（E-k曲線）を用いることにより，次のようにして求められる．

電子波の群速度（電子の速度）v は，

$$v = \frac{d\omega}{dk} = \frac{dE}{dP} \tag{2・12}$$

で与えられる．ここで，ω は角周波数である．

2・2 エネルギー帯構造

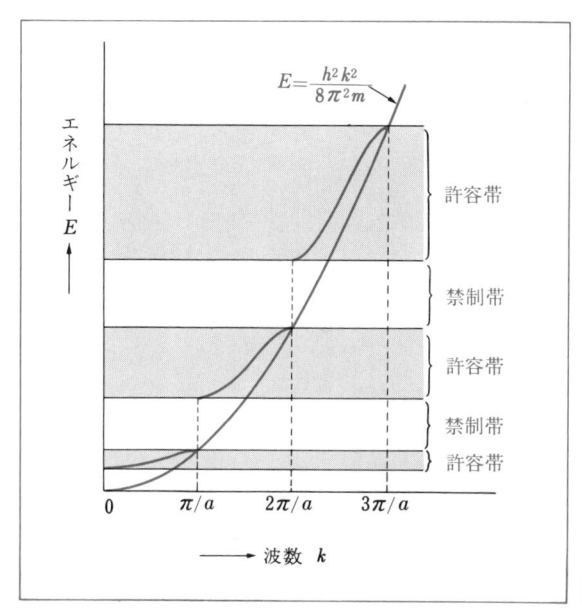

図2・13 エネルギー波数図

電子に外力が加えられたときの加速度 a は，

$$a = \frac{dv}{dt} = \frac{d}{dt}\left(\frac{dE}{dP}\right) = \frac{dP}{dt} \cdot \frac{d^2E}{dP^2} \tag{2・13}$$

となる。ここで，dP/dt は運動量の時間的変化率であるから，外力である。この式を，古典的なニュートンの運動方程式 $F=ma$（F：力，m：質量）と比較することにより，波動として見た電子の質量 m^* は，

$$m^* = \left(\frac{d^2E}{dP^2}\right)^{-1} = \left(\frac{h}{2\pi}\right)^2\left(\frac{d^2E}{dk^2}\right)^{-1} \tag{2・14}$$

となる。E-k 曲線の形から決まるこの質量を，電子の**有効質量**(effective mass)という。この有効質量の大きさは，静止質量の大きさとは大幅に異なってくる。この有効質量を用いれば，電子の運動の取り扱いは，古典的な運動方程式で間に合うことになる。

図2・13より，1つの許容帯の E-k 曲線は，図2・14(a)であり，これから，式(2・14)に従って m^* を求めると図(b)となる。E-k 曲線の変曲点 c, c' より低いエネルギーでは m^* は正，変曲点より高いエネルギーでは m^* は負となる。変

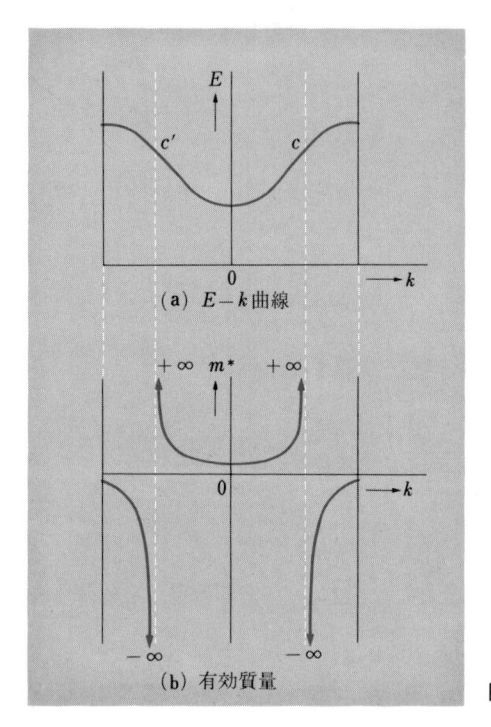

図2・14 E-k曲線と有効質量

(a) $E-k$曲線

(b) 有効質量

曲点 c, c' においては $m^*=\pm\infty$ となり，電子は非常に重い粒子のようにふるまう。

　許容帯の底付近のエネルギーにおいては，電子は正の質量と負の電荷をもつ粒子としてふるまうが，頂上付近のエネルギーでは負の質量と負の電荷をもつ粒子としてふるまうことになる。後者の場合，負の質量は考え難い。そこで，これの質量と電荷を共に正としても，電界および磁界中での古典的な運動方程式は，符号を変えずにそのまま成立するので，正質量と正電荷をもつ粒子であるとしたほうが扱いやすい。これが，価電子帯頂上付近に正孔が存在するということの概念である。正孔の運動を扱う場合も電子と同様に有効質量を用いる。実際の半導体では，E-k曲線が結晶軸方向によって異なり，従って，有効質量もこれによって異なるが，それらの平均値の一例を，表2・4に示す。

表 2·4 有効質量の例

	有効質量 m^*/m_0 (300 K)		
	Ge	Si	GaAs
電子	0.55	0.40	0.08
正孔	0.37	0.58	0.5

2·3 真性半導体と外因性半導体

〔1〕 半導体の分類

半導体は,それに含まれる不純物の存否,およびその種類によって次のように分類できる。

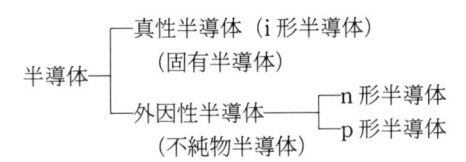

```
         ┌─真性半導体（i 形半導体）
         │ （固有半導体）
半導体─┤
         │                    ┌─n 形半導体
         └─外因性半導体──┤
           （不純物半導体）  └─p 形半導体
```

ここで,**真性半導体**（intrinsic semiconductor）は不純物を含まない純粋な結晶であり,**固有半導体**ともいわれる。また,**外因性半導体**（extrinsic semiconductor）は,キャリア密度と抵抗率が,その中に含まれる不純物によって特徴づけられた半導体であり,**不純物半導体**（impurity semiconductor）ともいわれる。その中で,電子密度を正孔密度より大きくさせるような不純物を含む半導体を **n 形**（n-type）**半導体**といい,この逆の場合を **p 形**（p-type）**半導体**という。

〔2〕 真性半導体

Si や Ge など半導体結晶においては,原子が共有結合によって結ばれ,立体的な結晶を構成していることを 2·1 節〔2〕で述べた。しかし,キャリアのふるまいの説明に際しては,この結晶を平面的に表示したほうが便利である。図 2·15

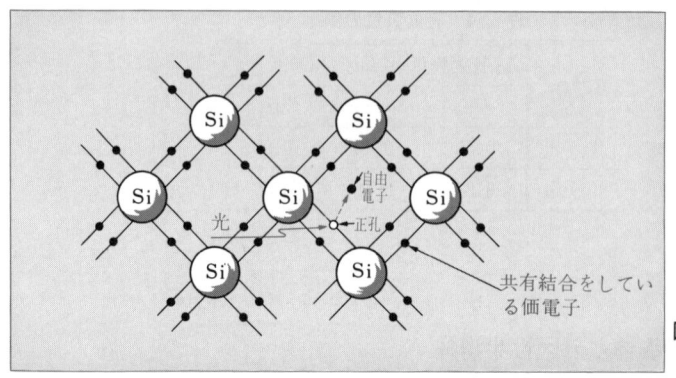

図2・15 真性半導体の平面的表示

は，真性半導体結晶を平面的に表示したものであり，結晶における原子間の結合関係が失われないように表示してある。

図 2・15 のように，共有結合にあずかる価電子に，その結合力より大きな光エネルギーや熱エネルギーが与えられると，価電子は共有結合を破って自由電子となり，結晶内を動き回るようになる。そのときの電子の抜け穴が正孔であり，これは Si-Si 結合をぬって移動する。図 2・15 を用いたこれらの説明は，図 2・16 のエネルギー帯を用いた電子と正孔の生成過程の説明に対応するものである。図 2・16 で示すように，電子と正孔が対になって生成される過程を電子と正孔の**対生成**（production of a hole-electron pair）という。真性半導体では，キャリア生成は対生成のみによって行われるため，電子密度と正孔密度が相等しく，これが真性半導体の特徴である。伝導帯の電子と価電子帯の正孔は，共に外部

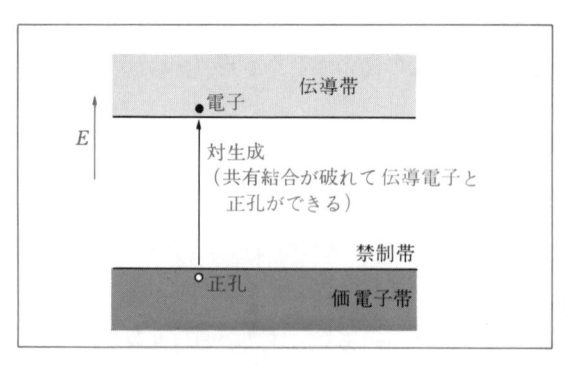

図2・16 真性半導体のエネルギー帯

2・3 真性半導体と外因性半導体

からの電界作用によって移動し，電気伝導に寄与する。

〔3〕 外因性半導体

半導体中への適当な不純物の添加によって，キャリア密度を大幅に制御することができる。これは，半導体の有する重要な性質の1つである。Si 結晶や Ge 結晶における代表的な不純物はⅢ族の B, Al, Ga, In 元素とⅤ族の P, As, Sb 元素である。

（1） n 形半導体　Si 結晶中に，不純物としてⅤ族の P 原子を添加し，これが，図2・17 のように，Si 原子と置き換わっている場合を考える。P 原子の 5

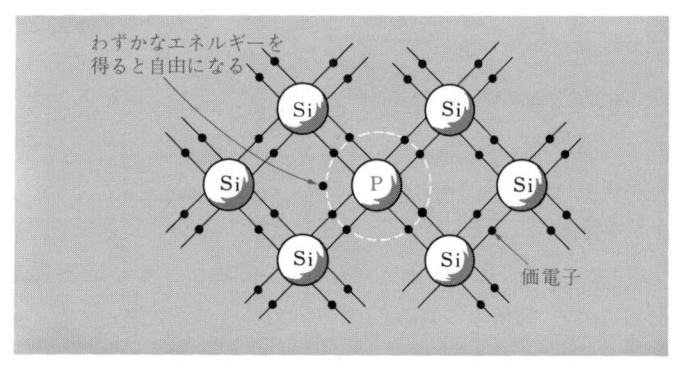

図2・17　n 形 Si 結晶の平面的表示

個の価電子のうち，4個は隣接の4個の Si 原子との共有結合に使われ，残りの1個の電子が余る。この電子は，P 原子に弱く束縛されているため，室温程度のわずかな熱エネルギーを得ただけで P 原子との結合を離れて自由になり，結晶中を動き回れる伝導電子になる。一方，電子を失った P 原子は陽イオンとなるが，これは結晶格子に固定されているので電気伝導には寄与しない。この P 原子のように，結晶中に電子を与える不純物を**ドナー**（donor）という。ドナーを含む半導体における伝導電子の密度は，ドナーから供給された電子と，対生成によって生じた電子との和であるため，対生成のみによって発生している正孔の密度に比べて大きくなる。これが，n 形半導体である。ドナーは，わずかなエ

ネルギーを得て電子を放出し，それ自身が陽イオンとなることから，図2・18のように，伝導帯の底近くに**ドナー準位（donor level）**を配置させる。n形半導体中のドナー密度が後述の有効状態密度に比べて小さい場合（**非縮退半導体**（non-degenerate semiconductor）という），ドナー準位は局在した準位であり，

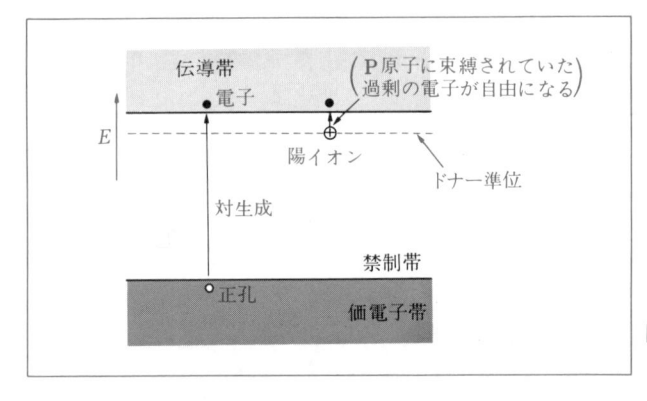

図2・18 n形半導体のエネルギー帯

そこでの電気伝導は生じない。

（2） **p形半導体**　Si結晶中に，不純物としてIII族のB原子を添加し，これが図2・19のように，Si原子と置き換わっている場合を考える。B原子の価電子は3個であるので，隣接の4個のSi原子との共有結合に際して電子が1個不足する。Si-Si結合にいた電子は，わずかなエネルギーを得ると，この電子の不

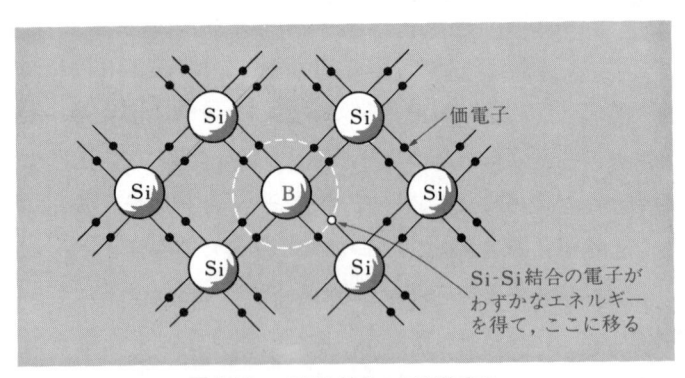

図2・19 p形Si結晶の平面的表示

足していた B-Si 結合に移ることができる。Si-Si 結合から電子が抜けた穴は正孔となり，Si-Si 結合をぬって動き回る。電子を受け入れた B 原子は陰イオンとなるが，これは，ドナーの場合と同様に固定されているので，電気伝導には寄与しない。この B 原子のように，電子を受け入れる不純物を**アクセプタ**(acceptor)という。このアクセプタを含む半導体における正孔密度は，アクセプタにより作られた正孔と，対生成により生じた正孔との和であり，これは，対生成のみによって決まる電子密度に比べて多くなる。これが，p 形半導体である。この半導体のエネルギー帯における**アクセプタ準位** (acceptor level) は，図 2・20 のように，価電子帯の頂上近傍に配置させる。これは，アクセプタが，わずかなエネルギーを得た Si-Si 結合の価電子を受け入れて，それ自身は負にイオン化するとともに，Si-Si 結合に正孔を生成させることに対応している。このアクセプタ準位は，ドナー準位と同様に局在した準位であり，ここでの電気伝導は行わない。

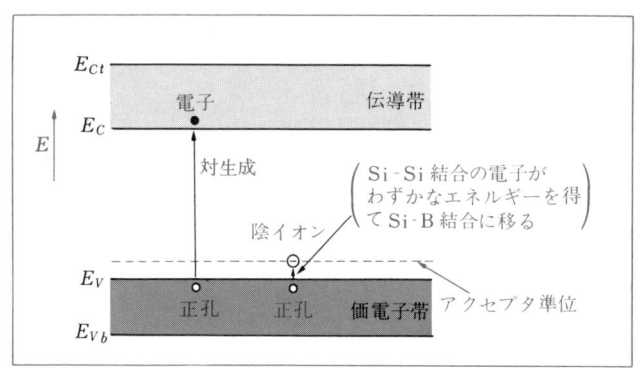

図 2・20　p 形半導体のエネルギー帯

　一般に，半導体中で，密度が多いほうのキャリアを**多数キャリア**（majority carrier），少いほうのキャリアを**少数キャリア**(minority carrier)という。n 形半導体の場合，多数キャリアが電子，少数キャリアが正孔であり，p 形半導体の場合は，多数キャリアが正孔，少数キャリアが電子である。

2・4 キャリア密度

[1] 状態密度

伝導帯のエネルギー準位は,エネルギー的にある分布をなしているが,その単位エネルギー差当たりに含まれる単位体積中のエネルギー準位の数 $g_n(E)$ を**状態密度** (density of states) という。電子が E と $E+dE$ の間のエネルギー準位を占める数 $N_n(E)dE$ は,このエネルギー差 dE における状態の数 $g_n(E)dE$ と,そのエネルギーを電子が占める確率 $f_n(E)$ との積として表され,

$$N_n(E)dE = g_n(E)f_n(E)dE \tag{2・15}$$

となる。ここで,$f_n(E)$ は**フェルミ・ディラックの分布関数**(Fermi-Dirac distribution function) である。

従って,伝導帯内の電子密度 n は,式(2・15)を伝導帯の底 (E_c) から頂上 (E_{ct}) まで積分し,次のように求められる。

$$n = \int_{E_c}^{E_{ct}} N_n(E)dE = \int_{E_c}^{E_{ct}} g_n(E)f_n(E)dE \tag{2・16}$$

同様に,価電子帯内の正孔密度 p は,価電子帯内の正孔に対する状態密度 $g_p(E)$ と,正孔がエネルギー E を占める確率 $f_p(E)$ とを用いて,次式となる。

$$p = \int_{E_{vb}}^{E_v} N_p(E)dE = \int_{E_{vb}}^{E_v} g_p(E)f_p(E)dE \tag{2・17}$$

ここで,E_{vb} は価電子帯の底のエネルギーである。

通常,電子と正孔は,それぞれ伝導帯の底 (E_c) 付近,および価電子帯の頂上 (E_v) 付近に存在するため,その近傍の状態密度がわかればよい。これらの状態密度は,

$$g_n(E) = \frac{4\pi}{h^3}(2m_n^*)^{3/2}(E-E_c)^{1/2} \quad (伝導帯の底付近) \tag{2・18}$$

$$g_p(E) = \frac{4\pi}{h^3}(2m_p^*)^{3/2}(E_v-E)^{1/2} \quad (価電子帯の頂上付近) \tag{2・19}$$

で与えられる。ここで，m_n^* および m_p^* は，それぞれ伝導帯の底付近の電子および価電子帯の頂上付近の正孔の有効質量である。

図2・21は，図(a)のエネルギー帯における状態密度が，式(2・18)と式(2・19)とから図(b)のようになり，これらと図(c)のフェルミ・ディラックの分布関数との積を作ることによって，図(d)のような，キャリア密度のエネルギーに

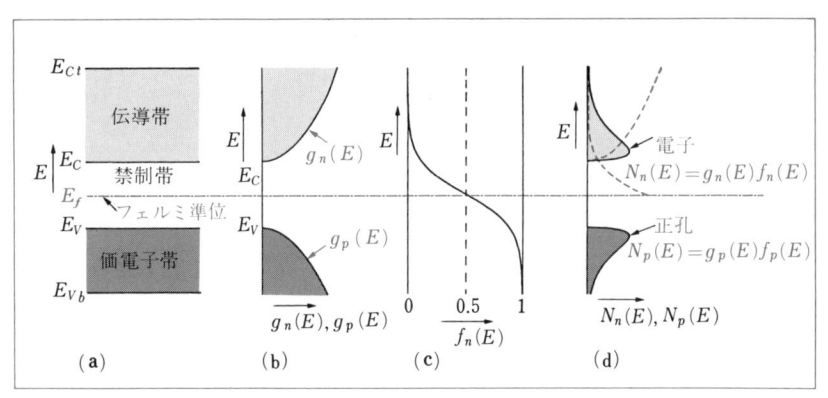

図2・21 状態密度とフェルミ・ディラックの分布関数からのキャリア密度の算出

対する分布が得られることを示している。

〔2〕 フェルミ・ディラックの統計

気体放電におけるガスなどは比較的希薄であり，古典的な**マクスウェル・ボルツマン統計**（Maxwell-Boltzmann statistics）に従うが，固体結晶内のキャリアは密度が高く，量子力学的な**フェルミ・ディラックの統計**（Fermi-Dirac statistics）に従う。このフェルミ・ディラックの統計は，1つの量子状態には1個の粒子しか入ることが許されず（パウリの排他律），しかも，各粒子は互に区別できないということを基本としている。

熱平衡状態（thermal equilibrium state）（系が熱的に平衡している状態）にある半導体結晶の伝導帯内の電子に対するフェルミ・ディラックの分布関数 $f_n(E)$ は，

$$f_n(E) = \frac{1}{1+\exp\left(\dfrac{E-E_f}{kT}\right)} \tag{2・20}$$

で与えられる．これは，エネルギー E の状態が 1 個の電子で占められる確率であり，k はボルツマン定数，T は絶対温度，E_f は**フェルミ準位** (Fermi level) あるいは**フェルミ エネルギー** (Fermi energy) といわれ，$f_n(E)=1/2$ となるときのエネルギーの値である．この $f_n(E)$ の形は，図 2・21(c) のようになる．

非縮退状態の Si や Ge の伝導帯中の電子に対しては，式(2・20)は，$(E-E_f)/kT \gg 1$ となるので，分母の 1 が無視でき，

$$f_n(E) \fallingdotseq \frac{1}{\exp\left(\dfrac{E-E_f}{kT}\right)} = \exp\left(-\frac{E-E_f}{kT}\right) \tag{2・21}$$

のように近似できる．これは，マクスウェル・ボルツマンの分布関数と同形である．

一方，価電子帯内のエネルギー E を正孔が占める確率 $f_p(E)$ は，電子が空である確率と等しいから，

$$f_p(E) = 1 - f_n(E) = \frac{1}{1+\exp\left(\dfrac{E_f-E}{kT}\right)} \tag{2・22}$$

となる．非縮退状態の Si や Ge の正孔に対しては，$(E_f-E)/kT \gg 1$ であるから，式(2・22)は，

$$f_p(E) \fallingdotseq \exp\left(-\frac{E_f-E}{kT}\right) \tag{2・23}$$

となり，価電子帯内の正孔の場合も，伝導帯内の電子と同様に，マクスウェル・ボルツマンの分布関数で近似できる．

〔3〕 **キャリア密度**

状態密度と，そのエネルギーをキャリアが占める確率とがわかったので，式(2・16)および式(2・17)を解いて電子密度 n と正孔密度 p が求められる．$f_n(E)$ および $f_p(E)$ としては，非縮退状態を考え，それぞれ式(2・21)および式(2・23)

の近似式を使用すればよい．また，式(2・16)と式(2・17)の積分範囲として，$E_{ct} \to +\infty$，$E_{vb} \to -\infty$ としても結果はほとんど変わらない．これは，$f_n(E)$ と $f_p(E)$ が，それぞれ $E > E_f$ および $E < E_f$ のエネルギーに対して指数関数的に減少するからである．これらの点を考慮して得られる電子密度 n と正孔密度 p は，それぞれ，

$$n = \int_{E_c}^{\infty} g_n(E) f_n(E) dE = 2\left(\frac{2\pi m_n^* kT}{h^2}\right)^{3/2} \exp\left\{-\frac{E_c - E_f}{kT}\right\} \tag{2・24}$$

$$p = \int_{-\infty}^{E_v} g_p(E) f_p(E) dE = 2\left(\frac{2\pi m_p^* kT}{h^2}\right)^{3/2} \exp\left\{-\frac{E_f - E_v}{kT}\right\} \tag{2・25}$$

となる．

ここで，

$$N_c = 2\left(\frac{2\pi m_n^* kT}{h^2}\right)^{3/2} \quad \text{(伝導帯の有効状態密度)} \tag{2・26}$$

$$N_v = 2\left(\frac{2\pi m_p^* kT}{h^2}\right)^{3/2} \quad \text{(価電子帯の有効状態密度)} \tag{2・27}$$

とおくと，式(2・24)および式(2・25)は，それぞれ，

$$n = N_c \exp\left\{-\frac{E_c - E_f}{kT}\right\} \fallingdotseq N_c f_n(E_c) \tag{2・28}$$

$$p = N_v \exp\left\{-\frac{E_f - E_v}{kT}\right\} \fallingdotseq N_v \{1 - f_n(E_v)\} = N_v f_p(E_v) \tag{2・29}$$

で表せる．この結果は，以下のことを意味している．すなわち，熱平衡状態における伝導帯中の電子密度 n を求める場合には，図2・22のように，伝導帯の底のエネルギー E_c に集中させた状態密度 N_c と，E_c におけるフェルミ・ディラックの分布関数 $f_n(E_c)$ との積として簡単に求められることを意味している．価電子帯の正孔密度 p を求める場合も，これと同様に，エネルギー E_v で考えた N_v と $f_p(E_v)$ の積として簡単に求められる．これらの N_c と N_v を，それぞれ，伝導帯および価電子帯の**有効状態密度**（effective density of states）という．

真性半導体におけるキャリア密度 $n_i = n = p = (np)^{1/2}$ を，**真性キャリア密度**

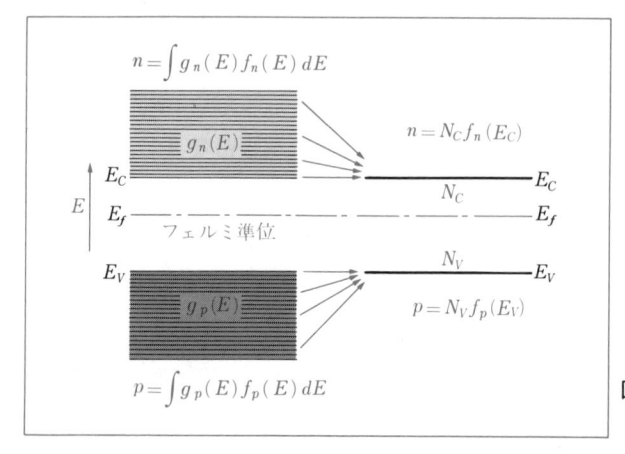

図 2・22 有効状態密度の概念

(intrinsic carrier density) といい，式(2・28)と式(2・29)とから，

$$n_i = n = p = \sqrt{N_C N_V} \exp\left(-\frac{E_g}{2kT}\right) \tag{2・30}$$

となる。ここで，$E_g = E_C - E_V$ は，禁制帯のエネルギー ギャップである。

n と p の積を，式(2・28)と，式(2・29)とから作ると，

$$n \cdot p = N_C N_V \exp\left\{-\frac{E_g}{kT}\right\} = n_i^2 \tag{2・31}$$

となる。この $n \cdot p$ 積は，半導体の種類と温度のみによって決まり，それに含まれる不純物濃度には依存しない。この関係は，熱平衡状態において成立するものであり，化学反応における**質量作用の法則** (law of mass action) と類似している。

〔例題〕 2・2 不純物密度と少数キャリア密度の関係について説明せよ。
〔解答〕 n形半導体におけるドナー密度を N_D，p形半導体におけるアクセプタ密度を N_A とする。室温においては，$n \fallingdotseq N_D$，$p \fallingdotseq N_A$ である。従って，

$$p = \frac{n_i^2}{n} \fallingdotseq \frac{n_i^2}{N_D} \qquad \text{(n形半導体中の正孔)} \tag{2・32}$$

$$n = \frac{n_i^2}{p} \fallingdotseq \frac{n_i^2}{N_A} \qquad \text{(p形半導体中の電子)} \tag{2・33}$$

となり，多数キャリア密度は不純物密度に比例して増加するが，少数キャリア密度は，不純物密度に反比例して減少する。

〔4〕 フェルミ準位
（1） **真性半導体中のフェルミ準位**　式(2・28)と式(2・29)より，フェルミ準位 E_f は，

$$\frac{p}{n} = \left(\frac{N_V}{N_C}\right) \exp\left\{\frac{E_c + E_v - 2E_f}{kT}\right\} \tag{2・34}$$

$$E_f = \frac{E_c + E_v}{2} + \frac{kT}{2} \log_e\left(\frac{n}{p}\right) + \frac{3}{4}kT \log_e\left(\frac{m_p{}^*}{m_n{}^*}\right) \tag{2・35}$$

となる。真性半導体では $n=p$ であるから，E_f は，

$$E_f = \frac{E_c + E_v}{2} + \frac{3}{4}kT \log_e\left(\frac{m_p{}^*}{m_n{}^*}\right) \tag{2・36}$$

となる。$m_n{}^* = m_p{}^*$ の場合，$E_f = (E_c + E_v)/2$ となり，フェルミ準位は禁制帯の中央に位置する。

（2） **外因性半導体のフェルミ準位**　不純物が均一に分布されている半導体では，空間電荷の中性条件が満足されており，次式が成立する。

$$\underbrace{(N_D - n_D) + p}_{\text{正電荷の数}} = \underbrace{(N_A - n_A) + n}_{\text{負電荷の数}} \tag{2・37}$$

これは，図2・23のように，ドナーとアクセプタの両方が含まれる場合の一般

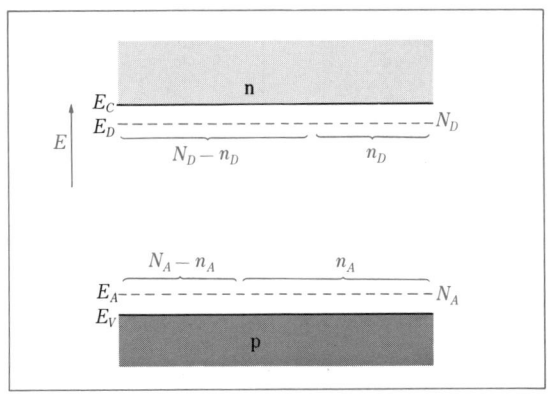

図2・23 イオン化したドナーとアクセプタ準位

的な式である。ここで，n_D と n_A は，それぞれイオン化していないドナーおよびアクセプタの密度であり，

$$n_D = N_D f_n(E_D) \tag{2・38}$$

$$n_A = N_A \{1 - f_n(E_A)\} \tag{2・39}$$

として求められる。フェルミ準位 E_f は，式(2・37)に式(2・28)，式(2・29)，式(2・38)，式(2・39)を代入して求められる。

〔例題〕 **2・3** n形半導体およびp形半導体の E_f の温度依存性を求めよ。

〔解答〕 式(2・37)において，n形半導体の場合，N_A, n_A, p が無視でき，p形半導体の場合，N_D, n_D, n が無視できるので，それぞれ，

$$N_D - \frac{N_D}{1 + \exp\left(\frac{E_D - E_f}{kT}\right)} = N_C \exp\left\{-\frac{E_C - E_f}{kT}\right\} \tag{2・40}$$

$$N_A - \frac{N_A}{1 + \exp\left(\frac{E_f - E_A}{kT}\right)} = N_V \exp\left\{-\frac{E_f - E_V}{kT}\right\} \tag{2・41}$$

となる。それぞれの場合について，等式を満足する E_f を各温度について求めると，図2・24 のようになる。E_f は温度増加とともに禁制帯の中央に近づき，高

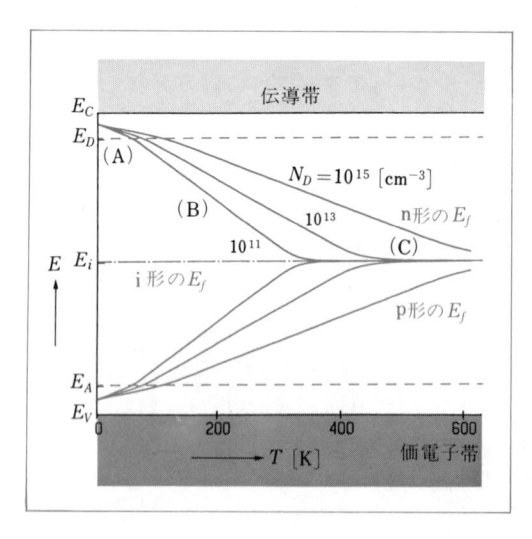

図2・24 フェルミ準位の温度依存性（Si 結晶）

温では真性半導体となる。

〔5〕 キャリア密度の温度依存性

n形半導体の電子密度 n の温度依存性を，図2・25に示す。(A)は，比較的低温であり，ドナーから伝導帯への電子の励起が支配的となる領域である。(B)は，ドナー準位の電子が出払って，ほとんど空となる領域である。また，(C)は，高温で，対生成によるキャリア発生が支配的となる領域であり，真性状態となる。p形半導体の正孔密度の温度依存性も図2・25と同様な特性を示す。

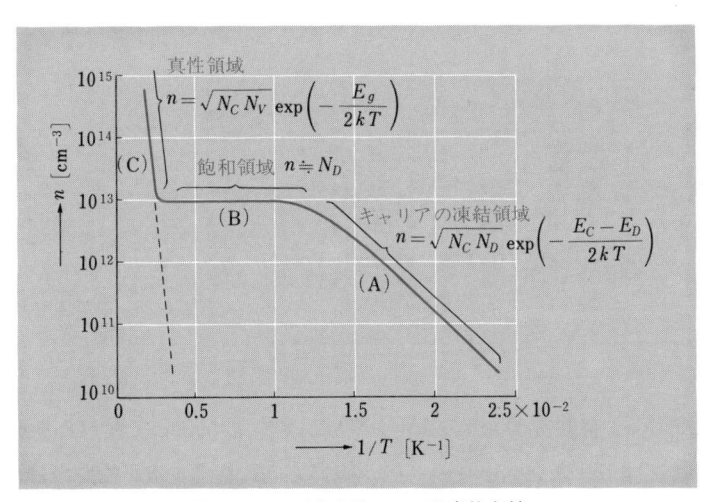

図2・25 n形半導体のnの温度依存性

2・5 キャリアの運動と電気伝導

〔1〕 移動度

(1) キャリアのランダム運動とドリフト現象　　半導体結晶を構成する原子の配列が，完全に周期的となっている場合には，キャリアは何ら衝突，あるいは散乱を受けずに結晶内を動くことができる。しかし，実際の結晶において

は，格子の熱振動や不純物原子の存在などにより，原子の配列が不規則となり，そのためキャリアは，これらと衝突を繰り返しながら，ランダムな熱運動を行っている。このときのキャリアの**熱速度**（thermal velocity）v_{th} は，エネルギーの等配則により，$v_{th}=\sqrt{3kT/m^*}$ となる。また，衝突から次の衝突までの時間 τ の平均値を $<\tau>$ とすると，**平均自由行程**（mean free path）は $l=v_{th}<\tau>$ で与えられる。

この不規則な熱運動をしているキャリアに電界を作用させると，図2・26のように，ランダムな運動をしながらも，電界による力を受けて，その方向に移動する。このときのキャリアの平均の流動速度を**ドリフト速度**（drift velocity）

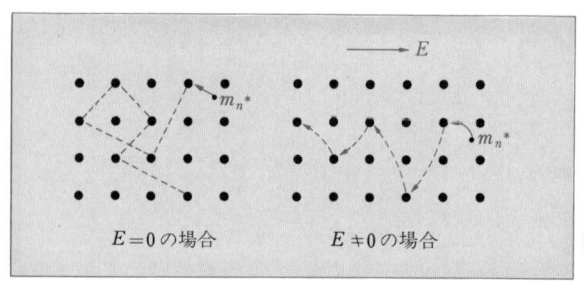

図2・26 半導体中の電子の運動

という。電荷 q，有効質量 m^* のキャリアが，電界 E によって受ける加速度は，$a=qE/m^*$ であり，衝突間にキャリアが電界方向に移動する平均距離は，$S=a<\tau^2>/2$ である。従って，ドリフト速度 v_d は，S を $<\tau>$ で割って，

$$v_d=\frac{S}{<\tau>}=\left(\frac{q}{m^*}\right)\left(\frac{1}{2}\cdot\frac{<\tau^2>}{<\tau>}\right)E=\mu E \tag{2・42}$$

となり，電界 E に比例する。ここで，

$$\mu=\frac{q\tau_d}{m^*} \tag{2・43}$$

$$\tau_d=\frac{1}{2}\cdot\frac{<\tau^2>}{<\tau>} \tag{2・44}$$

とおいてあり，μ は電界がそれほど大きくない場合，ほぼ一定の値をもつ。この μ を**移動度**（mobility）といい，単位電界中でのキャリアの速さを表している。

その単位は$[m^2/V \cdot s]$である。また，τ_dは，キャリアの運動量に関する緩和時間の平均値である。

電子と正孔の移動度をそれぞれμ_n, μ_p，またドリフト速度をそれぞれv_{dn}, v_{dp}とおくと，

$$\mu_n = \frac{q\tau_{dn}}{m_n^*}, \quad \mu_p = \frac{q\tau_{dp}}{m_p^*} \tag{2・45}$$

$$v_{dn} = -\mu_n E, \quad v_{dp} = \mu_p E \tag{2・46}$$

で表せる。ここで，τ_{dn}とτ_{dp}はそれぞれ電子と正孔の緩和時間であり，添字n，pは電子および正孔を表す。表2・5は，半導体の移動度の一例である。

表 2・5　半導体の移動度の例（300 K）

	Ge	Si	GaAs	InSb
μ_n $[m^2/V \cdot s]$	0.36	0.135	0.86	8.0
μ_p $[m^2/V \cdot s]$	0.18	0.048	0.04	0.045

（2）　移動度の温度依存性　　移動度は，熱振動している格子およびイオン化した不純物原子とのキャリアの衝突や散乱によって決まるので，その温度依存性は，キャリアの衝突回数の温度依存性に関係している。格子振動は，温度が高くなるにつれて激しくなるので，格子との衝突は温度の高いところで支配的となる。格子振動の量子化によって導入されたエネルギー量子，すなわち**フォノン**（phonon）との衝突を考えた場合の移動度μ_Lは，理論的に$\mu_L \propto T^{-(3/2)}$となることが知られている。一方，不純物イオンによる散乱は，クーロン力により，キャリアの軌道が曲げられることに関係しているので，キャリア速度が小さいほどその度合が大きく，低温で支配的となる。さらに，不純物イオンの密度N_Iが多くなると，散乱回数が比例的に増える。不純物イオンによる散乱を考えた場合の移動度μ_Iは，理論的に$\mu_I \propto T^{3/2}/N_I$で与えられている。結局，移動度の温度依存性は，図2・27のように，ある温度で極大をもつ形となる。これらの両散乱機構が存在する場合の移動度μは，近似的に，

$$\frac{1}{\mu} \fallingdotseq \frac{1}{\mu_L} + \frac{1}{\mu_I} \tag{2・47}$$

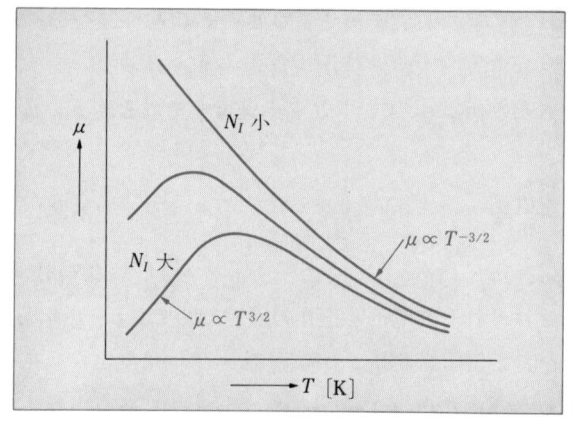

図2・27 移動度の温度依存性

で表される。

（3） 移動度の電界依存性　図2・28のように，半導体に加える電界が弱い場合には，ドリフト速度 v_d と，電界 E の間に比例関係が成立するが，電界が強くなると，非直線となり，さらに高電界においては，飽和特性を示すようになる。この現象の発生は，移動度が電界によって変わることに起因している。す

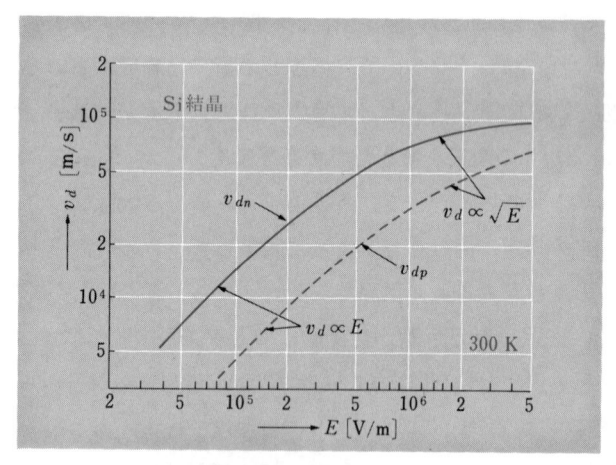

図2・28 ドリフト速度の電界依存性
(C. Carali, et al. J. Phys. Chem. Solids 32 (1971) 1707.より)

なわち，加える電界が強くなると，電子が電界から得たエネルギーのすべては，格子系に放出されず，格子系よりも電子系の温度が高くなる。このような電子を**ホット エレクトロン**（hot electron）（熱い電子）という。電子がホット エレクトロンの状態になると，格子との衝突回数が増加するため，移動度が減少する。これが，ドリフト速度 v_d が電界 E に対して非直線となる原因である。理論的には，$\mu \propto 1/\sqrt{E}$，$v_d = \mu E \propto \sqrt{E}$ で与えられる。飽和特性に対しては，電子によるフォノンの誘導放射に基づいた説明が試みられている。それ以上の高電界が加わると，キャリアの**雪崩増倍**（avalanche multiplication）による電流の急増現象が発生し，破壊に至る。

〔2〕 **ドリフト電流と導電率**

（1） **ドリフト電流** キャリアに電界を加えると移動し，電流が流れる。これを**ドリフト電流**（drift current）という。図2・29のように，p形半導体に電界 E を加えた場合について考える。電界方向に対して垂直な断面 S を単位時間に通過する電荷の量は，この断面を流れる電流の値に等しい。すなわち，

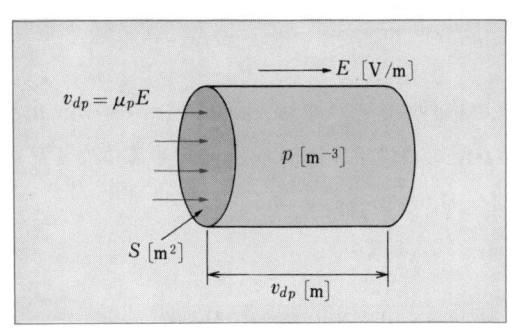

図2・29 電荷の移動と電流

正孔密度を p，ドリフト速度を v_{dp} とすると，断面積 S を単位時間に通過する正孔の数は，断面積 S，長さ v_{dp} の円筒の中に入っている正孔の数 $pv_{dp}S$ に等しい。従って，断面積 S に流れるドリフト電流 I_p および電流密度 J_p は，それぞれ，正孔の電荷を q として，

$$I_p = qpv_{dp}S = qp\mu_p ES \tag{2・48}$$

$$J_p = \frac{I_p}{S} = qp\mu_p E \tag{2・49}$$

となる。同様にして，電子電流密度 J_n は，電子密度を n，移動度を μ_n，電子電荷を $-q$ とおいて，

$$J_n = qn\mu_n E \tag{2・50}$$

となる。電子は，電界作用に対して正孔と逆方向に移動するが，電荷が負であるため，電流の向きは正孔と同じである。従って，電子と正孔によるドリフト電流密度を合計した電流密度 J は，

$$J = J_n + J_p = q(\mu_n n + \mu_p p)E \tag{2・51}$$

となる。

これより，電導率 σ と抵抗率 ρ は，

$$\sigma = \frac{1}{\rho} = \frac{J}{E} = q(\mu_n n + \mu_p p) \tag{2・52}$$

となる。真性半導体では $n = p = n_i$ であるから，

$$\sigma_i = \frac{1}{\rho_i} = qn_i(\mu_n + \mu_p) \tag{2・53}$$

となる。ここで，σ_i を**真性導電率**(intrinsic conductivity)，ρ_i を**真性抵抗率**という。

〔例題〕 **2・4** 電子と正孔の移動度がそれぞれ $\mu_n = 0.32$〔m²/V・s〕，$\mu_p = 0.18$〔m²/V・s〕で，抵抗率が $0.5\,\Omega\cdot m$ の真性半導体がある。この半導体のキャリヤ密度はいくらか。電子の電荷を $-1.6 \times 10^{-19}\,C$ とする。

〔解答〕 式(2・53)に各数値を代入して，

$$n_i = \frac{1}{q(\mu_n + \mu_p)\rho_i} = \frac{1}{1.6 \times 10^{-19} \times (0.18 + 0.32) \times 0.5}$$
$$= 2.5 \times 10^{19}\,〔m^{-3}〕$$

∴ $n = p = n_i = 2.5 \times 10^{19}$〔m⁻³〕

〔3〕 拡散電流

（1） **拡散電流密度** 気体分子の拡散現象と同様に，半導体中のキャリア

の場合も，密度の高いところから低いところに，拡散によってキャリアが移動する。図2・30のように，n形半導体の$x=0$面から，少数キャリアである正孔を流入（これを**注入**（injection）という）させると，この半導体中の正孔密度は熱平衡状態の正孔密度より増加する。この正孔密度の増加分Δpを過剰正孔密度という。このとき正孔は密度の低い対電極方向に拡散によって流れ，電流を

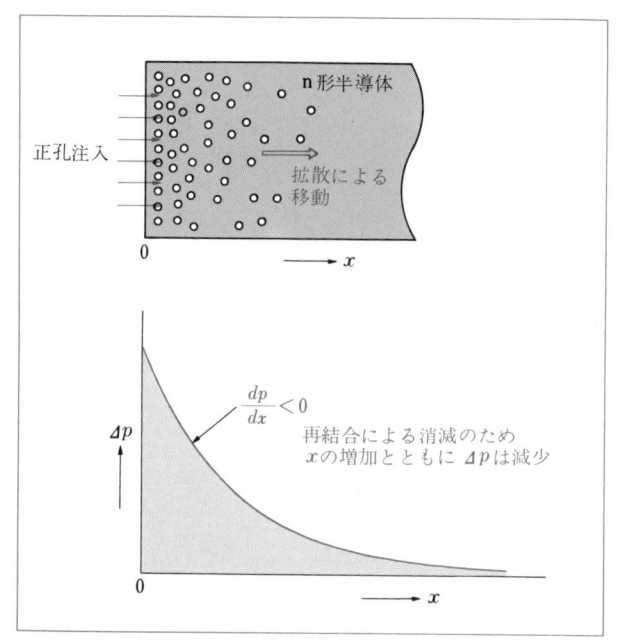

図2・30 キャリアの拡散と電流

生ずる。この電流を**拡散電流**（diffusion current）という。図のように，正孔が距離とともに減少する原因は，正孔が再結合によって消滅することによる。正孔が単位時間に単位断面を通過する数N_pは，キャリアの密度勾配に比例し，

$$N_p = -D_p \frac{dp}{dx} \tag{2・54}$$

で与えられる。ここで，D_pを正孔の**拡散係数**（diffusion coefficient）という。負符号の理由は，正孔が濃度勾配の負の方向に拡散することによる。従って，正孔の拡散電流密度J_pは，

で表される。同様にして，電子の拡散電流密度 J_n は，電子が負電荷をもつので，

$$J_p = qN_p = -qD_p\frac{dp}{dx} \tag{2・55}$$

$$J_n = -(-q)D_n\frac{dn}{dx} = qD_n\frac{dn}{dx} \tag{2・56}$$

となる。従って，電子と正孔による拡散電流を合成した電流密度 J は，

$$J = J_n + J_p = qD_n\frac{dn}{dx} - qD_p\frac{dp}{dx} \tag{2・57}$$

となる。

〔4〕 ドリフトと拡散による電流の式

半導体中の電流密度は，ドリフト電流密度と拡散電流密度の和であり，次式で表される。

$$J_n = q\mu_n nE + qD_n\frac{dn}{dx} \quad \text{（電子電流密度）} \tag{2・58}$$

$$J_p = q\mu_p pE - qD_p\frac{dp}{dx} \quad \text{（正孔電流密度）} \tag{2・59}$$

$$\begin{aligned}J &= J_n + J_p \\ &= q(\mu_n n + \mu_p p)E + q\left(D_n\frac{dn}{dx} - D_p\frac{dp}{dx}\right) \quad \text{（全電流密度）}\end{aligned} \tag{2・60}$$

以上は，一次元の式であるが，ベクトルを用いて三次元で表した場合には，次式となる。

$$\begin{aligned}\boldsymbol{J} &= \boldsymbol{J}_n + \boldsymbol{J}_p \\ &= q(\mu_n n + \mu_p p)\boldsymbol{E} + q(D_n\,\text{grad}\,n - D_p\,\text{grad}\,p)\end{aligned} \tag{2・61}$$

〔5〕 アインシュタインの関係

図2・31のように，ドナー不純物が場所的にある分布をもって添加され，電子密度が場所的に変化している熱平衡状態のn形半導体について考える。

熱平衡状態のn形半導体において，電子密度 n と内部電界 E は，

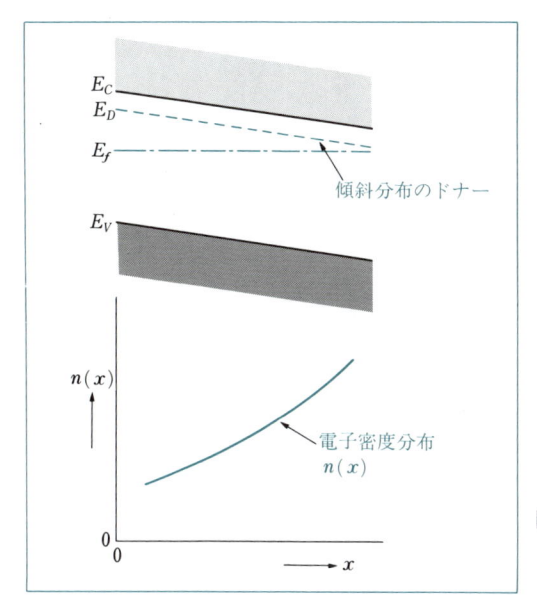

図2・31 傾斜分布のドナーをもつn形半導体のバンド図と電子密度分布

$$n = N_c \exp\left(-\frac{E_c - E_f}{kT}\right) \tag{2・62}$$

$$\therefore \frac{dn}{dx} = -\frac{n}{kT}\frac{d(E_c - E_f)}{dx} \tag{2・63}$$

$$E = \frac{1}{q} \cdot \frac{d(E_c - E_f)}{dx} \tag{2・64}$$

で与えられる。熱平衡状態においては，電子電流密度 J_n は，

$$J_n = q\mu_n n E + q D_n \frac{dn}{dx} = 0 \tag{2・65}$$

である。この式に上で求めた $n, dn/dx, E$ を代入すれば，

$$J_n = n\mu_n \frac{d(E_c - E_f)}{dx} - \frac{qD_n n}{kT}\frac{d(E_c - E_f)}{dx} = 0 \tag{2・66}$$

$$\therefore \frac{D_n}{\mu_n} = \frac{kT}{q} \tag{2・67}$$

の関係が成立する。これは，拡散係数と移動度を結びつける重要な関係式であり，**アインシュタインの関係**（Einstein relation）という。正孔に対しても，同

様に，

$$\frac{D_p}{\mu_p} = \frac{kT}{q} \qquad (2\cdot 68)$$

の関係が成立する．

2・6 キャリアの生成と再結合

〔1〕 キャリアの生成・再結合過程

　価電子が熱，光，X線などの外部エネルギーを得て，価電子帯から伝導帯に励起されて伝導電子となり，正孔が価電子帯に作られる過程は，すでに，2・3 節で述べた**キャリアの生成**（generation of carrier）（対生成）である．また，この過程とは逆に，図 2・32 のように，電子と正孔とが一緒になって消滅する過程を**再結合**（recombination）という．この再結合は，キャリアの寿命を決定する重要な機構である．熱平衡状態の半導体においては，キャリアの生成割合と再結合割合とが等しく，その条件で決まるキャリア密度が保持されている．

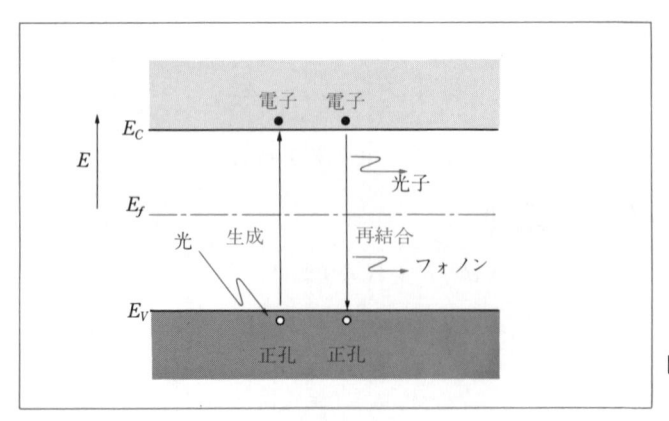

図 2・32　キャリア生成と再結合

　再結合の仕方を大別すると，**直接再結合**（direct recombination），**間接再結合**（indirect recombination）および**表面再結合**（surface recombination）の

3つに分けられる。

　直接再結合は，図2・32のように，伝導帯の電子と価電子帯の正孔とが直接に再結合する過程をいう。この過程では，少くとも，エネルギーギャップ E_g に相当したエネルギーを放出しなければならない。それには，エネルギーを光子の形で放出する場合やフォノンの形で放出する場合もあるが，これらに関しては第6章で説明する。

　実際の半導体においては，ドナーやアクセプタ以外に，ある種の不純物や格子欠陥など（再結合中心）が原因となり，図2・33のように，禁制帯の中央付近に局在準位が形成される場合が多い。この準位を**深い不純物準位**（deep impurity level）という。この深い不純物準位を介して行われるキャリアの再結合

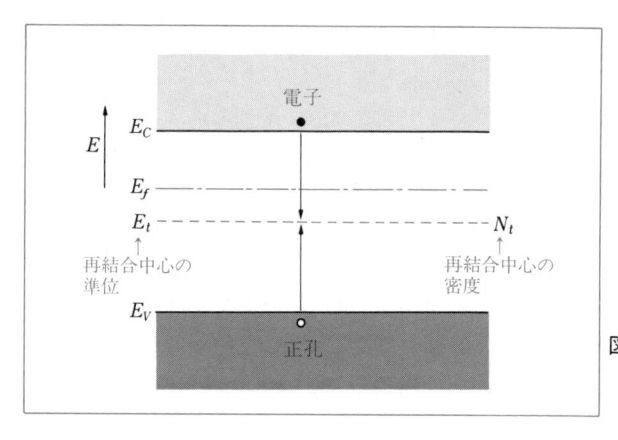

図2・33　再結合中心（深い不純物などによる準位）を介した再結合

が間接再結合であり，直接再結合に比べて再結合割合が大きく，キャリアの寿命を決める主役となっている。このような準位は，単一のエネルギー準位の場合もあれば，また多重の準位が形成されている場合もある。さらに，この準位は，電子を受け入れて負に帯電する**アクセプタ形の準位**（acceptor-type level）と，電子を放出して正に帯電する**ドナー形の準位**（donor-type level）に分けられる。たとえば，図2・33の局在準位がアクセプタ形で，n形半導体に形成されているとすると，再結合は，次の過程で起る。まず，n形であり，多数キャリアが電子であるため，この局在準位は，電子を捕獲して負に帯電している。注入

された正孔は，この負に帯電した準位に捕獲されて中性の準位に変わる。次に，中性の準位に電子が捕獲されて再結合が完了する。このような準位は，再結合の場となるので**再結合中心**（recombination center）という。

しかし，もしここで中性の準位に電子が捕獲される確率が，負に帯電した準位に正孔が捕獲される確率に比べて十分に小さければ，一度捕獲された正孔は，再結合する前に熱励起によって再放出されることになる。この場合，この準位は，正孔を一時的に捕獲するだけの場となることから**捕獲中心**（trapping center）（**正孔トラップ**（hole trap））という。同様に，p形半導体にドナー形の局在準位が存在する場合には，この準位は，再結合中心あるいは**電子トラップ**（electron trap）として働く。すなわち，電子と正孔を捕獲する確率が同程度である場合には，再結合中心となり，それらの確率が大きく異なる場合には，捕獲中心となる。

半導体の表面は，結晶を構成している規則的な原子配列の終端となるため，多量の**不飽和結合**（dangling bond）ができ，これが原因となって，表面に多くの局在準位が形成される。この局在準位を**表面エネルギー準位**（surface energy level）といい，その密度は，表面の粗さや酸素の吸着状態などに依存する。図 2・34 のように，この表面準位は，内部の電子を捕獲して負に帯電するため，バンドは，上方向へ曲がる。この表面準位を介して行われる再結合が，表面再結

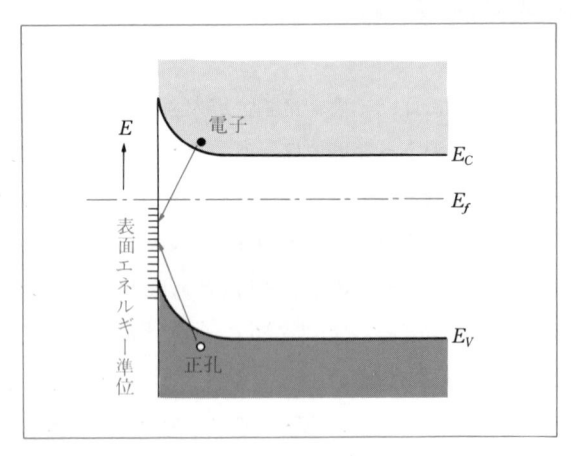

図 2・34　表面再結合

合である．一般に，表面準位密度が大きいため，そこにおける再結合割合は，内部における再結合割合より大きい．

〔2〕 キャリアの遷移法則

(1) **一般的な法則**　2つのエネルギー準位間を，単位時間に遷移する電子の数を**遷移速度**(transition rate)という．一般に，エネルギー準位 $E_1, E_2 (E_1 < E_2)$ の間の遷移速度 R は，次式で与えられる．

$E_1 \to E_2$ 遷移の場合（高いエネルギー準位への遷移）

$$R_{up} = K_{up} \times n_{E1} \times N_{E2} \exp\left(-\frac{E_2 - E_1}{kT}\right) \tag{2・69}$$

$E_2 \to E_1$ 遷移の場合（低いエネルギー準位への遷移）

$$R_{dn} = K_{dn} \times n_{E2} \times N_{E1} \tag{2・70}$$

ここで，n_{E1}, n_{E2} は，それぞれエネルギー E_1, E_2 において，遷移可能な電子密度，N_{E1}, N_{E2} は，電子の受け入れ可能な状態密度，また K_{up} と K_{dn} は，比例定数である．式(2・69)における指数関数の項は，格子振動との相互作用によって熱エネルギーを得た電子が格子から離れる確率である．

伝導帯および価電子帯における n_E と N_E は，それぞれ，次のようになる．

$$\left.\begin{array}{l} n_E = n \\ N_E = N_C - n \fallingdotseq N_C \end{array}\right\} \quad \text{(伝導帯)} \tag{2・71}$$

$$\left.\begin{array}{l} n_E = N_V - p \fallingdotseq N_V \\ N_E = p \end{array}\right\} \quad \text{(価電子帯)} \tag{2・72}$$

(2) **熱平衡状態の遷移**　図2・35のn形半導体の場合について考える．熱平衡状態では，上向きと下向きの遷移速度が互に等しく，$R_{up} = R_{dn}$ である．まず，図中の遷移(A)においては，E_2 を伝導帯の底のエネルギー E_C，E_1 を価電子帯の頂上のエネルギー E_V に対応させると，

$$R_{up} = K_{up} n_{E1} N_{E2} \exp\left(-\frac{E_C - E_V}{kT}\right) = K_{up} N_V N_C \exp\left(-\frac{E_g}{kT}\right) \tag{2・73}$$

となり，これは，式(2・31)より，

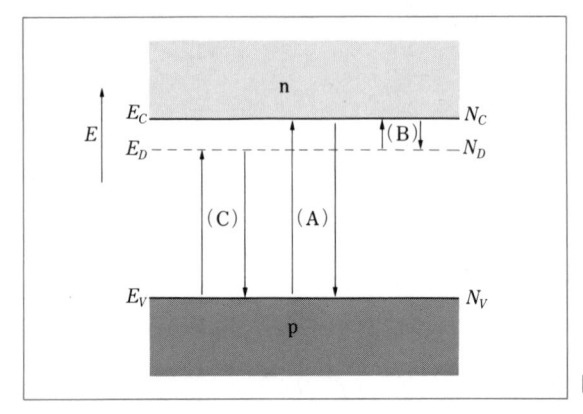

図 2·35 キャリアの遷移

$$R_{up} = K_{up} np \tag{2·74}$$

である。また，

$$R_{dn} = K_{dn} n_{E2} N_{E1} = K_{dn} np \tag{2·75}$$

が得られる。熱平衡状態であるから，両者を等しいとおけば，

$$R = R_{up} = R_{dn} = K n_i^2 \tag{2·76}$$

ここで，$K_{up} = K_{dn} = K$ (2·77)

であることがわかる。

〔例題〕 2·5 n形半導体の場合，図 2·35 における(B)と(C)の遷移速度を計算し，検討せよ。

〔解答〕 ドナー密度を N_D とし，その内でイオン化していない密度を n_D とする。

(1) (B)の遷移 式(2·69)および式(2·70)より，

$$R = K n_D N_C \exp\left(-\frac{E_C - E_D}{kT}\right) = Kn(N_D - n_D) \tag{2·78}$$

$$\therefore \quad \frac{n_D}{N_D - n_D} = \frac{n}{N_C} \exp\left(\frac{E_C - E_D}{kT}\right) \tag{2·79}$$

となる。ここで，$n \ll N_C$，$\exp\{(E_C - E_D)/kT\} \fallingdotseq 1$（室温の場合）である。従って，式(2·79)において，$n_D \ll N_D$ となるので，室温においては，ドナーの大部分

がイオン化していることを示している。

（2）（C）の遷移 式(2・69)および式(2・70)より，

$$R = K'(N_D - n_D)N_V \exp\left(-\frac{E_D - E_V}{kT}\right) = K' n_D p \qquad (2 \cdot 80)$$

となる。この式を式(2・76)と比較すると，同一試料であるから $K = K'$ で，しかも，$p \ll n$, $n_D \ll (N_D - n_D)$ であるから，価電子帯とドナー準位間の電子の遷移速度は，伝導帯と価電子帯間の電子の遷移速度に比べて非常に小さいことがわかる。

〔3〕 **過剰キャリアの寿命**

半導体中のキャリア密度を，熱平衡状態の値より増加させた場合，その増加したキャリアを**過剰キャリア**（excess carrier）という。この過剰キャリアは，光やX線の照射，あるいは電極からのキャリア注入などによって作ることができる。この過剰キャリアは，それを作る原因を取り除くことにより，再結合によって消滅し，時間とともに減少する。すなわち，全体のキャリア密度は，元の熱平衡状態の値にもどる。

次に，図2・36のように，n形半導体に光を照射して一様に過剰キャリアを生

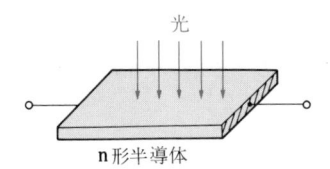

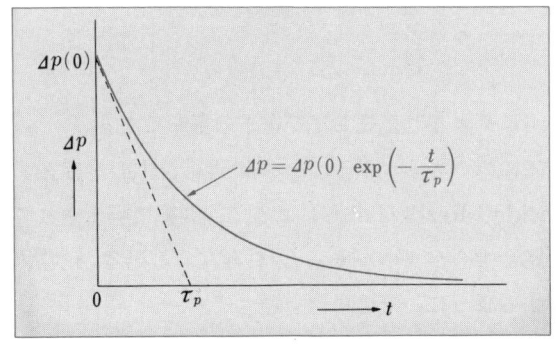

図2・36 少数キャリアの減衰

成させたのち，光照射を止めた場合の過剰キャリアの減衰過程を解析する。熱平衡状態の電子密度と正孔密度をそれぞれ n_0, p_0，過剰電子密度と過剰正孔密度を，それぞれ $\Delta n, \Delta p$ とすると，$n = n_0 + \Delta n, p = p_0 + \Delta p$ である。ここでは，キャリアの注入量が少く，$n_0 \gg \Delta p, \Delta n$ である場合を考える。遷移速度は，式(2・69)と式(2・70)を用いて，次式となる。

$$R_{up} = K_{up} N_V N_C \exp\left(-\frac{E_C - E_V}{kT}\right) = K_{up} n_0 p_0 \tag{2・81}$$

$$R_{dn} = K_{dn}(n_0 + \Delta n)(p_0 + \Delta p) \tag{2・82}$$

従って，正味の再結合速度 R は，$K = K_{up} = K_{dn}$ を考慮して，

$$R = R_{dn} - R_{up} = K\{(n_0 + \Delta n)(p_0 + \Delta p) - n_0 p_0\} \fallingdotseq K n_0 \Delta p \tag{2・83}$$

となる。すなわち，

$$-\frac{d\Delta p}{dt} = K n_0 \Delta p \tag{2・84}$$

である。この微分方程式を，$t = 0$ で，$\Delta p = \Delta p(0)$ の初期条件のもとに解いて，

$$\Delta p = \Delta p(0) \exp\left(-\frac{t}{\tau_p}\right) \tag{2・85}$$

が得られる。これより，n形半導体中の正孔密度 Δp は，指数関数的に減衰することがわかる。ここで，$\tau_p = 1/Kn_0$ を正孔の**寿命**（life time）という。図2・36において，$x = 0$ における接線と時間軸との交点が寿命 τ_p となる。

一般に，非熱平衡状態から熱平衡状態にもどる時の過渡状態における少数キャリアの時間的変化率は，

$$\frac{dp}{dt} = -\frac{p - p_0}{\tau_p} = -\frac{\Delta p}{\tau_p} \tag{2・86}$$

$$\frac{dn}{dt} = -\frac{n - n_0}{\tau_n} = -\frac{\Delta n}{\tau_n} \tag{2・87}$$

で与えられる。ここで，τ_p, τ_n はそれぞれ正孔および電子の寿命である。

図2・35において，禁制帯内に単一エネルギーレベルの再結合中心が存在する場合の再結合過程は，Shockley-Read, Hall らによって，詳細に解析されている。その結果によると，再結合中心がエネルギー E_t に存在する場合，正味の再結合速度 R は，K を1とするように，その単位を選べば，

$$R=\frac{pn-n_i^2}{(n+n_1)\tau_{p0}+(p+p_1)\tau_{n0}} \tag{2・88}$$

で与えられる．ここで，

$$n_1=N_C\exp\left(-\frac{E_C-E_t}{kT}\right) \tag{2・89}$$

$$p_1=N_V\exp\left(-\frac{E_t-E_V}{kT}\right) \tag{2・90}$$

$$\tau_{n0}=\frac{1}{v_n S_n N_t} \tag{2・91}$$

$$\tau_{p0}=\frac{1}{v_p S_p N_t} \tag{2・92}$$

である．v と S は，それぞれキャリアの熱速度と**捕獲断面積**（capture cross-section）である．

正孔の寿命 τ_p は，式(2・88)を用いて，

$$\tau_p=\frac{\Delta p}{R} \tag{2・93}$$

として求められる．

2・7 連続の方程式

〔1〕 キャリアの連続の方程式

キャリアの**連続の方程式**（continuity equation）は，キャリアの拡散，ドリフトおよび再結合を1つの式で結びつけたものであり，半導体の電気伝導現象を解析するための基本式である．これを導くため，図2・37のように，n形半導体における正孔電流の一次元の流れを考える．

図2・37において，x と $x+dx$ の平面で囲まれた領域内の単位体積当たりの正孔の時間的変化率 $\partial p/\partial t$ は，次式で表される．

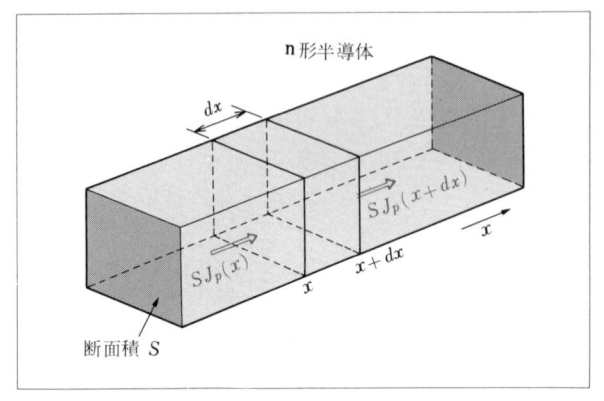

図2·37 電流の流入と流出

正孔の時間的変化率 $\dfrac{\partial p}{\partial t}$	=	再結合による正孔の消滅割合 R_p	+	熱以外のエネルギーを原因とする正孔の生成割合 G_p	+	電流により搬入される単位時間当たりの正味の正孔数 Q_p
		(a)		(b)		(c)

$$\tag{2·94}$$

ここで, (a)は, 正味の再結合速度であり, 式(2·86)と同じく,

$$R_p = -\frac{p-p_0}{\tau_p} = -\frac{\Delta p}{\tau_p} \tag{2·95}$$

で表される. (b)は, 熱エネルギー以外のエネルギー刺激を原因としたキャリア生成であり, 光やX線などを照射した時の単位時間, 単位体積当たりのキャリア生成の数である.

また, (c)は, ドリフト電流および拡散電流によって, 幅 dx の領域内の単位体積当たりに単位時間内に運び込まれる正味の正孔の数であり,

$$\begin{aligned}
Q_p &= \left(\frac{1}{Sdx}\right)\left(\frac{S}{q}\right)[J_p(x)-J_p(x+dx)] \\
&= \left(\frac{1}{Sdx}\right)\left(\frac{S}{q}\right)\left[J_p(x)-\left\{J_p(x)+\frac{\partial J_p(x)}{\partial x}dx\right\}\right] \\
&= -\frac{1}{q}\cdot\frac{\partial J_p(x)}{\partial x}
\end{aligned} \tag{2·96}$$

となる.

以上の関係を式(2·94)に代入して, 一次元のキャリアの連続の方程式として

次式が得られる。

$$\frac{\partial p}{\partial t} = G_p - \frac{p-p_0}{\tau_p} - \frac{1}{q}\frac{\partial J_p(x)}{\partial x} \qquad (\text{n形半導体中の正孔})$$

(2・97)

同様にして,

$$\frac{\partial n}{\partial t} = G_n - \frac{n-n_0}{\tau_n} + \frac{1}{q}\frac{\partial J_n(x)}{\partial x} \qquad (\text{n形半導体中の電子})$$

(2・98)

となる。ここで, G_n は熱以外のエネルギーを原因とした電子の生成割合である。キャリア生成が対生成のみにより起こる場合, $G_n = G_p$ である。

また, p形半導体中の電子と正孔に対しても, それぞれ式(2・97)および式(2・98)と同様な式が導ける。

〔2〕 両極性方程式

2・5節〔4〕で求めた正孔電流密度と, 電子電流密度の式を, それぞれ, 式(2・97)および式(2・98)に代入して, 次式を得る。

$$\frac{\partial p}{\partial t} = G_p - \frac{p-p_0}{\tau_p} - \mu_p p\frac{\partial E}{\partial x} - \mu_p E\frac{\partial p}{\partial x} + D_p\frac{\partial^2 p}{\partial x^2} \qquad (2\cdot 99)$$

$$\frac{\partial n}{\partial t} = G_n - \frac{n-n_0}{\tau_n} + \mu_n n\frac{\partial E}{\partial x} + \mu_n E\frac{\partial n}{\partial x} + D_n\frac{\partial^2 n}{\partial x^2} \qquad (2\cdot 100)$$

外因性半導体においては, 通常, 次の仮定が成立する。まず, 半導体中への少数キャリアの注入に際しては, キャリアの電気的中性条件がほぼ成立するので,

$$\Delta n = \Delta p \qquad (\text{電気的中性条件}) \qquad (2\cdot 101)$$

となる。再結合においては, 電子と正孔が結合して消滅するので, それらの単位時間に消滅する数は互に等しく,

$$\frac{n-n_0}{\tau_n} = \frac{p-p_0}{\tau_p} \qquad (\text{粒子保存}) \qquad (2\cdot 102)$$

が成立する。深い不純物準位が高密度で存在するような特別の場合を除けば, キャリア生成過程のうち, 対生成が支配的となるので,

$$G_n = G_p \equiv G \qquad \text{(対生成)} \tag{2・103}$$

となる。

以上の仮定を式(2・99)と式(2・100)に代入し、それらの式から $\partial E/\partial x$ の項を消去することにより、正孔と電子の連続の方程式を結びつけた次式が得られる。

$$\frac{\partial \Delta p}{\partial t} = G - \frac{\Delta p}{\tau_p} - \mu^* E \frac{\partial \Delta p}{\partial x} + D^* \frac{\partial^2 \Delta p}{\partial x^2} \tag{2・104}$$

この式を**両極性方程式**(ambipolar equation)という。ここで、

$$\mu^* = \frac{n-p}{\frac{n}{\mu_p} + \frac{p}{\mu_n}} \tag{2・105}$$

$$D^* = \frac{n+p}{\frac{n}{D_p} + \frac{p}{D_n}} \tag{2・106}$$

であり、μ^* を**両極性移動度**(ambipolar mobility)、D^* を**両極性拡散係数**(ambipolar diffusion constant)という。この両極性方程式を用いることにより、半導体中にキャリア注入を行った時の、キャリア輸送とキャリア分布が求められる。

〔例題〕 **2・7** 式(2・104)を誘導せよ。

〔解答〕 式(2・99)×$\mu_n n$+式(2・100)×$\mu_p p$ を作り、$\partial E/\partial x$ の項を消去すると、

$$\begin{aligned}\frac{\partial \Delta p}{\partial t} = &G - \frac{\Delta p}{\tau_p} - \left(\frac{\mu_n \mu_p n - \mu_n \mu_p p}{\mu_n n + \mu_p p}\right) E \frac{\partial \Delta p}{\partial x} \\ &+ \left(\frac{\mu_n n D_p + \mu_p p D_n}{\mu_n n + \mu_p p}\right) \frac{\partial^2 \Delta p}{\partial x^2}\end{aligned} \tag{2・107}$$

が得られる。ここで、$n = n_0 + \Delta n$、$p = p_0 + \Delta p$ とし、式(2・101)〜式(2・103)の仮定を用いてある。上式で、両極性移動度の項は、

$$\frac{\mu_n \mu_p n - \mu_n \mu_p p}{\mu_n n + \mu_p p} = \frac{n-p}{\frac{n}{\mu_p} + \frac{p}{\mu_n}} = \mu^* \tag{2・108}$$

である。また、両極性拡散係数の項は、アインシュタインの関係 $kT/q = D_n/\mu_n = D_p/\mu_p$ を用いて、次のように導ける。

$$\frac{\mu_n n D_p + \mu_p p D_n}{\mu_n n + \mu_p p} = \frac{(n+p)\mu_n D_p}{\mu_n n + \mu_p p} = \frac{n+p}{\dfrac{n}{D_p} + \dfrac{\mu_p p}{\mu_n D_p}} = \frac{n+p}{\dfrac{n}{D_p} + \dfrac{p}{D_n}} = D^* \tag{2·109}$$

n形半導体で,過剰キャリア密度が多数キャリア密度に比べて十分に小さい場合には,$n \gg p$ となるので,式(2·105)と式(2·106)は,次式となる。

$$\mu^* = \mu_p \quad , \quad D^* = D_p \tag{2·110}$$

また,p形半導体で,$p \gg n$ の場合には,次式となる。

$$\mu^* = -\mu_n \quad , \quad D^* = D_n \tag{2·111}$$

結局,式(2·104)の両極性方程式を用いてキャリア密度分布を解析する場合,キャリアとしては,少数キャリアに着目すればよいことになる。

一方,真性半導体の場合には,$p_0 = n_0$,$\Delta n = \Delta p$ であるので,

$$\mu^* = 0 \quad , \quad D^* = \frac{2 D_p D_n}{D_p + D_n} \tag{2·112}$$

となる。ここで,$\mu^* = 0$ の意味は,電子と正孔は,個々には移動度をもっているが,電子と正孔とからなる過剰キャリアの集団の移動度は,零ということである。すなわち,過剰キャリアの集団は,電界作用によるドリフトでは移動できないが,拡散によってのみ移動できることを意味している。

〔3〕 拡散方程式

後述の半導体ダイオードやトランジスタ等においては,キャリアの拡散現象を利用している。この現象の解析に当っては,両極性方程式におけるドリフト項を無視した式が用いられる。式(2·104)において,$E = 0$ とおいて,

$$\frac{\partial \Delta p}{\partial t} = G - \frac{\Delta p}{\tau_p} + D^* \frac{\partial^2 \Delta p}{\partial x^2} \tag{2·113}$$

が得られる。この式を**拡散方程式**(diffusion equation)という。

〔例題〕 **2·8** 図2·38のように,半無限長のn形半導体の $x=0$ の面から正孔が注入されている。正孔が拡散のみによって,定常的に流れている場合の正孔密度分布を求めよ。また,$x=0$ における正孔の拡散電流密度を求めよ。ただ

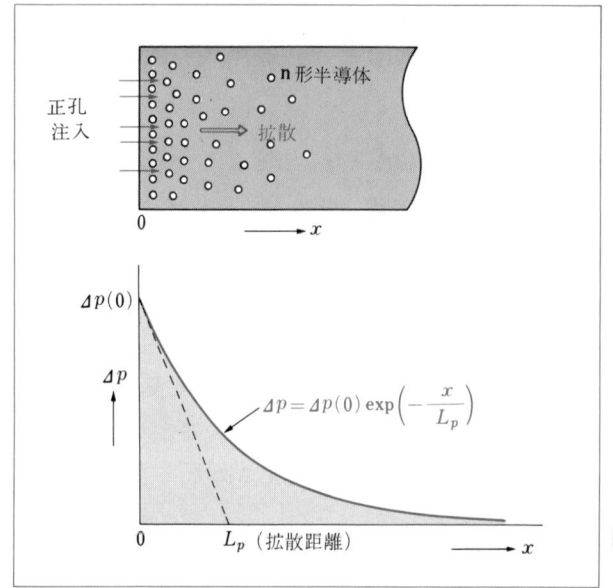

図 2・38 拡散による正孔密度分布

し，$x=0$ における正孔密度を $\Delta p = \Delta p(0) (\ll n_0)$，正孔の拡散係数と寿命をそれぞれ D_p, τ_p とし，正孔の流れは一次元を仮定せよ．

〔解答〕 $G=0, D^*=D_p$ で，かつ，定常状態であるので，式 (2・113) は，

$$D_p \frac{d^2 \Delta p}{dx^2} - \frac{\Delta p}{\tau_p} = 0 \tag{2・114}$$

となる．この微分方程式の一般解は，

$$\Delta p = A \exp\left(-\frac{x}{L_p}\right) + B \exp\left(\frac{x}{L_p}\right) \tag{2・115}$$

である．ここで，A, B は任意定数であり，$L_p = \sqrt{D_p \tau_p}$ は正孔の**拡散距離** (diffusion length) で，拡散によって正孔が移動する平均距離である．$x=0$ で $\Delta p = \Delta p(0)$，$x = \infty$ で $\Delta p = 0$ の境界条件を，式 (2・115) に代入し，正孔密度分布は，

$$\Delta p = \Delta p(0) \exp\left(-\frac{x}{L_p}\right) \tag{2・116}$$

となる．正孔密度分布は，距離とともに指数関数的に減衰するので，図 2・38 の

ように，$x=0$ における接線と x 軸との交点が，拡散距離 L_p となる．

正孔の拡散電流密度 J_p は，式(2・116)を式(2・55)に代入し，$x=0$ における値として，次式が得られる．

$$J_p = -qD_p \frac{d\Delta p}{dx}\bigg|_{x=0} = \frac{qD_p \Delta p(0)\exp\left(-\dfrac{x}{L_p}\right)}{L_p}\bigg|_{x=0} = \frac{qD_p \Delta p(0)}{L_p}$$

(2・117)

〔4〕 半導体内の空間電荷

(1) **キャリア注入による空間電荷**　n形半導体に少数キャリア，または多数キャリアを注入するそれぞれの場合について考える．まず，少数キャリアである正孔を n 形半導体のある部分に注入すると，その正孔によって電界が生ずるため，図 2・39(a) のように，母材中の多数キャリアである電子がこれに集

(a) 少数キャリアの注入

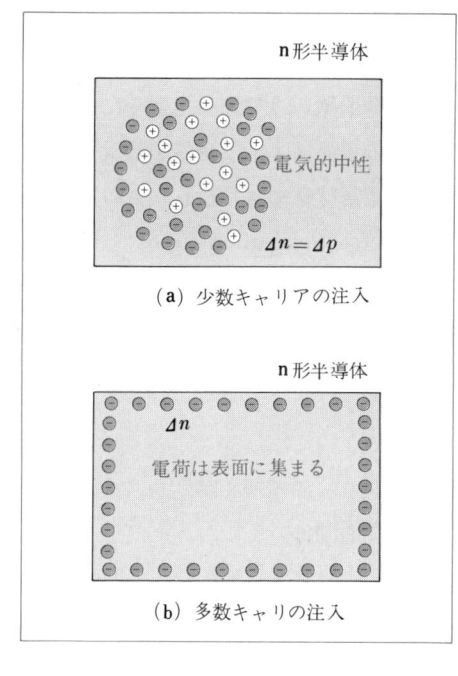

(b) 多数キャリの注入

図 2・39　キャリア注入による空間電荷

まってきて電荷の中和が起こる。$\Delta p \ll n_0$ の場合は，ほぼ完全に電気的中性が満されて $\Delta p = \Delta n$ となるが，$\Delta p > n_0$ の場合には，完全な中和には至らず，空間電荷 $Q = q(\Delta p - \Delta n)$ が残る。

一方，多数キャリアである電子を注入した場合には，母材の正孔密度が非常に少ないため，少数キャリアの注入の場合のような電荷の中和は起こらない。注入された電子は，それ自身の電荷によって生じた電界の作用により，図2・39(b)のように，半導体の内部から表面に移る。これは，導体に与えた電荷が全部，その表面に集まる現象と同じである。

結局，外因性半導体中へ，注入源をもつ電極から少数キャリアを注入する場合にはほとんど空間電荷を生じないため，加える電圧は比較的低く，容易に注入を行うことができる。一方，多数キャリアを注入する場合には，空間電荷に打ち勝つだけの高電圧を加える必要がある。さらに，半絶縁物状態の高抵抗率半導体中へ電極を通して，キャリアの高レベル注入を行う場合には，高密度の空間電荷が形成されるので，**空間電荷制限電流**(space charge limited current) が流れる。

（2） **誘電緩和時間と少数キャリア寿命**　　前項(1)で述べたように，半導体に多数キャリアを瞬間的に注入すると，その電荷によって発生した電界によりキャリアが表面に移動し，ある時間の後に定常状態に落ち着く。この定常状態に達する際の時定数を**誘電緩和時間**（dielectric relaxation time）という。少数キャリアの注入を行った場合には，注入の瞬間に，一時的に空間電荷が形成されるが，誘電緩和時間の間に多数キャリアが，これに集まってきて電気的中性が保たれる。その後は，再結合により少数キャリアの寿命で決まるキャリアの減衰が起こる。

〔例題〕　2・9　n形半導体に電子を注入した時の，誘電緩和時間を求めよ。また，100 Ω・cm の n 形 Si 結晶における誘電緩和時間はいくらか。ただし，比誘電率を $\varepsilon_r = 12$ とする。

〔解答〕　多数キャリアが注入される場合であるから，$\Delta p \fallingdotseq 0$ である。従って，

$\Delta p/\tau_p = \Delta n/\tau_n = 0$ であり,キャリアの再結合と拡散は起こらないと仮定できる。その結果,式(2・98)の連続の方程式は,電子による空間電荷を $Q=-qn$ とおき,

$$\frac{\partial Q}{\partial t} = -\frac{\partial J_n}{\partial x} \qquad (2\cdot118)$$

となる。オームの法則およびポアソンの方程式は,

$$J_n = \sigma E \qquad (\text{オームの法則}) \qquad (2\cdot119)$$

$$\frac{\partial E}{\partial x} = \frac{Q}{\varepsilon_0 \varepsilon_r} \qquad (\text{ポアソンの方程式}) \qquad (2\cdot120)$$

である。ここで,σ は導電率,ε_0 は真空の誘電率,ε_r は比誘電率である。式(2・119)と式(2・120)を式(2・118)に代入して,

$$\frac{\partial Q}{\partial t} = -\frac{\sigma}{\varepsilon_0 \varepsilon_r} Q \qquad (2\cdot121)$$

となる。この式の誘導に際し,σ は一様であると考えられるので,$\partial\sigma/\partial x=0$ を仮定してある。式(2・121)を,$t=0$ で $Q=Q(0)$ の初期条件のもとで解いて,

$$Q = Q(0)\exp\left(-\frac{t}{\tau_r}\right) \qquad (2\cdot122)$$

となり,空間電荷は,指数関数的に減衰する。ここで,τ_r は誘電緩和時間であり,

$$\tau_r = \frac{\varepsilon_0 \varepsilon_r}{\sigma} \qquad (2\cdot123)$$

である。

100 Ω・cm の n 形 Si 結晶の場合,$1/\sigma=\rho=1$〔Ω・m〕であるから,その誘電緩和時間は,

$$\tau_r = \frac{\varepsilon_0 \varepsilon_r}{\sigma} = 8.85\times10^{-12}\times12 = 1.1\times10^{-10}\ 〔\text{s}〕$$

となり,電子の注入によって生じた内部の空間電荷は,瞬時に減衰し,表面に移ると考えてよい。

演習問題〔2〕

〔問題〕 1. 一次元結晶における電子が，〔例題〕2・1 で示したような底が一定で，ポテンシャル壁が非常に高い井戸形ポテンシャル中で運動する（ゾンマーフェルトの金属モデル）と考え，さらに，L が十分に大きいと仮定すれば，電子の取りうるエネルギーは近似的に連続な値を取るものと考えられる。このときの電子の有効質量を求めよ。　　　　　　　　　　　　　　　　　　　　　　　答(m)

〔問題〕 2. Si 結晶中の Si 原子を P 原子で置換した場合，伝導帯の底とドナー準位とのエネルギー差 $\Delta E = E_C - E_D$ はいくらか。ただし，Si 結晶中の電子の有効質量を $m_n^* = 0.32m$，Si 結晶の比誘電率を $\varepsilon_r = 12$ とする。　　　答(0.03 eV)

〔問題〕 3. フェルミ・ディラックの分布関数を，$-0.2\text{eV} < (E - E_f) < 0.2\text{eV}$ の範囲について，それぞれ $T = 0$ 〔K〕，300〔K〕，600〔K〕の場合について計算し，図示せよ。

〔問題〕 4. ある n 形半導体において，300 K でドナー準位の 80 % がイオン化している場合のフェルミ準位の位置を求めよ。　　　　　　　答(0.036 eV)

〔問題〕 5. n 形 Si 中の電子の移動度は，室温（300 K）において，$\mu_n = 0.15$〔m²/V·s〕である。$m_n^* = 0.32m$ とした場合，平均自由行程と衝突間の平均時間とを求めよ。ただし，衝突間の時間はすべて等しく τ であると仮定する。

答(0.113 μm，5.46×10^{-13} s)

〔問題〕 6. 100 g の Si 中にアクセプタ不純物として B 元素を 2×10^{-7} g 溶融させた材料で，p 形 Si 結晶を製作した。この結晶の（i）不純物密度と，（ii）300 K における抵抗率とを求めよ。ただし，B 元素によるアクセプタ準位は 300 K で完全にイオン化しているものとし，$\mu_p = 500$〔cm²/V·s〕とする。また，Si の密度を 2.33 g/cm³，原子量を 28.1，B 元素の原子量を 10.8，アボガドロ数 $N_0 = 6.02 \times 10^{23}$ とする。　　　　　　答((i) 2.59×10^{14} cm⁻³，(ii) 48.3 Ω·cm)

演 習 問 題 〔2〕

〔問題〕 **7.** 室温 (300 K) における Ge 結晶と Si 結晶の真性キャリア密度と抵抗率とを求めよ。ただし，Ge 結晶において，$\mu_n=0.36$ [m^2/V·s]，$\mu_p=0.18$ [m^2/V·s]，$E_g=0.72$ [eV]，Si 結晶において，$\mu_n=0.15$ [m^2/V·s]，$\mu_p=0.05$ [m^2/V·s]，$E_g=1.12$ [eV] とし，計算を簡単にするため，$m_n^*=m_p^*=m$ と仮定する。

答 $\begin{pmatrix} \text{Ge 結晶の場合；} n_i=2.5\times10^{19} \text{[m}^{-3}\text{]}, \quad \rho_i=51 \text{[}\Omega\cdot\text{cm]} \\ \text{Si 結晶の場合；} n_i=1\times10^{16} \text{[m}^{-3}\text{]}, \quad \rho_i=3.12 \text{[}\Omega\cdot\text{cm]} \end{pmatrix}$

〔問題〕 **8.** 一般に，半導体においては，$\mu_n \neq \mu_p$ であるため，真性半導体の抵抗率は最大値ではない。抵抗率が最大となるときのキャリア密度を求めよ。また，そのときの抵抗率は，真性半導体の抵抗率の何倍であるか。

答 $(\rho_{\max}/\rho_i=(\mu_n+\mu_p)/2\sqrt{\mu_n\mu_p}\,)$

〔問題〕 **9.** 図 2·40 のように，n 形半導体における正孔の移動度を測定する実験（ヘインズ・ショックレイの実験）において，$V_0=10$ [V]，$l=1$ [cm]，$d=0.7$ [cm] であり，エミッタ E から正孔のパルスを注入したところ，注入後，47 μs でコレクタ C に到達した。正孔の移動度はいくらか。 答 $(1.49\times10^3 \text{cm}^2/\text{V·s})$

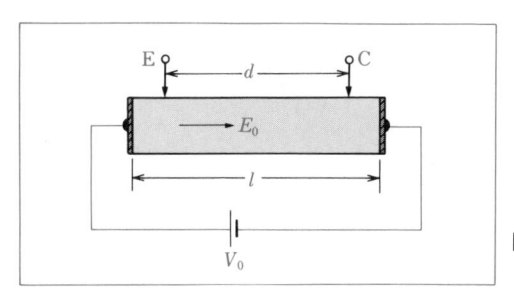

図 2·40 ヘインズ・ショックレイの実験

〔問題〕 **10.** 導電率 $\sigma=0.6$ [S/m]，電子移動度 $\mu_n=0.15$ [m^2/V·s]，正孔移動度 $\mu_p=5\times10^{-2}$ [m^2/V·s] の n 形半導体がある。この半導体の電子密度と正孔密度とを求めよ。ただし，真性キャリア密度を $n_i=2\times10^{16}$ [m^{-3}] とする。

答 $(n=2.5\times10^{19}$ [m^{-3}]，$p=1.6\times10^{13}$ [m^{-3}])

〔問題〕 **11.** 熱平衡状態のp形半導体に，一定照度の光を急激に照射してキャリアの対生成を行った．光を照射したときの時刻を $t=0$ とし，過渡状態における電子密度を求めよ．ただし，電子の寿命を τ_n，光によって生成する電子-正孔対生成の割合を G とする．半導体には電流を流さないものとする．

$$答 \left(G\tau_n \left\{ 1 - \exp\left(-\frac{t}{\tau_n} \right) \right\} \right)$$

〔問題〕 **12.** 半無限長の一次元構造のn形半導体に一定電界 E が加わっており，その片面 $x=0$ から正孔が注入されている．正孔がドリフトのみによって移動する場合の定常状態における正孔密度分布を求めよ．ただし，熱平衡状態の電子密度を n_0，正孔密度を p_0，正孔の寿命を τ_p とし，$x=0$ では過剰正孔密度が $\Delta p(0)$ に保たれているとする．また，正孔は低レベル注入であり，$\Delta p(0) \ll n_0$ とする．

$$答 \left(p_0 + \Delta p(0) \exp\left(-\frac{x}{L_{dp}} \right) \right)$$

〔問題〕 **13.** 一次元の両極性方程式

$$\frac{\partial \Delta p}{\partial t} = G - \frac{\Delta p}{\tau_p} - \mu^* E \frac{\partial \Delta p}{\partial x} + D^* \frac{\partial^2 \Delta p}{\partial x^2}$$

を無次元の形で表せ．

$$答 \left(\frac{\partial \Delta P}{\partial T} = g - \Delta P - \mu\varepsilon \frac{\partial \Delta P}{\partial X} + D \frac{\partial^2 \Delta P}{\partial X^2} \right)$$

第3章　ダイオードとバイポーラ トランジスタ

　1つの半導体単結晶の中で，p形の領域とn形の領域が接して存在するいわゆるpn接合は，整流特性などの特異な性質を示し，半導体デバイスの最も基本的な構成要素である。
　ダイオードは，このpn接合の1層，**バイポーラ トランジスタ**(bipolar transistor；この命名の理由については第4章で述べる)は2層，SCR (Silicon Controlled Rectifier；シリコン制御整流器)は3層から構成されている。
　この章では，このように，半導体デバイスの基本的構造ともいうべきpn接合のもつ種々の性質につき，その物理的意味を調べ，さらに，pn接合と同様な整流特性を示す金属と半導体の接触部分に起こる物理現象について解説する。そして，これらの理論を基礎として，バイポーラ トランジスタや，SCRなどの半導体デバイスについて，その構造や動作原理を説明する。

3・1　pn接合

　pn接合(pn junction)は，p形半導体とn形半導体を単に機械的に接触させても作ることはできない。すなわち，半導体単結晶としての，原子的配列を損なうことなく接合させなければならない。そのための製造方法については，第8章で述べるので，ここでは触れず主として，その構造と理論について述べよう。

〔1〕　接合部分のエネルギー帯の構造
　前章で学んだように，常温では，p形半導体内のアクセプタ原子は価電子帯からの熱励起による電子を受け入れ負にイオン化し，価電子帯に正孔を作る。ま

た，n形半導体内のドナー原子は熱励起により正イオンとなり，伝導帯に電子を作る。

このとき作られるキャリアはイオン化した原子の近傍にいるので（エネルギー帯図の上では，大きくその位置を変えるが，これとは異なり，結晶内の空間的位置は，クーロン力のため，あまり大きくその位置を変えることはない），半導体内の電気的中性条件は依然として，そのまま保たれている。図 3·1 (a)，(b)に，それぞれ p 形および n 形半導体のエネルギー帯の構造を示す。

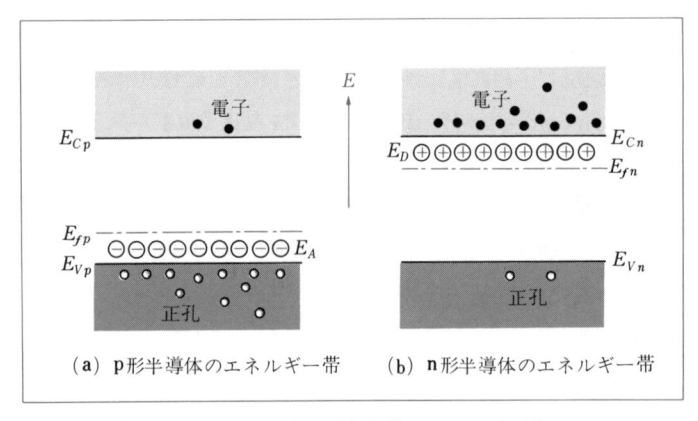

図 3·1 p 形および n 形半導体のエネルギー帯

さて，このような p 形および n 形半導体が，p n 接合を形成すると，接合面近くの n 形半導体領域内の多数キャリアである電子は，その濃度差のため，接合面を通過して p 形半導体領域内に拡散し，あとに正にイオン化したドナー原子を残す。

また，p 領域に拡散した電子は，もともとそこにある正孔と再結合して消滅するが，あとに負にイオン化したアクセプタ原子を残す。

全く同様の理由によって，接合面近くの p 形領域の正孔は n 形領域に拡散し，p 形領域に負にイオン化したアクセプタ原子を残す。

このような拡散現象がある程度進行すると，p n 接合の境界面の近傍には，イオン化したアクセプタやドナー原子の作る空間電荷による電界が強まり，新し

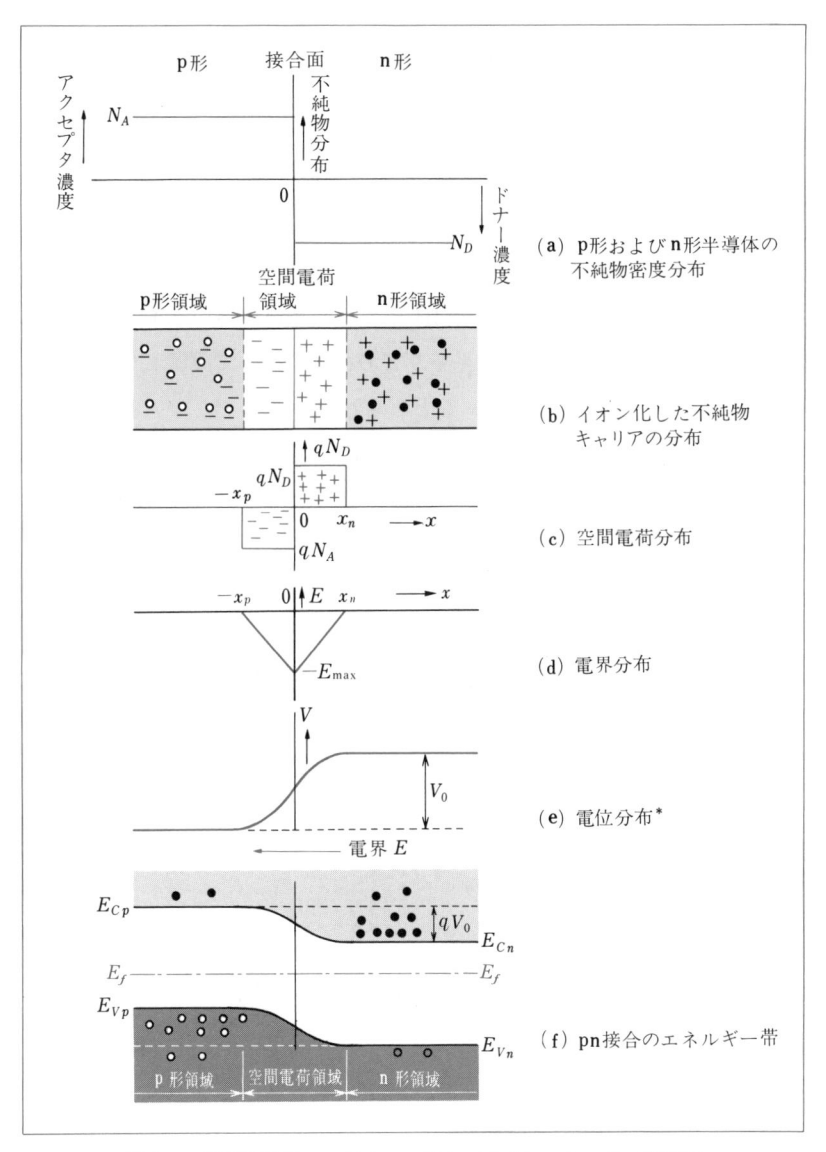

図3・2　熱平衡状態におけるpn接合の形成とエネルギー帯構造

* 電位分布の形は，式(3・8)に示すように，$x=0$ を境にして2つの二次曲線になるが，簡単化のため，以後，直線で示すことにする．

いキャリアの拡散を阻止するようになる。そして，新しい平衡状態に落ち着く。

図3・2(a)はpn接合における不純物濃度の分布を示し，図(b)はイオン化した不純物原子やキャリアの分布の模様をモデル化して表したものである。

イオン化した原子は，接合境界面の近傍に反対符号の電荷をもつキャリアがないため電気的中性条件を満せず，空間電荷（図(c)）を形成し，そこに電界（図(d)）を生じ，この電界が無制限な多数キャリアの拡散を阻止する。

また，このような電界は，p, n両領域間に電位差（図(e)）を作る。この電位差を**拡散電位差**（diffusion potential）または**接触電位差**（contact potential）という。この拡散電位差は，多数キャリアの移動に対して障壁となるので，これを**電位障壁**（potential barrier）などとも呼ぶ。

この拡散電位差は，p, n両領域のキャリアに対するポテンシャル エネルギーをそれぞれ変化させ，両領域のフェルミ レベルが一致するように，そのエネルギー帯の形状（図(f)）を変える。

なお，このような空間電荷が形成されている領域は，**空間電荷領域**（space charge region）と呼ばれる。この領域は，ほとんどキャリアがないため**空乏層**（depletion layer）とも呼ばれる（厳密には，空乏層の末端では，次第に多数キャリアの濃度が増し，最終的には，その熱平衡濃度になっている。）。

拡散電位差の大きさや空乏層領域の長さは，pおよびn領域のアクセプタおよびドナーの濃度によって定まるが，次に，これらのものの算出を試みることにしよう。

〔2〕 拡散電位差と空乏層の厚さ

まず，拡散電位差 V_0 を求めよう。そのため，次のように諸量の記号を定める。

p形領域のアクセプタ濃度	N_A
n形領域のドナー濃度	N_D
真性キャリア密度	n_i
電子の電荷	$-q$
電子の移動度	μ_n

3・1 pn接合

電子の拡散係数	D_n
正孔の移動度	μ_p
正孔の拡散係数	D_p

接合面から十分離れた p 形領域において，

正孔の熱平衡密度は，近似的に	$p_p \fallingdotseq N_A$
電子の熱平衡密度は，近似的に	$n_p \fallingdotseq \dfrac{n_i^2}{N_A}$
伝導帯の底のエネルギー準位	E_{cp}
価電子帯の頂上のエネルギー準位	E_{Vp}
空乏層の端	$x = -x_p$

接合面から十分離れた n 形領域において，

正孔の熱平衡密度は，近似的に	$p_n \fallingdotseq \dfrac{n_i^2}{N_D}$
電子の熱平衡密度は，近似的に	$n_n \fallingdotseq N_D$
伝導帯の底のエネルギー準位	E_{Cn}
価電子の頂上のエネルギー準位	E_{Vn}
空乏層の端	$x = x_n$
フェルミ準位	E_f
pn接合の位置	$x = 0$
拡散電位差	V_0

空乏層領域の位置 x における，

電界	E
電位	V

とする（これらの記号は，以後，この章のすべてに適用する）。

　熱平衡状態で，p, n 両領域のフェルミ準位は一致する。このことは，両領域における，伝導帯の E_{cp} レベル以上の電子密度，および価電子帯の E_{Vn} レベル以下の正孔密度が等しくなり，キャリアの移動がなくなることを意味する。

　すなわち，n 領域の E_{cp} 以上の電子密度は，p 領域の電子熱平衡密度に等しくなるので，

$$n_p = n_n \exp\left(-\frac{qV_0}{kT}\right) \tag{3・1}$$

同様に,p領域のE_{vn}以下の正孔密度は,n領域の正孔熱平衡密度に等しくなるので,

$$p_n = p_p \exp\left(-\frac{qV_0}{kT}\right) \tag{3・2}$$

となる。ここに,qV_0は,2つの領域における伝導帯および価電子帯間のエネルギー差

$$qV_0 = E_{Cp} - E_{Cn} = E_{Vp} - E_{Vn} \tag{3・3}$$

である。さらに,式(3・1),または(3・2)のいずれかに,次の関係,

$$n_p p_p = n_i^2, \quad n_n p_n = n_i^2, \quad p_p \fallingdotseq N_A, \quad n_n \fallingdotseq N_D$$

を用いると,拡散電位差は,

$$V_0 \fallingdotseq \frac{kT}{q} \cdot \log_e\left(\frac{N_A N_D}{n_i^2}\right) \tag{3・4}$$

と求まる。この式から,拡散電位差は両領域の不純物濃度に依存することがわかる。

次に,空乏層の厚さを求めよう。

半導体の誘電率をεとして,ポアッソンの式は(空乏層内の電荷は,すべてアクセプタイオンまたはドナーイオンのみによるとする空乏近似を用いる),

$$\left.\begin{array}{l} -x_p \leq x \leq 0 \text{ の範囲で } \quad \dfrac{d^2V}{dx^2} = \dfrac{qN_A}{\varepsilon} \\[2mm] 0 \leq x \leq x_n \text{ の範囲で } \quad \dfrac{d^2V}{dx^2} = -\dfrac{qN_D}{\varepsilon} \end{array}\right\} \tag{3・5}$$

また,$x=-x_p$および$x=x_n$で,$E=0$の境界条件を入れて,上式を積分し,

$$\left.\begin{array}{l} -x_p \leq x \leq 0 \text{ の範囲で } \quad E = -\dfrac{dV}{dx} = -\dfrac{qN_A(x+x_p)}{\varepsilon} \\[2mm] 0 \leq x \leq x_n \text{ の範囲で } \quad E = -\dfrac{dV}{dx} = -\dfrac{qN_D(x_n-x)}{\varepsilon} \end{array}\right\} \tag{3・6}$$

である。

しかるに,$x=0$で電界の値は等しくなければならないので,

$$x_p N_A = x_n N_D, \quad x_p = \frac{N_D}{N_A} x_n, \quad x_n = \frac{N_A}{N_D} x_p \tag{3・7}$$

の関係が常に成立する。この式から,空乏層は,不純物濃度の小さい領域に,より多く広がることを知る。

さらに,$x=0$ で $V=0$ の境界条件で,式(3・6)を積分すれば,

$$\begin{aligned} -x_p \leq x \leq 0 \text{ の範囲で} \quad V &= \frac{qN_A}{\varepsilon}\left\{\frac{x^2}{2} + x_p x\right\} \\ 0 \leq x \leq x_n \text{ の範囲で} \quad V &= \frac{qN_D}{\varepsilon}\left\{x_n x - \frac{x^2}{2}\right\} \end{aligned} \tag{3・8}$$

となる。それ故,空乏層の両端の電位は,それぞれ,

$$\begin{aligned} V(-x_p) &= -\frac{qN_A x_p^2}{2\varepsilon} \\ V(x_n) &= \frac{qN_D x_n^2}{2\varepsilon} \end{aligned} \tag{3・9}$$

である。

従って,空乏層の両端間の電位差すなわち拡散電位差は,上式から,

$$V_0 = V(x_n) - V(-x_p) = \frac{q(N_D x_n^2 + N_A x_p^2)}{2\varepsilon} \tag{3・10}$$

となり,式(3・7)の関係を式(3・10)に代入して,x_p および x_n を求めると,

$$\begin{aligned} x_p &= \left(\frac{2\varepsilon N_D V_0}{qN_A(N_A+N_D)}\right)^{1/2} \\ x_n &= \left(\frac{2\varepsilon N_A V_0}{qN_D(N_A+N_D)}\right)^{1/2} \end{aligned} \tag{3・11}$$

となる。

従って,全空乏層の厚さ L は,

$$L = x_p + x_n = \left(\frac{2\varepsilon V_0(N_A+N_D)}{qN_A N_D}\right)^{1/2} \tag{3・12}$$

である。

なお,上式中の V_0 の値は,すでに式(3・4)で求められているから,これを代入すればよいが,式が複雑になるので,その記述は省略する。

〔3〕 電流-電圧特性

熱平衡状態にある p n 接合には，式(3·4)に示す拡散電位差 V_0 が作られ，これが障壁になってキャリアの移動が阻止され平衡が保たれている。

しかし，外部から電圧 V が印加されれば電位障壁の高さは，加えられる電圧の極性や大きさに応じて，図3·3のように変化する。この図において，接合部付近のフェルミ準位を示す曲線（……）は，注入されたキャリアに対する見掛

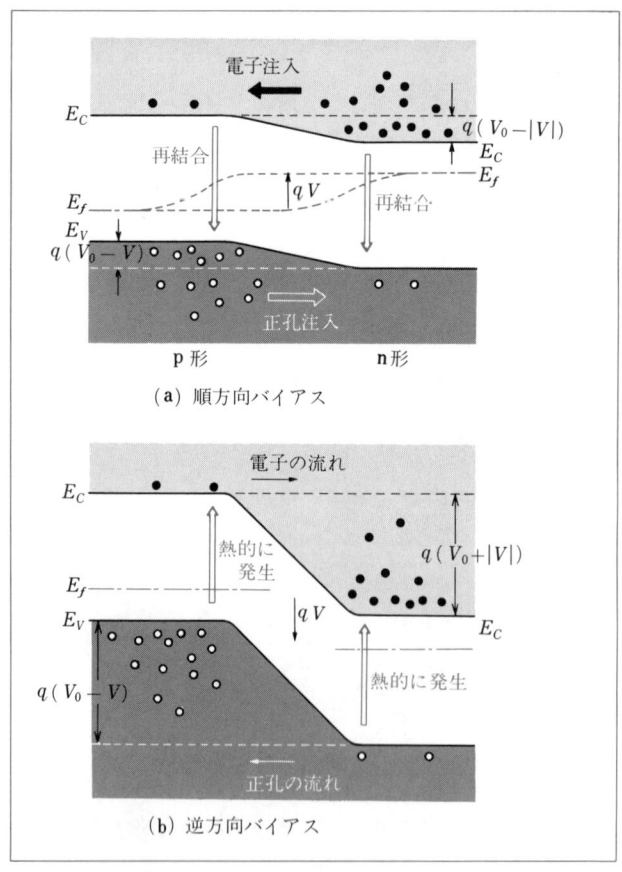

図3·3 印加電圧に対するpn接合のエネルギー帯構造

けのフェルミ準位で，これを**擬フェルミ準位**（quasi-Fermi level）と呼ぶが，以後のバンド図では，複雑になるので，この部分の図示は省略する。

　外部電圧（絶対値 V）が，接合の p 領域を正電位，n 領域を負電位にするように印加される場合，障壁電位差は，$V_0 - V$ に低下し，多数キャリアの移動が可能になり，電流が流れる。このような状態にあるとき，pn接合は**順方向バイアス**（forward bias）になっているという。

　これとは逆に，外部電圧（絶対値 V）の極性が，p 領域を負，n 領域を正の電位にするように与えられているときは，障壁電位差は $V_0 + V$ に増加し，多数キャリアの移動は不可能になり，それに代わって少数キャリアの移動による極めてわずかな電流のみが流れる。このとき，接合は**逆方向バイアス**（reverse bias）になっているという。

　上述のように，ある素子（devise）において，それに印加される電圧の極性により，電流の流れやすさが変わるような性質を**整流特性**という。そして，pn接合のもつ整流特性を巧みに利用したデバイスが **pnダイオード** である。

　次に，pn接合にバイアス電圧 V（順バイアスのとき正，逆バイアスのとき負とする）を印加したときの，p 領域および n 領域のキャリア密度を求めよう。この場合，p 領域中で電位障壁 $V_0 - V$ を越え得る正孔の密度 p_p' は，

$$p_p' = p_p \exp\left\{-\frac{q(V_0-V)}{kT}\right\} = p_n \exp\left(\frac{qV}{kT}\right) \tag{3・13 a}$$

同様に，n 領域中で電位障壁を越え得る電子の密度 n_n' は，

$$n_n' = n_n \exp\left\{-\frac{q(V_0-V)}{kT}\right\} = n_p \exp\left(\frac{qV}{kT}\right) \tag{3・13 b}$$

である。すなわち，接合に順バイアスを加えると，p，n 両領域の多数キャリアは電位障壁を越えて，それぞれ相対する領域へ，その領域の少数キャリアとなって拡散する。このような現象をキャリアの**注入**（injection）という。このとき，注入するキャリアの密度は，相手側の少数キャリア密度の $\exp\{qV/(kT)\}$ 倍になっていることが，式(3・13)からわかる。

　以上のことから，pn接合の電流-電圧特性を求めよう。そのために，まず，p 領域から空乏層を通り，n 領域に注入される正孔の拡散現象を解析する。

空乏層を通過した正孔は，その密度勾配により，n 領域中を拡散してゆくが，このとき，この領域の多数キャリアである電子と再結合をしつつ，次第に消滅してゆく。

正孔と共に再結合によって消滅した電子の後には，新しい電子が送り込まれる。すなわち，正孔電流は電子電流に肩代わりして，電流の連続性が維持される。

ここで，正孔が空乏層を抜け出た直後の位置を $x=0$ とし，そこから距離 x における正孔の密度を p とすれば，拡散方程式は，式(2・114)で述べたように，

$$\frac{d^2p}{dx^2}=\frac{p-p_n}{L_p{}^2}$$

である。ここに，L_p は n 領域中の正孔拡散距離である。この式を，$x=0$ で，$p=p_{p}{}'=p_n\exp(qV/kT)$，および $x\to\infty$ で，$p=p_n$ の境界条件で解けば，

$$p=(p_{p}{}'-p_n)\cdot\exp\left(-\frac{x}{L_p}\right)+p_n \tag{3・14}$$

となる。従って，$x=0$ における正孔電流密度の大きさ $J_p=-qD_p(dp/dx)_{x=0}$ は，

$$J_p=\frac{qD_p(p_{p}{}'-p_n)}{L_p}=\frac{qD_pp_n}{L_p}\left\{\exp\left(\frac{qV}{kT}\right)-1\right\} \tag{3・15}$$

となる。

全く同様に，p 領域へ注入される電子に対して，$x=0$ における電子電流密度 J_n は，

$$J_n=\frac{qD_n(n_{n}{}'-n_p)}{L_n}=\frac{qD_nn_p}{L_n}\left\{\exp\left(\frac{qV}{kT}\right)-1\right\} \tag{3・16}$$

である。ここに，L_n は p 領域における電子の拡散距離である。

それゆえ，全電流密度 J は，次式で与えられる。

$$\left.\begin{aligned}&J=J_p+J_n=J_s\left\{\exp\left(\frac{qV}{kT}\right)-1\right\}\\&\text{ここに，}\\&J_s=q\left(\frac{D_nn_p}{L_n}+\frac{D_pp_n}{L_p}\right)\end{aligned}\right\} \tag{3・17}$$

もし，バイアス電圧 V の値が，正で大きければ，上式は，次式で近似できる。

3・1 pn接合

$$J \fallingdotseq J_s \exp\left(\frac{qV}{kT}\right) \tag{3・18}$$

さて，ここで，再度，式(3・13)にもどり，式中の V に，負の大きな値を代入してみよう。

このことは，逆バイアス電圧を印加することに対応するが，この場合は，

$$\left.\begin{array}{l} p_{p'} \fallingdotseq 0 \\ n_{n'} \fallingdotseq 0 \end{array}\right\} \tag{3・19}$$

となり，障壁を越える多数キャリアはほとんど存在せず，逆に p 領域の少数キャリアである電子，および n 領域の少数キャリアである正孔が，それぞれ相手の領域に拡散することになる。しかし，少数キャリア密度は多数キャリア密度に比し，極めて小さいので，その量は非常に小さい。なお，この場合の電流は，式(3・17)において，V を負で，絶対値の大きな値にすれば求めることができ，

$$J = -J_s = -q\left(\frac{D_n n_p}{L_n} + \frac{D_p p_n}{L_p}\right) \tag{3・20}$$

これは，一定値になる。それ故，この J_s を**逆飽和電流密度**（reverse saturation current density）という。

なお，実際のダイオードを逆バイアスするとき，流れる電流には，式(3・20)で示されるもののほかに，pn接合の不完全さのために流れる漏れ電流が加わるので，逆電圧の増加に伴って，電流は飽和せず漸増することが多い。

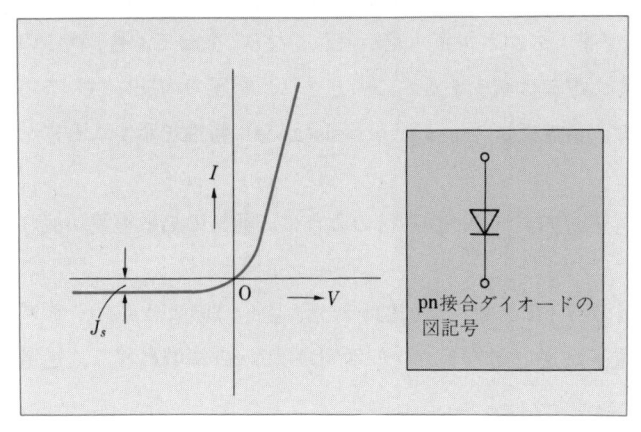

図3・4 pn接合の I-V 特性

図 3・4 に，pn 接合ダイオードの図記号と典型的な電流-電圧特性を示す。

〔4〕 トンネル効果

p 形半導体や n 形半導体に含まれる不純物の濃度が極度に大きくなると，不純物準位が広がり，価電子帯や伝導帯と重なり，キャリアは縮退状態になる。すなわち，フェルミ準位は，p 形半導体では価電子帯中に，n 形半導体では伝導帯中に位置するようになる。

このような半導体を，それぞれ p^+ および n^+ 半導体と記し，これらで形成された接合を **p^+n^+ 接合** といい，図 3・5(a) に，それの熱平衡状態における帯構造を示す。

p^+n^+ 接合の空乏層の厚さ L は，かなり小さくなる。このことは，式(3・12)を次のように変形してみれば明白であろう。

$$L = x_p + x_n = \left\{ \frac{2\varepsilon V_0}{q} \left(\frac{1}{N_A} + \frac{1}{N_D} \right) \right\}^{1/2} \tag{3・21}$$

空乏層の厚さが小さくなると，式(3・17)に示す拡散電流が未だ十分な大きさで流れられないような，小さな正のバイアス電圧でも n^+ 領域の伝導帯の電子は，トンネル効果 (tunnel effect) により p^+ 領域の価電子帯に入り込み，それによる電流を流すことができる。これを図(b)に示す。

しかし，さらに正バイアス電圧が増すと，図(c)に示すように，n^+ 領域の伝導帯と p^+ 領域の価電子帯とのエネルギー差が大きくなり，従って，電子はこの間の遷移を起こし難く，電流は減少する。このときは，電圧の増加に対して電流の減少が起こるので，**負性抵抗** (negative resistance) **特性** を示すことになる。

さらに，正バイアスが増加すれば，図(d)のように，通常の拡散電流が流れる。

また，この接合に負のバイアス電圧を印加すれば，図(e)のように，p^+ 領域中の価電子帯にいる電子は逆方向のトンネル効果により n^+ 領域に移り，逆電流を流す。

3・1 pn接合

(a) 熱平衡状態における帯構造

電子遷移(増)

(b) トンネル効果(増)

電子遷移(減)

(c) トンネル効果(減)

(d) 順方向拡散電流

電子 遷移

(e) 逆方向トンネル効果

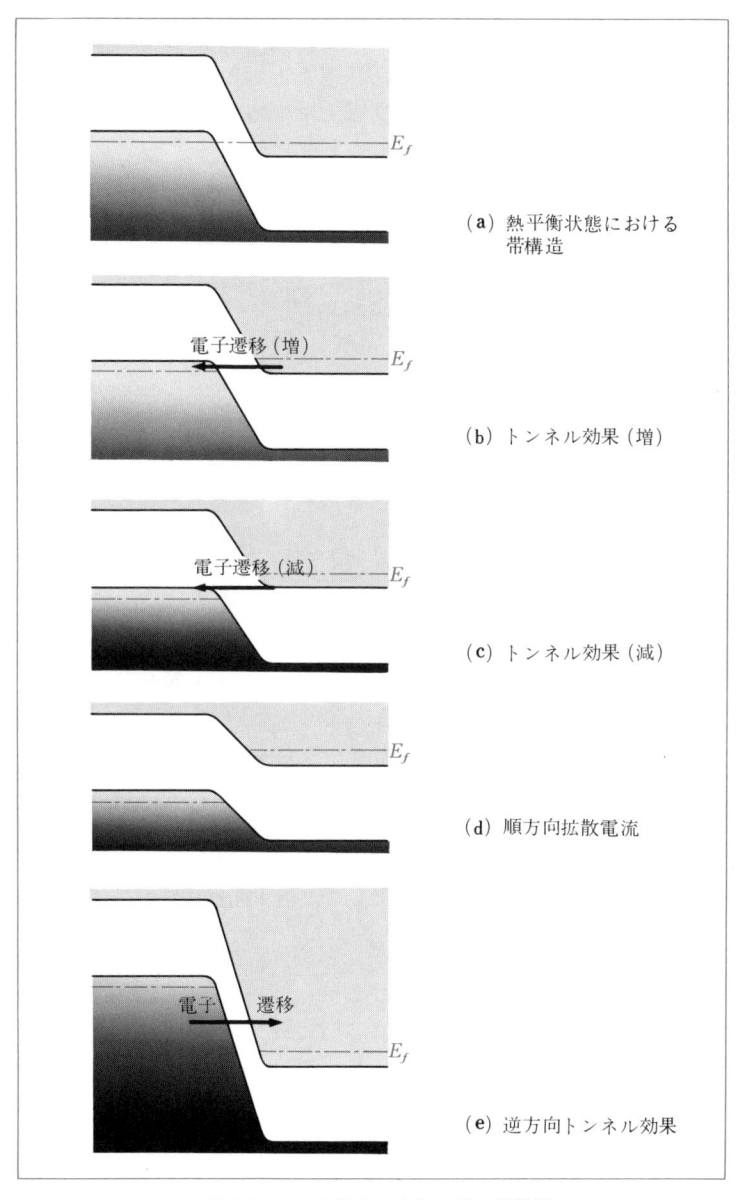

図3・5 p^+n^+接合のエネルギー帯構造

このような特性をもつダイオードを**トンネルダイオード**，またはこの特性の発見者の名前をとって**エサキダイオード**と呼んでいる。

図3·6は，トンネルダイオードの電流-電圧特性を，図3·5のそれぞれの場合に対応させて示してある。

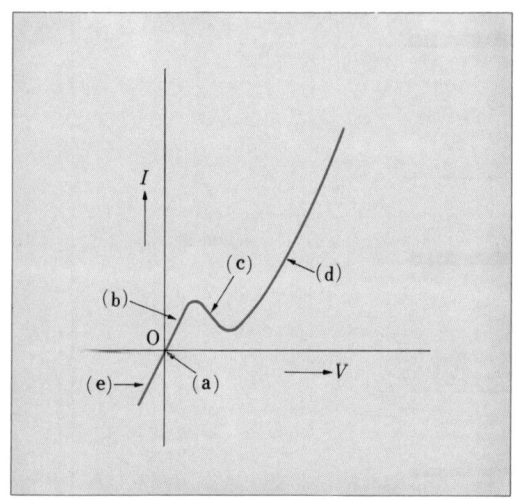

図3·6 トンネルダイオードの I-V 特性

〔5〕 接合部に現れる等価静電容量

ｐｎ接合の空乏層にはイオン化したアクセプタ，およびドナー原子が空間電荷として電気二重層を形成している。そして，熱平衡状態において $-x_p < x < 0$ の範囲にある電荷の総量 Q_p は，

$$Q_p = -qx_p N_A$$

であり，$0 < x < x_n$ の範囲にある電荷の総量 Q_n は，

$$Q_n = qx_n N_D$$

である。ここで，式(3·11)の x_p および x_n を，上の2式に代入すれば，

$$|Q_p| = Q_n = \left(\frac{2q\varepsilon N_A N_D V_0}{N_A + N_D}\right)^{1/2} = Q \tag{3·22}$$

である。

ここで，ｐｎ接合にバイアス電圧 V を印加したとすれば，それぞれの領域にできる空間電荷の量 Q，および空乏層の厚さ L は，式(3・22)，および(3・12)の V_0 を V_0-V に置きかえて，

$$Q=\left(\frac{2q\varepsilon N_A N_D(V_0-V)}{N_A+N_D}\right)^{1/2} \tag{3・23}$$

$$L=\left(\frac{2\varepsilon(N_A+N_D)(V_0-V)}{qN_A N_D}\right)^{1/2} \tag{3・24}$$

となる。これらの式を見れば，Q および L の値は，V が正のとき，すなわち順バイアスのときは小さく，負のとき，すなわち逆バイアスのときは大きくなることがわかる。

絶対値が V の逆バイアス電圧が印加され，$V \gg V_0$ のとき，上の2式はそれぞれ，

$$Q \fallingdotseq \left(\frac{2q\varepsilon N_A N_D V}{N_A+N_D}\right)^{1/2} \tag{3・25}$$

$$L \fallingdotseq \left(\frac{2\varepsilon V(N_A+N_D)}{qN_A N_D}\right)^{1/2} \tag{3・26}$$

で近似できる。

さて，逆バイアスされたｐｎ接合は，ほとんど電流は流れず，しかも，空間電荷をその空乏層に蓄えているので，静電容量と類似の機能をもつと考えられる。そこで，この静電容量を**障壁容量**(barrier capacitance)，または**空乏層容量**(depletion layer capacitance)と呼ぶ。そして，その値 C' は，式(3・25)から，単位面積当たり，

$$C'=\frac{Q}{V} \fallingdotseq \left(\frac{2q\varepsilon}{V} \cdot \frac{N_A N_D}{N_A+N_D}\right)^{1/2} \tag{3・27}$$

である。これに式(3・26)を代入すれば，次式が得られる。

$$C' \fallingdotseq \frac{2\varepsilon}{L} \tag{3・28}$$

また，単位面積当たりの微小信号電圧に対する静電容量 C は，式(3・25)から，

$$C=\frac{dQ}{dV} \fallingdotseq \left(\frac{q\varepsilon}{2V} \cdot \frac{N_A N_D}{N_A+N_D}\right)^{1/2} \tag{3・29}$$

以上のことから，C' および C の値は，いずれも逆バイアス電圧の1/2乗に反

比例して変化することがわかる。

なお，式(3・29)に，式(3・26)を代入すれば，

$$C \fallingdotseq \frac{\varepsilon}{L} \tag{3・30}$$

となり，この値は，ちょうど誘電率が ε で，電極板間隔が L の平行板コンデンサの静電容量に等しいことがわかる。

そして，この静電容量は印加されるバイアス電圧によって制御できる可変容量である。

〔6〕 階段形接合と線形接合

いままで述べてきたpn接合は，その不純物濃度 N_A および N_D の分布が図3・5(a)に示すように，その接合面で急激に変化する階段形接合(step junction)のものであった。

しかし，もし，アクセプタおよびドナーの濃度分布が接合面付近で，図3・7の

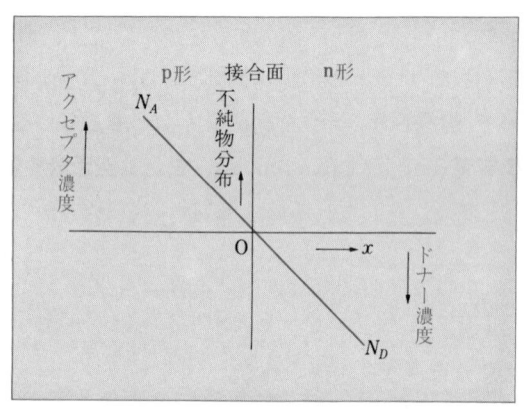

図3・7 線形接合の不純物分布

ように直線的に変化するような場合には，この接合を**線形接合**（graded junction）という。

〔例題〕 3・1 単位面積の線形接合ダイオードに，大きな値の逆バイアス電圧

3・1 pn接合

を印加したとき，このダイオードの微小信号電圧に対する等価静電容量を求めよ。

ただし，不純物濃度は，$N_A(x)=a|x|$, $N_D(x)=ax$ で与えられるものとする。

〔解答〕 この場合，ポアッソンの式は，下式で与えられる。

$-x_p \leq x \leq 0$ の範囲で， $\dfrac{d^2V}{dx^2}=-\dfrac{qax}{\varepsilon}$

$0 \leq x \leq x_n$ の範囲で， $\dfrac{d^2V}{dx^2}=-\dfrac{qax}{\varepsilon}$

電界の式は，$x=-x_p$ および $x=x_n$ で $E=0$ の境界条件で，上式を積分して，

$-x_p \leq x \leq 0$ の範囲で， $E=-\dfrac{dV}{dx}=-\dfrac{qa(x_p{}^2-x^2)}{2\varepsilon}$

$0 \leq x \leq x_n$ の範囲で， $E=-\dfrac{dV}{dx}=-\dfrac{qa(x_n{}^2-x^2)}{2\varepsilon}$

である。ここで，$x=0$ で上の2式は等しい値を取らなければならないから，

$x_p=x_n$

である。また，空乏層内の正，負両空間電荷の大きさ Q は等しく，

$$Q=\int_0^{L/2} qax\, dx = \dfrac{qaL^2}{8} \tag{3・31}$$

である。ここに，L は空乏層の厚さで $L=2x_p=2x_n$ である。

次に，電位の式は，$x=0$ で $V=0$ の条件で，電界の式を積分して，

$-x_p \leq x \leq 0$ の範囲で， $V_p=\dfrac{qa(3x_p{}^2 x - x^3)}{6\varepsilon}$

$0 \leq x \leq x_n$ の範囲で， $V_n=\dfrac{qa(3x_n{}^2 x - x^3)}{6\varepsilon}$

また，空乏層両端の電位差 V_0 は，仮定から熱平衡時の拡散電位差が無視できるので，

$$V_0=V_n-V_p=\dfrac{qa(x_n{}^3+x_p{}^3)}{3\varepsilon}=\dfrac{qaL^3}{12\varepsilon} \tag{3・32}$$

となる。それゆえ，空乏層の厚さ L は，

$$L=\left(\dfrac{12\varepsilon V}{qa}\right)^{1/3} \tag{3・33}$$

となり，これは，逆バイアス電圧の(1/3)乗に正比例して変化する。

最後に，微小信号電圧に対する等価静電容量 C を，式(3・31)および(3・32)から求め，式(3・33)を代入すれば，次式を得る。

$$C = \frac{dQ}{dV} = \frac{dQ/dL}{dV/dL} = \frac{\varepsilon}{L} \tag{3・34}$$

式(3・34)の結果は，階段接合のときと同様に，誘電率が ε，極板間隔が L の平行板コンデンサの静電容量に一致する。しかし，静電容量の電圧依存性は，階段接合の場合の $(-1/2)$ 乗に対し，線形接合の場合は，空乏層の厚さが逆バイアス電圧の $(1/3)$ 乗に比例するため，$(-1/3)$ 乗に比例する。

それ故，pn接合の等価静電容量の電圧依存性を測定することにより，アクセプタやドナーの濃度分布がどのようになっているかを推定することが可能になる。

なお，実際のダイオードの等価回路としては，上述の等価静電容量 C のほかに，図3・8のように，接合の順方向バイアス時における抵抗を表す直列抵抗 r，

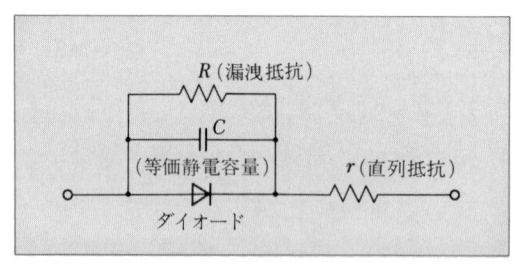

図3・8 実際のダイオードの等価回路

および接合の不完全性に起因する漏洩抵抗 R をも含めて示されることが多い。

〔7〕 降伏電圧

逆バイアスされたpn接合には，少数キャリアの移動による逆飽和電流や，接合の不完全性による漏れ電流が流れることは既に述べた。

この逆バイアスの電圧を増大させていくと，空乏層内の電界の強さも増加する。従って，この領域を通過するキャリアは，この強い電界により加速され，

その運動エネルギーが大きくなり,ついに価電子帯の電子を励起し新たな電子・正孔の対を作る。これらはまた,強い電界で加速され新しいキャリアを生み出す。このようなことを繰り返しながらキャリアは,"なだれ"のように増大し,大きな電流が流れるようになる。

このような現象をpn接合の**なだれ降伏**(avalanche breakdown)といい,この現象を生じさせる電圧を**アバランシェ電圧**という。

pn接合の降伏現象には,このほかに**ツェナー降伏**(Zener breakdown)がある。

これは,p^+n^+の階段接合のような空乏層の薄いダイオードに,逆バイアスをしたときに起こる降伏現象で,p領域の価電子帯にある電子が,トンネル効果により,n領域の伝導帯を通り抜けることにより電流を流すものである。そして,この現象を起こす電圧を**ツェナー電圧**という。

図3・9(a)は,これらの降伏現象の発生機構を示し,図(b)は,そのときの電流-電圧特性を示す。

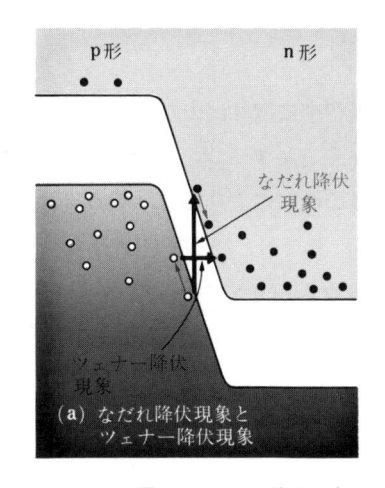

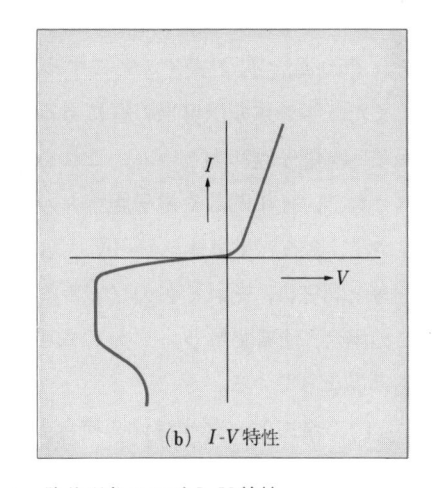

図3・9 なだれ降伏現象とツェナー降伏現象およびI-V特性

なお,アバランシェ降伏でも,ツェナー降伏でも,その降伏時に流れる電流が極度に大きくなると,接合部の温度が上昇し,熱励起によるキャリアの発生

が増大し,ついに,熱的な降伏現象が起こる。これを,**熱降伏**(thermal breakdown)といい,これが激しいときには,ダイオードは熱的に破壊されてしまう。

〔8〕 光電現象
ｐｎ接合の光電現象については,第6章で説明するので,ここでは省略する。

3・2 金属-半導体(MS)接合

金属と半導体を接触させると,ｐｎ接合と同様な整流特性が認められるが,実は,この現象のほうが先に発見されているのである。
この場合の接触面における物理現象について説明しよう。

〔1〕 エネルギー帯の構造
金属や,半導体のフェルミ準位にある電子を真空中に取り出すために必要なエネルギーを,それらの**仕事関数**という。以後,金属と半導体の仕事関数を,それぞれ ϕ_m, ϕ_s で表すことにする。

また,半導体の伝導帯の底にある電子を真空中に取り出すために必要なエネルギーを**電子親和力**といい,これを χ で表すことにする。

これら,仕事関数や電子親和力の値は物質の種類により異なっている。
さて,金属と半導体を熱平衡状態で接触させると,その帯構造は,ｐｎ接合のときと同様に,それぞれのフェルミ準位が一致するようになって平衡するが,この場合,仕事関数 ϕ_m と ϕ_s の大小関係によって,その平衡状態における帯構造は異なってくる。

(1) 金属とｎ形半導体の接合　　いま,金属およびｎ形半導体それぞれの帯構造が,図3・10に示すようなものであるとする。図(a)は $\phi_m > \phi_s$ の場合,図(b)は $\phi_m < \phi_s$ の場合を示す。図中 E_{fm} および E_{fs} は,金属および半導体のフェルミ準位を表す。

(a) $\phi_m > \phi_s$ の場合　　このときは,ｎ形半導体のフェルミ準位が金属のそれ

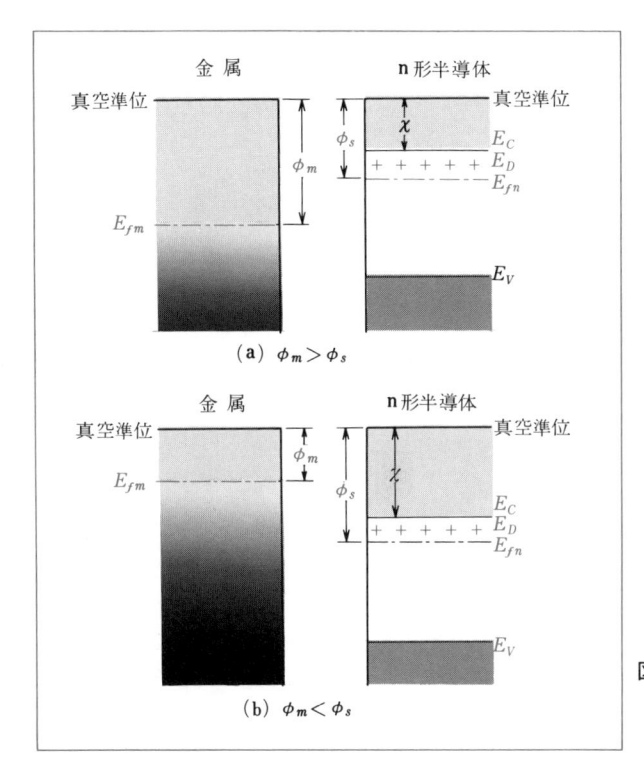

図3・10 接触前の金属とn形半導体のエネルギー帯

よりも上にあるので，半導体中の電子は接触面を通過し，金属表面に移動する。そして，同時に，接合面近傍の半導体中には，正のドナーイオンを残す。

この有様を，図3・11(a)に示す。このとき，接合近傍に現れる空間電荷は，図(b)のような拡散電位差 V_0，および障壁の高さ $\phi_m - \chi$ を形成し，これにより新しい平衡状態に落ち着く。

このときの拡散電位差 V_0 に対応するエネルギーの値は，

$$qV_0 = (\phi_m - \chi) - (\phi_s - \chi) = \phi_m - \phi_s \tag{3・35}$$

であり，qV_0 の値は，障壁の高さ $\phi_m - \chi$ の値とは，異なることに注意しなければならない。

次に，n形半導体中の空間電荷領域の幅 x_n の値を求めよう。

n形半導体の空間電荷領域内において，ポアッソンの式は，

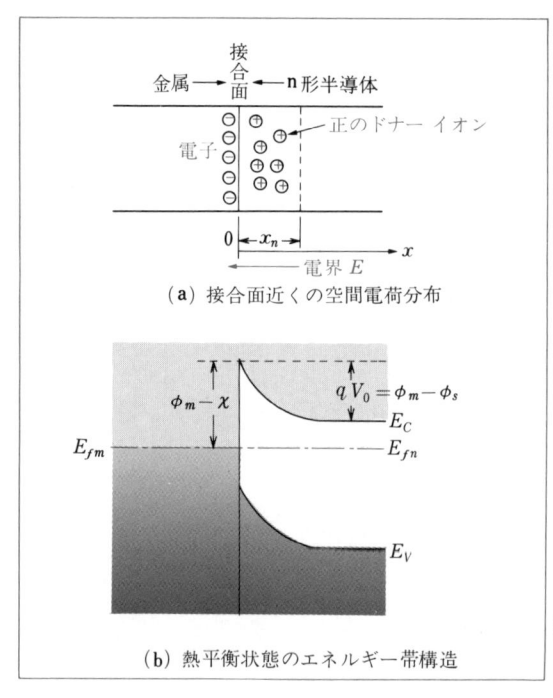

図3・11 (a) 接合面近くの空間電荷分布
(b) 熱平衡状態のエネルギー帯構造
$\phi_m > \phi_s$ の場合の金属・n形半導体接合

$$\frac{d^2V}{dx^2} = -\frac{qN_D}{\varepsilon} \tag{3・36}$$

である。この式を，

$x=0$ で $V=0$，また，$x=x_n$ で $E=-dV/dx=0$ の境界条件で解けば，

$$V = \frac{qN_D}{\varepsilon}\left(x_n x - \frac{x^2}{2}\right) \tag{3・37}$$

となる。ここで，$x=x_n$ において，$V=V_0$ の条件を代入すれば，

$$x_n = \left(\frac{2\varepsilon V_0}{qN_D}\right)^{1/2} \tag{3・38}$$

となり，空間電荷領域の幅は，ドナー濃度の大きいほど薄くなる。

(b) **$\phi_m < \phi_s$ の場合** この場合は，金属のフェルミ準位が半導体のそれよりも上にあるので，接合面を通して金属側から半導体側に電子が移動する。そのため，金属表面には正の表面電荷が残り，半導体表面には負の表面電荷が形

3・2 金属-半導体（MS）接合

成され，これによる拡散電位差が平衡状態を作る。

この際，n形半導体に移動してきた電子は，この領域中では多数キャリアであるためドナーをイオン化して，それによる空間電荷を形成させるようなことをしない。

この有様を，図3・12(a)に示し，図(b)に，そのときの帯構造を示す。

(a) 接合面の表面電荷　金属——接合面←—n形半導体　負のアクセプタイオン

(b) 熱平衡状態のエネルギー帯構造

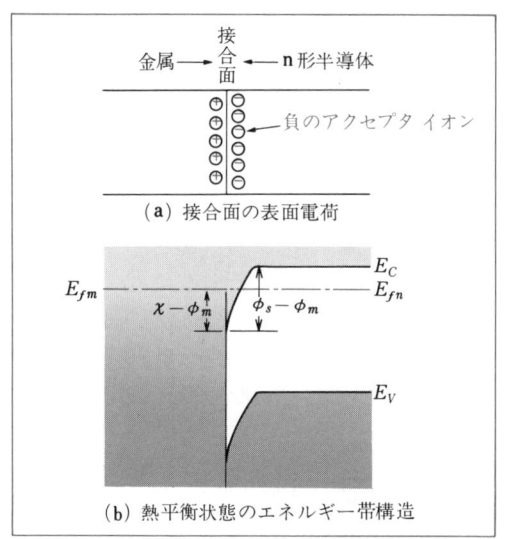

E_{fm}, E_C, E_{fn}, $\chi - \phi_m$, $\phi_s - \phi_m$, E_V

図3・12　$\phi_m < \phi_s$ の場合の金属・n形半導体接合

（2）金属とp形半導体の接合　金属とp形半導体の接合においても，それらの仕事関数の大小により，熱平衡状態における帯構造は異なったものになる。

（a）**$\phi_m < \phi_s$ の場合**　この場合は，金属のフェルミ準位がp形半導体のそれよりも上にあるので，接合が作られると，p形半導体側から金属側に正孔が移動し，金属表面には正の表面電荷が形成され，半導体中には負のアクセプタ・イオンによる空間電荷が残る。

これらの電荷は，拡散電位差を形成して新たな正孔の拡散を阻止し，新しい平衡状態を作る。このときの帯構造を図3・13(a)に示す。

（b）**$\phi_m > \phi_s$ の場合**　このときは，p形半導体側から金属側へ電子が移動

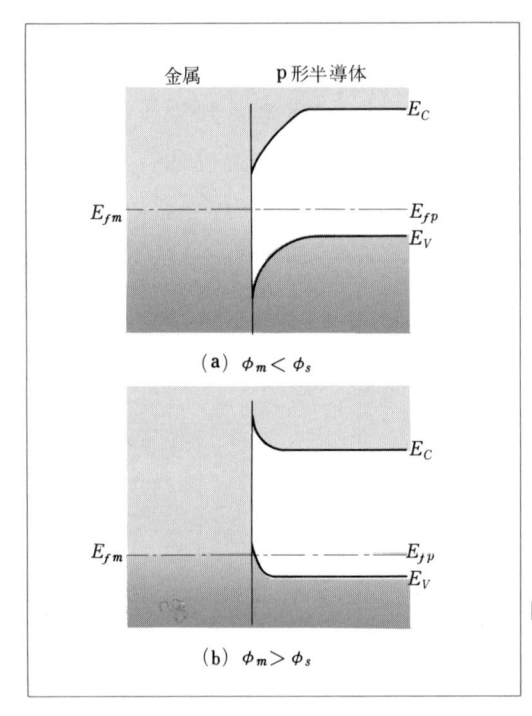

図3・13 金属・p形半導体接合の熱平衡状態におけるエネルギー帯構造

し，それぞれの境界面に表面電荷を形成し，平衡状態になる．このときの帯構造を同図(b)に示す．

〔2〕 電流-電圧特性

金属と半導体の接合に外部電圧を印加したときの電流-電圧特性を調べよう．

この現象を説明する理論としては，これを二極真空管の熱電子放射と類似の現象と考えて解析する二極管理論と，pn接合の場合と同じように，半導体中におけるキャリアの拡散現象で説明する拡散理論とがある．

金属とn形半導体の接合で，$\phi_m > \phi_s$ の場合を考えてみよう．

熱平衡状態においては，図3・11に示したように，接合部に拡散電位差が形成され，それが障壁となって，電子の移動は阻止されている．しかし，外部電圧が印加されれば，pn接合のときと同様に障壁の高さが変化する．

もし，金属側が正に，n形半導体側が負になるような極性で，電圧 V が印加されれば，障壁電位差は V_0-V に低下する．このときは，電子の移動が可能となり，電流が流れる．これとは逆に，金属側が負に，n形半導体側が正になるような極性で電圧 V が印加されれば，障壁の高さは V_0+V に増大し，電子は移動することができず，電流は流れない．従って，このような場合の接触の仕方は整流性があるので，**整流性接触**（rectifiing contact）という．

この整流特性は，金属に接する半導体の不純物濃度によって若干異なったものになるので，このことについて次に述べよう．

（1）二極管理論 半導体の不純物濃度が高いときには，金属に接する半導体の接合面近傍にできる空乏層は薄くなり，電子のもつ自由行程より小さくなる．このときの電流-電圧特性は二極管理論により説明される．

図 3・11 で示したような，金属-n形半導体の接合に順方向バイアス電圧 V が印加されると，伝導帯の電子に対する電位障壁は低くなり，これを越え得る電子のもつべき最低のエネルギー値 E' は，バイアス電圧が 0 のときの拡散電位差を V_0 とし，

$$E' = q(V_0 - V) \tag{3・39}$$

である．もちろん，この E' は伝導帯の底を基準（すなわち 0）とした値である．

さて，伝導帯内の電子は，その有効質量 m_s をもち，エネルギー E（伝導帯の底を基準とした）に対応する速度 v をもって運動していると考えられるが，これらの電子に対しては，近似的にマックスウエル-ボルツマン統計ができる．

すなわち，これらの電子のうち，接合面に垂直方向の速度が v と $v+dv$ の間にある確率 F は，マックスウエル-ボルツマンの速度分布則によれば，

$$F = \left(\frac{m_s}{2\pi kT}\right)^{1/2} \exp\left(-\frac{m_s v^2}{2kT}\right) dv \tag{3・40}$$

である．従って，$v \sim v+dv$ の速度をもつ電子数は，伝導帯にある電子の総数を n_s とすれば，$n_s F$ である．

それ故，単位時間に接合面の単位面積を半導体側から金属側へ移動する電子数 dn は，

$$dn = n_s v_x F = n_s \left(\frac{m_s}{2\pi kT}\right)^{1/2} v \exp\left(-\frac{m_s v^2}{2kT}\right) dv \tag{3・41}$$

である。

　もちろん，このときの電子は，障壁 $q(V_0-V)=E'$ を越え得るエネルギーをもっていなければならない。すなわち，電子の運動エネルギー E は，

$$E = m_s v^2/2 > q(V_0 - V) = E' \tag{3・42}$$

である。

　以上のことから，障壁を越えて単位時間に，単位接合面を通過する電子の総数 n_1 は，近似的(伝導帯の電子の取り得るエネルギーには限界があるから，当然その速度にも上限があるが，この限界を無視しても大きい誤差にならない)に，

$$n_1 = \int_{V_0}^{\infty} n_s \left(\frac{m_s}{2\pi kT}\right)^{1/2} \exp\left(-\frac{m_s v^2}{2kT}\right) v\, dv \tag{3・43}$$

である。

　ここで，変数を速度 v から，エネルギー E に変えれば，上式は，

$$E = m_s v^2/2 \quad \text{および} \quad dE = m_s v\, dv \tag{3・44}$$

の関係を代入し，V_0 に対応する E' を用い，

$$\begin{aligned}n_1 &= n_s \left(\frac{1}{2\pi m_s kT}\right)^{1/2} \int_{E'}^{\infty} \exp\left(-\frac{E}{kT}\right) dE \\ &= n_s \left(\frac{kT}{2\pi m_s}\right)^{1/2} \exp\left(-\frac{q(V_0-V)}{kT}\right)\end{aligned} \tag{3・45}$$

となる。それゆえ，この電子の移動による電流密度 J_1 は，

$$J_1 = q n_1 = q n_s \left(\frac{kT}{2\pi m_s}\right)^{1/2} \exp\left(-\frac{q(V_0-V)}{kT}\right) \tag{3・46}$$

となる。

　この式から，バイアス電圧 V が 0 のとき，すなわち，この接合に全く外部電圧が印加されていないときでも，

$$J_{10} = q n_s \left(\frac{kT}{2\pi m_s}\right)^{1/2} \exp\left(-\frac{qV_0}{kT}\right) \tag{3・47}$$

が流れることになる。

この結果は一見奇妙に思える。しかし，これは，金属側から半導体へ移動する電子の存在を考慮していないからである。次に，このことを調べよう。

さて，金属側から見た障壁の高さは，図3・11 に示したように，バイアス電圧には無関係で，常に一定値 $\phi_m - \chi$ である。従って，この障壁を越え得る金属中の電子の移動に起因する電流密度 J_2 は，J_1 と同様の計算により，一定値

$$J_2 = qn_M \left(\frac{kT}{2\pi m_M}\right)^{1/2} \exp\left(-\frac{\phi_m - \chi}{kT}\right) \tag{3・48}$$

となる。ここに，n_M および m_M は金属中の自由電子の数と有効質量である。

そして，この J_2 が J_{10} とつり合っているので，バイアス電圧が0のとき，素子には電流が流れないと考えればよい。すなわち，0バイアス時には正味の電子移動が互いに打ち消し合って0になっている。

以上のことから，バイアス電圧 V が印加されているときの正味の電流密度 J は，

$$J = J_1 - J_2 = J_1 - J_{10} = J_S \left\{ \exp\left(\frac{qV}{kT}\right) - 1 \right\} \tag{3・49}$$

となり，pn接合と同様な整流特性を示す式が得られる。

ここに，J_S は接合に十分に大きな逆バイアス電圧を印加したとき，流れる逆飽和電流で，その値は，

$$\begin{aligned} J_S &= qn_s \left(\frac{kT}{2\pi m_s}\right)^{1/2} \exp\left(-\frac{qV_0}{kT}\right) \\ &= qn_M \left(\frac{kT}{2\pi m_M}\right)^{1/2} \exp\left(-\frac{\phi_m - \chi}{kT}\right) \end{aligned} \tag{3・50}$$

である。

（2） **拡散理論**　次に，金属に接する半導体中の不純物濃度が上述の場合よりも小さいときを考える。この場合には，空乏層が厚くなり，二極管理論が適用できず，以下に述べる拡散理論を用いる。

図3・14 は，このときの，接合部におけるエネルギー帯構造を示す。

拡散理論による電流-電圧特性を求めるため，接合に順方向バイアス V を印加したとき，n形半導体の空間電荷領域内における電子の挙動を考察しよう。い

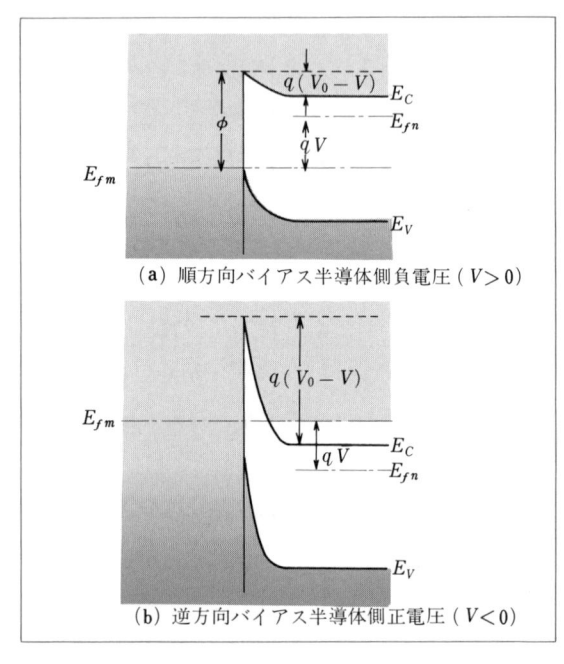

(a) 順方向バイアス半導体側負電圧 ($V>0$)

(b) 逆方向バイアス半導体側正電圧 ($V<0$)

図3・14 バイアス時における金属・n形半導体 ($\phi_m > \phi_s$) 接合のエネルギー帯構造

ま，接合面から距離 x における電子電流密度 J_n は，そこの電子密度を n，電位を v とすれば，

$$J_n = q\left(-n\mu_n \frac{dv}{dx} + D_n \frac{dn}{dx}\right) \tag{3・51}$$

で表される。ここに，μ_n と D_n は，それぞれ電子の移動度と拡散係数である。アインシュタインの関係を代入すれば，上式は，

$$J_n = qD_n\left(-\frac{q}{kT}n\frac{dv}{dx} + \frac{dn}{dx}\right) \tag{3・52}$$

となる。

この式の両辺に $\exp\left(-\dfrac{qv}{kT}\right)$ を掛ければ，

$$J_n \exp\left(-\frac{qv}{kT}\right)$$
$$= qD_n\left\{-\frac{q}{kT}n\frac{dv}{dx}\exp\left(-\frac{qv}{kT}\right) + \frac{dn}{dx}\exp\left(-\frac{qv}{kT}\right)\right\}$$

3・2 金属-半導体（MS）接合

となる。この式の右辺の｛ ｝内は，ちょうど，$n\exp(-qv/kT)$ の x に関する微係数に相当する。

それゆえ，上式は

$$J_n\exp\left(-\frac{qv}{kT}\right)=qD_n\frac{d}{dx}\left\{n\exp\left(-\frac{qv}{kT}\right)\right\} \tag{3・53}$$

と書ける。ここで，境界条件として，

$$x=0\ \text{で}\ n=n_0,\ v=0 \quad \text{ここで，}\ n_0=n_n\exp\left(-\frac{qV_0}{kT}\right)$$

$$x=x_n\ \text{で}\ n=n_n\fallingdotseq N_D,\ v=V_0-V \quad \text{ただし，}\ V_0=\frac{\phi_m-\phi_s}{q}$$

を考慮して，式(3・53)を全空間電荷領域 $0\leq x\leq x_n$ にわたって積分すれば，

$$\int_0^{x_n}J_n\exp\left(-\frac{qv}{kT}\right)dx=qD_n\left[n\exp\left(-\frac{qv}{kT}\right)\right]_0^{x_n}$$

$$=qD_n\left\{n_n\exp\left(-\frac{q(V_0-V)}{kT}\right)-n_0\right\}$$

$$=qD_nN_D\exp\left(-\frac{qV_0}{kT}\right)\left\{\exp\left(\frac{qV}{kT}\right)-1\right\} \tag{3・54}$$

となる。他方，左辺において，電流の連続性を考慮すれば，$J_n=$ 定数であり，また，空間電荷領域の電位や，その幅は，式(3・37)および(3・38)の V_0 を V_0-V に変えて，

$$v=\frac{qN_D}{\varepsilon}\left(x_nx-\frac{x^2}{2}\right),\quad x_n=\left(\frac{2\varepsilon(V_0-V)}{qN_D}\right)^{1/2} \tag{3・55}$$

であるから，これらを代入し積分すれば良いわけであるが，この積分は簡単には行うことができない。

すなわち，電位 v の微係数から得られる

$$dx=\frac{\varepsilon}{qN_D}\frac{1}{(x_n-x)}dv$$

の代わりに，その近似として，$x=0$ における電位勾配から得られる

$$dx=\frac{\varepsilon}{qN_Dx_n}dv$$

を用いれば，式(3・54)の左辺は，次のようになる。

$$J_n \int_0^{x_n} \exp\left(-\frac{qv}{kT}\right)dx \fallingdotseq J_n \frac{\varepsilon}{qN_D x_n} \int_0^{V_0-V} \exp\left(-\frac{qv}{kT}\right)dv$$

$$= -J_n \frac{kT\varepsilon}{q^2 N_D x_n}\left[\exp\left(-\frac{qv}{kT}\right)\right]_0^{V_0-V} = (\mathrm{A})$$

これを(A)とする。この式において,$v=V_0-V$を代入したとき,expの部分の値は小さいので,これを省略し,x_nに式(3・55)を代入すれば,結局,

$$(\mathrm{A}) \fallingdotseq J_n \frac{kT}{q}\left(\frac{\varepsilon}{2qN_D(V_0-V)}\right)^{1/2} \tag{3・56}$$

を得る。従って,式(3・54)から,電流-電圧特性を示す式として,

$$J_n = \frac{q^2 D_n N_D}{kT}\left(\frac{2qN_D(V_0-V)}{\varepsilon}\right)^{1/2} \cdot \exp\left(-\frac{qV_0}{kT}\right) \cdot \left\{\exp\left(\frac{qV}{kT}\right)-1\right\}$$

$$= J_s\left\{\exp\left(\frac{qV}{kT}\right)-1\right\} \tag{3・57}$$

が得られる。この式は,pn接合の電流-電圧特性を表す式と同じ形で,整流特性を示している。ここに,J_sは逆バイアス時の飽和電流で,

$$J_s = \frac{q^2 D_n N_D}{kT}\left(\frac{2qN_D(V_0-V)}{\varepsilon}\right)^{1/2} \exp\left(-\frac{qV_0}{kT}\right)$$

$$= \sigma_s\left(\frac{2qN_D(V_0-V)}{\varepsilon}\right)^{1/2} \exp\left(-\frac{qV_0}{kT}\right) \tag{3・58}$$

であり,σ_sはn形半導体の伝導率で,$\sigma_s = qN_D\mu_n = q^2D_nN_D/kT$である。

なお,このような整流性を示す金属と半導体の接合を**ショットキー接合**(Schottky junction)といい,金属とp形半導体の接合では,$\phi_m < \phi_s$の場合がショットキー接合になる。

金属と半導体の接合には,上述のような整流性をもたない場合もあるが,このことに関しては既に前の項で述べたように,金属とn形半導体の接合においては,$\phi_s > \phi_m$のときであり,また金属とp形半導体の接合においては,$\phi_s < \phi_m$のとき非整流性接触(**オーミック接触**(ohmic contact)ともいう)になる。図3・15は,整流性接触および非整流性接触の場合の電流-電圧特性を示す。

図3・16(a)は,金属とn形半導体の非整流性接触において,金属側を正に電圧を加えたときのエネルギー帯構造を示し,同図(b)は,この接触の金属側を

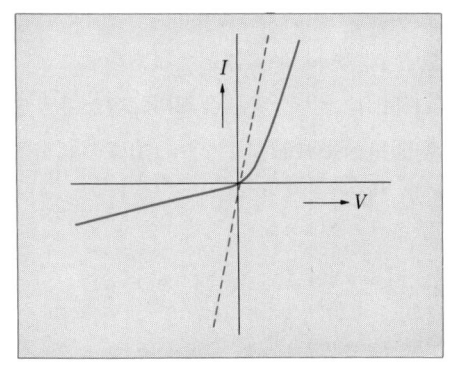

図 3・15 金属・n 形半導体接合の整流特性（実線），非整流特性（破線）

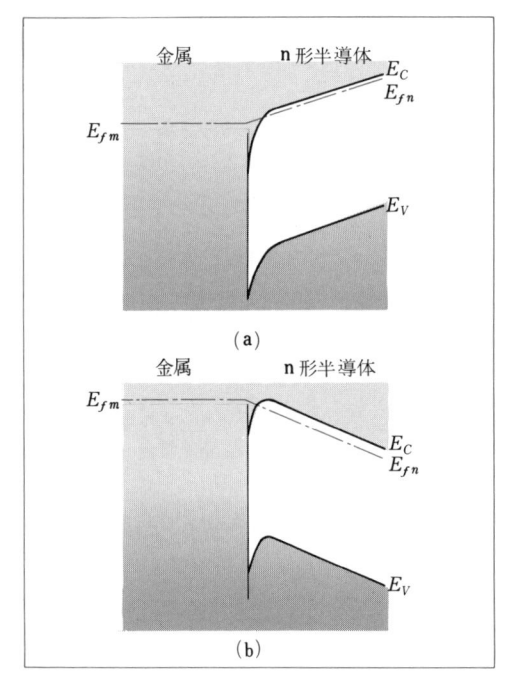

図 3・16 バイアス時における金属・n 形半導体（$\phi_m < \phi_s$）接合のエネルギー帯構造

負に電圧を印加した場合の帯構造を示す。

以上のことから，半導体デバイスに非整流性接触で金属電極を取り付けるには，それぞれの仕事関数の値に，適当なものを選択しなければならないことが

わかる。

なお，ドナーやアクセプタを多量に含む n^+ や p^+ 半導体と金属の接触においても，非整流性接触が得られるが，その理由は，たとえ接合部に障壁ができるような場合でも，不純物濃度が高いと空間電荷領域が狭くなり（障壁の幅が薄

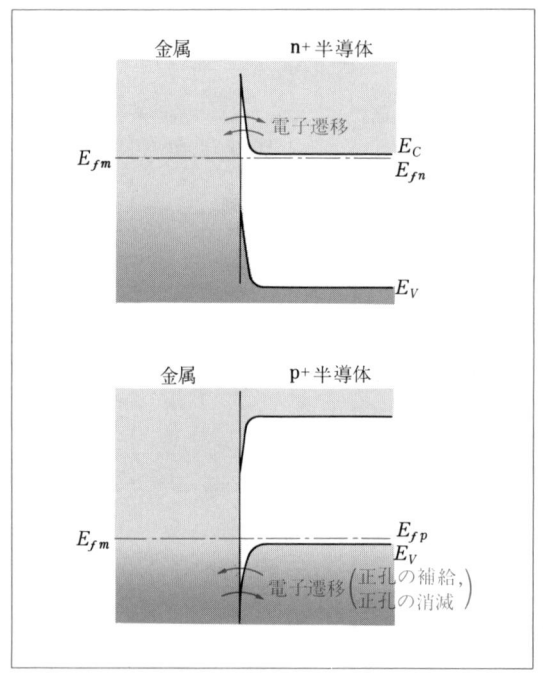

図 3・17　トンネル現象による非整流接合

くなり），キャリアがトンネル効果によって自由に通過できるようになるからである（図 3・17 参照）。

〔3〕 障壁容量

ショットキー接合においても，pn 接合と同様に障壁容量が現れる。すなわち，式(3・55)で示される空乏層内の空間電荷の総量 Q は，

$$Q = qN_D x_n = \{2qN_D \varepsilon (V_0 - V)\}^{1/2}$$

であるから，微少信号電圧に対する等価静電容量 C は，次式で与えられる。

$$C = \frac{dQ}{dv} = \left(\frac{\varepsilon q N_D}{2(V_0 - V)}\right)^{1/2} = \frac{\varepsilon}{x_n} \tag{3・59}$$

3・3 異種の半導体による接合

3・1節で述べたような同種の半導体で作られた接合を**同種接合**または**ホモ接合** (homo junction) という。これに対して,異種の半導体間で作られる接合を**異種接合**または**ヘテロ接合** (hetero junction) と呼ぶ。

ヘテロ接合は,禁制帯幅の異なる半導体間の接合であるため,当然そのエネルギー帯構造は既に述べた同種接合のそれとは異なったものになる。

従って,その電気的性質や光学的性質なども独特なものをもち,特別な応用面が開発されているが,それらに関しては,第8章で述べる。

〔1〕 エネルギー帯構造

ヘテロ接合は,どのような材料を用いても作れるとは限らない。組み合わせの可能な材料は,互いに,その結晶構造や格子定数が似たものでなければならないが,この他にも熱膨張係数も同程度であることが必要である。

表3・1には,組み合わせが可能な一例として,GaAsとGeの物理定数を示す。

表 3・1 GaAs, Ge の物理定数

	GaAs	Ge
結晶構造	ダイヤモンド	ダイヤモンド
禁制帯幅〔eV〕	1.45	0.7
電子親和力〔eV〕	4.07	4.13
格子定数〔Å〕	5.654	5.658
比誘電率	11.5	16
熱膨張係数 ($\times 10^{-6}$ °C^{-1})at300 K	5.8	5.7

p形のGaAsと，n形のGeでpn接合を形成させたとする（製法は第8章参照）．

図3・18(a)は，それぞれが接合を作る以前のエネルギー帯構造を示す．

これらを接合させると，Geのフェルミ準位がGaAsのそれより上にあるので，電子はGe側から，正孔はGaAs側から，それぞれ相手側の領域へ移動する．そのため，接合面近傍のそれぞれの領域内にはイオン化したドナーやアクセプタによる空間電荷が形成され，両者のフェルミ準位が一致して平衡する．

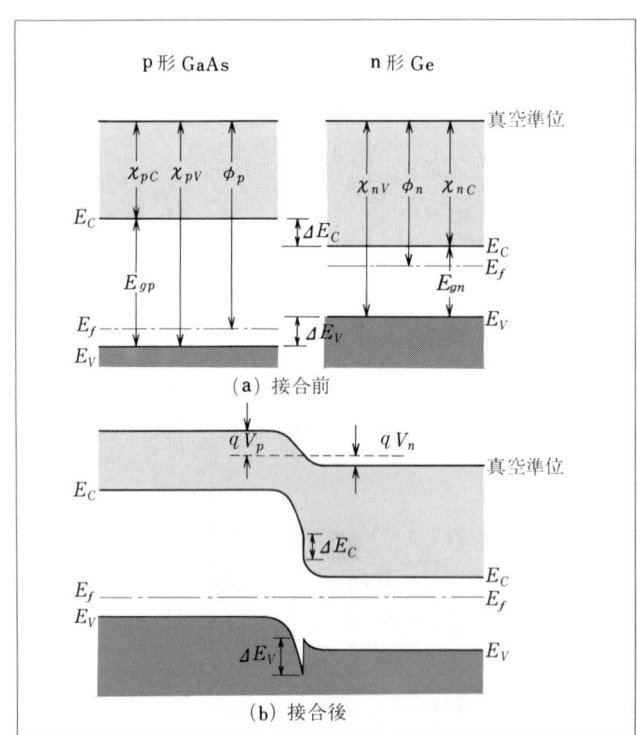

図3・18 熱平衡状態におけるヘテロ接合のエネルギー帯構造

このときの熱平衡状態における，エネルギー帯構造を同図(b)に示す．

接合に伴う空間電荷による真空準位の変位は，両半導体の仕事関数の差

$$qV_0 = q(V_p + V_n) = \phi_p - \phi_n \tag{3・60}$$

で与えられる。

さらに，この接合においては，図で見られるように，伝導帯には両者の電子親和力の差に相当する，大きさが

$$\Delta E_C = \chi_{nC} - \chi_{pC} \tag{3・61}$$

のエネルギーの不連続的な変化が現れる。

価電子帯には，エネルギースパイクと呼ばれる大きさが，

$$\Delta E_V = \chi_{pV} - \chi_{nV} = (\chi_{pC} + E_{gp}) - (\chi_{nC} + E_{gn}) \tag{3・62}$$

の突起ができる。

そして，この ΔE_C と ΔE_V の和は，

$$\Delta E_C + \Delta E_V = E_{gp} - E_{gn}$$

となり，ちょうど，両半導体の禁制帯幅の差に等しい。

なお，上例のような，p形とn形の異種接合とは異なり，共にn形である異種接合，および共にp形である異種接合は，**アイソタイプヘテロ接合**（iso type hetero junction）と呼ばれ，これの熱平衡状態における，エネルギー帯構造の

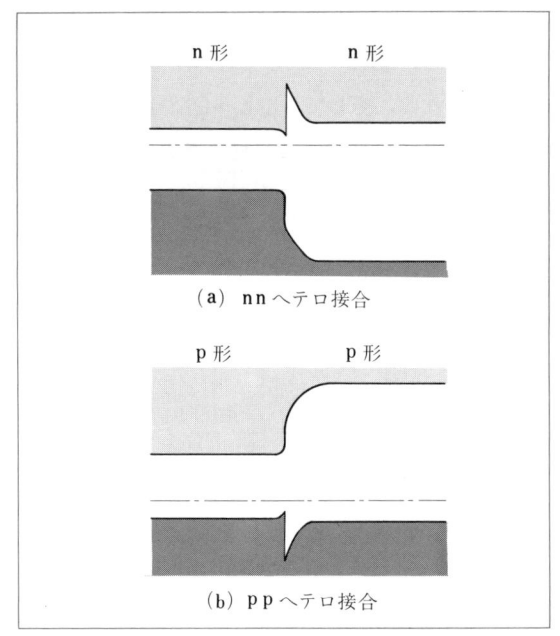

図3・19 熱平衡状態におけるアイソタイプヘテロ接合のエネルギー帯構造

(a) nnヘテロ接合

(b) ppヘテロ接合

一例を図3・19に示す。

〔2〕 電流-電圧特性

図3・18に，そのエネルギー帯構造を示したpnヘテロ接合においては，電子と正孔に対して，それぞれの接合面における障壁の高さが異なる。この図からもわかるように，正孔に対する障壁は，電子に対する障壁よりも小さいので，正孔は電子よりも動きやすいはずである。すなわち，この接合に，順方向にバイアス電圧を印加するならば，障壁が低くなるので，もちろん，n形Ge(n-Geと記す)内の電子はp形GaAs(p-GaAsと記す)領域に拡散し電子電流を流すが，それよりもむしろ，p-GaAs内の正孔がn-Ge領域に多量に拡散し，大きな正孔電流を流すはずである。そして，その電流は同種pn接合の場合の式(3・18)と同じように，A, Bを定数として

$$J = A \exp(BV/T)$$

の形になることが予想される。

しかし，実際の接合においては，図3・18(b)にも示されているが，価電子帯にはスパイクが存在し，これが大きいと，正孔の流れが阻害され，上述のような拡散正孔電流を流すことができなくなる。そして，むしろ図3・20(a)に示すように，空間電荷領域内で停滞している正孔は，そこに注入されてきた電子と

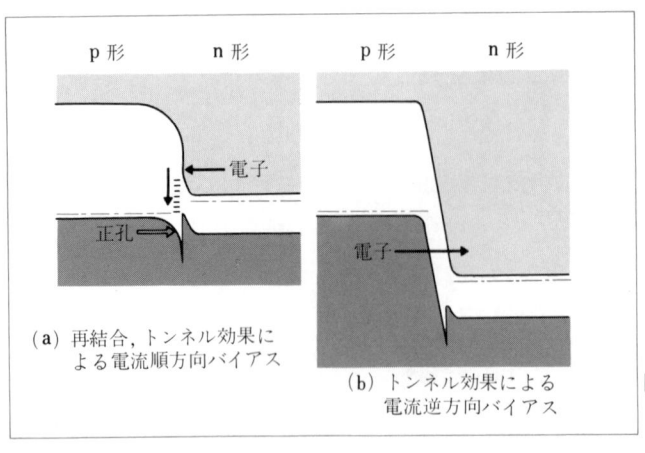

(a) 再結合，トンネル効果による電流順方向バイアス

(b) トンネル効果による電流逆方向バイアス

図3・20 ヘテロ接合における電流

再結合し,いわゆる再結合電流となるか,またはトンネル効果によってスパイクを通過するトンネル電流となり,従って,式(3・52)から外れた特性を示すようになる。

また,逆方向バイアス時には,図3・20(b)に示すように,p領域の価電子帯にある電子が,トンネル効果によって,n領域の伝導帯に通過することによるトンネル電流が主体になり,従って,逆飽和特性を見ることはできない。

なお,アイソタイプのヘテロ接合の場合は,次のようになる。

① **nn接合の場合** 図3・19(a)に示すように,正孔に対する価電子帯の障壁が大きいので,この場合は主として伝導帯の電子電流を考えればよい。
② **pp接合の場合** 図3・19(b)に示すように,電子に対する伝導帯の障壁が大きいので,この場合は主として価電子帯の正孔電流を考えればよい。

しかし,これらの接合の電流-電圧特性は,いずれの場合にしても,ホモpn接合の場合とは異なり,多数キャリアの移動が,その特性を支配していることに注目すべきであろう。

3・4 バイポーラトランジスタ

〔1〕 pnpトランジスタとnpnトランジスタ

バイポーラトランジスタは,2個のpn接合が相互に作用し合う程度に近接して配置された構造をもつデバイスで,現在使用されている半導体デバイスの中では,最も重要なものといえる。

これには,図3・21(a),(b)に示すように,pnp形とnpn形の2種類がある。

接合トランジスタを動作させるためには,一方のpn接合は順方向にバイアスし,他方のpn接合は逆バイアスする。

例えば,pnpトランジスタの場合には,同図(a)のようにバイアスする。

このとき,左側のp領域は,中間のn領域へ正孔を注入する役目があるので,

```
          接合面
          J_EB J_BC
   ┌──────┬──┬──────┐
E ─┤エミッタ│ベース│コレクタ├─ C
   │ p形  │n形│ p形  │
   └──────┴─┬┴──────┘
            B
         (a) pnpトランジスタ

   ┌──────┬──┬──────┐
E ─┤エミッタ│ベース│コレクタ├─ C
   │ n形  │p形│ n形  │
   └──────┴─┬┴──────┘
            B
         (b) npnトランジスタ
```

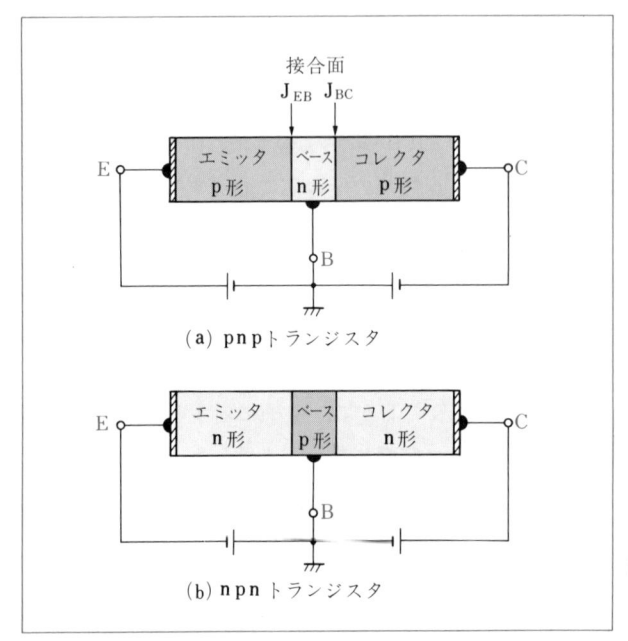

図3·21 トランジスタの構造

エミッタ (emitter) という。また，右側の p 領域は，n 領域に注入された正孔を抽出する役目を果たすので，**コレクタ** (collector) と呼ばれ，また中央の n 領域は**ベース** (base) と呼ばれる。

npnトランジスタの，エミッタ，ベース，コレクタは，同図 (b) のようになる。

エミッタ，ベース，コレクタの各領域には，オーム性の接触により金属電極が取り付けられ，これらが，トランジスタの端子となって外部回路に接続される。

図3·22 は，pnp および npn トランジスタの電気回路図記号である。

この図において，エミッタ部に付いている矢印は，エミッタからベースへ注入されるキャリアに起因する電流の向きを表している。従って，この矢印の向きを見るだけで，そのトランジスタが，pnp形または npn形か，を簡単に見分けることができる。

3・4 バイポーラトランジスタ

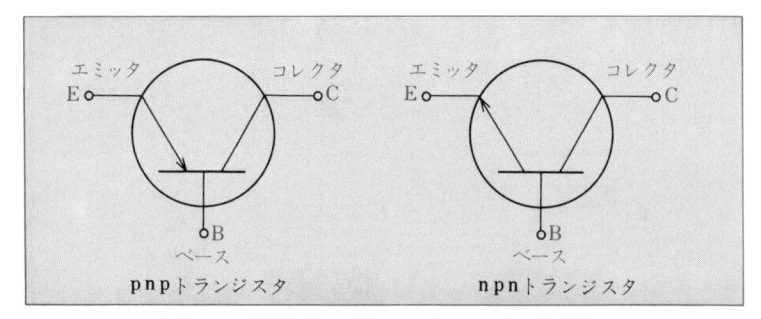

図3・22 電子回路に使われるトランジスタ図記号

なお，図3・23は，トランジスタを用いるときの基本的回路を示し，図(a)はベース接地回路，図(b)はエミッタ接地回路，図(c)はコレクタ接地回路と呼

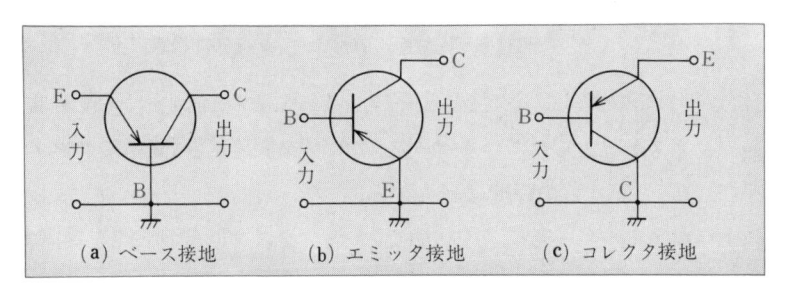

図3・23 pnp形トランジスタの接地形式

ばれるが，これらに関しては後述する。

〔2〕 エネルギー帯構造

ベースを接地したpnpおよびnpnトランジスタに，バイアス電圧を印加しないとき，すなわち熱平衡状態にあるときのエネルギー帯構造を，図3・24の中で実線によって示す。このとき，すべての領域のフェルミ準位は1点鎖線のように一致する。

エミッタおよびコレクタにバイアス電圧を与えると，各領域のフェルミ準位は，印加バイアスに応じて変化し，それに対応して，伝導帯や価電子帯の準位も破線のように変わる。すなわち，順バイアスが与えられているエミッタ-ベース間

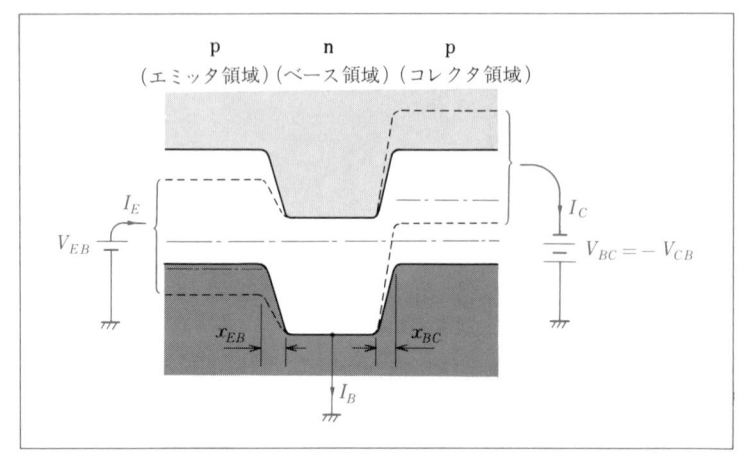

図 3・24 トランジスタのエネルギー帯構造
(実線は熱平衡状態，破線はバイアス印加状態)

の接合(以後，簡単にエミッタ接合と呼び，これを J_{EB} と記す)は障壁が低くなり，逆バイアスが与えられているベース-コレクタ間の接合(簡単にコレクタ接合と呼び，J_{BC} と記す)の障壁は高くなる。

このようなエネルギー帯構造の状態で，トランジスタはその機能を発揮する。

〔3〕 トランジスタの動作原理

図 3・24 は，ベース接地回路で，ベースに対し，エミッタには正，コレクタには負のバイアスを与えた pnp 形トランジスタのエネルギー帯構造を示す。このとき，エミッタ接合は順バイアスされているので，エミッタ領域からベース領域へ正孔が注入され，またベース領域からエミッタ領域へは電子が注入され，これらがエミッタ端子をエミッタ電流として流れる。

ベース領域へ注入された正孔の一部分は，この領域中の電子と再結合して消滅するが，この再結合をできる限り抑えるようにすれば，正孔の大部分をコレクタ接合に到達させることができる。

コレクタ接合部に到達した正孔は，そこに作られている空間電荷による強い電界によりコレクタ領域に送り込まれ，コレクタ電流となる。なお，厳密なこ

とをいうならば，コレクタ端子を流れるコレクタ電流は，上述の正孔電流のほかに，その値は非常に小さいが，逆バイアスされたコレクタ接合の逆飽和電流も付加されている。

　以上が，トランジスタの基本的な動作であるが，ここで重要なことは，"トランジスタの機能を果す主役は，エミッタからベース領域へ注入され，さらに，コレクタで集められたキャリアである"ということである。

　それゆえ，トランジスタを設計するときには，次の事柄に注意される。

① エミッタ領域のアクセプタ濃度を，ベース領域のドナー濃度に比較し，十分大きくする。このことによって，ベース領域へ注入される正孔の濃度を高め，逆に，無駄なエミッタ領域への電子の注入を減らすことができる。

② ベース領域の幅は，ここに注入された正孔の再結合による消滅をできる限り防ぐため，正孔の拡散距離 $L_p=(D_p\tau_p)^{1/2}$ よりも小さくしなければならない。

③ しかし，ベース幅を極度に小さくすることはできない。その理由は，エミッタ接合とコレクタ接合がベース領域中に作る空間電荷領域幅の和 $(X_{EB}+X_{BC})$ が，ベース幅より大きいと，エミッタ，ベース，コレクタの3領域が短絡されたような状態となり，トランジスタの機能が失われる。このような現象を**パンチ スルー**（punch through）という。

　図 3・25 は，エミッタ-ベース間の電圧 V_{EB} をパラメータとして，コレクタ電流とベース幅の関係を示す。エミッタ電流を I_E，コレクタ電流を I_C とすれば，これらの差 I_B は，ベース端子を流れる電流になる。すなわち，ベース電流 I_B は，

$$I_B = I_E - I_C \tag{3・63}$$

である。また，コレクタ電流のエミッタ電流に対する比を α_0 とすれば，

$$\alpha_0 = \frac{I_C}{I_E}, \quad \text{すなわち} \quad I_E = \frac{I_C}{\alpha_0} \tag{3・64}$$

で，実際のトランジスタにおける α_0 の値は，コレクタ接合に掛かる逆バイアス電圧 V_{BC} が，ある程度大きければ，0.95～0.99 で，ほとんど1に近い値である。

　図 3・26 は，エミッタ接地におけるベース電流をパラメータとしての，pnp ト

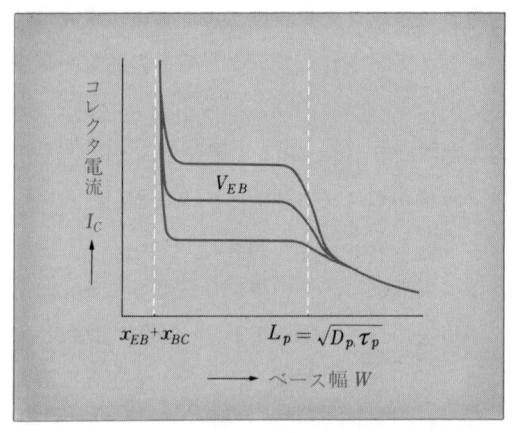

図 3・25 V_{EB} をパラメータとしたベース幅 W に対する I_C 特性

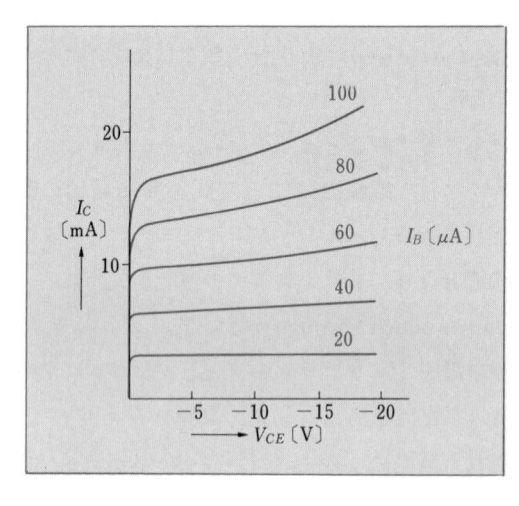

図 3・26 pnp トランジスタの電流-電圧特性

ランジスタの電流-電圧特性曲線の一例を示す。この図から，コレクタに印加される電圧がある程度以上の値ならばコレクタ電流はほぼ飽和する。このことは，トランジスタが定電流形の電圧増幅素子として動作し得ることを意味する。

なお，式(3・64)の α_0 は，エミッタ電流を入力，コレクタ電流を出力と考えているので，ベース接地の電流増幅率と呼ばれ，その値は，ほとんど1であるか

ら，この場合には，電流の増幅作用は全くない。これに対し，エミッタ接地における電流増幅率は，ベース電流を入力，コレクタ電流を出力とするので，その値は式(3・63)および式(3・64)から，

$$\frac{I_C}{I_B} = \frac{\alpha_0}{1-\alpha_0} \tag{3・65}$$

である。ここで，α_0 を 0.99 とすれば，エミッタ接地の電流増幅率は，上式から 99 となる。このことから，エミッタ接地の場合には大きな電流増幅作用が得られる。

しかし，ベース接地の場合は，図 3・27 のように，エミッタおよびコレクタの

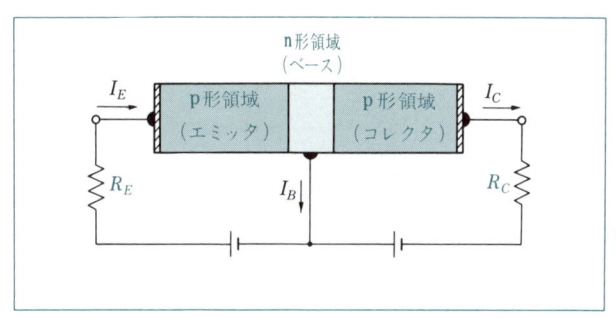

図 3・27 ベース接地の場合の外部抵抗 R_E, R_C の接続法

外部回路に R_E および R_C の抵抗を接続したとき，出力電圧の入力電圧に対する比はコレクタ電流が飽和している領域内にある限り，R_C 中の電圧降下には無関係に，ほぼ

$$電圧増幅度 = \frac{R_C I_C}{R_E I_E} \fallingdotseq \frac{R_C}{R_E} \tag{3・66}$$

となる。通常，$R_C \gg R_E$ に選ばれるので，大きい電圧増幅度が得られる。

なお，このときの電力増幅度も，およそ，

$$電力増幅度 = \frac{R_C I_C^2}{R_E I_E^2} \fallingdotseq \frac{R_C}{R_E} \tag{3・67}$$

で与えられる。

〔4〕 **直流特性**

上述した電流増幅率 $α_0$ のもつ物理的な意味について，さらに詳細に調べてみよう。

図 3·28 は，pnpトランジスタの熱平衡状態における，各領域内のキャリア密

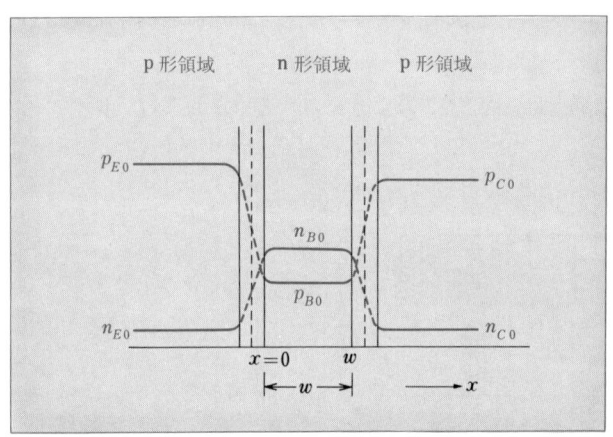

図3·28 pnpトランジスタの熱平衡状態におけるキャリア密度分布

度分布を示す。ここで，n領域の多数キャリアである電子密度が，他の領域における多数キャリア密度に比べ小さいのは，既に述べたように，ベース領域からエミッタ領域へ電子が拡散することによるエミッタ効率の低下を防ぐためである。

次に，ベースに対するエミッタの電位 V_{EB} を正，ベースに対するコレクタの電位 V_{CB} を負にしたときの，各領域におけるキャリア密度を求めてみよう。

すでに，3·1 節〔2〕で述べたように，ベース領域の左端（厳密には，エミッタ接合部空乏層右端であるが，以後簡単にこのように表現し，ここを $x=0$ とする）の正孔密度を $p_B(0)$ で表せば，ベース領域の正孔の熱平衡密度を p_{B0} として，

$$p_B(0) = p_{B0} \exp\left(\frac{qV_{EB}}{kT}\right) \tag{3·68}$$

3・4 バイポーラトランジスタ

である。同様に，エミッタ領域の右端の電子密度 $n_E(0)$ は，エミッタ領域の熱平衡電子密度を n_{E0} とすれば，下式で与えられる。

$$n_E(0) = n_{E0} \exp\left(\frac{qV_{EB}}{kT}\right) \tag{3・69}$$

他方，ベース領域の右端（$x=w$）における正孔密度 $p_B(w)$ は，

$$p_B(w) = p_{b0} \exp\left(\frac{qV_{CB}}{kT}\right) \tag{3・70}$$

であり，コレクタ領域左端の電子密度 $n_C(w)$ は，コレクタ領域の熱平衡電子密度を n_{C0} として，

$$n_C(w) = n_{C0} \exp\left(\frac{qV_{CB}}{kT}\right) \tag{3・71}$$

である。

さて，次に，各接合面を流れる電流を求めよう。

エミッタ・ベース接合，およびベース・コレクタ接合を流れる正孔電流密度を，図 3・29 のように，それぞれ J_{pE}, J_{pC} とし，電子電流密度を J_{nE}, J_{nC} とすれば，エミッタ電流密度，およびコレクタ電流密度 J_E, J_C は，それぞれ，

$$J_E = J_{pE} + J_{nE} \quad , \quad J_C = J_{pC} + J_{nC} \tag{3・72}$$

である。ここで，電子電流密度は，pn 接合のときの式 (3・15), (3・16) と同様に，

$$\left.\begin{array}{l} J_{nE} = J_{nE0}\left\{\exp\left(\dfrac{qV_{EB}}{kT}\right) - 1\right\} \quad \text{ただし，} J_{nE0} = \dfrac{qD_{nE}n_{E0}}{L_{nE}} \\[2mm] J_{nC} = J_{nC0}\left\{\exp\left(\dfrac{qV_{CB}}{kT}\right) - 1\right\} \quad \text{ただし，} J_{nC0} = \dfrac{qD_{nC}n_{C0}}{L_{nC}} \end{array}\right\} \tag{3・73}$$

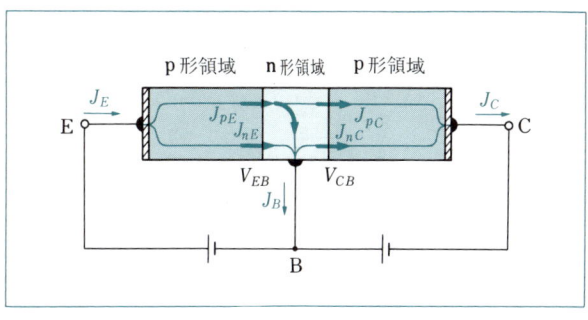

図 3・29 単位断面積 a_{pnp} のトランジスタに流れる電流

である。ここに，D_{nE}, D_{nC} は，エミッタおよびコレクタ領域の電子に対する拡散係数，L_{nE}, L_{nC} は，その拡散距離である。

また，ベース領域中の電界は弱いものとすれば（この仮定は，キャリアの注入が，あまり多くない場合や，ベース領域中の不純物濃度に勾配などを付けていない場合には，正当である），この領域を流れる正孔電流の大部分は，拡散電流だけと考えてよい。

そこで，ベース領域中の任意の位置 x における，正孔密度 $p_B(x)$ に関しては，その熱平衡密度を p_{B0}，拡散距離を L_{pB} とすれば，拡散方程式

$$\frac{d^2 p_B}{dx^2} = \frac{p_B - p_{B0}}{L_{pB}^2} \tag{3・74}$$

が成立つ。

この式を，式(3・68)および式(3・70)の境界条件の下に解けば，

$$p_B = p_{D0} + p_{B0}\left\{\exp\left(\frac{qV_{EB}}{kT}\right) - 1\right\} \cdot \frac{\sinh\{(w-x)/L_{pB}\}}{\sinh(w/L_{pB})}$$

$$+ p_{B0}\left\{\exp\left(\frac{qV_{CB}}{kT}\right) - 1\right\} \cdot \frac{\sinh(x/L_{pB})}{\sinh(w/L_{pB})} \tag{3・75}$$

となる。$\frac{w}{L_{pB}}$ を 0.1, 1, 2, 3 にした時の式(3・75)の計算結果を図3・30に示す。

ここで，$x=0$ および $x=w$ における正孔電流密度を，J_{pE} および J_{pC} とすると，それらは，

$$J_{pE} = -qD_{pB}\left[\frac{dp_B}{dx}\right]_{x=0}, \quad J_{pC} = -qD_{pB}\left[\frac{dp_B}{dx}\right]_{x=w} \tag{3・76}$$

である。これに，式(3・75)を代入すると，次式を得る。

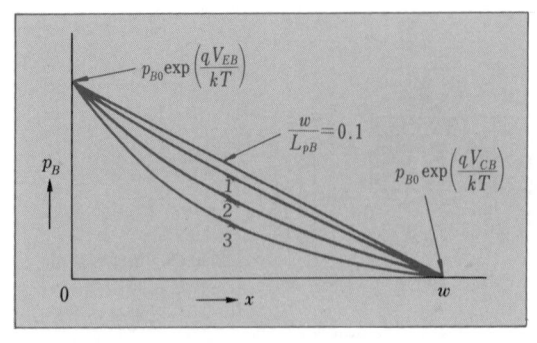

図3・30 $\frac{w}{L_{pB}}$ をパラメータとしたときのpnpトランジスタのベース中の正孔密度分布

$$J_{pE} = \frac{qp_{B0}D_{pB}/L_{pB}}{\tanh(w/L_{pB})}\left\{\exp\left(\frac{qV_{EB}}{kT}\right)-1\right\}$$

$$\left.\begin{aligned}&-\frac{qp_{B0}D_{pB}/L_{pB}}{\sinh(w/L_{pB})}\left\{\exp\left(\frac{qV_{CB}}{kT}\right)-1\right\}\\ J_{pC}=\frac{qp_{B0}D_{pB}/L_{pB}}{\sinh(w/L_{pB})}&\left\{\exp\left(\frac{qV_{EB}}{kT}\right)-1\right\}\\ &-\frac{qp_{B0}D_{pB}/L_{pB}}{\tanh(w/L_{pB})}\left\{\exp\left(\frac{qV_{CB}}{kT}\right)-1\right\}\end{aligned}\right\} \quad (3\cdot77)$$

ここで，$V_{CB} \ll 0$ なら，$\exp\left(\dfrac{qV_{CB}}{kT}\right) \fallingdotseq 0$，また $w \ll L_{pB}$ なら $\tanh\left(\dfrac{w}{L_{pB}}\right) \fallingdotseq \dfrac{w}{L_{pB}}$ と近似できるし，さらに，

$$qp_{B0}D_{pB}/w = J_{pE0}, \quad 1/\{\cosh(w/L_{pB})\} = \beta' \quad (3\cdot78)$$

と置けば，式(3・77)は，

$$\left.\begin{aligned}J_{pE}&=J_{pE0}\left\{\exp\left(\frac{qV_{EB}}{kT}\right)-1\right\}+\beta' J_{pE0}\\ J_{pC}&=\beta' J_{pE0}\left\{\exp\left(\frac{qV_{EB}}{kT}\right)-1\right\}+J_{pE0}\end{aligned}\right\} \quad (3\cdot79)$$

となる。

なお，コレクタ電流のエミッタ電流に対する比，すなわちベース接地の電流増幅率 α_0 を，式 (3・80) のように分解する。

$$\alpha_0 = \frac{J_C}{J_E} = \frac{J_C}{J_{pC}} \cdot \frac{J_{pC}}{J_{pE}} \cdot \frac{J_{pE}}{J_E} = \alpha_0^* \cdot \beta_0 \cdot \gamma_0 \quad (3\cdot80)$$

ここで，式(3・72)を用いれば，

$$\left.\begin{aligned}\alpha_0^* &= \frac{J_C}{J_{pC}} = \frac{J_{pC}+J_{nC}}{J_{pC}}\\ \beta_0 &= \frac{J_{pC}}{J_{pE}}\\ \gamma_0 &= \frac{J_{pE}}{J_E} = \frac{J_{pE}}{J_{pE}+J_{nE}}\end{aligned}\right\} \quad (3\cdot81)$$

である。この α_0^* を**コレクタ係数** (collector factor)，β_0 をキャリアの**到達率** (transport factor)，γ_0 をエミッタの**注入係数** (injection efficiency) という。

α_0^* の値は，上式からもわかるように，1 より大きい。しかし，J_{nC} の値は，

極度に大きな逆バイアスを加えて，なだれ破壊などを起こさせるようなことをしない限り，非常に小さいので，$\alpha_0{}^*$ の値はほとんど 1 である。

また，式(3・81)の γ_0 の J_{nE} および J_{pE} に，式(3・73)および式(3・79)を代入し，さらに，$\beta' \fallingdotseq 1$ を考慮すれば，

$$\gamma_0 = \frac{(p_{B0}D_{pB}/w)}{(p_{B0}D_{pB}/w)+(n_{E0}D_{nE}/L_{nE})} \fallingdotseq \left(1 - \frac{n_{E0}D_{nE}w}{p_{B0}D_{pB}L_{nE}}\right) \tag{3・82}$$

が得られる。

エミッタおよびベース各領域の導電率を，それぞれ σ_E および σ_B とすれば，それらは，多数キャリアによる導電が主であると考えられるので，近似的に，

$$\sigma_E \fallingdotseq q p_{E0} \mu_{pE}$$

$$\sigma_B \fallingdotseq q n_{B0} \mu_{nB}$$

である。ここに，μ_{pE}, μ_{nB} は，エミッタおよびベース領域における，正孔および電子に対する移動度である。従って，両領域における導電率の比は，アインシュタインの関係式と，$p_{E0}n_{E0} = p_{B0}n_{B0} = n_i{}^2$ の関係を用い，さらにキャリアの拡散係数がエミッタおよびベース領域中で大きく異ならないので，

$$\frac{\sigma_B}{\sigma_E} = \frac{n_{B0}\mu_{nB}}{p_{E0}\mu_{pE}} = \frac{n_{E0}D_{nB}}{p_{B0}D_{pE}} \simeq \frac{n_{E0}D_{nE}}{p_{B0}D_{pB}}$$

と近似できる。これを，式(3・82)に代入すれば，式(3・83)が得られる。

$$\gamma_0 \simeq 1 - \frac{\sigma_B w}{\sigma_E L_{nE}} \tag{3・83}$$

さらに，式(3・79)において，$\beta' \fallingdotseq 1$ を用いて，J_{pC} と J_{pE} の比を求めると，

$$\beta_0 = \beta' = \frac{1}{\cosh(w/L_{pB})} \fallingdotseq 1 - \frac{1}{2}\left(\frac{w}{L_{pB}}\right)^2$$

となる。この近似を用いれば，式(3・81)は，

$$\alpha_0 = \left\{1 - \frac{1}{2}\left(\frac{w}{L_{pB}}\right)^2\right\}\left\{1 - \frac{\sigma_B w}{\sigma_E L_{nE}}\right\}$$

$$\fallingdotseq 1 - \frac{1}{2}\left(\frac{w}{L_{pB}}\right)^2 - \frac{\sigma_B w}{\sigma_E L_{nE}} \tag{3・84}$$

となる。この式からもわかるように，トランジスタの電流増幅率を大きくするには，$w \ll L_{pB}$，かつ，$\sigma_E \gg \sigma_B$ とすることである。

〔5〕 交流特性

適当な値の直流バイアス V_{EB}, V_{CB} を与えた，pnp形トランジスタを微少交流信号で動作させる場合の特性を調べよう。解析に当たって用いる，記号，座標などは，直流特性解析のときと同じに取り，エミッタに加えられる信号正弦波電圧は $v_e e^{j\omega t}$ とする。ここに，ω は信号電圧の角周波数である。

このとき，エミッタからベース領域に注入される正孔密度 $p_B(0)$ は，バイアス V_{EB} に交流電圧 $v_e e^{j\omega t}$ が重畳されているので，

$$p_B(0) = p_{B0} \exp\left\{\frac{q(V_{EB} + v_e e^{j\omega t})}{kT}\right\} \tag{3・85}$$

となる。ここで，v_e が微小電圧であるから，

$$\exp\left(\frac{qv_e e^{j\omega t}}{kT}\right) \fallingdotseq 1 + \frac{qv_e e^{j\omega t}}{kT}$$

の近似を用いることができるので，式(3・85)は，

$$p_B(0) = p_{B0} \exp\left(\frac{qV_{EB}}{kT}\right) \cdot \left\{1 + \frac{qv_e e^{j\omega t}}{kT}\right\} = p(0) + p'(0) \tag{3・86}$$

になる。ここに，

$$p(0) = p_{B0} \exp\left(\frac{qV_{EB}}{kT}\right), \quad p'(0) = \frac{qv_e}{kT} p(0) e^{j\omega t} \tag{3・87}$$

である。この $p(0)$ は，直流バイアスによる一定の注入であり，$p'(0)$ は交流電圧によって正弦波的に変化する注入である。これを，図3・31に示す。

このようにして注入された正孔は，コレクタに向かってベース領域を拡散してゆくが，最後のコレクタ部位における正孔密度 $p_B(w)$ は，$V_{CB} \ll 0$ であることから，

$$p_B(w) = p_{B0} \exp\left(\frac{qV_{CB}}{kT}\right) \fallingdotseq 0$$

すなわち，その直流成分 $p(w)$ および交流成分 $p'(w)$ は，共に，

$$p(w) \fallingdotseq 0, \qquad p'(w) \fallingdotseq 0 \tag{3・88}$$

となる。

このとき，ベース領域に注入された正孔密度 $p_B(x, t)$ の分布の様子は，式(3・

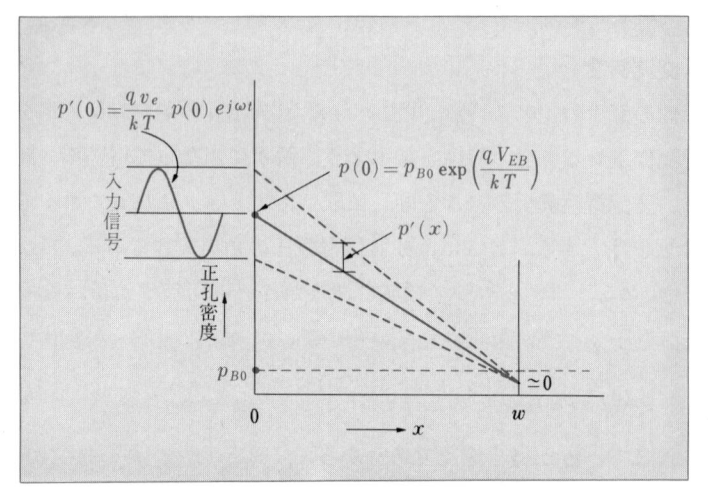

図 3・31 入力交流信号によるベース領域における正孔密度分布の変化

89)に示す時間を含む拡散方程式により求めることができる。

$$\frac{\partial p_B}{\partial t} = -\frac{p_B - p_{B0}}{\tau_{pB}} + D_{pB}\frac{\partial^2 p_B}{\partial x^2} \tag{3・89}$$

ここに，τ_{pB} はベース領域に注入された正孔のライフタイムである。

この式を解くには，式(3・87)の結果から，$p_B(x, t)$ を直流的成分 $p(x)$ と，交流的成分 $p'(x)\cdot e^{j\omega t}$ に分ければ良いことがわかる。すなわち，

$$p_B(x, t) = p(x) + p'(x)\cdot e^{j\omega t}$$

とし，これを式(3・89)に代入すれば，下式のようになる。

$$j\omega p' e^{j\omega t} = -\frac{p - p_{B0} + p' e^{j\omega t}}{\tau_{pB}} + D_{pB}\left\{\frac{d^2 p}{dx^2} + \frac{d^2 p'}{dx^2}e^{j\omega t}\right\}$$

この式は，直流成分と交流成分に分けることができ，直流成分に関しては式(3・74)と全く同形になるが，交流成分に関する式は，

$$\frac{d^2 p'}{dx^2} = \frac{(1 + j\omega\tau_{pB})p'}{L_{pB}^2} \tag{3・90}$$

となる。この式を，式(3・74)に比べてみれば，交流成分に対する正孔の拡散距離は直流成分に対する拡散距離の $1/(1+j\omega\tau_{pB})^{1/2}$ 倍になっていることがわかる。

3・4 バイポーラトランジスタ

さて，式(3・90)を，式(3・87)および式(3・88)の境界条件で解けば，

$$p'(x) \fallingdotseq \frac{qv_e}{kT} \cdot p_{B0} \cdot \exp\left(\frac{qV_{EB}}{kT}\right) \cdot \frac{\sinh\{(w-x)\eta_p/L_{pB}\}}{\sinh\{w\eta_p/L_{pB}\}} \tag{3・91}$$

となる。ここに，$\eta_p = (1+j\omega\tau_{pB})^{1/2}$である。

従って，エミッタおよびコレクタ部位の交流成分正孔電流密度i_{pe}およびi_{pc}は，それぞれ，$i_{pe} = -qD_{pB} \cdot (dp'/dx)_{x=0}$，$i_{pc} = -qD_{pB} \cdot (dp'/dx)_{x=w}$へ，式(3・91)を代入して，式(3・92)のように求まる。

$$\left. \begin{array}{l} i_{pe} \fallingdotseq \dfrac{qv_e}{kT} p_{B0} \exp\left(\dfrac{qV_{EB}}{kT}\right) \dfrac{\eta_p q D_{pB}}{L_{pB}} \coth\left\{\dfrac{w\eta_p}{L_{pB}}\right\} \\[2mm] i_{pc} \fallingdotseq \dfrac{qv_e}{kT} p_{B0} \exp\left(\dfrac{qV_{EB}}{kT}\right) \dfrac{\eta_p q D_{pB}}{L_{pB}} \operatorname{cosech}\left\{\dfrac{w\eta_p}{L_{pB}}\right\} \end{array} \right\} \tag{3・92}$$

同じような論議によって，エミッタ領域へ注入された電子による，交流成分i_{ne}は，

$$i_{ne} \fallingdotseq \frac{qv_e}{kT} n_{E0} \exp\left(\frac{qV_{EB}}{kT}\right) \frac{\eta_n q D_{nE}}{L_{nE}} \tag{3・93}$$

となる。ここに，$\eta_n = (1+j\omega\tau_{nE})^{1/2}$で，$\tau_{nE}$はエミッタ領域中へ注入された電子のライフタイムである。なお，図3・32は，各接合の交流成分電流を示す。

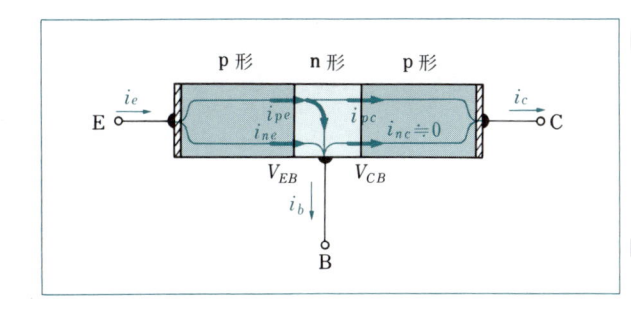

[注] i_e, i_b, i_cは，接合の単位面積当たりの電流である。

図3・32 pnp形トランジスタの交流電流の流れ

次に，直流特性で述べたときと同様に，交流信号に対する電流増幅率αを，式(3・94)のように分解して表そう。

$$\alpha = \frac{\partial i_c}{\partial i_e} = \frac{\partial i_c}{\partial i_{pc}} \cdot \frac{\partial i_{pc}}{\partial i_{pe}} \cdot \frac{\partial i_{pe}}{\partial i_e} = \alpha^* \cdot \beta \cdot \gamma \tag{3・94}$$

ここで，α^*は，交流成分に対するコレクタ係数で，直流の場合と同様に，ほ

ほ1である。また，β は交流成分に対するキャリアの到達率，γ は交流成分に対するエミッタの注入係数である。

β の値は，式(3・92)を用いて，

$$\beta = \mathrm{sech}\left(\frac{w\eta_p}{L_{pB}}\right) \doteqdot \left\{1 + \frac{1}{2}(1+j\omega\tau_{pB})\left(\frac{w}{L_{pB}}\right)^2\right\}^{-1}$$

となる。この式は，$\omega=0$ とすると，直流の場合の β_0 となる。それゆえ，

$$\beta \doteqdot \frac{\beta_0}{1+j(\omega/\omega_a)}$$

ここに，$\omega_a = \dfrac{2L_{pB}^2}{\beta_0 \tau_{pB} w^2}$ \hfill (3・95)

と表せる。なお，この $\omega_a/2\pi$ を **α 遮断周波数**（α-cut-off frequency）と呼ぶが，その理由については後に述べる。

次に，$\gamma = i_{pe}/i_e$ を求めよう。

エミッタ接合を流れる交流電流密度 $i_e = i_{pe} + i_{ne}$ は，式(3・92)および式(3・93)を用いて，式(3・83)と同様に，

$$\gamma = \left\{1 + \frac{D_{nE}}{D_{pB}} \cdot \frac{\eta_n}{\eta_p} \cdot \frac{L_{pB}}{L_{nE}} \cdot \frac{n_{E0}}{p_{B0}} \tanh\left(\frac{w\eta_p}{L_{pB}}\right)\right\}^{-1}$$

$$\simeq \left\{1 + \frac{\sigma_B}{\sigma_E} \cdot \frac{w}{L_{nE}}(1+j\omega\tau_{nE})^{1/2}\right\}^{-1} \hfill (3\cdot 96)$$

である。しかし，一般に，$\sigma_E \gg \sigma_B$ であるから，$\gamma \doteqdot 1$ としてよい。それゆえ，交流信号に対する電流増幅率 α は，

$$\alpha \doteqdot \beta\gamma \doteqdot \frac{\alpha_0}{1+j(\omega/\omega_a)} \hfill (3\cdot 97)$$

となる。そして，これは ω と共に変化する複素数で，図3・33には，α の周波数特性が示されている。なお，上式で，もし，$\omega = \omega_a$ であれば，α の絶対値は

$$|\alpha| = \alpha_0/\sqrt{2}$$

である。従って，α 遮断周波数とは，電流増幅率の絶対値が直流のときの値の $1/\sqrt{2}$，位相遅れが 45°になる，交流信号の周波数であるといえる。そして，この周波数以上の信号に対しては，トランジスタ作用がほとんど行われないことがわかる。

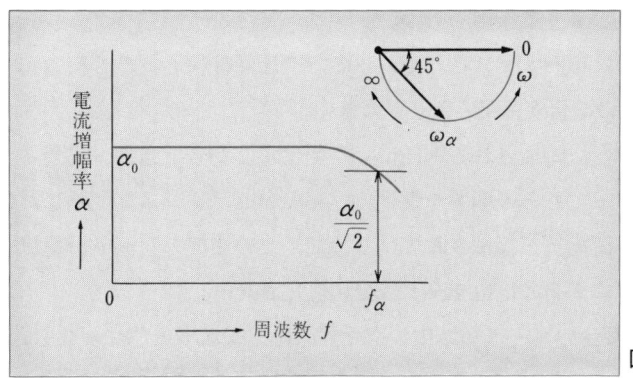

図3・33 αの周波数特性

このことは，しかも，エミッタとベースの間に，コンデンサ C_D が介在しているかのように振舞うので，後に述べる高周波信号に対する等価回路では，これを考慮している。この C_D を**拡散容量**といい，ベース領域内に蓄積される少数キャリアに基づく静電容量である。

なお，α 遮断周波数 f_α は，式(3・95)から，

$$f_\alpha = \frac{L_{pB}^2}{\pi \beta_0 \tau_{pB} w^2} \fallingdotseq \frac{D_{pB}}{\pi w^2} \qquad (3\cdot 98)$$

となる。全く同様に，ｎｐｎトランジスタの場合には，次のようになる。

$$f_\alpha = \frac{L_{nB}^2}{\pi \beta_0 \tau_{nB} w^2} \fallingdotseq \frac{D_{nB}}{\pi w^2} \qquad (3\cdot 99)$$

すなわち，高い周波数の信号電圧にも，忠実に動作するトランジスタを作るためには，ベース領域の幅は狭く，そこに注入されるキャリアの拡散係数は大きいことが必要である。このことは，エミッタから注入されたキャリアが，ベース領域を通過し，コレクタに到達するまでの時間遅れを短くするために，望ましいことである。

一般に，$D_n > D_p$ であるから，ｐｎｐよりもｎｐｎ形トランジスタのほうが，高周波用として適しているといえる。

上に述べたように，トランジスタの出力信号は入力信号よりも，その振幅が減衰し，位相が遅れる。しかし，このようなことは，キャリアの拡散時間による遅れのほかに，3・1節で述べた，エミッタ接合や，コレクタ接合部における

空乏層容量なども，同じような作用をもつ．

特に，エミッタ接合は順バイアスされているので空乏層は狭く，その接合容量 C_E は，コレクタ部の接合容量 C_C よりも大きい．

また，空乏層幅は接合に印加される電圧により変化するから，当然，重畳されている交流電圧によってもその影響を受ける．実際のトランジスタ回路においては，外部回路に負荷抵抗が接続されているので，この中での交流成分電流による電圧降下は，コレクタの電位を交流成分に変化させる．

そのため，コレクタ接合のベース領域中の空乏層の幅も交流成分的に変化し，従ってキャリアの拡散すべきベース領域中の幅も交流成分的に変わる．これを，**ベース幅変調**（base width modulation）といい，これは電流増幅率を変化させる効果がある．この効果を**アーリー効果**（Early effect）という．

〔6〕 等価回路

ｐｎｐトランジスタを例にして，これに，直流バイアスのみを与えたときの，最も簡単な等価回路を図 3・34 に示す．この図は，2 つのダイオードと 1 つの電

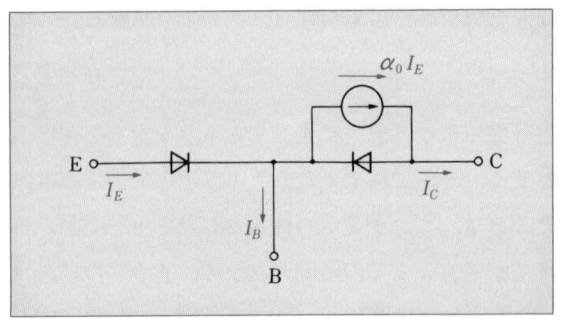

図3・34 ｐｎｐトランジスタの等価回路

流源 $\alpha_0 I_E$ から成り立ち，I_E，I_B，I_C の間には，

$$I_E = I_B + I_C \quad , \quad I_C = \alpha_0 I_E = \alpha_0 (I_B + I_C)$$

の関係が満たされている．なお，上の 2 式を変形して $I_C = \alpha_{E0} I_B$ の形にすれば，

$$\alpha_{E0} = \alpha_0 / (1 - \alpha_0) \tag{3・100}$$

となる。この α_{E0} を**エミッタ接地回路の電流増幅率**と呼び，これは，トランジスタをエミッタ接地回路で使用するとき，すなわち I_B を入力，I_C を出力とするときの電流増幅率である。

図 3・35 は高周波信号に対する pnp トランジスタの等価回路を示す。この図

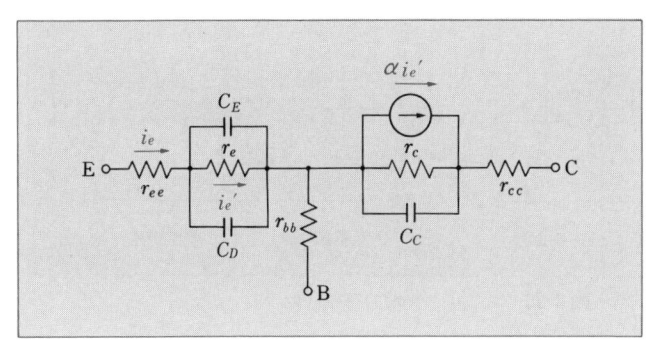

図 3・35 高周波でのベース接地のトランジスタ等価回路

においては，先に述べたキャリアの拡散時間に起因する拡散容量 C_D，およびエミッタ部とコレクタ部の接合容量 C_E，C_C のほかに，エミッタ接合部の等価抵抗 r_e，エミッタの端子から接合までの抵抗 r_{ee}，コレクタ接合部の抵抗 r_c，コレクタ端子から接合までの抵抗 r_{cc}，ベース端子から接合までの抵抗 r_{bb} などが含まれている。なお，この回路における電流源は前図のそれとは異なり，$\alpha i_e'$ になっている。すなわち，電流増幅率 α_0 が高周波信号に対する α に変わり，またエミッタ電流の一部が C_E に分流し，接合に流れる電流は i_e' になる。

図 3・36 は，低周波信号に対するエミッタ接地の場合の，電流源 $\alpha_e i_b$ または電圧源 $i_b r_m$ をもつ等価回路を示す。ここで，α_e はエミッタ接地の場合の交流信号に対する電流増幅率で，〔5〕で述べた α を用い $\alpha_e = \alpha/(1-\alpha)$ により表され，r_m は $r_m = \alpha r_c$ である。また，図中 i_e，i_b，i_c は，それぞれエミッタ，ベース，コレクタを流れる信号電流，v_{be}，v_{ce} はベース-エミッタ間，およびコレクタ-エミッタ間の信号電圧である。低周波信号に対する等価回路を考えるときには，静電容量が省略できるので簡単になり，r_{ee} は r_e に含められ，r_{cc} は r_c に比べ小さ

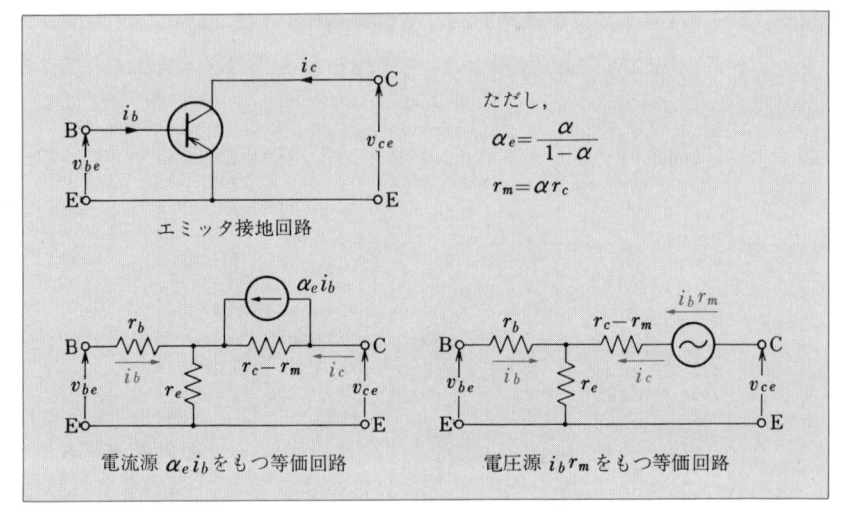

図3・36 エミッタ接地の等価回路

ただし、
$\alpha_e = \dfrac{\alpha}{1-\alpha}$
$r_m = \alpha r_c$

（エミッタ接地回路）
（電流源 $\alpha_e i_b$ をもつ等価回路）
（電圧源 $i_b r_m$ をもつ等価回路）

いので無視できる。この回路における各定数の値は，r_e は数 $10\,\Omega$，r_c および r_m は数 $M\Omega$，r_b は数 $100\,\Omega$ 程度である。

3・5 シリコン制御整流器（SCR）

　図 3・37 に示すデバイスは，3 対の p n 接合を相互に作用し合うように配置した $p_1 n_1 p_2 n_2$ 構造をもっている。そして，この素子の p_1 側の一端にはアノード

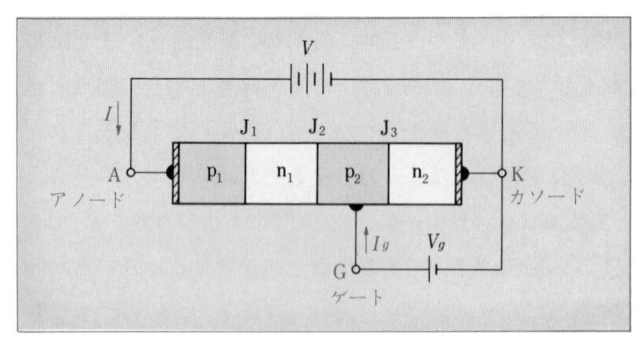

図3・37　サイリスタの構造

3・5 シリコン制御整流器（SCR）

と呼ぶオーミック電極が，n_2 側の一端にはカソードと呼ぶオーミック電極が，また p_2 領域には，ゲートと呼ぶオーミック電極が取り付けられている。そして，アノードは，カソードに対し，正電位にバイアスされている。このような3端子構造の素子を**制御整流器**，または**サイリスタ**（thyristor）という。特に，素子母材にシリコンが用いられているものは**シリコン制御整流器**（silicon controlled rectifier；SCR）といい，電力制御用デバイスとして広く用いられている。

また，同じようなpnpn構造でも，ゲート電極をもたない2端子構造の素子は，pnpnスイッチとか四層ダイオードなどと呼ばれる。

〔1〕 **pnpnスイッチ**

pnpnスイッチ素子のアノードをカソードに対し，比較的低い正電位に保ったときのエネルギー帯構造を図3・38（a）に示す。図において，J_1，J_2，J_3 は，$p_1 n_1$，$n_1 p_2$，$p_2 n_2$ 間の接合を表すものとする。

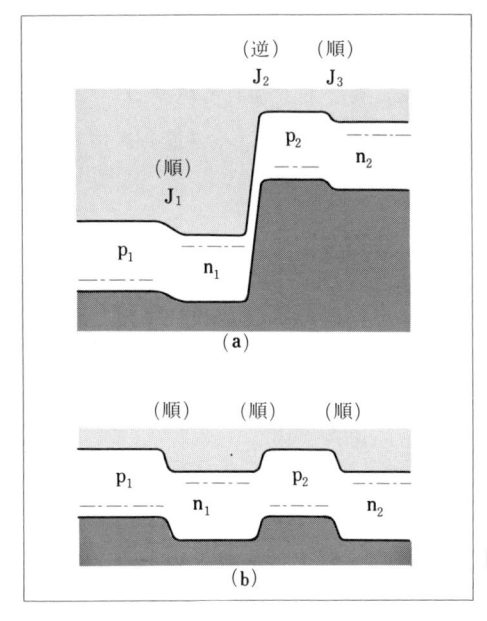

図3・38 pnpnスイッチのエネルギー帯構造

このとき，接合 J_1 および J_3 は，順方向バイアスに，また接合 J_2 は，逆方向バイアスになっている。

さて，このpnpn素子は，図3・39のように，$p_1 n_1 p_2$ と $n_2 p_2 n_1$ との，互いに反対に向き合った，2つのトランジスタ（Tr_1，Tr_2）が組み合わされたものと考えることができる。実際に，エミッタ領域に対応する，p_1 と n_2 領域は，他の領域に比べ不純物濃度を大きくして，エミッタとしての効率を高めてある。

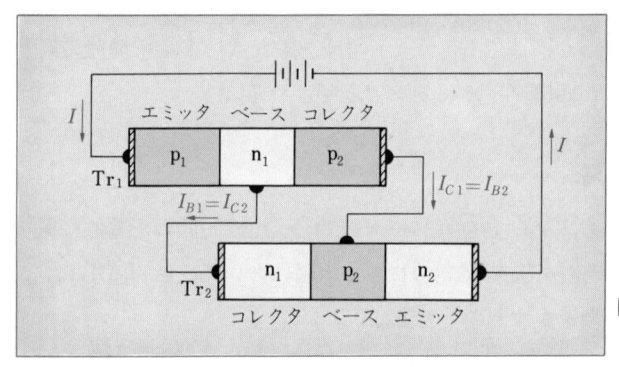

図3・39 pnpnデバイスの等価回路

ここで，接合 J_2 を流れる電流を求めよう。

まず，$p_1 n_1 p_2$ で構成される Tr_1 において，接合 J_2 を流れる電流 I_{C1} は，p_1 から注入されてここに到達した $\alpha_1 I$ と，この接合部における逆飽和電流 I_{C01} の和，

$$I_{C1} = \alpha_1 I + I_{C01}$$

であり，また，ベース電流 I_{B1} は，

$$I_{B1} = I - I_{C1}$$ である。

同様に，$n_2 p_2 n_1$ で構成される Tr_2 において，接合 J_2 を流れる電流 I_{C2} は，n_2 から注入されてここに到達した $\alpha_2 I$ と，この接合部における逆飽和電流 I_{C02} の和，

$$I_{C2} = \alpha_2 I + I_{C02}$$

であり，またベース電流 I_{B2} は，

$$I_{B2} = I - I_{C2}$$

3・5 シリコン制御整流器 (SCR)

である。しかるに，図3・39からもわかるように，

$$I_{B1}=I_{C2} \text{ であり}, \qquad I_{B2}=I_{C1}$$

であるから，これらの式から I_{C1}, I_{C2}, I_{B1}, I_{B2} を消去して，

$$I=\frac{I_{C01}+I_{C02}}{1-(\alpha_1+\alpha_2)} \tag{3・101}$$

となる。この式の分母の $(\alpha_1+\alpha_2)$ の値は，素子の印加電圧が低いときは1より小さくなるように作られている。すなわち，pnpn素子の p_2 および n_1 領域の幅を通常のトランジスタのベース幅よりも大きくして，図3・25からもわかるように，その電流増幅率を小さくしてある。

従って，この状態での素子電流 I の値は，例えば $(\alpha_1+\alpha_2)$ 値が0.99であるとしても，たかだか逆飽和電流の100倍程度の極めて小さな値である。すなわち，素子には電流が流れ難い状態にある。この状態を**オフ (off) 状態**という。

しかし，pnpn素子の印加電圧を次第に増加してゆくと，その電圧の大部分は逆バイアスされている接合 J_2 にかかり，従って，その空乏層幅を拡げ，実効的なベース幅を減少させる。さらに，空乏層中の電界が強まるため，キャリアは価電子との衝突電離により増倍される。これらの効果は，共に $(\alpha_1+\alpha_2)$ の値を増大させる。

ついに，ある値の電圧 V_B (ブレーク オーバー電圧 (break over voltage)) に達すると $(\alpha_1+\alpha_2)=1$ となり，電流は急増する。

いったん，このような状態が起こると，多量に注入されたキャリアによって，接合 J_2 部にある，イオン化したドナーやアクセプタによる空間電荷は中和消滅され，従って，高い逆バイアスの状態はなくなる。このときのエネルギー帯構造は，図3・38(b)に示すような，順バイアス状態の，それになる。

そのため，pnpn素子の端子電圧は激減し，素子を流れる電流は外部回路によって支配されるようになる。この状態を**オン (on) 状態**という。

いったん，オン状態になった素子は，その電流がほとんど0になるまで，オン状態を持続する。

以上の説明から，この素子は，スイッチとしての機能をもっていることがわ

かる。

図3・40は，このpnpnスイッチ素子の電流-電圧特性を示す。

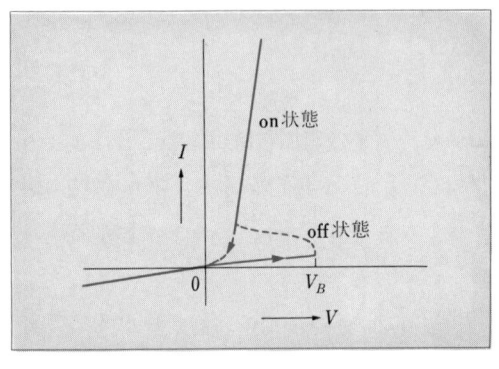

図3・40　pnpnデバイスの電流-電圧特性

〔2〕 サイリスタ

次に，pnpn素子にゲートを付けた構造のサイリスタにつき，その動作を説明しよう。そのため，再び図3・36にもどる。この図のように，接合J_3に順方向バイアスを与えた場合を考えよう。このことは，ちょうど，図3・39のpnpn素子のTr_2におけるエミッタから，電子の注入を増加させることに相当する。

この電子の大部分は，接合J_2部に拡散して行き，そこにある空間電荷を中和し，素子をイオン状態に転換させる。このことを**ターン・オン**(turn-on)という。

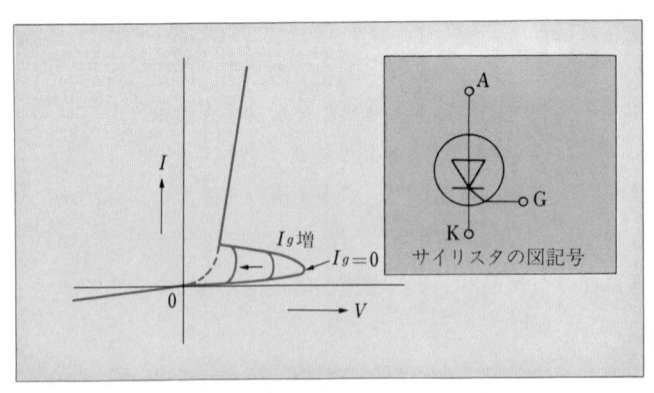

図3・41　サイリスタの電流-電圧特性

そして，このターン・オンは，エミッタから注入されるキャリアが多いほど，換言すれば，ゲート電流I_gが大きいほど，起こりやすくなる。これを図3・41に示す（この図中には，サイリスタの記号も表示してある。）。

オン状態にある素子を，オフ状態にすることを**ターン・オフ**（turn-off）というが，これを行うには，通常のサイリスタでは，素子に印加する電圧を0，または負にして，電流を一度0にしてやらなければならない。

素子がターン・オンおよびターン・オフを行うには，ある時間が必要である。この時間を，それぞれ，**ターン・オン時間**，および**ターン・オフ時間**と呼ぶ。

なお，ゲート電流の代わりに光の照射によって，ターン・オンさせるホトサイリスタ（photo-thyristor）も開発されているが，この素子は，ターン・オン時間が比較的短かく，また電気的に絶縁された状態でスイッチの開閉制御が可能なため，この利点を活かした用途が広がってきている。

演 習 問 題 〔3〕

〔問題〕 1. シリコンpn接合がある。p領域の多数キャリア密度は2.98×10^{20}，少数キャリア密度は7.6×10^{11}である。また，n領域の多数キャリア密度は2.98×10^{20}，少数キャリア密度は7.6×10^{11}である。熱平衡状態(300 K)における拡散電位V_0〔eV〕を求めよ。　　　　　　　　　　　　　　　　　答($0.51\,\mathrm{eV}$)

〔問題〕 2. 階段接合のシリコンpn接合がある。その拡散電位が$0.60\,\mathrm{eV}$であるとき，空間電荷領域の幅を求めよ。ただし，pおよびn領域の不純物濃度は，いずれも8.8×10^{20}〔m^{-3}〕とし，シリコンの比誘電率は11.6とする。

答($1.32 \times 10^{-6}\,\mathrm{m}$)

〔問題〕 3. 〔問題〕2.のpn接合において，空乏層中にできる最大電界強度を求めよ。　　　　　　　　　　　　　　　　　　　　答($9 \times 10^5\,\mathrm{V/m}$)

〔問題〕 4. 〔問題〕2.のpn接合に，順方向に$0.3\,\mathrm{V}$のバイアス電圧を印加したと

き，空乏層の厚さを求めよ．また，逆方向に $0.3\,\mathrm{V}$ を与えたときの空乏層の厚さを求めよ．　　　　　　　　　　　　　　　答 $(0.93\times 10^{-6}\,\mathrm{m},\ 1.62\times 10^{-6}\,\mathrm{m})$

〔問題〕 **5.** 〔問題〕4.のバイアス時において，空乏層中にできる最大電界強度を求めよ．　　　　　　　　　　　　　　　答 $(6.4\times 10^{5}\,\mathrm{V/m},\ 1.1\times 10^{5}\,\mathrm{V/m})$

〔問題〕 **6.** 〔問題〕4.における，p n 接合の微小信号電圧に対する静電容量を求めよ．　　　　　　　　　　　　　　　　　答 $(110\,\mu\mathrm{F/m^2},\ 63\,\mu\mathrm{F/m^2})$

〔問題〕 **7.** 金属と，ドナー濃度が $10^{21}\,\mathrm{m^{-3}}$ の n 形シリコン半導体の接触において，その障壁電位差が $0.6\,\mathrm{V}$ になった．
　ⅰ）空間電荷領域幅を求めよ．
　ⅱ）微小信号電圧に対する静電容量を求めよ．
　ⅲ）空間電荷によって作られる，最大電界強度を求めよ．
　　　　　　　　　　答（ⅰ）$0.88\,\mu\mathrm{m}$，ⅱ）$117\,\mu\mathrm{F/m^2}$，ⅲ）$1.4\times 10^{6}\,\mathrm{V/m}$）

〔問題〕 **8.** Ge および Si 接合形トランジスタのベース幅が $10^{-5}\,\mathrm{m}$ であるとき，α 遮断周波数〔MHz〕を求めよ．ただし，移動度〔$\mathrm{m^2/V\cdot s}$〕を次表に示す．

	Ge	Si
μ_n	0.38	0.15
μ_p	0.18	0.05

答

	Ge	Si
npn	31	12
pnp	15	4.1

第4章　電界効果トランジスタ

　第3章において扱われた半導体素子は，ｐｎ接合や，その組み合わせによる構造のものであった．これらの素子は，注入された少数キャリアと，それが電気的中性条件を満たすため，その近傍に呼び寄せられた多数キャリアによって動作している．すなわち，電子と正孔の**両極性**（bipolar）キャリアが，その動作に密接にかかわっている．このことから，前章で学んだ接合形トランジスタは，バイポーラ トランジスタと呼ばれた．
　しかし，この章で学ぶ電界効果トランジスタの動作には，本質的に，ただ1種のキャリアだけが，これにかかわっている．そのため，電界効果トランジスタは，**ユニポーラ トランジスタ**（unipolar transistor）と呼ばれる．
　従って，電界効果トランジスタの構造や，動作原理，特性などは，いままでに述べてきた素子と非常に異なっているので，まず，これの基礎的な概念から説明を始めよう．

4・1　電界効果トランジスタの基礎概念

　少数キャリアを使わずに，図4・1のような，棒状素子の抵抗値に着目して，これに流れる電流を制御して電気信号の増幅を行う固体素子を考えよう．
　電極からのキャリア注入はないものとすれば，素子両端間の抵抗値 R は，棒母材の抵抗率を ρ，断面積を S，長さを L として，第2章2・5節〔2〕から，

$$R = \rho \frac{L}{S} = \frac{L}{qn\mu S} \tag{4・1}$$

である．ここで，q は電子電荷，n は母材のキャリア密度，μ は移動度である．
　式(4・1)で，R の値は L, S, n のいずれかが変化しても変わる．従って，外部

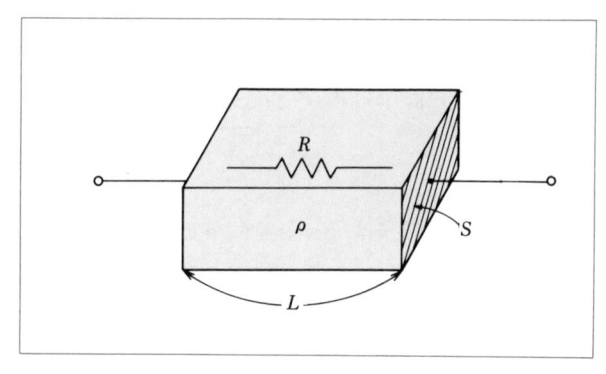

図4・1 抵抗素子の形状と抵抗値

からの制御信号により，これらのいずれかを変化させれば，棒の抵抗値が変わり，素子電流を制御することが可能である．すなわち，

① 制御信号の入力増によって断面積 S が本来の値より減少するなら，抵抗 R は大きくなり，素子電流は減少する．
② 制御信号の入力増によってキャリア密度 n が本来の値より増加するなら，抵抗 R は小さくなり，素子電流は増加する．この場合，母材中の熱平衡キャリア密度に対し，増加分が大きいほど電流変化も著しい．他方，増加させ得るキャリア密度には限界があるので，母材の抵抗率は大きいほど，すなわち絶縁物に近いほど高い効率が期待できる．

電界効果トランジスタ（FET：field effect transistor）は，上記の①，②を基礎にして多種類のものが作られている．

図4・2は，1952年にShockleyが発表したFETの原理的な構造を示す．

このFETは入力電圧を印加する**ゲート**（gate），出力回路につながる**ソース**（source）および**ドレイン**（drain）の3つの電極をもつ．

素子母材がn形であれば，多数キャリアの電子は，湧出し口のソースから吸込み口のドレインへ移動し，ドレインからソースに電流 I_D が流れる．このキャリアの通り路を**チャネル**（channel）と呼び，チャネルは，そこを通るキャリアが電子なら**nチャネル**，正孔ならば**pチャネル**と区別して呼ばれる．

図4・2の素子では，n形半導体棒の両側面の一部がp形ゲートになっていて，

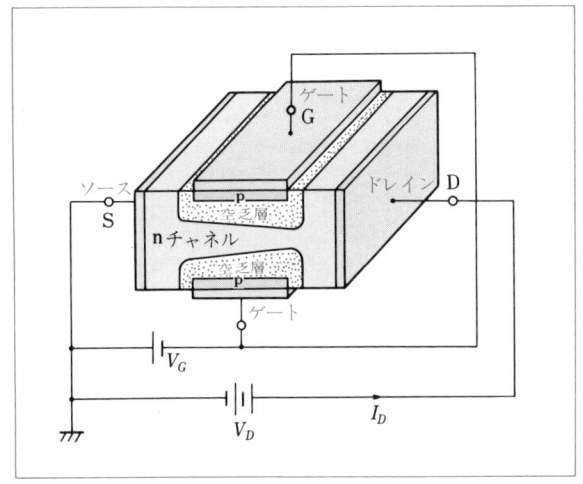

図4・2 接合形電界効果トランジスタ (JFET)

　ゲートはソースに対して逆バイアスのゲート電圧 V_G が加えられている。
　そのため，ゲートｐｎ接合部には，図のような空乏層が形成される。空乏層はすでに述べたとおり，ほとんど絶縁層であり，また，その厚さはゲート電圧により制御できる。
　すなわち，逆バイアスのゲート電圧の絶対値 $|V_G|$ を増せばチャネルの断面積は減り，素子を流れる電流 I_D は減少する。従って，V_G により，I_D が制御できる。
　この動作原理は，上述の ① に属する。
　この FET のゲートは，逆バイアスされたｐｎ接合で構成されるから，ゲート回路には極めてわずかな電流しか流れない。そのため，この素子は非常に高い入力抵抗をもつので，入力部における電力消費がほとんどなく，バイポーラトランジスタとは異なる特長をもっている。
　電界効果トランジスタには，上に述べたｐｎ接合でゲートを構成させた**接合形電界効果トランジスタ**（JFET：junction field effect transistor）のほかに，その動作原理が ② に属する構造のものもある。これについて，次に述べよう。
　図4・3 は，1960 年に Kahng と Atalla によって発表された FET で，この素子

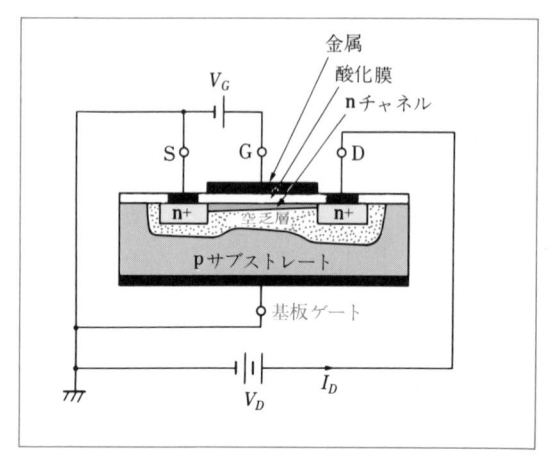

図4·3 nチャネル MOSFET

のゲート部は，金属・酸化膜・半導体の順に積み重ねられた**モス**（MOS：metal oxide semiconductor）構造になっているので，MOSFET と呼ばれる。

図の素子は，弱い p 形の Si **基板**（サブストレート：substrate）の表面を酸化させて厚さ 0.1 ミクロン程度の SiO_2 膜を作り，この膜の 2 箇所に穴をあけ，そこからドナーを拡散して 2 つの n^+ 領域を形成させ，それらをソースおよびドレイン電極としてある。また，チャネル部の酸化膜上にはアルミニウムのような金属を蒸着し，これをゲート電極にしている。

いま，この素子のゲートに，ソースに対して正のバイアス電圧を印加し，その値 V_G を次第に増加してゆくと，p 形 Si 基板表面の MOS 部に，次のような変化が起こる。

まず，薄い酸化膜を隔ててゲートに近接している弱い p 領域中の正孔は追い払われ，空乏層（絶縁層）が形成される。

さらに，ゲート電位を高めれば，空乏層の酸化膜に接する部分の電位が上昇し，電子に対するポテンシャル エネルギーが低下するので，そこに電子が集まり反転層ができ，これが n チャネルとなる。このチャネルは空乏層によって基板から絶縁されており，チャネル中の電子密度はゲート電圧によって制御されるので，ドレイン-ソース間を流れる電流 I_D は，ゲート電圧 V_G によって制御で

4・1 電界効果トランジスタの基礎概念

きる。

この形の素子は，正のゲート電圧 V_G を増すほどチャネル キャリアは多くなり，V_G が印加されないときには，n チャネルが形成されず，ドレイン電流 I_D は流れない。このような特性の素子を**エンハンスメント**（enhancement）形という。

これに対して，ゲート部の基板表面部にドナーを導入して，あらかじめそこに n チャネルを形成させてある形の素子もあり，これを**デプレッション**（depletion）形という。この形の MOSFET は $V_G=0$ のゲート バイアス時でも，すでにチャネルが形成されているので，ゲート バイアスが正負いずれの場合でも動作し，$V_G<0$ なら JFET と同様に V_G の増加で電流は減少し，$V_G>0$ では，エンハンスメント形と似る。

なお，基板に n 形半導体を使用すれば，同じような原理で，p チャネルを形成させることができる。

それゆえ，MOSFET には，合計 4 とおりの動作形態の素子が作られ，これらを適宜に組み合わせて使用すれば，効率の良い回路設計が可能になる。

MOSFET の特徴は，ゲート電極が絶縁膜でドレインやソースから絶縁されているので，入力抵抗がほとんど無限大であり，また，その構造が単純で，トランジスタが基板から絶縁されているため，二次元平面上に微小な素子を作ることが容易である。これらのことから，MOSFET は，集積回路の構成要素として，特にディジタル回路に，広く用いられている。

さらに，MOSFET の動作を発展させ，絶縁膜中に半永久的に電荷を蓄えるようにした不揮発性機能をもつ記憶素子も実用されている。

次に，各種の電界効果トランジスタの動作について，その原理，特性などを述べよう。

4・2 接合形電界効果トランジスタ（JFET）

〔1〕 直流特性

図4・4は，nチャンネル接合形電界効果トランジスタの一例を示す。この素子は，p^+ 基板上にチャネルとなるn層をエピタキシャル法（第8章で説明する）で成長させ，その上にゲート部のための p^+ 領域，およびソース，ドレイン部の

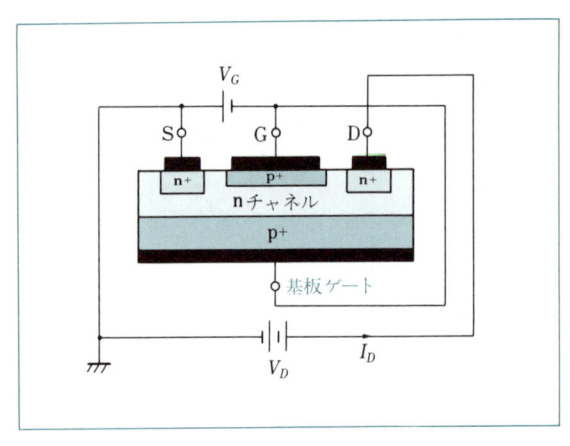

図4・4 nチャネル接合形電界効果トランジスタ（JFET）

ための n^+ 領域を，それぞれ拡散法によって形成させたものである。

なお，上述の素子でpとnの関係を，そっくり入れ替えた構造にしてもpチャネル接合形電界効果トランジスタが作られる。ただし，このときのキャリアは正孔であるから，一般に，その移動度は電子のそれより小さく，従って，その動作速度は遅くなる。

さて，上に述べた素子構造は，接合形トランジスタを製作する工程と比べて，特に異なった処理を必要としない。そのため，接合形トランジスタと接合形電界効果トランジスタが混在する集積回路を製作することは容易である。

再度，図4・4にもどるが，この素子と回路において，ゲート部pn接合の逆バ

イアス電圧の絶対値 $|V_G|$ をパラメータとして，ドレイン電圧 V_D とドレイン電流 I_D の関係を図 4・5(b) に示す．

この図(b)において，特性曲線は破線で示された曲線（この曲線を**ピンチオフ曲線**（pinch off curve）という）を境界にして，2つの特徴をもつ領域に分けられる．

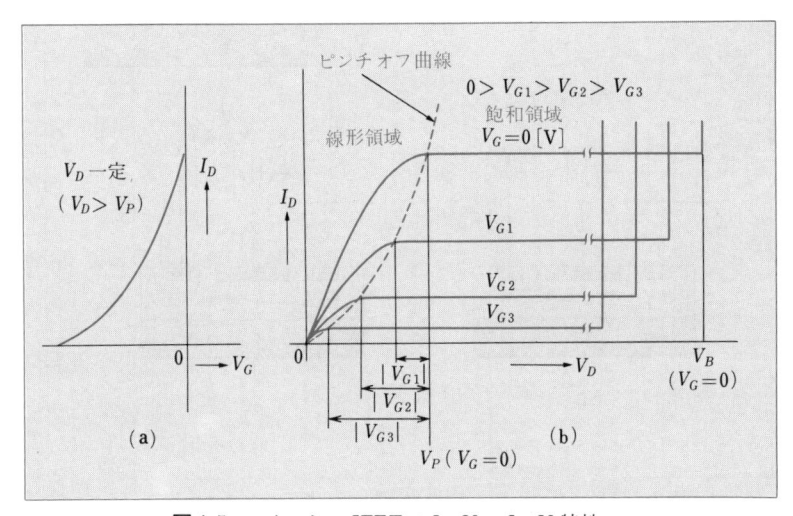

図4・5　nチャネル JFET の I_D-V_G，I_D-V_D 特性

破線より左側のドレイン電圧の低い領域は，**線形領域**（linear region）と呼ばれ，I_D は V_D の増加とともに増す．破線より右側のドレイン電圧の高い領域は，I_D が V_D に関係なくほぼ一定値の**飽和領域**（saturation region）である．この領域では，ドレイン電圧の増加は，さらにチャネルを絞り込み I_D を飽和させる．

これらの特性を理解するために，図 4・6 に，$V_G=0$ としたとき，V_D が空乏層やチャネルにどのような影響を与えるかを示す．

図(a)は，$V_D=0$ のときで，もちろん $I_D=0$ であり，空乏層は熱平衡状態のまま維持され，図のように上下平行になっている．

図(b)は，線形領域に対応する場合で，空乏層はドレイン側に近いほどゲー

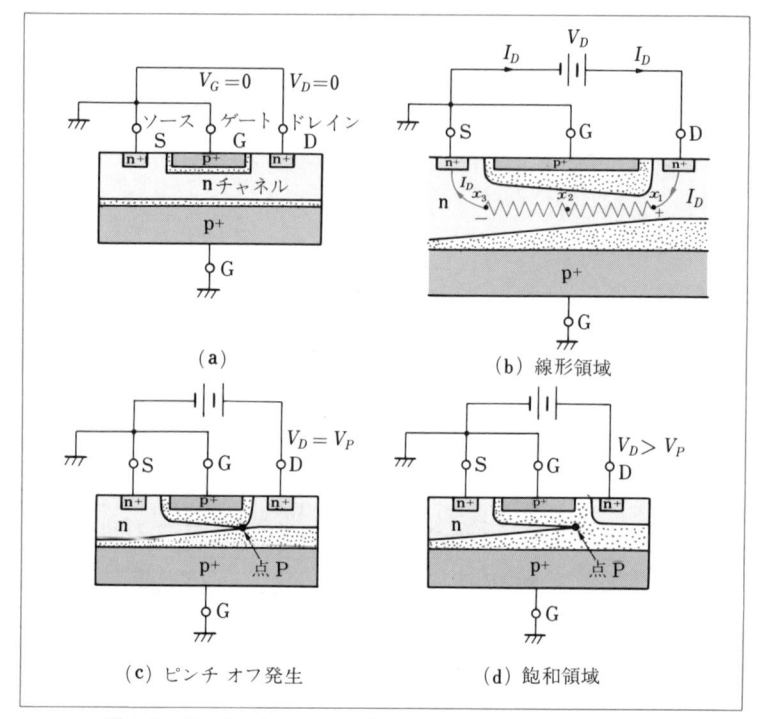

図4・6 $V_G=0$ にして，V_D を増大したときのチャネルの変化

トに対して，そこの逆バイアスが深くなることから，その厚みを増していることが示されている。

すなわち，I_D が流れることにより，チャネル内の抵抗中に電圧降下を生じ，図中 x_1, x_2, x_3 の各点の電位が $V_{x1} > V_{x2} > V_{x3}$ になり，その逆バイアスはこの順に深くなり，空乏層が厚くなる。そのため，チャネルはドレイン側に近いほど細い。

この効果は，I_D が増すほど大きくなり，チャネルはますます細まる。

図(c)は，V_D がさらに増大し，それに伴って I_D も増し，ついに，ドレイン部の点 P の位置でチャネルが閉ざされた状態である。これをチャネルが**ピンチオフ**（pinch off）**した状態**という。そして，このときのドレイン電圧 V_D をピ

ンチ オフ電圧（pinch off voltage）と呼び，V_P で表すことにする。

図（d）は，$V_D > V_P$ の場合を示す。このとき，もし，ドレイン電圧を増してドレイン電流を図（c）の値より増加させようとしても，チャネルの抵抗により生じる電圧降下で制限され，電流はほとんど増加できず飽和特性を示す。このとき，ピンチ オフ電圧以上の電圧は，すべてドレイン部近傍の空乏層の拡大に使われ，図中の点Pの位置は，ほとんど移動しない。この状態の電子流は，ソースから点Pまで，チャネルを電界でドリフトし，点Pからは空乏層内の強い電界に引かれてドレインに達している。この場合の空乏層は，接合形トランジスタのベース-コレクタ間の空乏層と同じ役割をしている。

以上に述べた I_D-V_D 特性は，$V_G = 0$ の場合であったが，ゲートに逆バイアス電圧 V_G（$V_G < 0$）が加えられれば，それに応じて空乏層は広がり，$|V_G|$ だけ低い V_D でピンチ オフを生ずる。

ここで，図4・7をモデルにして，JFETの線形領域における I_D-V_D 特性を理論的に導いてみよう。

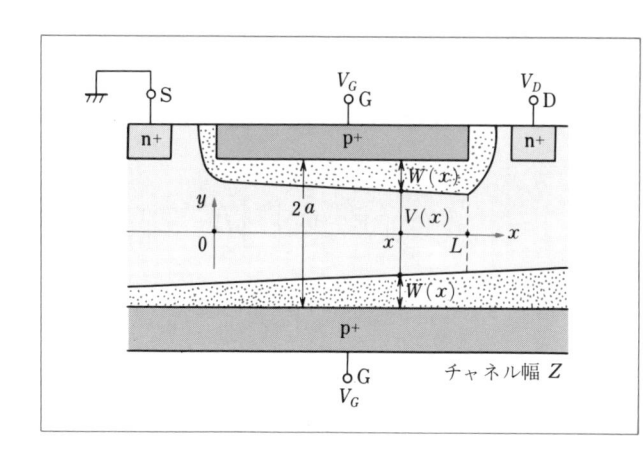

図4・7　JFETに流れる電流を計算するためのチャネル部モデル

図のように，x-y 座標をとり，チャネルの長さを L，チャネルの厚さを $2a$，n領域中の空乏層の厚さを $W(x)$ とし，また，ソース電極の電位を0とする。このモデルでは，解析を容易にするため，$L > 2a$ とする。この仮定によって，

元来，2次元的に考慮すべきチャネル中の電位，$V(x,y)$ は，一次元的に $V(x)$ で近似できる。

従って，位置 x における n 領域中の空乏層の厚さ $W(x)$ は，その位置の実効的バイアスの大きさが $V(x)-V_G$ になることと，$N_A \gg N_D$ を考慮し，式(3・24)から，

$$W(x) = \left[\frac{2\varepsilon\{V(x)+V_0-V_G\}}{qN_D}\right]^{1/2} \tag{4・2}$$

となる。ここで，q は電子電荷，N_D は n 領域のドナー濃度，ε は半導体の誘電率，V_0 は素子になんらかの電圧も印加しないときの熱平衡状態における拡散電位差である。

チャネル中のキャリア密度は，ほぼ N_D に等しく，これが電界の x 成分 E_x により $+x$ 方向に移動する。従って，ドレイン電流の大きさ I_D は，チャネルの幅を Z とすれば，チャネル断面積は $2(a-W)Z$ となり，

$$I_D = -2q\mu_n N_D(a-W)ZE_x = 2q\mu_n N_D(a-W)Z\frac{dV}{dx} \tag{4・3}$$

となる。ここに，μ_n は電子の移動度である。

式(4・3)は，I_D がチャネル中のどこでも一定（電流の連続性）であることを用い，変数を分離し，x に関して 0 から L まで，V に関しては，0 から V_D まで，積分すれば，

$$\int_0^L \frac{I_D dx}{2q\mu_n N_D Z} = \int_0^{V_D} \left[a - \left\{\frac{2\varepsilon}{qN_D}(V+V_0-V_G)\right\}^{1/2}\right] dV \tag{4・4}$$

となる。この積分を計算して，式(4・5)のように線形領域の I_D-V_D 特性が求まる。

$$I_D = g_{m0}\left[V_D - \frac{2}{3}\left(\frac{2\varepsilon}{qN_D a^2}\right)^{1/2}\{(V_D+V_0-V_G)^{3/2} - (V_0-V_G)^{3/2}\}\right] \tag{4・5}$$

ここで，g_{m0} は，

$$g_{m0} = q\mu_n N_D\left(\frac{2aZ}{L}\right) \tag{4・6}$$

である。g_{m0} は空乏層が全く存在しないときのチャネルのコンダクタンスを表

し，これの逆数 $1/g_{m0}$ が，式(4・1)の抵抗 R に相当する．すなわち，式(4・5)は，抵抗 R が，ドレイン電圧およびゲート電圧により制御される様子を表している．

次に，ゲート電圧を一定にしておき，ドレイン電圧を変化させてピンチ オフ状態を起こさせる条件を調べる．

このモデルにおけるピンチ オフは，$x=L$ の所で，$W(L)=a$ となって始まり，そのときのドレイン電圧 V_D，すなわちピンチ オフ電圧 V_P は，式(4・2)を2乗し，左辺を a^2，右辺の $V(x)$ を V_P として，

$$V_P = \frac{qa^2 N_D}{2\varepsilon} - V_0 + V_G \tag{4・7}$$

となる．この式から，ゲートが逆バイアス V_G ($V_G<0$) されたときのピンチ オフ電圧 V_P は，$V_G=0$ のときよりも $|V_G|$ だけ低くなり，図4・5(b)に示す特性になることがわかる．

また，$V_D > V_P$ の場合には，ピンチ オフ点は，ドレイン端 L からソース側にわずか移動する．そのため，チャネルが消失した位置からドレイン電極までの間，電流は非常に大きな電気抵抗をもつ空乏層領域を通過しなければならず，従って，この間の電圧降下は極めて大きくなり，ドレイン電圧は極めて大きな値でなければならない．

以上のことから，$V_D \geqq V_P$ において，ドレイン電流 I_D は $V_D = V_P$ の電流値に飽和することがわかる．この飽和領域の I_D-V_D 特性は，式(4・5)の右辺で V_D を V_P とし，さらに，式(4・7)を代入して得られ，

$$I_D = \frac{1}{3} g_{m0} V_{P0} \left\{ 1 - \frac{3(V_0 - V_G)}{V_{P0}} + 2 \left(\frac{V_0 - V_G}{V_{P0}} \right)^{3/2} \right\} \tag{4・8}$$

となる．ここで，

$$V_{P0} = qa^2 N_D / (2\varepsilon)$$

である．式(4・8)は，ゲート電圧 V_G により，飽和ドレイン電流 I_D が制御される様子を表す．図4・5(a)は，この入力信号 V_G と出力信号 I_D との間の伝達特性を示す．

なお，式(4・8)の近似として，若干誤差は大きいが，次の式(4・9)も用いられ

ている。

$$I_D \fallingdotseq (g_{m0}V_{P0}/3)\cdot\{1-(V_0-V_G)/V_{P0}\}^2 \qquad (4\cdot 9)$$

さて，再度，図 4・5(b)にもどる。この図は，ドレイン電圧を非常に大きくし，それがある値 V_B に達したとき，ドレイン電流が急増する現象（降伏現象）を示している。これは，高いドレイン電圧により，ピンチ オフ点 P からドレイン電極までの領域にできる空乏層部分の電界が強まり，そのため，この間を通過するキャリアが極度に加速され，運動エネルギーが大きくなり，価電子を衝突で電離させ，ついに，なだれ降伏を起こさせることに起因する。

なお，この降伏電圧 V_B は逆バイアス電圧の大きさ $|V_G|$ の増加により低下するが，これはピンチ オフ電圧が $|V_G|$ の増加により低下することから当然の帰結である。

〔2〕 小信号等価回路

図 4・8 は，JFET を用いた信号増幅基本回路（ソース接地回路）である。図 4・8(a)，(b)は，それぞれ n チャネルおよび p チャネルの JFET の記号と電圧の極性を示す。

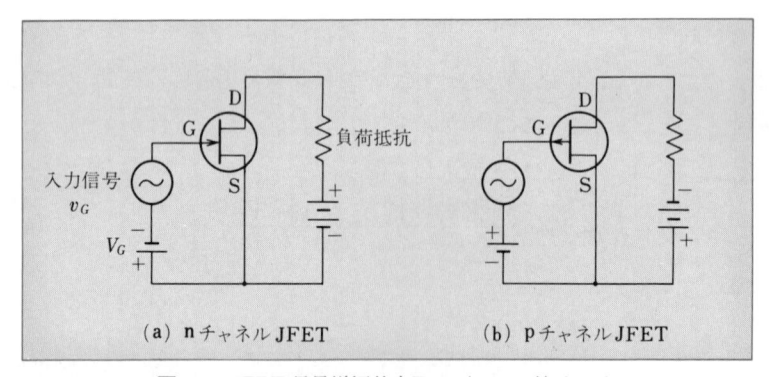

図4・8　JFET 信号増幅基本回路（ソース接地回路）

ここで，信号増幅素子としての JFET の基本動作と，その特徴を整理し列挙しておこう。

① ゲートとソース間には，信号電圧の絶対値 $|v_G|$ に比較して，大きい絶対値 $|V_G|$ の直流逆バイアス電圧が与えられているため，信号電圧に対する入力抵抗は非常に大きく，ゲートを通して信号電流の直流分はほとんど流れない。

② JFET の I_D-V_D 特性は，5極管や接合形トランジスタのそれと類似した特性をもつので，電流，電圧，電力の増幅に利用できる効率の良い素子である。

③ 図4・8で，負荷抵抗側回路は，JFET と負荷抵抗が直列となり，エネルギー源（電源）に接続されている。

④ I_D-V_D 特性の飽和領域で動作させられるため，回路電流はゲート電圧のみにより定まり，従って，負荷抵抗両端の電圧（出力電圧）もゲート電圧により決まる。

以上のことから，JFET の飽和領域における等価回路は，図4・9に示すよう

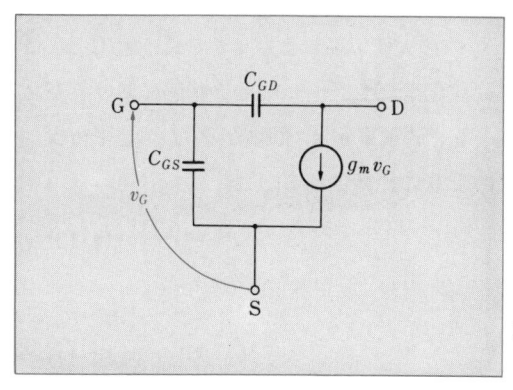

図4・9 飽和領域における JFET の小信号等価回路

に，電流源 $g_m v_G$ を用いて表される。

図中，v_G はゲートに加えられる入力小信号電圧であり，g_m は小信号電圧に対する JFET の相互コンダクタンスで，それは式(4・8)を V_G で微分し，

$$g_m = \frac{\partial I_D}{\partial V_G} = g_{m0}\left\{1 - \left(\frac{V_0 - V_G}{V_{P0}}\right)^{1/2}\right\} \tag{4・10}$$

として得られる。図4・5(a)と，この式からも明らかなように，ゲートに加えられる逆バイアス電圧の絶対値 $|V_G|$ が大きくなるほど，g_m の値は小さくなることがわかる。なお，図4・9中の C_{GD} および C_{GS} は，ゲート部の静電容量を，ゲート-ドレイン間，およびゲート-ソース間の等価静電容量で代表させたものである。

次に，JFETの動作周波数限界を調べよう。この素子に与えられる入力信号の周波数が高くなると，ついに，チャネル幅の変化，従って，ドレイン電流の変化が信号に応答しきれなくなる。そこで，この動作限界の周波数として，ソース-ドレイン間を短絡したときに，入力電流と出力電流が等しくなる(すなわち，増幅作用がなくなる)周波数，すなわち**遮断周波数**(cut off frequency) f_T を定義すれば，$C_G = C_{GS} + C_{GD}$ とおいて，

$$2\pi f_T C_G \cdot v_G = g_m \cdot v_G \tag{4・11}$$

から，高域遮断周波数 f_T は，

$$f_T = \frac{g_m}{2\pi C_G} \tag{4・12}$$

となる。従って，f_T の最大値は，g_m の最大値 g_{m0} および C_G の最小値 $C_{G\min}$ によって見積ることができる。ここに，$C_{G\min}$ は，ピンチオフ状態における空乏層の平均の厚さ $a/2$ を電極板間隔とし，誘電率が ε，面積が $Z \cdot L$ の，平行板コンデンサの静電容量として，次式のように計算される。

$$C_{G\min} = \frac{2\varepsilon ZL}{a/2} \tag{4・13}$$

従って，この式(4・13)と式(4・6)から，

$$f_T < \frac{qa^2 \mu_n N_D}{4\pi \varepsilon L^2} \tag{4・14}$$

が得られる。この式(4・14)から，遮断周波数を高めるには，キャリアの移動度が大きいnチャネル形を採用し，また，チャネル長は短いほうが有利であることを知る。なお，シリコンJFETで得られる f_T の最高周波数は，数GHz程度である。

〔3〕 ショットキーバリア形 FET

前述のように，高域遮断周波数の高い FET を実現するには，シリコンよりも移動度が大きい半導体材料が必要となる。n 形のガリウムひ素（GaAs）における電子の移動度は，シリコンのそれよりも，約 6 倍大きいので，高速動作素子用の基板として優れている。図 4・10 は，それを示す。

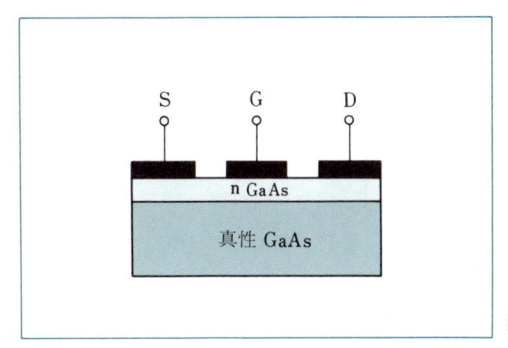

図 4・10　GaAs MESFET

この素子のゲートは，pn 接合の代わりに，金属-半導体接触による，ショットキーバリアを利用しており，**金属-半導体電界効果トランジスタ**（metal semiconductor FET；MESFET），または**ショットキーバリア形 FET** と呼ばれている。

この素子は，高抵抗の真性 GaAs 基板上に，n 形 GaAs をエピタキシャル（第 8 章で説明する）成長させ，この上にゲートのショットキーバリアと，ソースおよびドレインのためのオーム電極を形成させてある。このような単純な構造は，ゲート部の面積を小さく作ることができ，また高抵抗基板を用いることによって，浮遊容量を減らし，不安定な動作をすることを防いでいる。これらのことにより，この素子は 20 GHz 程度のマイクロ波帯信号増幅を行うことが可能となり，また高速コンピュータ用素子としても研究されている。

4・3 MOS形電界効果トランジスタ (MOSFET) の基礎

〔1〕 MOSダイオード

MOS形電界効果トランジスタの動作を解析する前に，まず，図4・11に示すような，金属-絶縁物（シリコン酸化膜 SiO_2）-半導体（p形 Si）の3層から構成

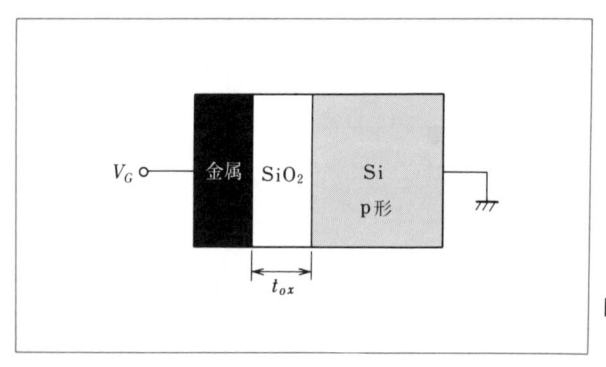

図4・11 MOSダイオード素子構造

されたMOS構造のダイオードについて，その特性を調べておこう。

図4・12は，理想化した**MOSダイオード**のエネルギー帯構造を示す。ここで，特に理想化と限定した理由は，次の条件が満たされることを仮定しているからである。

① 酸化膜内，および酸化膜と半導体の境界面には空間電荷は存在しない。
② 金属のフェルミ準位 E_{fm} と半導体のフェルミ準位 E_{fs} は，同じエネルギー値をもっているとする。すなわち，両者の仕事関数 ϕ_m と ϕ_s は等しいとする。

これらの仮定により，この理想化モデルの帯構造は，3者の接触によっても曲がることなく，平らなまま**フラットバンド**（flat band）の状態となる。このモデルを用いれば，金属-酸化膜-半導体の接触によって起こる物理現象の解析が容易になる。

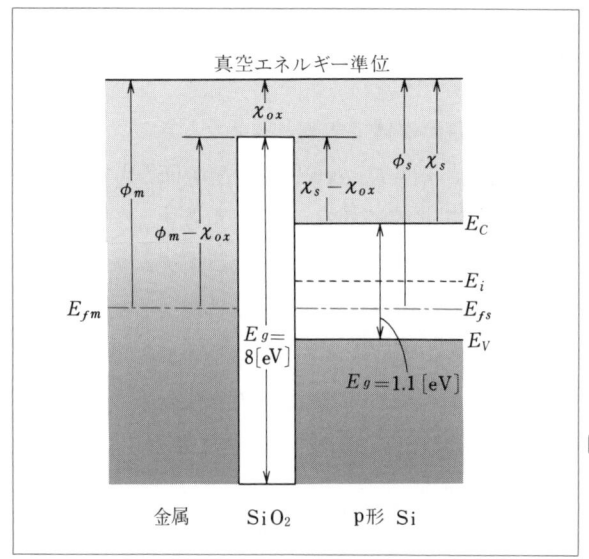

図4・12 理想化した MOS ダイオードのエネルギー帯構造（フラットバンド）

なお，図4・12中の χ_s は半導体の電子親和力，χ_{ox} は酸化膜の電子親和力である。

酸化膜とその両側の物質との間における，電子および正孔に対するエネルギー障壁の高さが，室温 T における kT に比べて非常に大きな値であれば，この障壁を越えて移動できるキャリアはない。また，酸化膜の厚さ t_{ox} が，トンネル効果でキャリアが浸透できる長さより十分に大きいならば，酸化膜を透過し得るキャリアはない。従って，p 形半導体部は，いかなる場合でも（印加電圧の有無にかかわらず），常に熱平衡状態が保たれている。従って，p 形半導体部の熱平衡状態の電子密度 n や正孔密度 p は，それぞれ，式(2・28)および式(2・29)を変形し，

$$n = N_c \exp\left(\frac{E_f - E_c}{kT}\right) = N_c \exp\left(\frac{E_f - E_i}{kT}\right) \exp\left(\frac{E_i - E_c}{kT}\right)$$

$$= n_i \exp\left(\frac{E_f - E_i}{kT}\right) \quad (4\cdot15)$$

同様に，

$$p = n_i \exp\left(\frac{E_i - E_f}{kT}\right) \tag{4・16}$$

で与えられる。

ここで，E_i は，この半導体が，真性半導体であると考えたときのフェルミ準位であり，n_i は真性キャリア密度で，$n_i = N_c \exp\{(E_i - E_c)/(kT)\}$ である。

この理想化 MOS ダイオードに電圧 V_G を印加した場合を考えよう。この素子は MOS 容量とも呼ばれ，絶縁体を中央に挟んだ一種のコンデンサであるので，V_G によって金属と半導体中には，それぞれ等量で符号の異なる電荷が誘起される。このとき，金属側の電荷は酸化膜に接する金属電極表面に現れ，半導体中では，誘導電荷を生じるだけのエネルギー帯の曲がりが酸化膜に接する部位に起こる。これらの電荷はバイアス電圧 V_G の極性や大きさにより，特徴をもった現れ方をする。次に，これらを説明しよう。なお，以下の論議においては，MOS ダイオードは単位面積をもつものとし，記号 Q はその添字に関係なくすべて，単位面積当たりの電気量を表すことにする。

（1）　金属側を負（$V_G < 0$）にした場合…蓄積状態　　この場合 V_G は，金属側に負の表面電荷密度 $-Q_s$（S は表面（surface）を意味する）を誘起するとともに，p 形半導体表面部に，$+Q_s$ の正孔を誘起し，本来の p 形半導体中にある正孔密度（$\fallingdotseq N_A$）を超えて，多数キャリア（正孔）を誘起する。この状態を**蓄積（accumulation）状態**という。

この蓄積正孔は，電気的中性条件を破り，正の空間電荷を形成する。そして，この正電荷から出る電束は，すべて金属電極上の負電荷に終わるから，酸化膜に接する半導体表面部の電界の向きはどこでも金属電極のほうを向いている。

そのため，半導体表面近傍の電位は，半導体内部の電位より低くなる。このことは，半導体表面近傍の電子に対するポテンシャル エネルギーを高める（正孔に対しては逆に低める）。その結果，E_c, E_i, E_v のエネルギー準位は，図 4・13（a）に示すように，半導体表面近傍で上方に湾曲している。

このような，E_i の上方湾曲が，半導体表面部の $E_i - E_f$ の値を大きくし，式（4・16）からも明らかなように，半導体表面部位の正孔密度を指数関数的に増大さ

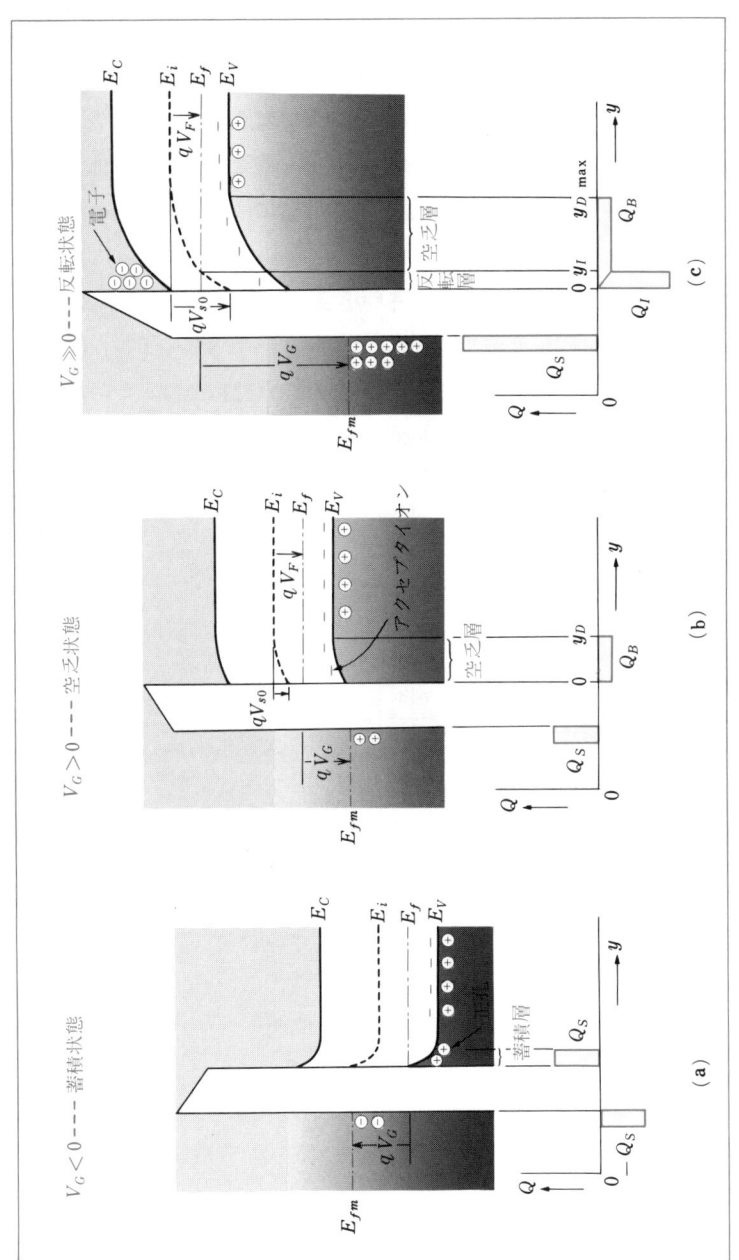

4・3 MOS形電界効果トランジスタの基礎

図 4・13 金属電極に与えるバイアス電圧 V_G の変化によるエネルギー帯の様子

せ,多量の正孔蓄積を可能にしている。

なお,この正孔の蓄積現象は,半導体表面部の多数キャリア密度,すなわち電気伝導度を V_G で制御することになるので,これを MOSFET の動作原理として利用できそうに思える。しかし,蓄積現象による電気伝導度の変化量は,もともと基板のもつ伝導度に比べて,あまり大きい値にはならないため実用されない。

(2) 金属側が正($V_G>0$)で,V_G が小さい場合…空乏状態　このときは,金属側には $+Q_S$ の表面電荷密度が誘導され,他方,p 形半導体中では,酸化膜に接する領域の正孔が追い払われ,**空乏 (depletion) 状態**になる。そのため,そこにイオン化したアクセプタが,接触面の単位面積当たり Q_B(B は固体内

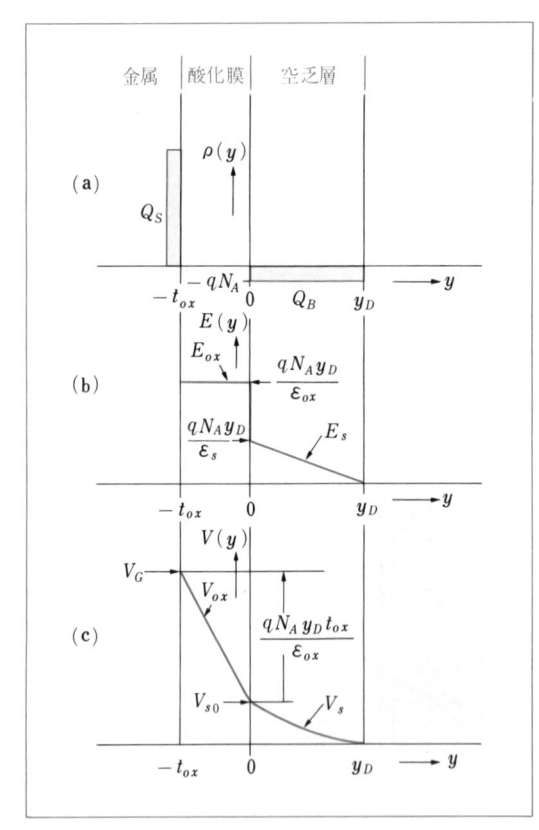

図4・14　空乏状態における空間電荷 ρ,電界 E,電位 V の分布

(bulk)を意味する)の負の空間電荷を形成する。このときの素子中の電荷分布，およびエネルギー帯の構造を，図4・13(b)に示すが，この状態について解析しよう。

まず，この空乏層における電荷分布，電界分布，電位分布を調べる。

そのため，図4・14(a)に示すように，金属から半導体の方向に $+y$ 軸をとり，金属と酸化膜の境界を $y=-t_{ox}$，酸化膜と半導体の境界を $y=0$，空乏層の末端を $y=y_D$ とする。また，酸化膜の誘電率を ε_{0x}，半導体の誘電率を ε_s，アクセプタ濃度を N_A とし，空乏層には電子，正孔のいずれも全く存在しない（空乏近似）ものとすれば，

$$Q_s = -Q_B = qN_A y_D \tag{4・17}$$

であり，半導体中の位置 y における電位 V_s や，電界 E_s は，ポアッソンの方程式

$$\frac{d^2 V_s}{dy^2} = -\frac{dE_s}{dy} = \frac{qN_A}{\varepsilon_s}$$

を積分して求められる。このとき，境界条件として $y=y_D$ で，$E_s=0$, $V_s=0$ を用いれば，E_s, V_s はそれぞれ次式となる。

$$\left. \begin{array}{l} E_s = \dfrac{qN_A}{\varepsilon_s}(y_D - y) \\[2mm] V_s = V_{s0}\left(1 - \dfrac{y}{y_D}\right)^2 \end{array} \right\} \tag{4・18}$$

ここで，

$$V_{s0} = V_s(0) = \frac{qN_A y_D^2}{2\varepsilon_s} \tag{4・19}$$

であり，V_{s0} は半導体表面の電位 $V_s(0)$ を表している。

次に，酸化膜中を調べよう。酸化膜中には空間電荷が存在しないので，この領域中の電界 E_{ox} および電位 V_{ox} は，ポアッソンの式が，

$$\frac{d^2 V_{ox}}{dy^2} = 0$$

となることから，これを積分して求められる。境界条件として，金属表面電荷密度 Q_s から，酸化膜中の電界 E_{ox} が定まり，また電位に関しては $y=0$ で，酸

化膜上と半導体上の電位が同じ値,

$$V_{ox}(0)=V_{s0}=\frac{qN_Ay_D{}^2}{2\varepsilon_s} \tag{4・20}$$

でなければならないことから,

$$\left.\begin{array}{l} E_{ox}=\dfrac{Q_S}{\varepsilon_{ox}} \\ V_{ox}=\dfrac{qN_Ay_D{}^2}{2\varepsilon_s}-\dfrac{Q_S}{\varepsilon_{ox}}y \end{array}\right\} \tag{4・21}$$

となる。ここで,酸化膜の厚さを t_{ox} としたので, $y=-t_{ox}$ の電位,すなわちこの MOS ダイオードに印加した電圧 V_G は,

$$V_G=V_{ox}(-t_{ox})=V_{s0}+\frac{Q_S}{C_{ox}}=V_{so}+\frac{qN_Ay_D}{C_{ox}} \tag{4・22}$$

となる。ここで,

$$C_{ox}=\frac{\varepsilon_{ox}}{t_{ox}} \tag{4・23}$$

であり, C_{ox} は単位面積当たりの酸化膜静電容量である。

以上のことから,この素子内部における,電荷分布,電位分布を図 4・14 に示す。このようにして得られたポテンシャル エネルギーを考慮した空乏状態のエネルギー帯図が図 4・13(b)であった。この図において, qV_F は,空間電荷領域(この場合は空乏層)の外側,すなわち $y \geqq y_D$ の基板バルク中の E_i と E_f のエネルギーの差

$$qV_F=E_i-E_f \tag{4・24}$$

としてあり, qV_F は一定値である。

次に,半導体中の電子に対するエネルギー諸値について調べ,キャリア密度の式を整理する。

まず, V_F の値は,式(4・16)において, $p \doteqdot N_A$ を用いれば次式となる。

$$V_F=(kT/q)\cdot\log_e(N_A/n_i) \tag{4・25}$$

しかし,空乏層内の位置 y における電子に対するポテンシャル エネルギーは,その位置の電位が $V_s(y)$ であることから,電位が 0 である空乏層外側のポテンシャル エネルギーより, $qV_s(y)$ だけ低くなりエネルギー帯は曲がった状

態になる。従って，空乏層内の E_i も，その位置によって変化するので，これを $E_i(y)$ で表す。すなわち，

$$E_i(y) = E_i - qV_s(y) \tag{4・26}$$

である。従って，位置 y における電子密度 $n(y)$ は，式(4・15)の E_i を $E_i(y)$ に置き換え，上式と $qV_F = E_i - E_f$ を代入すれば，

$$\left. \begin{array}{l} n(y) = n_i \exp\left\{\dfrac{E_f - E_i(y)}{kT}\right\} = n_i \exp\left\{\dfrac{q(V_s(y) - V_F)}{kT}\right\} \\[1em] \text{同様に，} \\[0.5em] p(y) = n_i \exp\left\{\dfrac{q(V_F - V_s(y))}{kT}\right\} \end{array} \right\} \tag{4・27}$$

となる。

以上のことから，$y=0$ の酸化膜に接する半導体の表面電子密度 n_s および表面正孔密度 p_s は，式(4・27)において，y が 0 のとき $V_s(0) = V_{s0}$ であることを用い，

$$\left. \begin{array}{l} n_s = n_i \exp\left\{\dfrac{q(V_{s0} - V_F)}{kT}\right\} \\[1em] p_s = n_i \exp\left\{\dfrac{q(V_F - V_{s0})}{kT}\right\} \end{array} \right\} \tag{4・28}$$

となる。

次に，n_s がバイアス電圧 V_G によってどのように変化するかを考察しよう。

まず，V_G を 0 から増してゆけば，V_{s0} も増し，ついに $V_{s0} = V_F$ となる。そのとき表面電子密度 n_s は，最初の $V_G=0$, $V_{s0}=0$ における $n_s = n_i^2/N_A$ の値から，わずかながら増加して $n_s = p_s = n_i$，すなわち真性半導体密度になる。この状態までを，上述においては空乏状態としてきた。

(3) 金属側が正で大きい $V_G \gg 0$ ($V_{s0} > V_F$) の場合…反転状態　(2)からさらに，V_G を増してゆけば，ついに，$V_{s0} > V_F$ となる。この状態は，図4・13(c)において E_i が E_f と交わる位置 y_I の左側の領域で示されている。この領域では $E_f > E_i$ であり，電子密度は，式(4・28)から，$n_s > n_i > p_s$ となり，この領域は，本来の p 形から n 形に**反転**（inversion）**した状態**になる。

なお，V_{s0} が $2V_F > V_{s0} > V_F$ の範囲内にあるときの n_s は，あまり大きい値ではないので，この状態は**弱い反転**（weak inversion）と呼ばれる。

さらに，V_G を増し，$V_{s0}=2V_F$ に達すると，式(4・28)で示された n_s は，式(4・25)の関係を代入して，$n_s=N_A$ となることがわかる。すなわち，この条件で，n_s は基板バルクの p 形半導体がもっていた多数キャリア密度と同じ値になり，**強い反転**（strong inversion）状態になる。もちろん，これよりさらに高いバイアス電圧 V_G を印加すれば，n_s はさらに増加する。すなわち，半導体の表面電子密度は，バイアス電圧 V_G により制御可能である。

それゆえ，この強い反転状態で生じたキャリアを FET のチャネルとして利用することができる。しかも，このようにして得られたチャネルは，空乏層により基板から絶縁されているので，大変都合が良い。MOSFET は，この強い反転現象を用いて作られている。

さて，次に，図 4・13（c）に示した反転層中の電位と誘導電荷の関係を導こう。金属電極上の電荷 Q_S は，半導体表面から空乏層の末端 y_D までの空乏層中のアクセプタイオンによる電荷 Q_B と，y_I までに含まれる反転層中の伝導帯の電子による電荷 Q_I との和に，符号は異なるが大きさが等しい。すなわち，

$$Q_S = -(Q_I + Q_B) \qquad (4 \cdot 29)$$

である。ここに，Q_I, Q_B は，ともに半導体表面の電位 V_{s0} の値によって変化する。

反転が起こらない程度の低いバイアス電圧の場合，Q_I はほとんど 0 であり，また Q_B は式(4・20)から得られる y_D，すなわち，

$$y_D = \left(\frac{2\varepsilon_s V_{s0}}{qN_A} \right)^{1/2}$$

を用いて，

$$Q_B = -qN_A y_D = -(2\varepsilon_s qN_A V_{s0})^{1/2} \qquad (4 \cdot 30)$$

である。

しかし，素子のバイアス電圧を高め，$V_{s0} > 2V_F$ の強い反転状態にすると，半導体表面部の電子密度 n_s は，バイアス電圧の増加による V_{s0} のわずかな増加

によっても指数関数的に急激な増加をする．このことは，強い反転状態では（半導体部に$2V_F$程度の電圧が加われば）反転層に蓄えられる伝導電子の総電荷量Q_Iが，十分に大きな値になり得る．それゆえ，$V_{s0}>2V_F$状態では，バイアス電圧をさらに増加したとしても，空乏層のごく微小な伸長により，半導体内に誘起される電荷を反転層内の電子増加で賄うことができる．

従って，強い反転状態における空乏層の厚さは，ほぼ一定値$y_{D\max}$になり，その値は，式(4・20)のV_{s0}を$2V_F$とおいて求められ，

$$y_{D\max}=2\left(\frac{\varepsilon_s V_F}{qN_A}\right)^{1/2} \tag{4・31}$$

となる．また，そのときのQ_Bは，

$$Q_B=-qN_A\,y_{D\max} \tag{4・32}$$

である．図4・15は，上述したV_{s0}に対するQ_S, Q_B, Q_Iの関係を示す．

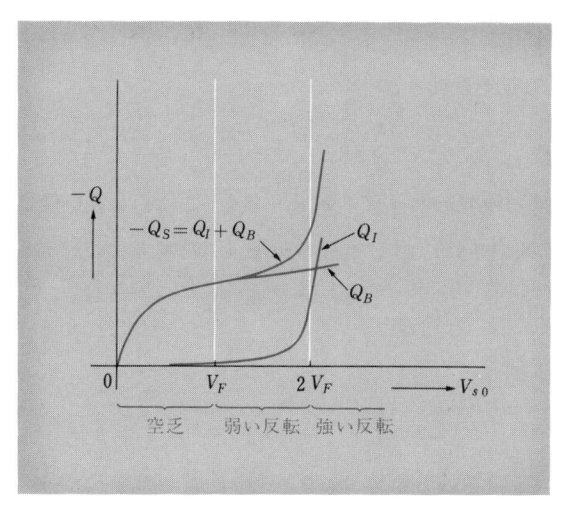

図4・15 半導体表面電位V_{s0}と電荷Q_S, Q_B, Q_Iとの関係

また，強い反転状態を生ずるバイアス電圧V_Gが印加されている場合，酸化膜部に加わっている電圧は，ほぼV_G-2V_Fであり，図4・16は，このときの素子内における電圧配分の様子を示している．

この場合，金属電極上の電荷Q_Sは酸化膜部の静電容量C_{ox}を用いて，

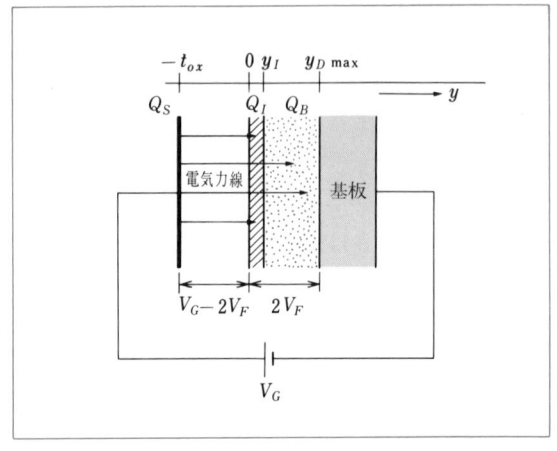

図 4・16 反転状態における電荷分布と各部の電圧

$$Q_S = C_{ox}(V_G - 2V_F) = -(Q_I + Q_B) \tag{4・33}$$

となり，これから Q_I を求めれば，

$$Q_I = -C_{ox}(V_G - V_T) \tag{4・34}$$

である。ここで，V_T は次式で与えられる。

$$V_T = 2V_F - (Q_B/C_{ox}) = 2V_F + \left(\frac{qN_A\, y_{D\,max}}{C_{ox}}\right) \tag{4・35}$$

この電圧 V_T は，反転を生ずる臨界のバイアス電圧を表し，これを**しきい値電圧**（threshold voltage）と呼ぶ。図 4・17 はバイアス電圧 V_G の大きさに対する

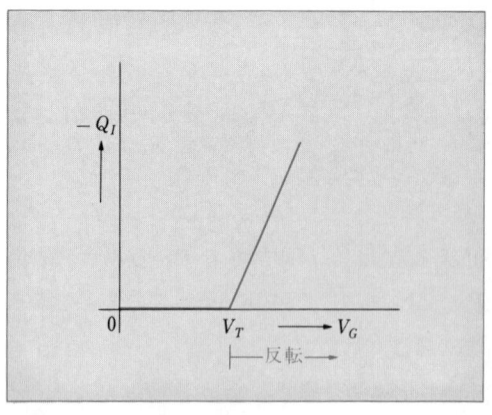

図 4・17 バイアス電圧 V_G と反転電荷 Q_I の関係

反転層内のキャリアの総電荷量 Q_I の変化の様子を示す．図には，"$V_G<V_T$ では反転が起こらないので $Q_I=0$，また $V_G\geqq V_T$ ではチャネルのキャリアになる Q_I は，ほぼ V_G に比例して誘起される"ことが示されている．

〔2〕 小信号電圧に対する MOS ダイオードの静電容量

MOS ダイオードの小信号電圧に対する静電容量 C は，素子に印加する直流バイアス電圧 V_G の極性や大きさによって変化するが，このことに関して考察しよう．

素子はp形半導体を基板として作られた MOS 構造のものであるとする．

(1) $V_G<0$ の蓄積状態の場合　MOS ダイオードの金属電極に負のバイアス電圧を印加すると，酸化膜に接する半導体表面には正孔が蓄積されるが，このとき半導体表面とその内部の電位差がごく小さくても，十分大きな量の正孔を蓄積することができる．従って，この場合，半導体はほとんど導体のように振る舞う．

それゆえ，この場合の素子の静電容量 C は酸化膜部の静電容量 C_{ox} のみと考えて良く，その値は，単位面積当たり，

$$C=C_{ox}=\frac{\varepsilon_{ox}}{t_{ox}} \tag{4・36}$$

である．ここで，ε_{ox} および t_{ox} は，酸化膜の誘電率および厚さである．

(2) $V_G>0$ で，強い反転状態の場合　この場合には，前節で述べたように，半導体表面の空乏層の厚さは一定値 $y_{D\,\max}$ である．それゆえ，この状態にある素子の小信号電圧に対する静電容量は，誘電率が ε_{ox} で厚さが t_{ox} の絶縁物（酸化膜部）と，誘電率が ε_s で厚さが $y_{D\,\max}$ の絶縁物（空乏層部）2枚が，電極間に重ねてそう入されたコンデンサの静電容量に相当する．

その値は，ちょうど，酸化膜部の静電容量 C_{ox} と，半導体空乏層部の静電容量 C_s とが直列に接続されたものと等価になる．

しかるに，空乏層部の静電容量 C_s は，単位面積当たり，

$$C_s=\frac{\varepsilon_s}{y_{D\,\max}} \tag{4・37}$$

である.この全静電容量を C_{min} とすると,C_{min} は,式(4・36)および式(4・37)を用いて,

$$C_{min} = \frac{C_{ox} C_s}{C_{ox} + C_s} \tag{4・38}$$

となる.

(3) $V_G > 0$ **で,弱い反転状態の場合**　この場合には,空乏層の厚さ y_D は印加電圧 V により変化する.いま,空乏層の厚さが y_D であるとき,空乏層中のアクセプタイオンによる空間電荷の総量 $|Q_B| = |Q_S|$ は,式(4・17)で与えられる.この式から y_D を求め,それを,酸化膜と空乏層の境界の電位 V_{s0} を表す式(4・20)に代入すれば,

$$V_{s0} = \frac{qN_A}{2\varepsilon_s} \left(\frac{Q_S}{qN_A} \right)^2 = \frac{Q_S^2}{2\varepsilon_s qN_A} \tag{4・39}$$

となる.これをさらに,式(4・22)に代入すれば,素子に印加した電圧 V_G は,

$$V_G = \frac{Q_S^2}{2\varepsilon_s qN_A} + \frac{Q_S}{C_{ox}} \tag{4・40}$$

となる.この式から Q_S を求めると,

$$Q_S = \frac{\varepsilon_s qN_A}{C_{ox}} \left\{ \left(1 + \frac{2V_G C_{ox}^2}{\varepsilon_s qN_A}\right)^{1/2} - 1 \right\} \tag{4・41}$$

である.従って,素子の小信号電圧に対する静電容量 C は,

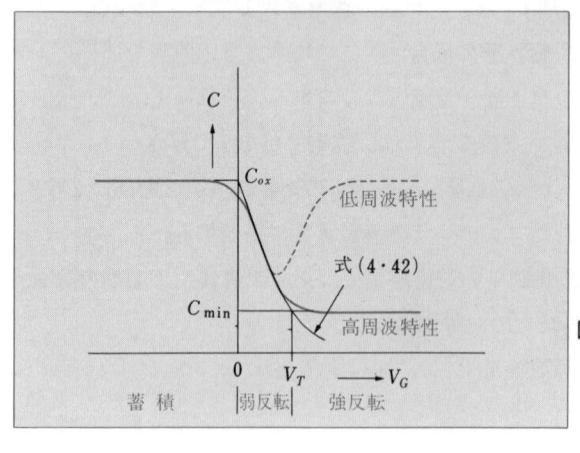

図4・18　MOSダイオードの静電容量とバイアス電圧 V_G との周波数依存度

$$C = \frac{dQ_S}{dV_G} = C_{ox}\left(1 + \frac{2V_G C_{ox}^2}{\varepsilon_s q N_A}\right)^{-1/2} \tag{4・42}$$

となり，この値は，バイアス電圧 V_G に依存する。

以上，(1)，(2)，(3)の結論をまとめて，C-V_G 特性を図 4・18 の緑色の実線で示す。

しかし，実際にこの静電容量 C のバイアス電圧 V_G に対する依存性を測定すると，高周波(10 kHz 以上)信号に対しては，およそ実線のようになるが，低周波(10 Hz 程度)信号に対しては，緑色の破線のようになり，強い反転状態で著しい差異が認められる。

その理由は，次のように考えられる。すなわち，低周波信号電圧に対しては，その電圧変化に応じて，反転層内の電子密度の変化が追従できるからである。すなわち，反転層やそれに接する空乏層内におけるキャリアの熱生成および再結合による消滅と，それの移動時間による遅れが信号の変化に対して無視できるようになり，これが反転層のキャリア密度を信号に応じて変化させることになる。そのため，半導体部は導体と同様に考えられ，静電容量は C_{ox} のみになる。

なお，この C-V_G 特性を信号周波数を変えて実測した曲線から，反転層内のキャリア密度の変化における時定数は，約 1/10 秒程度であることが知られている。従って，この時間内なら，素子は電荷の一時的な蓄積機能をもっている。**ダイナミック形メモリ素子**（DRAM；dynamic random access memory）や，**電荷結合素子**（CCD；charge-coupled device）は，このような電荷の一時的な蓄積機能を用いて作られている。

このほか，C-V_G 特性は，MOS 素子のいくつかの特性を評価するためにも利用される。

〔3〕 フラットバンド電圧

いままでの素子は，バイアス電圧 $V_G=0$ で，フラットバンドになっている理

想化した MOS 構造のものを仮定してきた。しかし，実際の素子においては，下記のような原因により理想化したものと違いが生ずる。

① ゲート電極に使われる金属の仕事関数 ϕ_m と，基板に使われる半導体の仕事関数 ϕ_s の間に差 $\phi_{ms}=\phi_m-\phi_s$ がある。

② 酸化膜中の空間電荷の存在，および酸化膜に接する半導体表面の界面準位に電荷が捕獲されている。

このような場合には，たとえ，素子を外部回路で短絡しても（0 バイアスにしても）素子のエネルギー帯図は，図 4・12 に示したようなフラット バンドにはならない。

そこで，これらの影響を調べるため，①と②の原因を分離して考えよう。

まず，①の場合には，図 4・19（a）のように，酸化膜部および酸化膜に接する

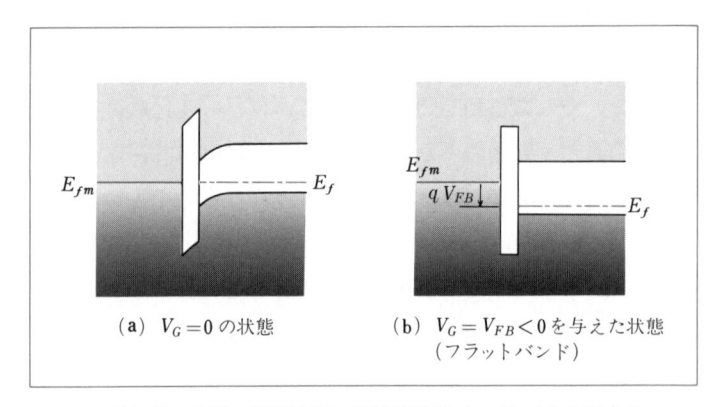

(a) $V_G=0$ の状態

(b) $V_G=V_{FB}<0$ を与えた状態（フラットバンド）

図 4・19 金属と半導体間に仕事関数差 $\phi_{ms}<0$ がある場合のフラットバンド電圧 V_{FB}

半導体の空乏層部の電子に対するポテンシャル エネルギーは位置によって変わり，フラット バンドにはならない。しかし，このような素子でも，金属電極に適当なバイアス電圧 V_{FB} を加えれば，図（b）のように，半導体内のエネルギー帯図は平らになり，理想化 MOS 構造の素子と同様，フラット バンドにすることができる。これに要する電圧 V_{FB} を**フラット バンド電圧**（flat band voltage）と呼び，その大きさは，

$$V_{FB}=(\phi_m-\phi_s)/q=\phi_{ms}/q=(E_f-E_{fm})/q \qquad (4\cdot43)$$

である.

次に，②の場合を考察しよう．いま，酸化膜中には単位面積当たり Q_{ox} の正電荷が均一に分布し，また，界面準位には単位面積当たり Q_{ss} の電荷が，図4・20のように存在しているとする．この素子の金属電極に適当なバイアス電圧

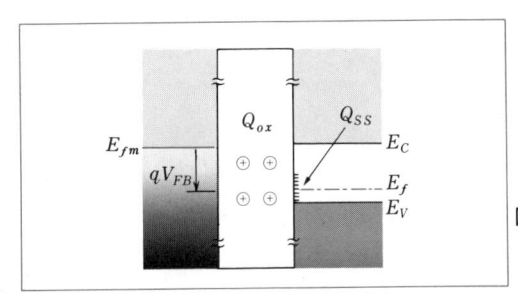

図4・20 酸化膜中電荷 Q_{ox}，界面準位電荷 Q_{ss} がある場合のフラットバンド電圧 V_{FB}

V_{FB}（この場合には負電圧が必要）を印加して，正電荷 $(Q_{ox}+Q_{ss})$ から出る全部の電束を金属電極に終わらせるようにすれば，これらの電荷の存在は半導体内部には，全く，その影響を与えることはない．従って，そのエネルギー帯図はフラットバンドになる．

このときに要する電圧，すなわちフラットバンド電圧 V_{FB} は，式(4・44)で与えられる．

$$V_{FB}=-(Q_{ox}+Q_{ss})/C_{ox} \qquad (4\cdot44)$$

それゆえ，①，②の影響をまとめ，一般のMOS構造のフラットバンド電圧 V_{FB} は，

$$V_{FB}=(\phi_{ms}/q)-(Q_{ox}+Q_{ss})/C_{ox} \qquad (4\cdot45)$$

となる．

以上のことから，一般の場合のMOS素子のしきい値電圧 V_T は，エネルギー帯を平担にするために必要な電圧 V_{FB} を考慮して，式(4・35)を書き替えると，式(4・46)となる．

$$V_T=2V_F-(Q_B/C_{ox})+V_{FB} \qquad (4\cdot46)$$

なお，V_{FB} による影響は C-V_G 特性上にも現れ，$Q_{ox}+Q_{ss}$ が正電荷であれば V_{FB} は負に向かうので，図 4・18 の曲線は左にシフトして観測される。このように，C-V_G 特性は，素子内部の状況を推定するうえで有効な手段である。

V_T が V_{FB} 分影響を受けることを知ったが，積極的に解釈すると，式(4・46)は反転電荷を生じるに要するしきい値電圧 V_T の値を，式の右辺を操作して希望の値に調整することが可能であることを示している。

4・4 MOSFET の特性

MOSFET の構造は，すでに図 4・3 に示した。この素子は前述の MOS ダイオードの金属電極をゲート電極とし，これに印加したゲート電圧 V_G（前節におけるバイアス電圧）によって半導体表面部に現れる反転層を n チャネルに利用している。チャネルの両端部にはドナーを高い濃度で拡散した n$^+$ 領域が作られ，これらをソース電極とドレイン電極にしている。

このような構造にすることより，信号電圧に応じてチャネル内のキャリア密度を変化させるために行われるキャリアの授受は，n$^+$ 領域を通して敏速に行われる。

それゆえ，この構造の MOSFET は，MOS ダイオードに見られるような，反転層の形成や消滅のための時間遅れがなく，従って，高周波での動作が可能になる。

〔1〕 直流特性

MOSFET の I_D-V_D 特性は，JFET のそれと同様，V_D の小さい時の線形領域に始まり，さらに V_D の増加につれ，チャネルにピンチオフが起こり，ついに飽和領域となる。

図 4・21 は，図 4・3 に示した MOSFET のチャネル部を拡大したもので，この図を用いて I_D-V_D 特性を説明しよう。

半導体表面のソース右端を原点とし，x 軸は表面上右向きに，y 軸は基板に垂

4・4 MOSFET の特性

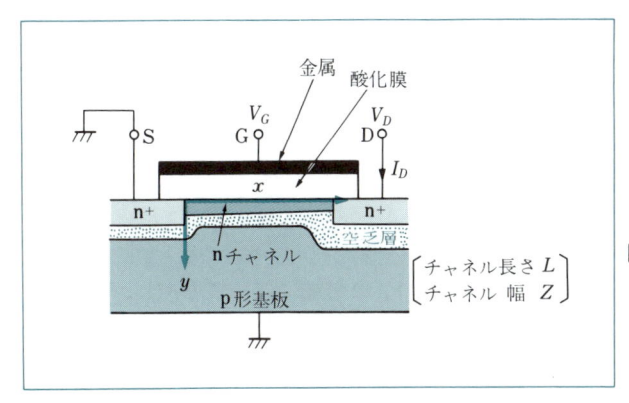

図 4・21 n チャネル MOSFET に流れる電流を計算するためのチャネル部モデル

直下向きにとる。ソースからドレインまでのチャネル長を L, チャネルの幅を Z とし，ソースおよび基板の電位を 0 とする。

なお，解析を容易にするため，JFET のときと同様，チャネル内の位置 x における電位 V は x のみの関数 $V(x)$ とする。

ゲート電圧 V_G を，MOS ダイオードで説明したしきい値電圧 V_T より大きくして，チャネルを形成させドレイン電流を流すと，チャネル内には電圧降下 $V(x)$ を生じる。

そのため，チャネル内の位置 x におけるゲートに対する電位差は減少し，その位置における反転電荷を減少させる。このことを考慮すれば，x における反転電荷量 Q_I は，式(4・34)から，

$$Q_I(x) = -C_{ox}\{V_G - V_T - V(x)\} \tag{4・47}$$

となる。

また，ドレイン電流 I_D は，主として，チャネル内のキャリア，すなわち電子のドリフトによるものと考えて良いので，この電子の表面部における移動度を μ_n とすれば，

$$I_D = -Z\,\mu_n\,Q_I\,\frac{dV(x)}{dx} \tag{4・48}$$

である。従って，式(4・47)および式(4・48)から，

$$I_D\,dx = Z\,\mu_n\,C_{ox}\{V_G - V_T - V(x)\}dV \tag{4・49}$$

が得られる。この式で, I_D は電流の連続性から場所によらず一定値であるから, 左辺を $x=0$ から L まで, 右辺を $V(0)=0$ から $V(L)=V_D$ まで積分すれば, I_D は,

$$I_D = \frac{Z \mu_n C_{ox}}{L} \left\{ (V_G - V_T) V_D - \frac{1}{2} V_D^2 \right\} \qquad (4 \cdot 50)$$

となる。ここで, V_T は V によらず一定値であるとした。

この式は, $V_D < (V_G - V_T)$ のとき, I_D は V_D の増加に伴って増加し, $V_D = (V_G - V_T)$ で I_D は最大になる線形領域の特性式である。ところが, 式のうえでは $V_D > (V_G - V_T)$ では, I_D は V_D の増加に伴って減少することになる。このことを吟味しておこう。すなわち, 電流 I_D の連続性を考えると, 式(4・48)から, チャネル内のどこかで, もし, $Q_I(x) \to 0$ のようなことが起これば, そこで $(dV/dx) \to \infty$ にならなければならない。それゆえ, 式(4・49)の積分は, このようなことが起こらない範囲で行われなければならない。従って, 式(4・50)に, $V_D > (V_G - V_T)$ の場合を適用することは許されない。

以上の論議から, V_D を 0 から増して $(V_G - V_T)$ に近ずけるとき, ドレイン部の反転電荷量 $Q_I(L)$ は, 式(4・47)から明らかなように, $Q_I(L) \to 0$ になり, ドレイン部でチャネルは消滅しピンチオフ状態に近ずき, そこで $(dV/dx) \to \infty$ になる。それゆえ, もし, V_D をさらに増加しても, その増加分はすべてピンチオフ部に印加され, I_D を変化させることには使わない。すなわち, ドレイン電流は飽和する。このときのドレイン電圧 V_D を MOSFET の**ピンチオフ電圧** (pinch off voltage) V_P といい,

$$V_D = V_P = V_G - V_T \qquad (4 \cdot 51)$$

である。従って, 飽和電流 $I_{D \max}$ は式(4・50)に, 上に述べた関係を導入して得られ, 飽和領域におけるドレイン電流 I_D は,

$$I_D = I_{D \max} = \frac{Z}{2L} C_{ox} \mu_n (V_G - V_T)^2 = \frac{Z}{2L} C_{ox} \mu_n V_P^2 \qquad (4 \cdot 52)$$

となる。この式は入力信号 V_G と出力信号 I_D の飽和領域における伝達特性を表し, I_D は, おおよそ V_G の 2 次関数の形で変化する。

4・4 MOSFET の特性

これらの議論をもとに，V_G をパラメタにして，n チャネル MOSFET の電圧-電流特性を描いたものが図 4・22 である．この図において，各曲線のドレイン電流の飽和する各点を結んだ曲線（破線）は，式(4・52)を描いたもので，**ピンチオフ曲線**（pinch off curve）と呼ばれる．図中の遮断領域とは，$V_G < V_T$ 状態，つまり，チャネルが形成されず，電流が流れない領域である．

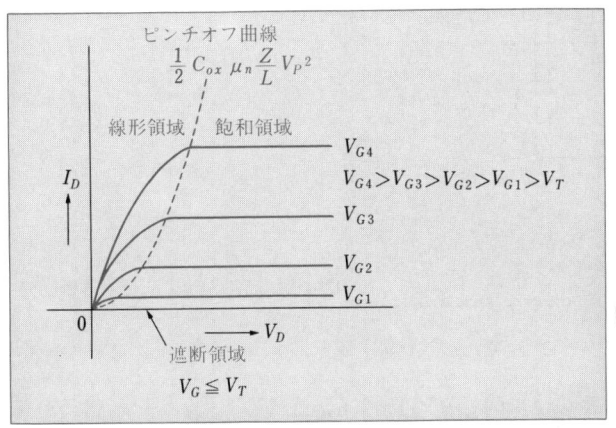

図 4・22　n チャネル エンハンスメント形 MOSFET の I_D-V_D 特性

〔2〕 小信号等価回路

n チャネルと p チャネルの MOSFET の記号，およびそれらを増幅動作させるために印加する電圧とその極性を図 4・23 に示す．図中に米国で使用されてい

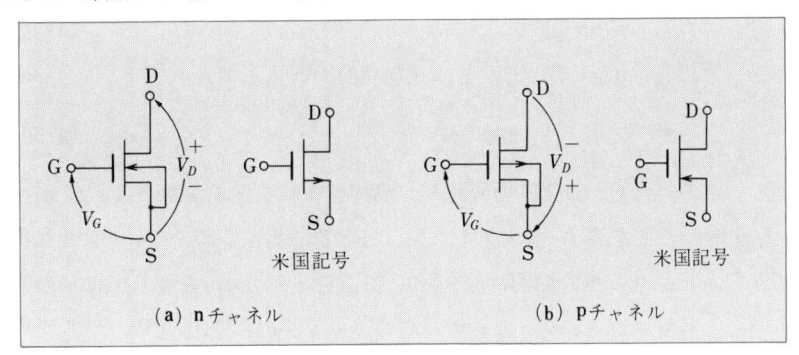

(a) n チャネル　　(b) p チャネル

図 4・23　MOSFET の図記号

るものも示す.

MOSFET も, JFET と同様, 飽和領域で使用されるので, 小信号電圧 v_{GS} に対する等価回路は, 図4・24のように, 電流源 $g_m v_{GS}$ と, ゲート-ドレイン間, およびゲート-ソース間の静電容量 C_{GD}, および C_{GS} を用いて表される. ここに,

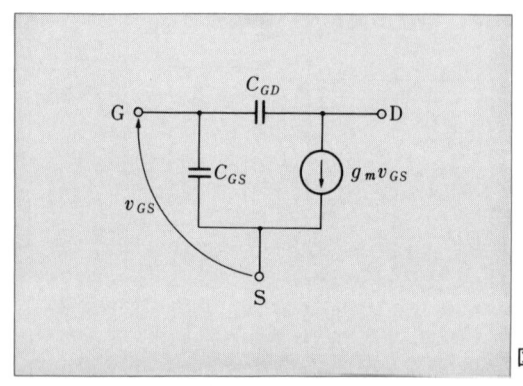

図4・24 MOSFET 小信号等価回路

g_m は素子の相互コンダクタンスで, 式(4・52)から,

$$g_m = \frac{\partial I_D}{\partial V_G} = \frac{Z}{L} C_{ox} \mu_n (V_G - V_T) = \frac{Z}{L} C_{ox} \mu_n V_P \tag{4・53}$$

となる.

この等価回路から, MOSFET の遮断周波数 f_T は, JFET と同様に,

$$C_G = C_{GS} + C_{GD} \tag{4・54}$$

として,

$$f_T = g_m / (2\pi C_G) \tag{4・55}$$

となる. この式に $C_G = C_{ox} LZ$ と, 式(4・53)を代入して,

$$f_T = \frac{\mu_n V_P}{2\pi L^2} \tag{4・56}$$

を得る. この場合も, JFET と同様に, 高周波特性を良くするには, μ_n が大きく, L が短いことを要する. しかし, MOSFET のチャネルの厚さが100Å程度の薄さで, しかも, その片面は酸化膜に接しているため, キャリアはその界面においても散乱されるので, チャネル中のキャリアの移動度 μ_n は, バルク中の値の半分程度に減少する.

〔3〕 エンハンスメント形とデプレッション形 MOSFET

前項に述べた n チャネル MOSFET の I_D-V_G 特性（伝達特性）を図 4・25(a)に示す。図(a)の素子は，V_G を印加することによりチャネルが形成されるの

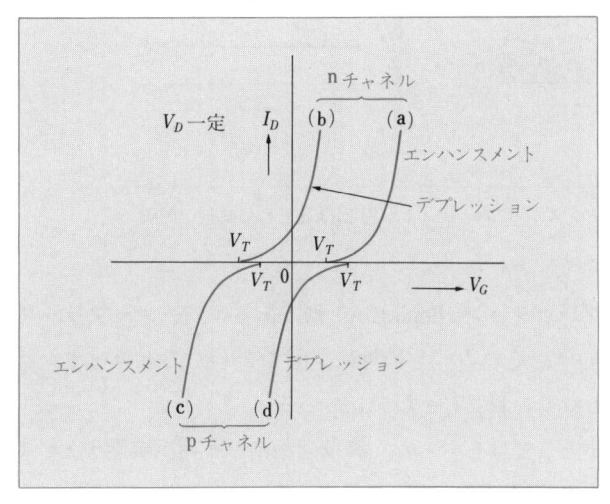

図 4・25 各種 MOSFET の I_D-V_G 特性

で，**エンハンスメント**（enhancement）形である。これのスイッチ動作は，通常は（$V_G=0$ のとき）off で，V_G が与えられると，on 状態になる**ノーマリー オフ**（normally off）形であり，off 状態における抵抗は理想に近く大きく，on 状態における素子内部の抵抗（on 抵抗）は，オーム性の小さい値である（章末演習問題〔4〕問題 6．参照）。このように，この素子は大変良好なスイッチ動作をすることから，ディジタル信号はもとより，アナログ信号用スイッチとしても広く用いられている。

次に，図 4・26(a)に示すように，p 形半導体表面部にチャネルを形成させるため，あらかじめ n 形不純物のドナーを，第 8 章で後述する**イオン インプランテーション**（ion implantation）によりドープした MOSFET では，ドナーによる正電荷によって V_T が減り $V_G=0$ でも，すでに n チャネルが形成されているため，その I_D-V_D 特性は，図 4・26(b)のようになる。

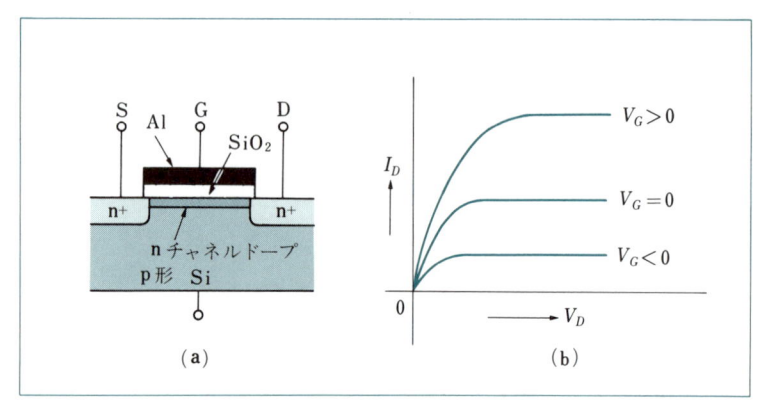

図 4・26 n チャネル デプレッション形 MOSFET の構造と特性

このような素子を**デプレッション** (depletion) **形**, あるいは, **ノーマリー オン** (normally on) **形**といい, その I_D-V_G 特性は, 図 4・25(b)の n チャネル デプレッション形のものとなり, JFET と類似している。

この素子は, 増幅素子としてはもちろん, 集積回路中の負荷抵抗素子としても使用されている。特に, 集積回路の抵抗素子としては, 母材本来の抵抗を利用する抵抗素子よりも小型に作ることができ, その製作工程を簡略化し得る利点がある。

なお, 図 4・25(c), (d)は, p チャネルのエンハンスメント形, およびデプレッション形の I_D-V_G 特性を示す。

〔4〕 その他の事項
(1) SiO_2 中の電荷および半導体表面電荷の生成原因とその防止法
① SiO_2 中の電荷 Q_{ox} の例としては, 酸化工程中に入ったナトリウム イオンが良く知られている。これの存在は, 素子の動作中にイオンの移動が起こり, 特性を不安定にするので, 酸化炉の材料を吟味したり, 第 8 章で述べる電子ビーム蒸着法の採用などにより防止している。
② 表面電荷は, 大別して, 2 つの原因により出現すると考えられている。

4・4　MOSFET の特性

その1つは，SiO_2 膜が Si 結晶と接する部分での化学量論的なずれ（Si 原子1個に対し O 原子が2個結合していない）により生じた正電荷のシリコンイオンと考えられている。この値は Si 結晶の結晶面の方向により異なり，(1 0 0)面で最も小さく 10^{11} cm^{-2} 程度で，(1 1 1)面では，それの約3倍ほどである。これを減らすには，N_2 ガス中での熱処理が有効とされている。

　他の1つは，Si 結晶の表面原子の結合する相手がいないために生ずる未結合手 (dangling bond) によるもので，この値も結晶面の方向により異なるが，およそ 10^{11} cm^{-2} ほどであり，その極性や大きさは，表面のフェルミ準位の値によっても異なる。当初，良好な n チャネルの MOSFET が得難かったのは，これの正電荷が原因であった。

（2）　その他の MOSFET

① 　デプレッション形素子は，りん(P)あるいは，ほう素(B)イオンを Si 表面に打ち込むことにより，しきい値電圧 V_T を制御して作られたが，ゲートとして金属を使用する代わりに Si を使うと，仕事関数の差 ϕ_{ms} がなくなり，V_T を調整できる。この Si ゲートは気相反応法（第8章で述べる）で，多結晶または非結晶質膜として酸化膜表面に付着形成される。

② 　MNOS 素子は，ゲートの金属と SiO_2 膜の間に窒化シリコン (Si_3N_4) の薄膜を導入したもので，特性の安定化が得られ，さらに，Si_3N_4 の大きい誘電率による高い g_m が得られる。なお，①と②を組み合わせることも行われる。

③ 　フローティングゲート素子は，ゲートとして絶縁物を用い，この中に電荷を蓄えさせ，チャネル状態を固定化したもので，FAMOS は電子なだれにより絶縁物中に電子を注入したもので，これを消去するには紫外線を照射して行う。この方法で書込み消去可能な記憶素子 EPROM (electrically programmable read only memory) が作られている。

④ 　**電力増幅用 MOSFET**　入力信号を増幅して，出力負荷に大きな電流と電圧を供給する電力増幅あるいは電力スイッチ素子について考察する。この使用目的で，接合形トランジスタと FET の動作を比較してみよう。接

合形トランジスタは少数キャリアの注入にその基本動作を置いているので，次の2点に不都合がある。

ⅰ) 少数キャリアの蓄積は高速動作をしにくくする。

ⅱ) 温度に対する不安定性があり，コレクタ電流通路中の一経路が温度上昇すると，そこに電流が集中し，これがまたそこの温度を高め，ついに素子破壊につながる危険性がある。

　他方，FETは多数キャリアのオーミック電流を利用しているので，上記の欠点がなく優れている。図4・27と図4・28は，実用されている電力増幅用FET素子の構造を示す。

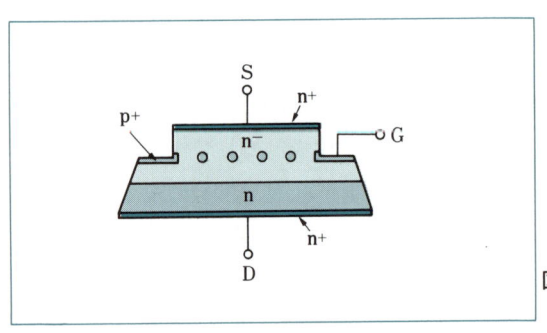

図4・27　静電誘導形トランジスタ（SIT）

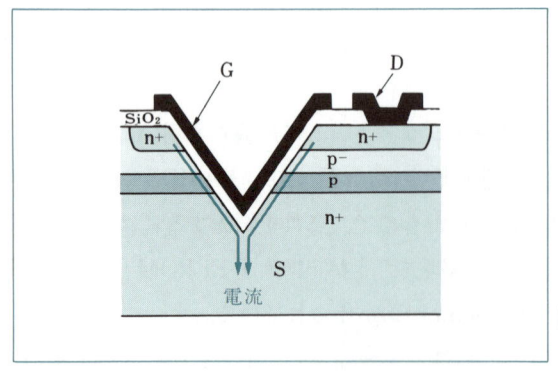

図4・28　V-MOSFETの構造例

　図4・27の素子は，ゲート部を狭くした接合形FETで，**静電誘導形トランジスタ**（SIT ; static induction transistor）と呼ばれ，1個で3kWの

高周波電力を制御できるようなものも作られている。

　MOSFET の電流は，極めて断面積の小さい反転層を流れるので，素子1個で制御できる電流値は小さい。従って，電力用には多数の素子を同一基板上に集積させ，それらを並列に接続する。さらに，ドレイン部近傍の基板の添加不純物濃度を小さくして，そこの空乏層の厚さを増すことにより電界強度を下げ，ドレイン部の耐電圧性能を上げている。図 4・28 は，上に述べたことを考慮して作られた素子で，縦形あるいは V-MOSFET と呼ばれる。チャネルはエッチング プロセスで作った，V 字溝 (V-groove) の斜面に沿って作られ，図中の矢印のように電流が流れる。チャネルとなる p 層の厚さは，そのエピタキシャル成長時に精密に調整できるので，素子の特性を揃えやすい。

　1つの基板上に，ソース部を共通にもつ多数の素子は並列に接続され，1個の電力用 MOSFET が作られる。この素子は，平面上に作られたものよりも，チャネルの有効断面積を大幅に増せるため，高効率でありオーディオ アンプ等にも実用されている。

⑤　**SOI-MOSFET**　Si 基板の厚さに注目してみると，MOSFET が動作するのに必要な部分は表面の極めて薄いところのみである。従って，この必要な部分だけを別の絶縁物の上 (SOI; silicon on insulator) に設け，MOSFET を作ることができる。この素子の構造を図 4・29 に示す。これにより，Si 材料を大幅に節約することができるばかりでなく，基板とソースおよびドレイン間の静電容量を小さくすることができ，動作速度を増すことがで

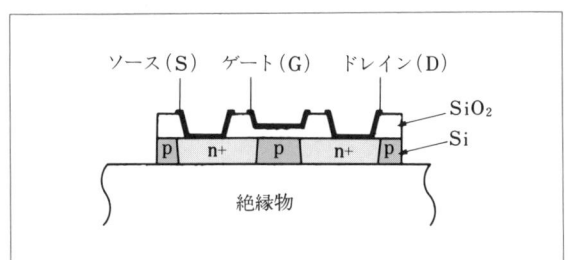

図 4・29　SOI-MOSFET

きる。なお，最近，3次元集積回路技術が注目され，この SOI-MOSFET と絶縁物とを交互に積み重ねる方法が研究されている。

演 習 問 題 〔4〕

〔問題〕 **1.** JFET の線形領域におけるチャネルコンダクタンス $g_{D1}=\partial I_D/\partial V_D$ および相互コンダクタンス $g_{m1}=\partial I_D/\partial V_G$ を，式(4·5)から求めよ。なお，g_{D1} は式(4·10)の g_m に等しくなる。

答($g_{D1}=g_{m0}\{1-\sqrt{(V_0-V_G)/V_{P0}}\}$, $g_{m1}=g_{m0}V_D/\{2\sqrt{V_{P0}(V_0-V_G)}\}$)

〔問題〕 **2.** JFET のトランジスタ作用はチャネル部で生じるが，精密に調べると，ソース部とドレイン部との間に，それぞれ直列抵抗 R_S, R_D が存在する（図4·30参照）。これらを考慮すると，図4·8と図4·9の等価回路において，R_S による電圧降下はチャネルのゲートに対するバイアス電圧を変化（負帰還作用）させる。この効果を考えたときの実効的な相互コンダクタンスを求め，g_m より減少することを示せ。

答($g_m/(1+g_m R_S)$)

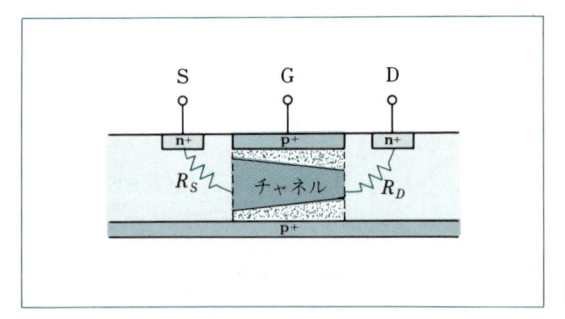

図4·30

〔問題〕 **3.** 下記に示すパラメータをもつシリコンnチャネル JFET について，V_0, V_{P0}, V_P ($V_G=0$), g_{m0}, I_D ($V_G=0$), g_m ($V_G=-1.5$ 〔V〕), f_T を計算せよ。

――・――・――

$T=300$ 〔K〕, $\varepsilon_s=11.8\times 8.854\times 10^{-12}=1.045\times 10^{-10}$ 〔F/m〕
$N_A=5\times 10^{24}$ 〔m^{-3}〕, $N_D=5\times 10^{21}$ 〔m^{-3}〕, $n_i=1.5\times 10^{16}$ 〔m^{-3}〕

演習問題〔4〕

$\mu_n = 0.135 \; [\text{m}^2/\text{V·s}]$, $a = 2 \times 10^{-6} \; [\text{m}]$, $L = 2 \times 10^{-5} \; [\text{m}]$, $Z = 1.5 \times 10^{-3} \; [\text{m}]$

答 $\begin{pmatrix} V_0 = 0.84 \; [\text{V}], \; V_{P0} = 3.77 \; [\text{V}], \; V_P(V_G = 0) = 2.93 \; [\text{V}], \\ g_{m0} = 16.2 \times 10^{-3} \; [\text{S}], \; I_D(V_G = 0) = 9.27 \times 10^{-3} \; [\text{A}], \\ g_m(V_G = -1.5 \; [\text{V}]) = 11.7 \times 10^{-3} \; [\text{S}], \; f_T = 823 \; [\text{MHz}] \end{pmatrix}$

〔問題〕 4. JFET の I_D は，素子の温度上昇により，どのように変化するか。接合形トランジスタの I_C の場合と比較して述べよ。

〔問題〕 5. 大きな電力を負荷に供給するための回路方式として，多数のトランジスタの並列接続が行われる。この場合，各トランジスタの特性が一致していないと，全体の動作安定性に影響を与える。多数のトランジスタを並列接続して使用する場合，1個のトランジスタの温度上昇が他のトランジスタに分配される電流値をどのように変え，また回路全体の安定性にどのようにかかわるか。前問の結果を考慮して，バイポーラトランジスタと FET を比較して述べよ。

〔問題〕 6. n チャネル MOSFET の I_D-V_D 特性の線形領域を示す式 (4・50) から，チャネルコンダクタンス $g_{Dl} = \partial I_D/\partial V_D$ の式を求めよ。この式において，V_D が十分小さいところの g_{Dl}-V_G 曲線を V_G 軸に外挿して，$g_{Dl} = 0$ の V_G 値が V_T 値と見積られることを示せ。

〔問題〕 7. エンハンスメント形 n チャネル MOSFET をスイッチ素子として用いる場合，on 状態における on 抵抗 R_{on} は，〔問題〕6. の g_{Dl} を用いて，$R_{on} = 1/g_{Dl}$ で表される。その理由を述べよ。

〔問題〕 8. 図 4・31 において，MOSFET のゲートとドレインを接続したときの I_D-V_D 特性はどのようになるか。図 4・22 をもとにして考察し，式でその結果を示せ。

〔問題〕 9. 図 4・20 において，酸化膜中の正電荷密度分布が $\rho(y)$ であるとき，これによるフラットバンド電圧 V_{FB} が，次式で示される理由を述べよ。

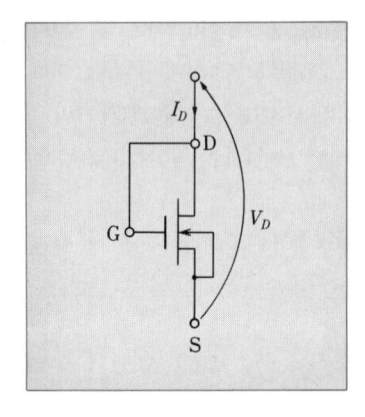

図4・31

$$V_{FB} = -\frac{q}{C_{ox}} \int_{-t_{ox}}^{0} \frac{\rho(y)}{t_{ox}}(t_{ox}+y)dy$$

〔問題〕 10. Al-SiO$_2$-p形SiのnチャネルMOSFETの諸定数を下に示す。これを用いて，次の各値を求めよ。

(i) V_F, ϕ_{ms}, $y_{D\,max}$, Q_B, C_{ox}, V_{FB}, V_T

(ii) $V_G=5$ 〔V〕としたときの V_P, $I_{D\,max}$, g_m, f_T

— · — · —

$N_A = 10^{22}$ 〔m^{-3}〕, $n_i = 1.5 \times 10^{16}$ 〔m^{-3}〕, $\varepsilon_s = 11.8 \times 8.854 \times 10^{-12}$
$= 1.045 \times 10^{-10}$ 〔F/m〕, $\varepsilon_{ox} = 3.8 \times 8.854 \times 10^{-12} = 3.365 \times 10^{-11}$ 〔F/m〕
$T = 300$ 〔K〕, $k = 1.38 \times 10^{-23}$ 〔J/K〕 $= 8.62 \times 10^{-5}$ 〔eV/K〕, $L = 10^{-5}$ 〔m〕
$t_{ox} = 1 \times 10^{-7}$ 〔m〕, $Z = 2 \times 10^{-4}$ 〔m〕, Alの $\phi_m = 6.80 \times 10^{-19}$ 〔J〕 $= 4.25$ 〔eV〕
Siの $\chi = 6.42 \times 10^{-19}$ 〔J〕 $= 4.01$ 〔eV〕, Siの $E_g = 1.79 \times 10^{-19}$ 〔J〕 $= 1.12$ 〔eV〕
$Q_{ox} + Q_{SS} = 10^{15}$ 〔m^{-2}〕, $\mu_n = 0.07$ 〔m^2/V·s〕

答 $\begin{pmatrix} \text{(i)} \quad V_F = 0.347 \text{〔eV〕}, \ \phi_{ms} = -0.667 \text{〔eV〕}, \ y_{D\,max} = 0.3 \text{〔}\mu\text{m〕}, \\ Q_B = -4.8 \times 10^{-4} \text{〔C/m}^2\text{〕}, \ C_{ox} = 3.36 \times 10^{-4} \text{〔F/m}^2\text{〕}, \ V_{FB} = -1.143 \text{〔V〕}, \\ V_T = 1 \text{〔V〕} \quad \text{(ii)} \quad V_P = 4 \text{〔V〕}, \ I_{Dmax}|_{VG=5} = 3.76 \text{〔mA〕}, \\ g_m|_{VG=5} = 1.88 \text{〔mS〕}, \ f_T = 445 \text{〔MHz〕} \end{pmatrix}$

〔問題〕 11. 実際に得られるJFET, MOSFETの I_D-V_D 特性は完全な飽和特性で

はなく，図 4・32 に示すように，V_D に対し I_D は傾斜をもつ。その理由として，V_D の増加に伴ってピンチオフ点がソース側にわずかに移り，チャネル抵抗が減少すること(チャネル長変調効果)，さらに MOSFET ではドレイン電圧がゲート部に影響を与え，反転を進める等がある。

図中の点 P で素子を動作させるとしたとき，小信号等価回路を示せ。

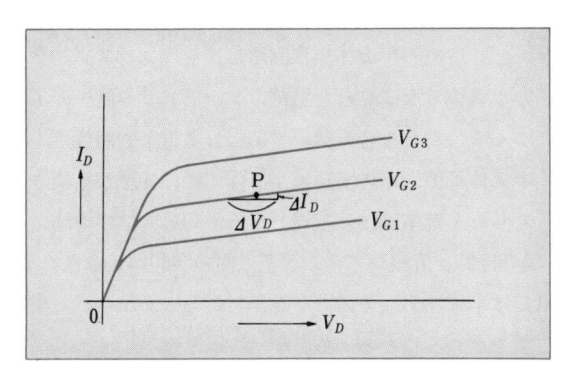

図 4・32

第5章 集積回路

　集積回路が現在の情報社会に及ぼした影響は測り知れないほど大きい。集積回路のほとんどを占める半導体集積回路は，トランジスタ，ダイオード等の能動素子と半導体で形成された抵抗，コンデンサを同一の工程で半導体の薄片上につくり，これを金属薄膜で結線して電子回路機能を実現したものである。半導体集積回路の実現は半導体工学の知識が結集された結果といえるが，もちろん集積回路の基礎となる学問分野は半導体だけでなく，電子回路，論理回路，情報システム等多方面の学問が包含されている。
　しかし，本章では半導体デバイス，半導体材料等の面からみた集積回路の概要について話を進めることとする。

5・1　集積回路の基礎概念

〔1〕　集積回路の出現と発展

　技術の発展には，これに先立って社会的なニーズの存在が契機となる。第二次大戦の戦中から戦後にかけて，電子装置が航空機やミサイル等に搭載されるようになり，このための電子回路の小形軽量化が急務となった。電子管や抵抗・コンデンサ等の部品の小形化は当然研究されたが，これとともに電子装置組立の最小単位をあるレベルの電子回路にするモジュール化の概念が生まれた。図5・1は**コードウッド モジュール**（cordwood module）と呼ばれるもので，2枚の絶縁体の板の間に各種の部品を並べ，これを接続したものである。この考え方は，さらに標準化された小形基板上に部品を組立て，これを積み重ねて接続する**マイクロ モジュール**（micro module）に結実した。

5・1 集積回路の基礎概念

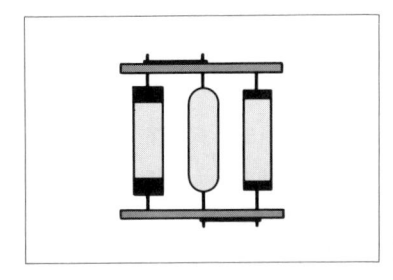

図5・1 コードウッド モジュール

　一方，電子装置の規模が大きくなるに従って，部品間のはんだ付け等による接続点数は著るしく増大し，これが装置の故障の相当部分を占めるため，装置の信頼度を向上させるには，接続数を極力減らすことが必要であった。そのためには，部品の形成と接続を一体化して実現する技術が望まれた。

　このような環境のなかで，第1章に述べたように，Kilby, Noyce 等の考察があらわれ，1960年頃までには半導体集積回路の基礎となる概念が出そろった。この経過をたどって開発されたのはバイポーラ トランジスタを能動素子とするバイポーラ集積回路であるが，1960年代中頃には MOS トランジスタを構成素子とする MOS 集積回路が開発された。

〔2〕 集積回路の特徴

　集積回路の定義は，日本工業規格 JIS によると，「2つまたはそれ以上の回路素子のすべてが基板上または基板内に集積されている回路であり，設計から製造，試験，運用にいたるまで各段階で1つの単位として取り扱うもの」となっている。ここでは，集積という概念を既知のものとして定義に用いているが，IEC*の定義でこれに相当する部分をみると，「inseparably associated and electrically connected」となっており，要は設計から運用にいたるまで電気的に結合された分離不可能な単位となっていることを意味している。

　集積回路の開発当初は軍事用の目的が優先したこともあって，小形化・軽量化と信頼性の向上が最大のねらいであった。この目標は明らかに満足され，それ

---
* International Electrotechnical Commission：国際電気標準会議

は集積回路の一大特徴となっている。また，小形化されたことで素子間および素子と出力端子間の配線長が著しく短縮され，信号の伝播遅延が小さくなり，さらに配線部が拾い込む雑音が減るため動作性能が向上した。さらに重要なこととして，電子装置の価格を低下させるという目的も果たすことができた。すなわち，集積回路は同一の工程で多数の素子を結合した回路を一度に製作するため，歩留まりさえよければ，個別部品によって組み立てられた同一回路と比較して格段に価格を低減し得る。この価格低減率は，集積回路上に集積される素子数が多ければ多いほど有効に働くのである。

〔3〕 集積回路の分類

集積回路は種類が極めて多いため，その分類法にもいろいろある。図5・2にその主要なものを示す。

```
(1) 集積回路 ┬ 半導体集積回路 ┬ モノリシック集積回路
            │                └ マルチチップ集積回路  ┐
            └ 膜 集 積 回 路 ┬ 薄膜集積回路          ├ 混成集積回路
                            └ 厚膜集積回路          ┘

(2) 半導体集積回路 ┬ バイポーラ集積回路 ┐ バイMOS集積回路
                  └ MOS集積回路        ┘

(3) 集積回路 ┬ アナログ集積回路
            └ ディジタル集積回路 ┬ 論理集積回路    ┐ インタフェース
                                └ メモリ集積回路  ┘ 集積回路
```

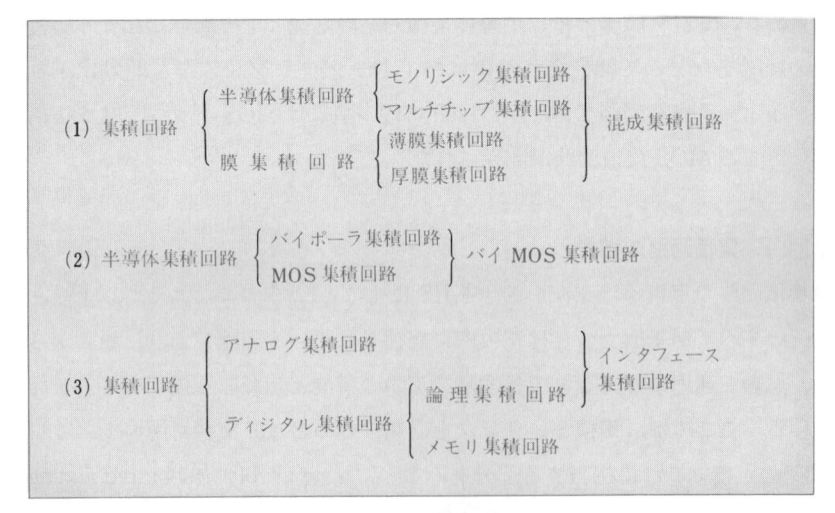

図5・2 集積回路の分類

半導体集積回路は，半導体（通常はシリコン）結晶基板上に各種素子を形成させ，これをSiO_2等の酸化膜で覆い，この上に蒸着された金属により電気的接続を行ったものである。この半導体結晶基板を**チップ**(chip)と呼び，チップ一

5・1 集積回路の基礎概念

片に1つの回路機能を完結させ，これを1つのパッケージに収容したものを**モノリシック集積回路**（monolithic integrated circuit）という。モノリシックとは1つの石を意味する。本章では，モノリシック半導体集積回路のみを対象として記述するが，これは本書の内容が半導体に核心を置くことと，かつ，通常の半導体集積回路はほとんどモノリシック構成になっているためである。**マルチチップ**（multi chip）は，名前のとおりチップ数片を1つのパッケージに搭載し，これを相互に接続して全体として1つの回路機能をもたせたものである。

一方，**膜集積回路**とは，絶縁物の基板の上に薄膜状の導体，抵抗体，誘電体材料を付着させて抵抗，コンデンサ等の素子をつくり，これを薄膜状導体で接続して回路を構成したものである。このうち薄膜集積回路は，蒸着またはスパッタによって回路を構成する材料を付着させたものであり，厚膜集積回路はペースト状の材料を印刷の手法によって基板上に付着させ，高温で焼成したもので，いずれも膜の厚味による分類ではない点に注意されたい。

膜集積回路の技術は受動素子を構成するには便利であるが，能動素子は現在のところ実現が困難である。そこで，絶縁物基板上に膜技術によって受動素子を構成し，別に製作された半導体集積回路または半導体固別部品を基板上に搭載し，これらを接続して回路を構成したものを**混成集積回路**（hybrid integrated circuit）といい，高周波用，大電力用等にしばしば使われる。本章では，膜集積回路と混成集積回路については，これ以上はふれないこととする。

半導体集積回路でトランジスタがバイポーラトランジスタであるものを**バイポーラ集積回路**，MOSトランジスタであるものを**MOS集積回路**と区別する。同一チップ上にバイポーラトランジスタとMOSトランジスタの双方を混載したものを**バイMOS集積回路**（bi-MOSFET）と呼ぶが，これは最近実用に供されるようになってきた。

回路機能的には**アナログ集積回路**と**ディジタル集積回路**があり，前者はアナログ信号を取り扱い，後者はディジタル信号を扱かう。後者には論理演算を行う論理集積回路と，情報を記憶するメモリ集積回路がある。アナログ，ディジタル双方の信号を扱う場合は，**インタフェース集積回路**と呼んでいる。

5・2 バイポーラ集積回路

〔1〕 構成素子

バイポーラ集積回路を構成する回路要素は，バイポーラトランジスタ，ダイオード，抵抗，コンデンサで，このすべてが半導体で構成される．インダクタンスは通常使用されない．

(1) **バイポーラトランジスタ** 集積回路に組み込まれるバイポーラトランジスタの基本部分の構造としては，図5・3に示す通常のプレーナ構造の個

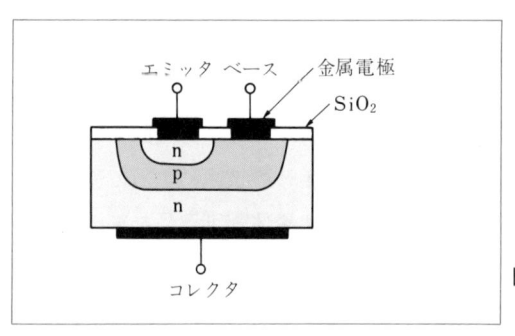

図5・3 プレーナ構造バイポーラトランジスタの断面図

別部品の場合と同じであるが，ただ異なるところは，① pn接合分離により他の素子と切り離されていること．② ①のため，通常のトランジスタのようにコレクタ端子をチップの下側から取ることができず，上面から取っていること，である．

図5・4についてこれを説明すると，図内のnpnトランジスタを他の素子から絶縁するため，基板のp層と分離拡散のp層でトランジスタを囲み，コレクタのn層と分離のp層の間に逆バイアスを加えてある．コレクタの端子を上面からとることによるコレクタ直列抵抗の増加を防ぐため，コレクタの下に埋込み拡散と呼ぶn^+層を設けてコレクタ直列抵抗の低下をはかっている．

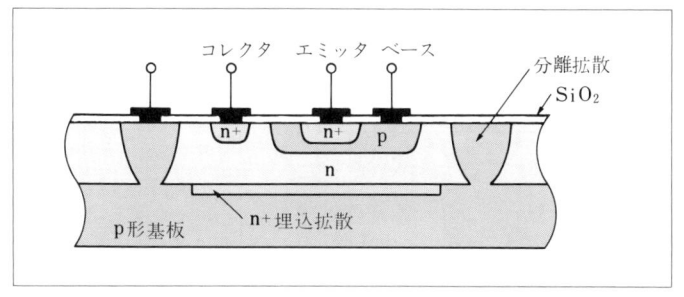

図5・4 集積回路中のバイポーラ トランジスタの断面図

　集積回路中のバイポーラ トランジスタには，npnトランジスタが広く使われている。しかし，場合によっては，pnpトランジスタを混在させると回路的に便利なことがある。

　npnトランジスタを搭載しているp形基板にpnpトランジスタを混在させるには，通常，次の2とおりの方法が用いられる。

　（a）　**ラテラルpnpトランジスタ**　図5・5のように，p形基板の上につくられたn形領域中に，近接する2つのp形領域を形成させ，それぞれをコレクタ，およびエミッタとし，n形領域をベースとすることでpnpトランジスタを構成する。

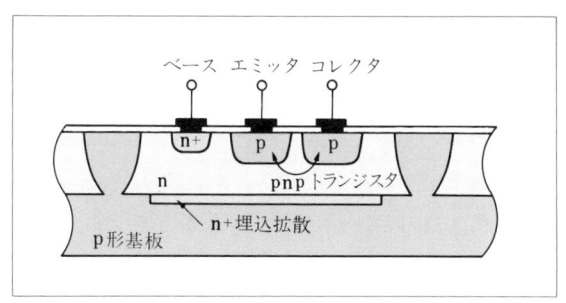

図5・5 ラテラルpnpトランジスタ

　（b）　**バーチカルpnpトランジスタ**　図5・6のように，p形基板をコレクタとし，この上に形成されたn形領域をベースに，さらにn形領域内に形成されたp形領域をエミッタとすることでpnpトランジスタを構成する。この方

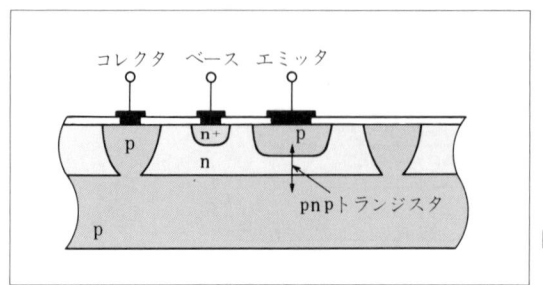

図5・6 バーチカルpnpトランジスタ

式は,コレクタ電位が基板電位と同一になることを許す回路にしか適用できないのが欠点である。

（2）**ダイオード**　集積回路中のダイオードは,トランジスタ中のpn接合を適当に接続して構成する。構成のしかたは,図5・7に示す5種の場合があ

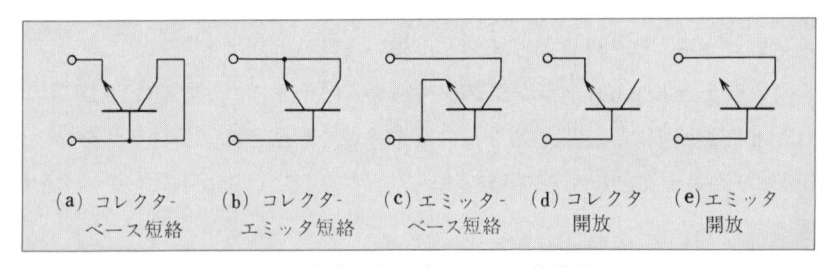

(a) コレクタ-ベース短絡
(b) コレクタ-エミッタ短絡
(c) エミッタ-ベース短絡
(d) コレクタ開放
(e) エミッタ開放

図5・7　集積回路用ダイオードの接続図

り,それぞれ特徴がある。現在一番よく用いられるのは,図(a)のコレクタベース短絡ダイオードである。この接続では,エミッタ-ベース接合が使用されており,ベースとコレクタが短絡されている。このため,コレクタ接合に順方向電圧がかかってキャリアが注入蓄積されることがなく,従ってスイッチング時間が早いのが特長である。

（3）**抵抗**　集積回路では,抵抗はトランジスタ,ダイオードの製作と同時に拡散で形成される半導体層の抵抗を利用する。この場合,ベース層を用いる場合とエミッタ層を用いる場合があり,通常は前者を用い,低抵抗を実現したい場合には後者を用いる。

図5·8 はベース層による抵抗を図示したもので，この抵抗値は次式で与えられる。

$$R = R_s \frac{l}{W} \tag{5·1}$$

R_s はベース層の表面層の抵抗率で，およそ

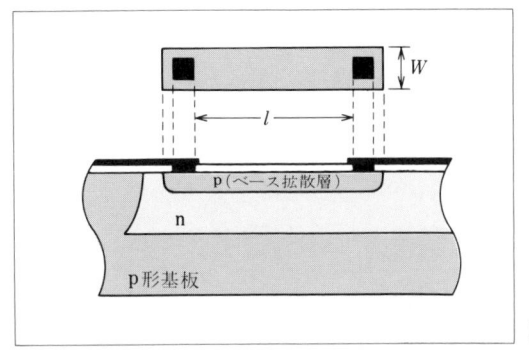

図5·8 ベース拡散層抵抗

$$R_s = 50 \sim 300 \ \Omega/\square$$

の範囲にある。R_s は縦横が等しい正方形板について縦横の寸法に無関係に同一の値をもつので，面積当たりの抵抗という意味で，単位は $\Omega/\square$ と書かれる。

集積回路の設計に当たって問題になるのは抵抗値の精度である。抵抗値の誤差要因は上式からわかるように，表面層抵抗率と寸法の誤差の総和であるが，総合精度は通常 10～30 % とかなり大きい。ただし，同一チップ上にある抵抗の比の誤差はせいぜい 3～5 % ぐらいでかなり精度がよい。従って，集積回路では回路の特性が抵抗比で定まるような回路形式が適している。

（4） **コンデンサ**　集積回路でコンデンサを構成するには，pn 接合の空乏層における接合容量を利用する。pn 接合に逆バイアス電圧 V をかけたとき，接合容量の単位面積当たりの大きさ C は，階段接合では，式 (3·29) から，

$$C = \sqrt{\frac{q \varepsilon N}{2V}} \tag{5·2}$$

である。ここに，N は不純物濃度の低いほうの不純物濃度，ε はシリコンの誘電率である。

実際は，接合が理想的に階段状ではなく，また不純物濃度が深さ方向に分布をもつため，必ずしも上式のとおりにはならない。何れにしても，このCの値はpF程度のもので，あまり大きな容量はつくりにくい。

〔2〕 バイポーラ集積回路の構成

前項に述べた各種素子を半導体チップ中に形成させたとき，各素子は互いに電気的に隔離されていなければならない。このための手法を**分離**(isolation)という。分離には，さまざまな手法が考えられているが，通常は**pn接合分離**が用いられる。図5・9にその一例を示す。

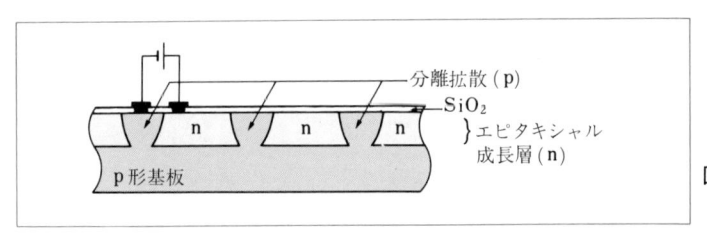

図5・9 pn接合分離

p形基板上にエピタキシャル成長技術によってn層を成長させ，この上にできたSiO_2膜にホトリソグラフィ技術（8・3節で説明する）によって窓あけを行い，ここから選択拡散技術によってp形の分離拡散をp形基板と接触するところまで入れる。これによって，図のようにn形の島状の領域ができる。このような構造の素子の基板に，すべてのn形領域電位より低い電位を与えれば，各pn接合は逆バイアスされ，従ってn形領域はすべてそれぞれの間が絶縁状態になる。この状態で，n形領域に各素子をつくり，必要な電極間のみを金属蒸着膜で結合し，集積回路を構成する。

図5・10は，バイポーラ集積回路の断面構造の例を示したもので，左側にnpnトランジスタ，右側のアイソレーション領域中には抵抗が形成され，相互に接続されている状態を示している。

5・2 バイポーラ集積回路

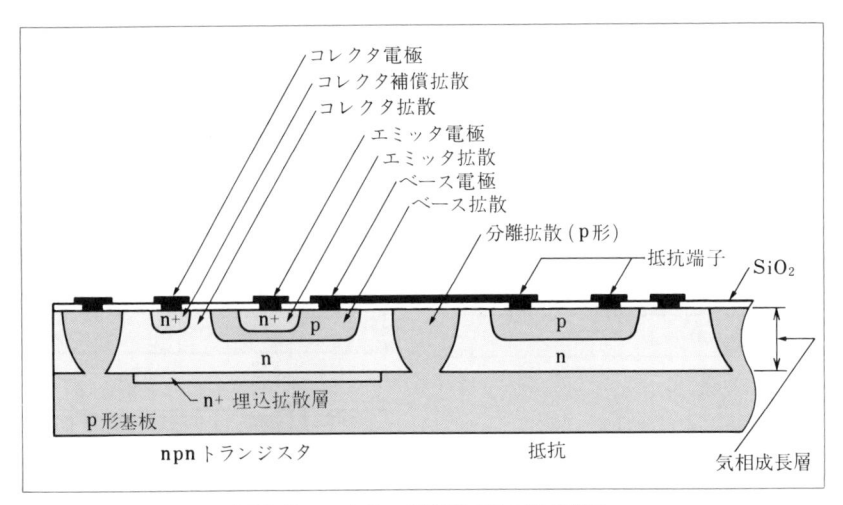

図5・10 バイポーラ集積回路の断面構造

〔3〕 製作手順

半導体集積回路の製作の中心は**ウエーハプロセス**（wafer process）である。図5・11 はバイポーラ集積回路のウエーハプロセスのフローチャートである。このような工程を経てウエーハと呼ばれる円形の半導体結晶基板上に多数の同一の回路が形成される。これをチップに切り離し，良品のチップのみをケース

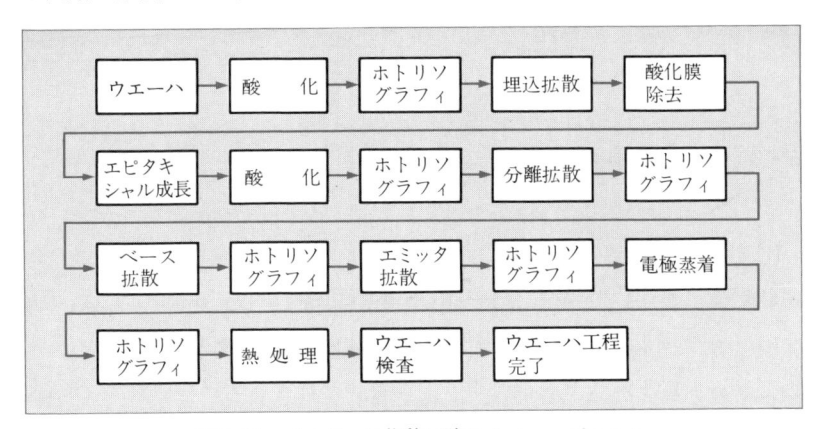

図5・11 バイポーラ集積回路のウエーハプロセス

に搭載し，チップ上の電極とケースの電極を金線もしくはアルミニウム線で接続し，ケースに蓋をかぶせ，気密封入し，さらに検査を行って全工程を終了する．図5・12にはウェーハプロセスの各工程時に半導体中の断面構造がどのようになっているかを図示した．

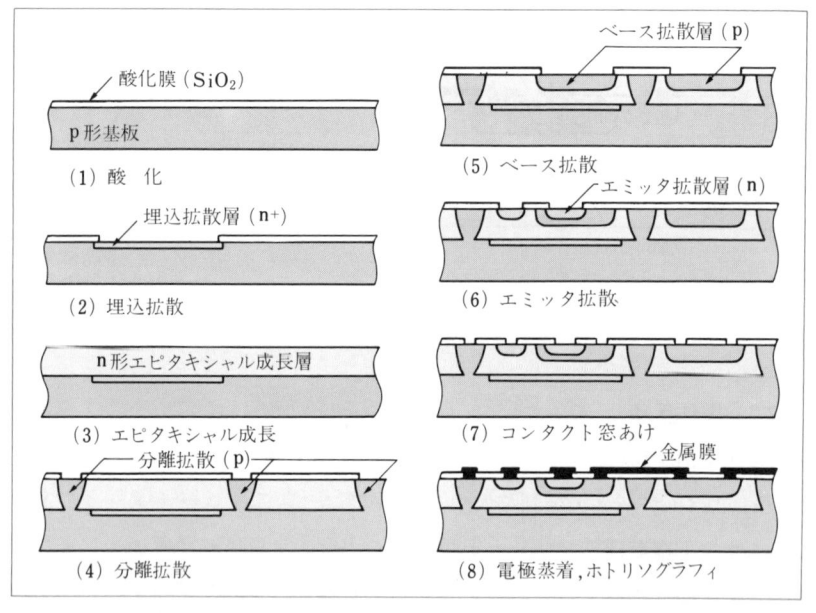

図5・12 バイポーラ集積回路の製造プロセス中の各工程時の断面

5・3 MOS集積回路

〔1〕 構成素子

MOS FETを用いた集積回路を **MOS集積回路** という．MOSFETは，導電形によってnチャネルMOSとpチャネルMOSの2種類あり，そのそれぞれについてゲート電圧が0Vの時にドレイン電流が流せるデプレッション形と，ドレイン電流が流せないエンハンスメント形があることは，すでに前章で述べた．

5・3 MOS集積回路

開発当初の MOS 製造技術では，ゲート酸化膜中に Na イオン，Si イオン等の正電荷が入り込み，このため酸化膜の下のシリコン基板の表面は電子が蓄積されて n 形化する。そのため，この場合実現し得る MOSFET は，n チャネル デプレッション形もしくは p チャネル エンハンスメント形である。しかし，集積回路として考えると，n チャネル デプレッション形では，すでに半導体表面に導電性の層が形成されているので，隣接素子間に漏れ電流が流れる可能性があるため，分離技術が必要になる。

一方，エンハンスメント形では，ゲート電圧が印加されたとき，そのゲート電極の下部にのみチャネルが形成されるので，素子間には通常の状態では導通がなく，従って素子間の分離のため特別な構造を必要としない。

上記の理由から，始めの頃はもっぱら p チャネル MOS 集積回路の開発が進められた。しかし，p チャネルは，すでに前節で述べたように，キャリアが正孔であるため，移動度が電子の 1/2 程度で小さく，応答が遅い欠点がある。そのため，n チャネル MOS の開発が強く望まれた。

最近では，プロセスの進歩による酸化膜中の正電荷の除去法が開発され，またイオン打込み技術によるチャネルの不純物濃度制御技術が発達したため，n チャネル MOSFET の製作も可能になり，現在では，始めに述べた4種類の MOSFET のすべてが自由に用いられるようになっている。

MOS 集積回路の場合は，トランジスタはもちろん MOSFET であるが，抵抗，コンデンサが必要な場合には，MOS のチャネル抵抗，MOS 容量が使用できる。

MOSFET のソース-ドレイン間は，ドレイン電圧-ドレイン電流特性から求められる非線形抵抗を有し，これを抵抗として用いることができる。この抵抗値はゲート電圧によって変化するので，可変抵抗として利用することもできる。

また，MOS 構造は，酸化膜を間にはさんで金属電極と半導体層が向かい合っているので，酸化膜を誘電体とする静電容量として働く。

以上からわかるように，MOS 集積回路は MOSFET のみで構成される。

〔2〕 **MOS 集積回路の構成**
（1） **インバータ回路**　MOS 論理集積回路の基本になるのは，否定論理演算を行う**インバータ**(inverter)**回路**である．この回路の一例を図 5・13 に示

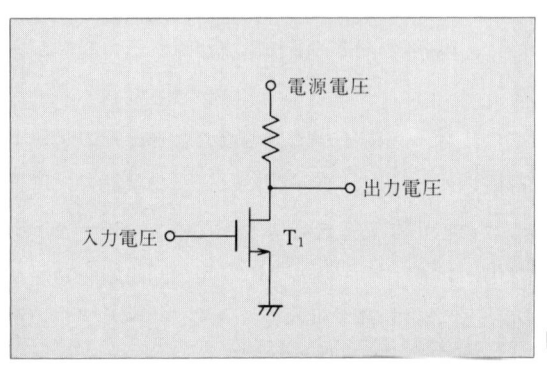

図5・13　MOS インバータ回路

す．この回路では，n チャネル エンハンスメント形の MOSFET (T_1) が用いられ，入力電圧が低電位のときは T_1 がオフとなり，出力は高電位となる．また，入力電圧が高電位のときは T_1 がオンとなり，出力は低電位となる．

図 5・14 の MOS 集積回路では，負荷抵抗として MOS トランジスタのチャネル抵抗を用いている．このように，負荷抵抗を MOS で置き換えたものが通常の

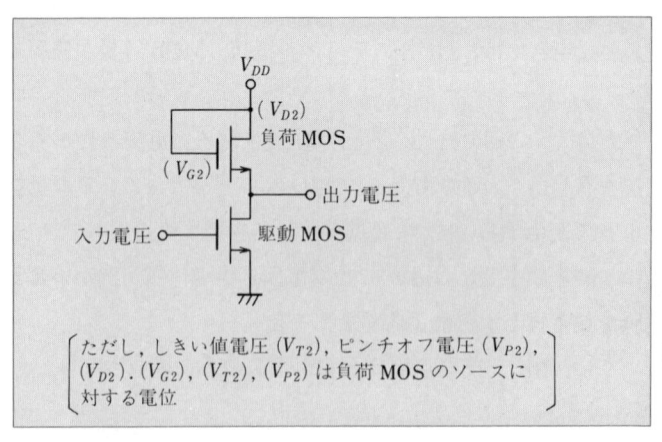

図5・14　E/E 形 MOS インバータ回路

ただし，しきい値電圧 (V_{T2})，ピンチオフ電圧 (V_{P2})，(V_{D2})．(V_{G2})，(V_{T2})，(V_{P2}) は負荷 MOS のソースに対する電位

MOS インバータである。この図において，下側の MOS を駆動 MOS，上側の MOS を負荷 MOS と呼ぶ。負荷 MOS をどの形にするかによって，いろいろな構成が考えられるが，この例では，負荷 MOS もエンハンスメント形にした **E/E 形 MOS インバータ**であり，この形式がインバータの基本形式である。図で負荷 MOS のゲートとドレインは接続されているから，負荷 MOS におけるゲート電圧 V_{G2} とドレイン電圧 V_{D2} は，

$$V_{D2} = V_{G2}$$

負荷 MOS のしきい値電圧を V_{T2}，ピンチオフ電圧を V_{P2} とすると，

$$V_{D2} > V_{G2} - V_{T2} = V_{P2}$$

で，負荷 MOS は飽和領域で動作している。よって，式 (4・52) から，

$$I_D = I_{D2} = \frac{1}{2}\frac{Z}{L}\mu C_{ox}(V_{G2}-V_{T2})^2 = \frac{1}{2}\frac{Z}{L}\mu C_{ox}(V_{D2}-V_{T2})^2$$

となる。よって，動作曲線は図 5・15 のようになり，E/E 形では，出力高電圧 V_H と出力低電圧 V_L の差，すなわち論理振幅があまり大きくとれないことがわかる。

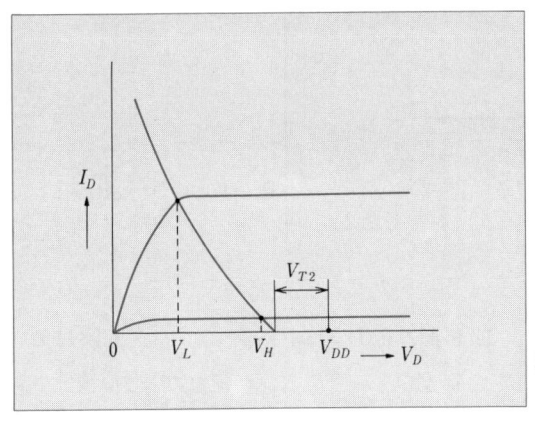

図 5・15　E/E 形 MOS インバータの動作特性

(2) E/D 形 MOS インバータ　E/E 形の上記の欠点を防ぐために，図 5・16 のように，負荷 MOS をデプレッション形にしたものを **E/D 形 MOS インバータ**という。負荷 MOS ゲート電圧 V_{G2} は 0 であるが，デプレッション形

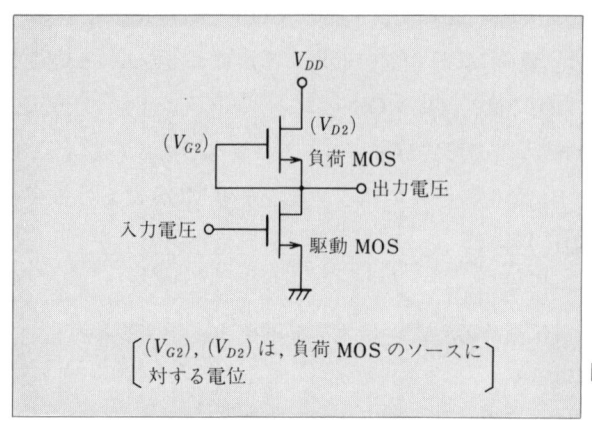

[(V_{G2}), (V_{D2}) は，負荷 MOS のソースに対する電位]

図 5・16　E/D 形 MOS インバータ回路

であるため，電流が流れる。従って，動作特性は，図 5・17 に示すように，V_H と

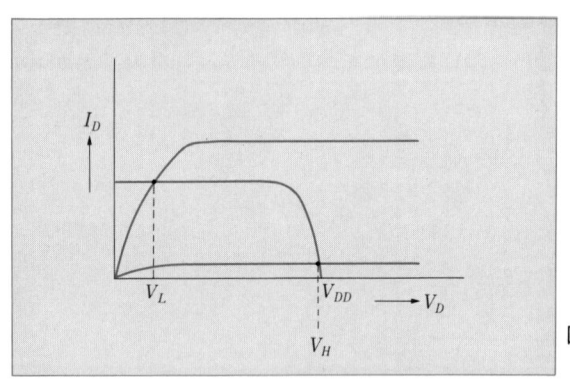

図 5・17　E/D 形 MOS インバータの動作特性

V_L の差が十分大きくとれる。

（3）**CMOS インバータ**　E/E 形，E/D 形 MOS インバータ回路においては，駆動 MOS がオンの状態で負荷 MOS に直流電流が流れ，電力が消費される。図 5・18 に示すように，負荷を p チャネル エンハンスメント形 MOS にしたものを**相補形 MOS**（complementary MOS）略して通常 **CMOS** と呼び，この欠点を克服している。CMOS では，図 5・18 に示すように，入力電圧が高電位のときには，n チャネルの駆動 MOS はオン，p チャネルの負荷 MOS はオフとな

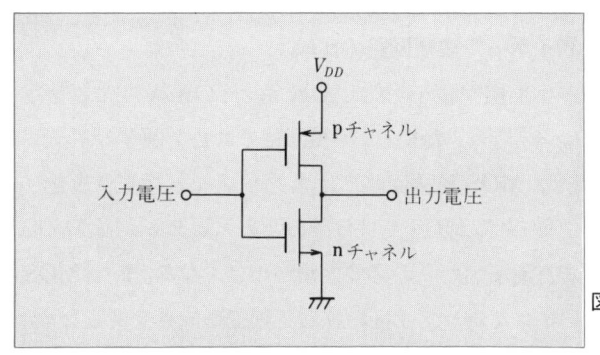

図5・18　CMOS インバータ回路

り，また入力電圧が低電位のときは，n チャネル MOS がオフ，p チャネル MOS がオンで，いずれの場合も安定点では電流が流れず，電流が流れるのは1つの安定状態から他の安定状態へ遷移するときだけである．従って，消費電力は極めて少なく，また論理振幅も電源電圧いっぱいに取れる利点がある．

CMOS の構造は，図 5・19 に示すように，通常，n 形基板中に p チャネル MOS

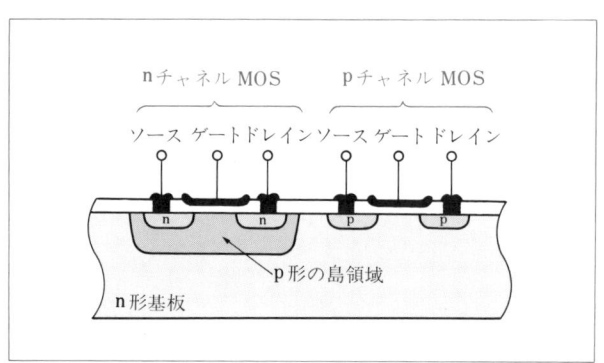

図5・19　CMOS の構造

をつくり，n チャネル MOS は n 形基板中につくられた p 形の島領域中につくられる．従って，製作法がやや複雑で，また所要面積が大きくなる欠点はあるが，消費電力が少ないという特長のため，時計用，電卓用等に盛んに利用されている．

〔4〕 MOS集積回路とバイポーラ集積回路の比較

 MOS集積回路とバイポーラ集積回路を対比した場合，その差異の大きなものは構成と製作工程である．まず，バイポーラ集積回路では必ず個々の素子間の分離が必要であるのに対し，MOS集積回路ではエンハンスメント形式をとる限り分離を必要としない．従って，MOSでは分離のためエピタキシャル成長や分離拡散が不要となり，また素子当たりの必要面積が小さくなる．また，MOS素子の作成は，ソースとドレインを併せて1回の拡散工程で形成させ得るため，簡単である．バイポーラでは埋込み拡散，分離拡散，ベース拡散，エミッタ拡散の4回の拡散工程を必要とする．この違いは，当然，ホトエッチング工程の回数にも関係し，ホトマスクの枚数にも影響する．そのため，MOSのほうが製造コストが安くなる．また，素子当たりの所要面積も小さくてすむので，チップ当たりの素子数が大きな集積回路を製作するのに適している．

 他方，性能面から比較すれば，動作速度の点では，バイポーラトランジスタのほうが速く，また電流駆動能力も大きい．従って，一般的には高速または大電力の集積回路にはバイポーラ集積回路が適しているが，このことは，同時に消費電力が大きくなるという短所にもなっている．

5・4 メモリ集積回路

〔1〕 メモリ集積回路の種類

 集積回路を回路機能のうえから分類すると，図5・2の(3)に示すようになる．このうち，メモリ集積回路は，1ビットの記憶内容を蓄わえるセル (cell) と呼ばれる単位回路をマトリックス状に配置し，その周辺に書込み，読出し，番地選択を行う周辺回路を置くことで構成されている．この回路構成は比較的単純なため集積回路，特に**大規模集積回路** (large scale integrated circuit; LSI) に最も適している．

5・4 メモリ集積回路

メモリ集積回路には，機能，使用素子，回路形式等によって多くの区分が考えられるが，一番基本的な分類は，アクセス形式と書込み，読出し方式によるもので，表5・1のようになる。

表5・1 メモリ集積回路の分類

ランダム アクセス メモリ	リード/ライト メモリ (RAM)	スタティック RAM(SRAM)
		ダイナミック RAM(DRAM)
	リード オンリー メモリ (ROM)	マスク ROM
		プログラマブル ROM(PROM)
シーケンシャル アクセス メモリ	シフトレジスタ	スタティック シフト レジスタ
		ダイナミック シフト レジスタ
	電荷転送デバイス	

メモリ集積回路は任意番地を自由に指定できる**ランダム アクセス メモリ**（random access memory）と，番地を順次にしか指定できない**シーケンシャル アクセス メモリ**（sequential access memory）に区分される。ランダム アクセス メモリで記憶情報の書込み，読出しが双方とも自由に行えるものを**リード/ライト メモリ**（read/write memory）と呼ぶ。ランダム アクセス メモリの略称である RAM は，通常，リード/ライト メモリのみを指す名称として用いられる。一方，原則として，固定情報の読出し専用に用いられるものを**リード オンリー メモリ**（read only memory）と呼ぶ。

RAM はまたセルがフリップ フロップ回路で構成されている**スタティック RAM**（static RAM；SRAM）と，MOS容量で記憶する**ダイナミック RAM**（dynamic RAM；DRAM）に分かれる。ROM には，製造工程中に情報が書き込まれる**マスク ROM**（mask ROM）と，メーカーから出荷後ユーザーが情報を書き込むことができる**プログラマブル ROM**（programmable ROM；P-ROM）がある。

シーケンシャル アクセス メモリとしては，フリップ フロップ回路を基本として，これの繰り返しで構成され，クロック信号によって情報を次々と転送す

るシフトレジスタと，同様な機能を特殊なデバイス構成で実現した電荷転送デバイスがある。後者については第7章で詳述する。

〔2〕 ランダム アクセス メモリ

（1） **RAM**　　スタティックRAMは，通常，メモリセルとしてフリップフロップ回路を用い，2つの安定状態のうち一方を1，他方を0に対応させて1ビットを記憶するものである。図5・20はバイポーラスタティックRAMのセルの一例である。図のトランジスタは**マルチ エミッタ トランジスタ**（multi

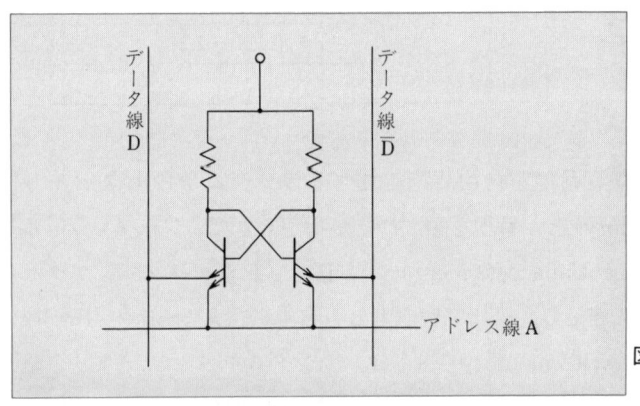

図5・20　バイポーラスタティックRAM

emitter transistor）と呼ばれ，ベース領域中に2つのエミッタが拡散で構成されており，回路的にはコレクタとベースが共通な2つのトランジスタと等価である。通常の記憶の保持状態ではアドレス線につながるエミッタは0レベルになっていて，オンの側のトランジスタのコレクタ電流はアドレス線に流入している。いま記憶内容を読出すときは，選択されたセルのアドレス線の電位を0から"1"にすると，オンの側のトランジスタの電流はデータ線につながるエミッタを通してデータ線に流入するから，データ線の端に接続されたセンス増幅器で，この電流を検出して記憶内容を知る。書込みのときは，書き込むべきセルのアドレス線の電位をあげ，データ線の入力の一方を1，他方を0にすると，1が入った側のトランジスタがオフ，反対側がオンになり，記憶が書き込まれ

る。

これと同等な回路を MOS トランジスタで構成したものが**スタティック MOSRAM** と呼ばれ，図 5・21 に示す。

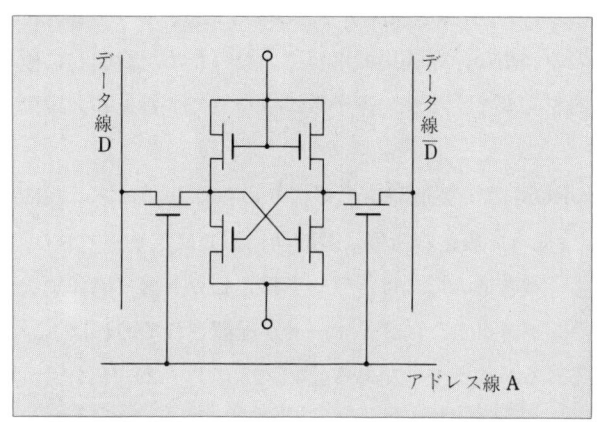

図 5・21 スタティック MOSRAM

これに対し，MOS の一時記憶回路をメモリセルにしたものが**ダイナミック MOSRAM** である。ダイナミック RAM では，ある時間を経過すると記憶内容が消滅するので，消滅する前に同一記憶内容の再書込みを行う必要があり，これを**リフレッシュ**（refresh）と呼ぶ。

ダイナミック MOSRAM のセルの形式は大別すると 3 種類あり，1 セル当たり MOS トランジスタ 4 個で形成する方式，トランジスタ 3 個で形成する方式，トランジスタ 1 個のみで形成する方式に区分される。図 5・22 は，1 トランジス

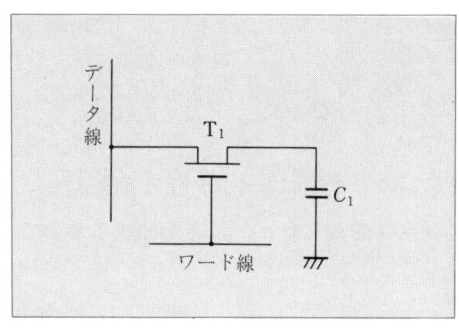

図 5・22 1 トランジスタ形 MOS ダイナミック RAM のセル

タ形セルの回路形式である。図でコンデンサ C_1 を一時記憶素子とし，トランジスタ T_1 をスイッチ回路とする。いま，T_1 をワード線でオンにし，データ線から C_1 に電荷を蓄積するかしないかによって，1，0を記憶させる。読出すときはやはり T_1 をオンにし，C_1 の電荷の有無を検出する。この形式は，トランジスタをスイッチング用としてのみに用い，増幅用に用いていないため，読出しに極めて高感度のセンス増幅器を必要とするが，素子数が少なくてすむため大規模集積化に適している。

（2）**ROM**　マスクROMは，製造時にすでにきめられたプログラムに従って配線が完了しており，従って書込む情報は製造前にすでに定まっており，あとから変更はできない。一番普通の形式は，**ワード線**と**ビット線**で構成するマトリックスの交点にトランジスタまたはダイオードが配置されておれば1，ないときは0が記憶されているとするものである。図5・23にダイオードを用いた例を示す。

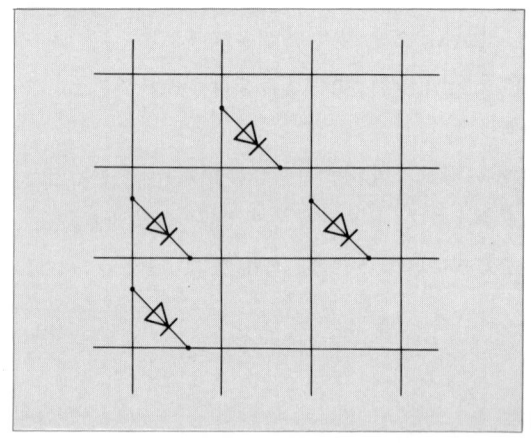

図5・23　ダイオードROM

PROMは，マトリックス交点にトランジスタまたはダイオードと直列にヒューズを入れておき，ユーザーがプログラムに従ってヒューズを溶断するものである。

演 習 問 題 〔5〕

〔問題〕 1. MOS集積回路では，ゲート電極の下の酸化膜は，通常の酸化膜を除去して後，再酸化を行い，良質の酸化膜を付ける。MOS集積回路のウェーハプロセスを図5・11にならって書け。

〔問題〕 2. MOS集積回路の製造プロセス中の各工程時の断面図を図5・12にならって書け。

〔問題〕 3. 表面層抵抗率が100 Ω/□のベース拡散で2 kΩの抵抗を実現したい。幅を10 μmとすると長さはいくらあればよいか。　　　　　　　答（200 μm）

〔問題〕 4. ドナー濃度が2×10^{23}のn形領域と，アクセプタ濃度が8×10^{21}のp形領域で構成されるpn接合に20 Vの逆バイアス電圧をかけた時の接合容量を求めよ。ここで，Siの比誘電率は12，接合の断面積は100 μm×100 μmとする。
　　　　　　　　　　　　　　　　　　　　　　　　　　　　　　答（0.58 pF）

第6章 光電素子
(オプト エレクトロニック デバイス)

　この章では，半導体中に起こる光の吸収や発光現象について，それの起こる原因を解明し，この光電特性を利用した光検出器，発光ダイオード (LED；light emitting diode)，半導体レーザ，太陽電池などの**光電素子** (opto-electronic device) について説明しよう．

6・1 半導体の光吸収と発光

〔1〕 光の吸収過程

　図6·1のように，物体にある波長の強さ I_i の単色光を照射すると，光の一部は物体表面で反射され(反射係数 R)，他は透過していく．このとき，表面における透過光の強さは $(1-R)I_i$ である．

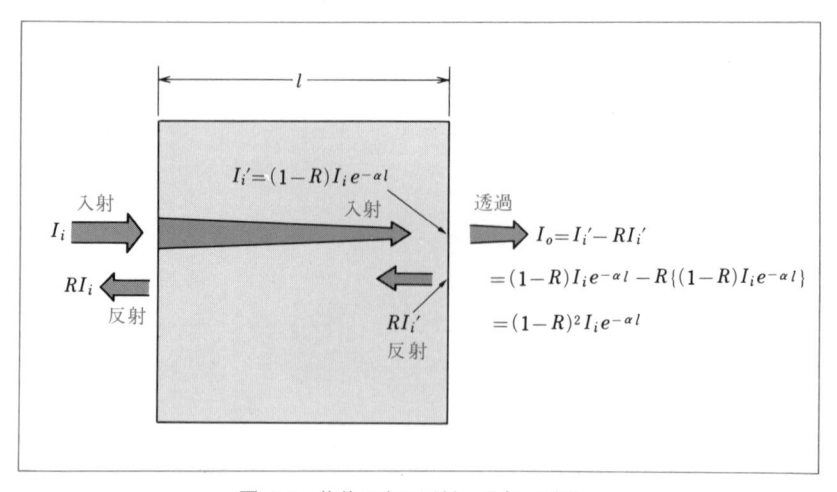

$$I_i' = (1-R)I_i e^{-\alpha l}$$

$$\begin{aligned}I_o &= I_i' - RI_i' \\ &= (1-R)I_i e^{-\alpha l} - R\{(1-R)I_i e^{-\alpha l}\} \\ &= (1-R)^2 I_i e^{-\alpha l}\end{aligned}$$

図 6·1　物体の光の反射，吸収，透過

6・1 半導体の光吸収と発光

さらに，物質中を，強さ I の光が距離 dx 進む間に減衰する量 dI は，その物質の光に対する**吸収係数**（absorption coefficient）を α として（この吸収係数 α の値は，照射光の波長によって変化する），

$$dI = -\alpha I dx \tag{6・1}$$

で与えられる。この式を $x=0$ で，$I=(1-R)I_i$ という条件で解けば，表面から距離 x における光の強さは，

$$I = (1-R)I_i \exp(-\alpha x) \tag{6・2}$$

である。光がこの物質を抜け出るときにも，終端面で同率の反射が起こるので，これを考慮すると，射出光の強さ I_o は，この物体の厚さを l として，

$$I_o = (1-R)^2 I_i \exp(-\alpha l) \tag{6・3}$$

になる。従って，この物体の，この照射した単色光に対する透過率 T は，

$$T = I_o/I_i = (1-R)^2 \exp(-\alpha l) \tag{6・4}$$

である。それゆえ，この物体のこの単色光に対する吸収率 A は，$A=1-T$ である。

このような光の吸収現象は半導体でも起こり，その原因として，いくつかのことが知られているが，それらは，半導体中の電子や格子の振動に共振するような振動数をもつ光に対して起こる。すなわち，このような共振現象により，電子や格子は光からエネルギーをもらい（光を吸収する），そのエネルギー値を変える（遷移する）。この吸収過程を図 6・2 に示す。

図中(a)，(b)は，価電子帯の電子が光を吸収して伝導帯へ遷移する過程を示し，このような吸収を**基礎吸収**（fundamental absorption）といい，(c)，(d)は同じバンド内での遷移による吸収過程を示す。また，(e)の吸収は光照射によって生じた（正孔と電子がクーロン力によって弱く結合（再結合ではない）されてできる）1種の電気的に中性な複合粒子（**励起子**（exciton））に起因する吸収で，これは**エキシトン吸収**（excitonic absorption）と呼ばれる。さらに，(f)は半導体中の不純物による吸収を示す。

格子振動の量子化によって生じるエネルギー量子（**フォノン**（phonon））が，光量子と共に電子の励起に関与する基礎吸収過程は**間接遷移**と呼ばれ(b)，フ

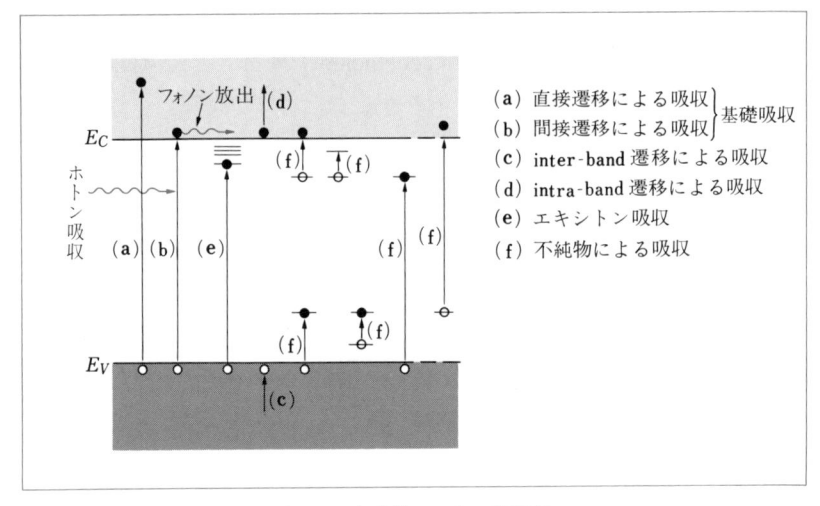

図 6·2 半導体における光吸収

(a) 直接遷移による吸収 ⎫
(b) 間接遷移による吸収 ⎬ 基礎吸収
(c) inter-band 遷移による吸収
(d) intra-band 遷移による吸収
(e) エキシトン吸収
(f) 不純物による吸収

ォノンの関与がない基礎吸収は**直接遷移**と呼ばれる(a)。なお，直接遷移においては，遷移の前後において電子のもつ運動量は変化しないが，間接遷移では変化する。従って，電子の運動量が変わらない遷移が直接遷移であるということもできる。

直接遷移による吸収係数 α_D は，与えられた光の振動数 ν や，半導体の禁制帯幅 E_g によって変化し，A を定数として，$h\nu$ に関する(1/2)乗式，

$$\alpha_D = A(h\nu - E_g)^{1/2} \tag{6·5}$$

で表される。この式からも明らかなように，基礎吸収は，E_g で定まるある振動数以上（つまり，ある波長以下）で起こり，この波長を**基礎吸収端**という。

また，間接遷移の吸収率 α_{ind} は，フォノンの吸収や放出を伴うので，複雑になり，

$$\alpha_{ind} = \underbrace{\frac{A'(h\nu - E_g + E_p)^2}{\exp(E_p/kT) - 1}}_{\text{フォノンの吸収}} + \underbrace{\frac{A'(h\nu - E_g - E_p)^2}{1 - \exp(-E_p/kT)}}_{\text{フォノンの放出}} \tag{6·6}$$

のような $h\nu$ に関する二次関数となる。ここで，E_p はフォノンのエネルギー。

従って，この α と $h\nu$ の関係を測定することによって，その光吸収が直接遷移

によるものか，間接遷移によるものかを見分けることができる。なお，フォノンの助けを借りて（吸収して）遷移する確率は小さいので，これに起因する吸収率は小さい。

　図6·3は，半導体に見られる，光吸収に関する波長特性の一般的なものを示

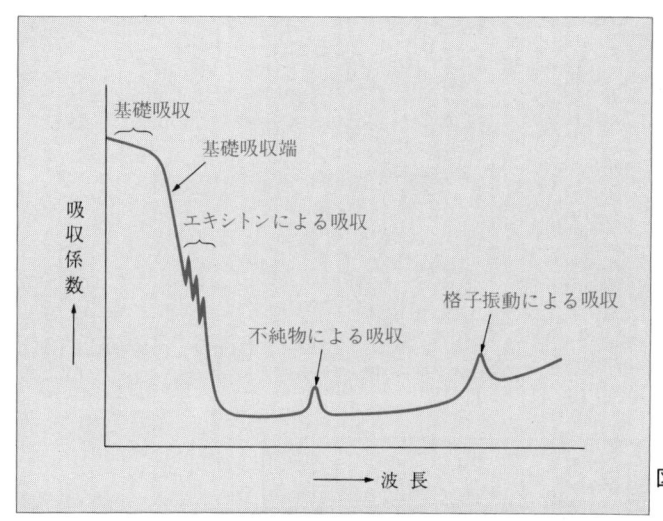

図 6·3　半導体の光の吸収特性

し，図6·4および図6·5は，各種半導体の吸収特性を示した。

〔2〕　発光過程

　半導体に光あるいは他の形でエネルギーを与えると，価電子帯や不純物準位にある電子はそのエネルギーを吸収して，伝導帯やより高い準位に励起され，あとに正孔を残す。これらの励起された電子は，ある程度の時間，励起状態に留まっているが，やがてエネルギーの低い状態に遷移する。すなわち，励起によって作られた正孔と再結合して励起前の状態にもどっていく。このとき，余分のエネルギーを光の形で放出する過程を**放射再結合**（radiation recombination）といい，熱の形で放出する場合を**非放射再結合**（または，**オージェ再結合**（Auger recombination）という。

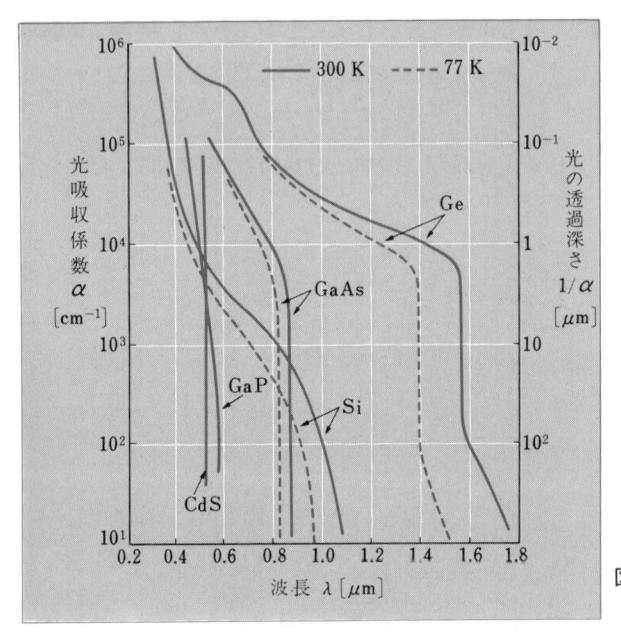

図 6・4 各種半導体の吸収特性（その1）

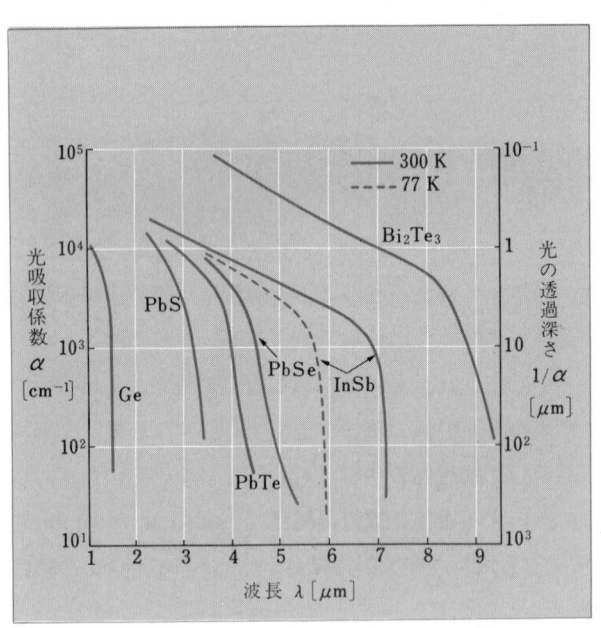

図 6・5 各種半導体の吸収特性（その2）
(Molchior, Laser Handbook Vol. 1, North-Holland 1972)

再結合は，図6・2に示した励起過程と逆の過程で行われる。すなわち，直接遷移，間接遷移，あるいはエキシトンや不純物を仲介とした遷移などによりなされるが，実際にはこれらの遷移がすべて同時に起きるとは限らず，むしろ材料の種類や励起の状態によって特定の再結合過程が選択的に起きる。

直接遷移形半導体としては，ガリウムひ素（GaAs）が代表的なもので，これの放射再結合過程における振動数 ν の発光スペクトル強度 L は，吸収過程と同様 ν の関数となり，B を定数として励起のときと同様に，式(6・7)で与えられる。

$$L = B(h\nu - E_g)^{1/2} \tag{6・7}$$

間接遷移形半導体としては，シリコン（Si）が代表的なもので，これの遷移過程ではフォノンの吸収や放出（どちらかといえば，放出のほうが確率が高い）を伴うので，この再結合過程における発光スペクトル強度 L は，

$$L \fallingdotseq B'(h\nu - E_g + E_p)^2 \tag{6・8}$$

で与えられ，吸収過程の場合と同様，ほぼ $h\nu$ の2乗に比例する。

しかし，この間接遷移形のものの中には特殊なものがある。例えば，ガリウムりん（GaP）に窒素（N）を添加した化合物半導体がそれである。元来，PとNは同じ5族の元素であるが，Pの核外電子数は15個，Nのそれは7個であるため，結晶中のP原子がN原子で置換されると，N原子の周辺には電子が不足する。そのため，N原子の周辺には電子を補足しようとする状態（補足中心）ができる。これを**アイソエレクトロニックトラップ**（isoelectronic trap）という。このとき，窒素の添加量がかなり多いと，これが禁制帯中に，あたかも許容帯のようなエネルギー準位の集合を形成する。そして，ここに励起された電子は価電子帯の正孔と，あたかも直接遷移形の半導体のように再結合し，強い発光が観測される。このような遷移過程を**擬間接遷移**と呼ぶ。

擬間接遷移は，GaPに亜鉛（Zn）と酸素（O）を加えたものや，ガリウムひ素りん（$GaAs_{1-x}P_x$）にNを，また，インジウムガリウムりん（$InGa_{1-x}P_x$）にNを加えた化合物半導体などにも見られ，これらの材料は発光ダイオードとして利用されている。

発光素子を作る材料には，発光効率の高い直接遷移形の半導体が良いが，さまざまな色の発光を得るには，禁制帯幅 E_g の大きいことが必要である．さらに，不純物準位や捕足中心準位を遷移に利用する場合には，かなり大きな値の E_g を必要とする．

6・2 受光デバイス

〔1〕 光導電デバイス

半導体に適当な波長の光を当てると，光吸収が起こることは既に前節で述べた．そこで，図6・6のように，真性半導体の両端にオーム性電極をつけた素子を考える．

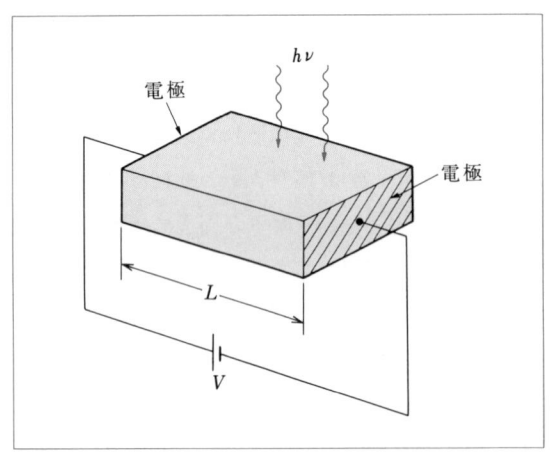

図 6・6 光導電デバイスの構造

この素子に用いられた材料の**暗導電率** σ（光照射を与えないときの導電率 (dark conductivity)）は，式(2・52)に示したように，キャリアの熱平衡密度を n_0, p_0，移動度を μ_n, μ_p とし，

$$\sigma = q(\mu_n n_0 + \mu_p p_0) \tag{6・9}$$

である．

次に，図6・7のように，半導体の禁制帯幅よりも大きなエネルギーをもつ光（量子）を一定の照度で，照射し続ければ，価電子帯の電子は光を吸収し伝導帯

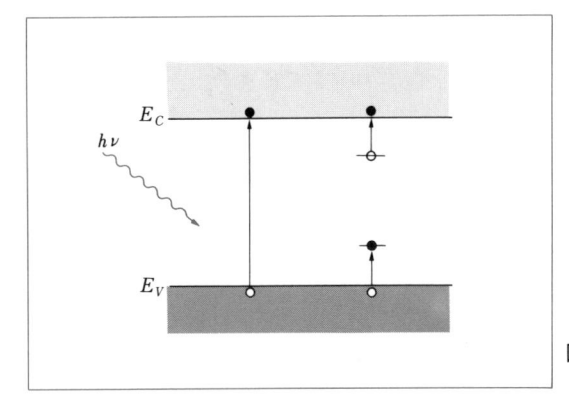

図 6・7 光導電デバイスのエネルギー図

へ励起され，価電子帯に正孔を残す。このとき生ずる過剰キャリア密度 $\Delta n(=\Delta p)$ は，半導体の導電率を増加する。そのときの導電率の増加分 $\Delta\sigma$ は，

$$\Delta\sigma = q(\mu_n \Delta n + \mu_p \Delta p) = q(\mu_n + \mu_p)\Delta n \tag{6・10}$$

である。素子に時刻 $t=0$ から，一定照度の光照射が与えられているとき，過剰キャリア密度 Δn は，光照射による単位体積，単位時間当たりのキャリアの対生成率を G，キャリアのライフタイムを τ とすれば，

$$d\Delta n/dt = G - \Delta n/\tau$$

であることから，時刻 t における Δn は，

$$\Delta n = G\tau\{1 - \exp(-t/\tau)\} \tag{6・11}$$

である。それゆえ，十分な時間の経過後の過剰キャリア密度は $G\tau$ になる。

式(6・11)の関係を式(6・10)に代入すれば，光照射を始めてから t 秒後の導電率の増加分 $\Delta\sigma$ は，

$$\Delta\sigma = q(\mu_n + \mu_p)G\tau\{1 - \exp(-t/\tau)\} \tag{6・12}$$

となる。この式からも明らかなように，G は照射される光の照度にほぼ比例するので，$\Delta\sigma$ は光の照度によって変化し，その結果，光電流出力を光入力信号によって制御することができる。また，τ の大きい材料ほど高い感度が得られる

こともわかる。

しかし，照射される光の強さが急速に変化するときの素子電流（光電流）の応答を考える場合には，τの大きいことは都合が悪い。すなわち，式(6・12)からも明らかなように，光の照度変化に対応する導電率の変化には時定数τが必要である。つまり，この素子は，応答にτ程度の時間遅れをもつため，τより短い周期で変化する光入力信号に対しては出力が激減する欠点がある。

以上のことから，この素子は高い感度を望むと高い周波数での応答が悪くなり，逆に高い応答周波数を望むと高い感度が得られなくなる性質をもっている。

従って，この種の光検出器は，街路灯の自動点滅器やカメラの露出計などのように，比較的応答速度を問題にしない場合に広く用いられている。

光導電素子（ホトコンダクタ（photo conductor））としては，硫化カドミウム（CdS；$0.5\,\mu$m付近で感度が高い）やセレン化カドミウム（CdSe；$0.7\,\mu$m付近で感度が高い）などの粉末を，成形・焼成して作られたものが多く，また赤外光用としては硫化鉛（PbS），硫化セレン，あるいは，金をドープしたゲル

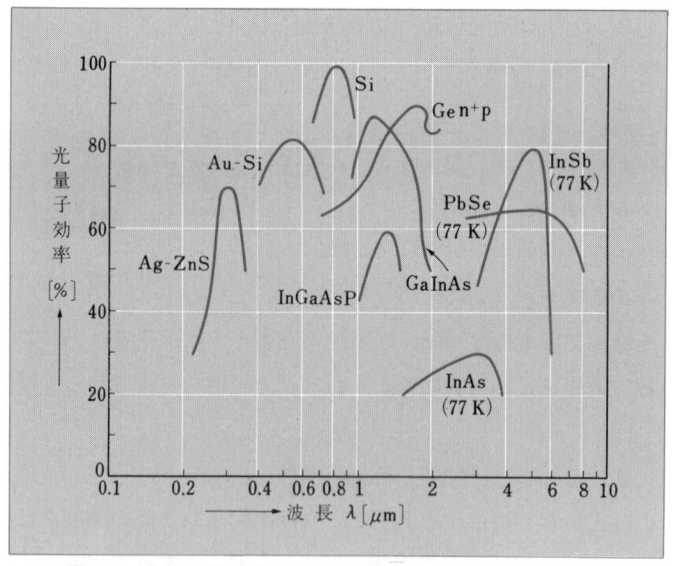

図 6・8　各種光導電デバイスの感度の波長特性
(SZE, Physics of Semiconductor Devices, Wiley)

マニウム (Ge：Au) や，水銀・カドミウム・テルル ($Hg_{1-x}Cd_xTe$) などが使われている。なお，図6・8は，各種の光導電デバイス材料の光量子効率（1個の光量子を吸収して何個の電子が励起されるかを百分率(%)で示したもの）が，照射光の波長によりどのように変化するかを示してある。

〔2〕 ホトダイオード

pn接合ダイオードを逆バイアス V_R にすると，極めてわずかな逆飽和電流が流れることは既に述べた。このダイオードの接合部近傍（空乏層とその両側拡散距離程度の領域）に光を照射するとしよう。空乏層内で作られたキャリアは逆バイアスによってできている空乏層内の強い電界により分離され，電子はn領域へ，正孔はp領域へ入る。また，空乏層の両側拡散距離程度の領域に生じたキャリアは，拡散により空乏層中へ入り，空乏層の電界で分離され，それぞれn, p領域へ導かれる。

このとき生ずるキャリアの数は，ほぼ照度に比例するので，ダイオードに流れる逆電流（光電流）I_{ph} の大きさは，ほぼ光の強さに比例する。このような受光素子を**ホトダイオード**（photo diode）という。

ホトダイオードの応答は，光導電素子に比べてキャリアのライフタイムに起因する時間遅れがないため早いが，なお，その動作にキャリアの拡散現象が関与しているため適用し得る光信号の周波数は数10kHz程度である。

また，ホトダイオードは光導電素子のように，光照射の継続でキャリアが累積され感度を高める効果がないため，それだけ感度が低くなる。

そこで，この低い感度を改善し，さらに応答周波数を高めるため，次に述べる2つの素子が作られている。

1つは，図6・9に示すように，pn接合の間に適当な厚さのi層を挿入し，逆バイアスしたときに作られる空乏層の幅を広げ，高い逆バイアス電圧での使用を可能にした素子である。この素子においては，図6・10のように，広い空乏層のため受光領域が広がり高い光感度が得られ，また空乏層内の高電界のためキャリアは迅速に移動し，高周波（数GHz）での使用を可能にする。さらに，i層

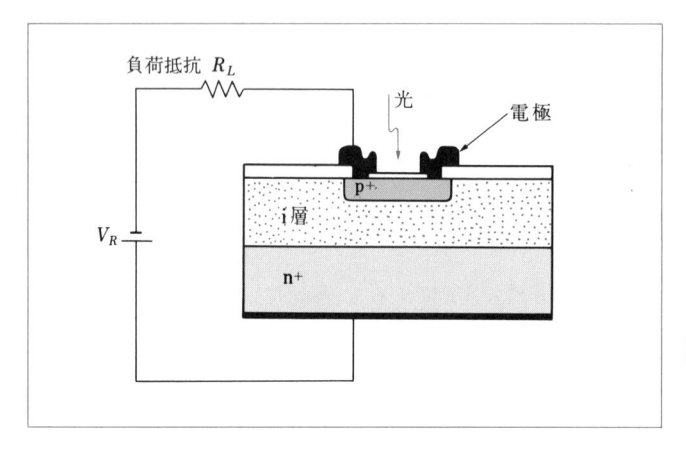

図 6・9 pinホトダイオードの構造

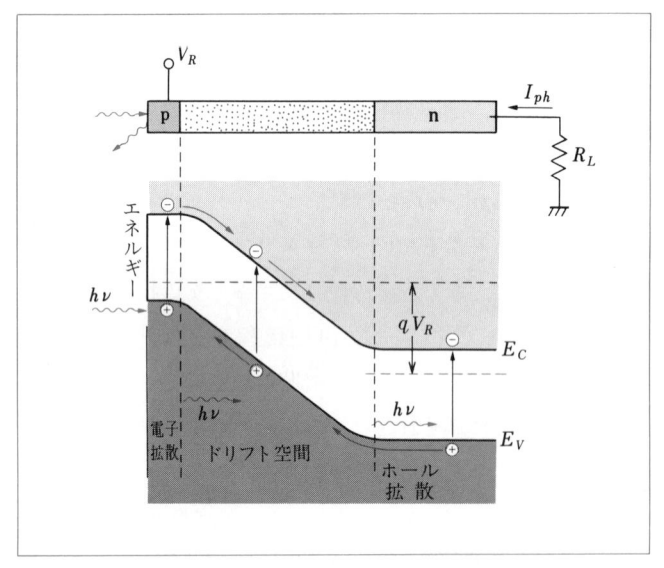

図 6・10 pinホトダイオードの動作

の挿入は，暗電流と雑音を少なくする効果もある。

この素子で使用が可能な光の波長範囲は，Si素子の場合 $0.4 \sim 1.1\,\mu m$，Ge素子では $0.6 \sim 1.7\,\mu m$ である。

他の1つには，より感度を高めるため，入射光で生成した正孔と電子が空乏

層を通過する際，そこの強い電界によるアバランシ増倍作用を用いて光電流を増幅する**アバランシ ホト ダイオード**（APD；avalanche photo diode）がある。その構造を図 6・11 に示す。この素子は前述の素子における i 層の代わりにアクセプタ濃度の低い p^- 層を用いている。その素子はアバランシ倍増をさせるため，高い逆バイアス電圧を印加して使用する。そのため，空乏層が形成される p^- 層の，特に周辺部分での接合が絶縁破壊しやすいので，これを防ぐため n^+ 領

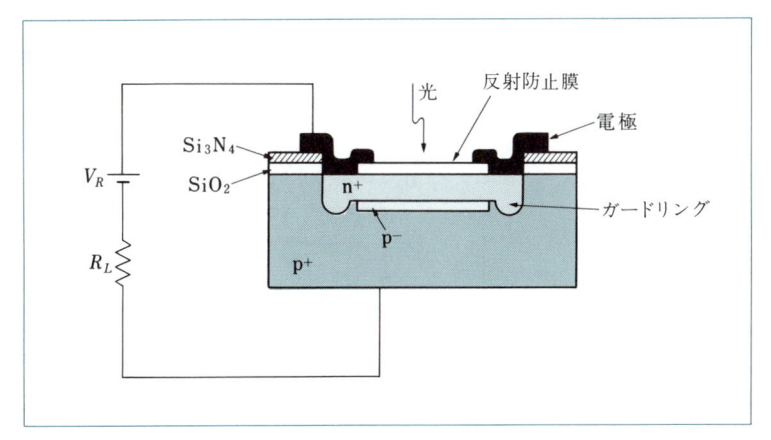

図 6・11　アバランシ ホト ダイオード（APD）の構造

域を張り出し（これを**ガードリング**（gard ring）という），破壊しやすい部分の電界を弱めるように工夫してある。なお，この素子は微弱な光で感度が高く，また数 GHz 程度の周波数に応答する利点をもつが，入射光照度と光電流は比例せず，雑音が多く，温度の影響を受けやすい欠点がある。

　この他，MOS 構造のホト ダイオード（MOS ホト ダイオード）も利用されている。

〔3〕 ホト トランジスタ

　ホト ダイオードの低い感度を補うために，光電流をトランジスタの増幅作用を用いて増幅する素子として**ホト トランジスタ**（photo transistor）がある。す

なわち，図 6・12(a) に示すように，この素子はホトダイオードとトランジスタを一体化した構造をもち，その等価回路は同図(b)に示される。ホトトランジスタにおいて光照射はベース-コレクタ間の空乏層とその近傍に与えられる。ここで発生した光電流はトランジスタのベース電流となり，これがトランジスタの増幅率 β によって 100〜500 倍の大きさに増幅される。しかし，ベース-コレクタ間の光電流はキャリアの拡散によって流れるため，その速度は遅く，また，この部位の拡散容量 (C_d) は光電流中の高い周波数成分を短絡してしまうので，その応答周波数は数 10 kHz 程度である。

(a) ホトトランジスタ

(c) ホトダーリントントランジスタ

(b) ホトトランジスタの等価回路

(d) ホトダーリントントランジスタの等価回路

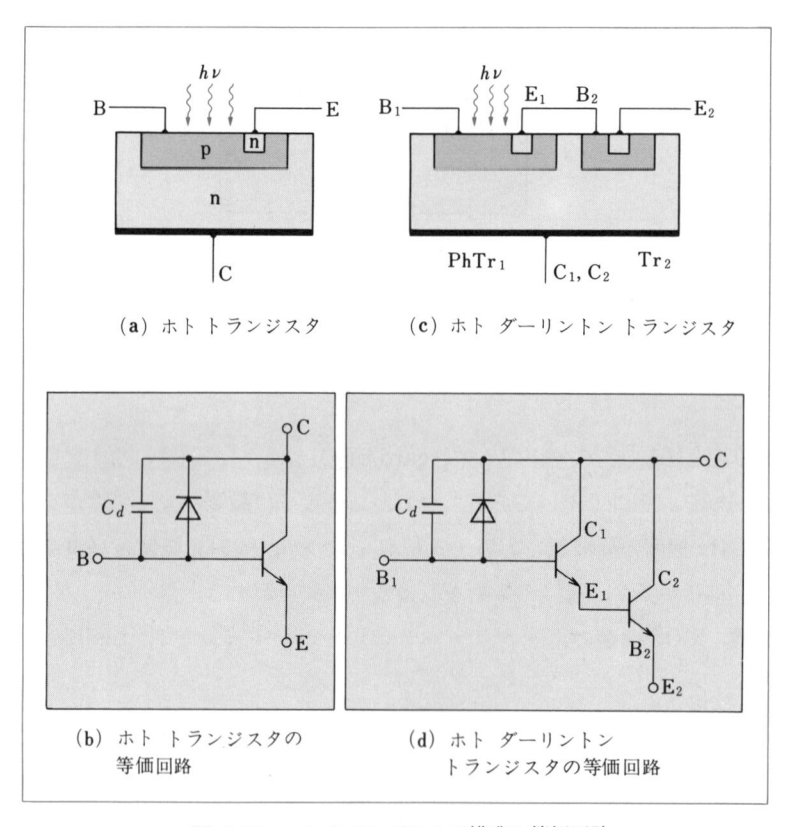

図 6・12 ホトトランジスタの構造と等価回路

次に，図(a)の素子よりも，さらに高い感度を得るため，図(c)のようにホトトランジスタ(PhTr₁)のエミッタ(E₁)を増幅用のトランジスタ(Tr₂)のベース(B₂)に接続した**ダーリントン回路**(darlington circuit，その増幅率は，およそ個々のトランジスタの増幅率の積 $\beta_1 \times \beta_2$ 倍になる)を，1つのチップの上に構成させた素子があるが，これは微弱光を検出するための素子として作られている．図(d)はその等価回路を示す．

表6・1 は，上述した各種の光検出器の利得および応答周波数〔Hz〕を示す．

表6・1 光検出器の特性

光 検 出 器	利 得*	応答周波数〔Hz〕
ホト コンダクタ	$1 \sim 10^6$	$10^3 \sim 10^8$
pn ダイオード	1	10^{11}
pin ダイオード	1	$10^8 \sim 10^{10}$
MS ダイオード	1	10^{11}
アバランシ ホト ダイオード	$10^2 \sim 10^4$	10^{10}
ホト トランジスタ	10^2	10^8

* 利得は，光電流の増倍率を意味する

6・3 発光デバイス

〔1〕 エレクトロ ルミネッセンス

固体に外部から電界をかけてエネルギーを与えたとき発光現象があれば，これを**電界発光**(エレクトロ ルミネッセンス (EL ; electro luminescence)) という．電界発光は，真性エレクトロ ルミネッセンスと注入形エレクトロ ルミネッセンスに分類されるが，ここでは真性エレクトロ ルミネッセンスについて述べ，注入形エレクトロ ルミネッセンスに関しては，次の〔2〕「発光ダイオード」の項で説明しよう．

真性エレクトロ ルミネッセンスを利用する素子としては，硫化亜鉛(ZnS)

や硫化カドミウム (CdS) などの蛍光物質中に，発光に寄与する活性体，すなわち**発光中心**（luminescence center）を形成する Cu, Ag, Mn や，稀土類元素のフッ化物などを添加した材料で作られたものが広く実用されている。

この発光素子の構造の一例を図 6・13 に示す。この素子はガラス板表面に酸化錫 (SnO_2) や酸化インジウム (In_2O_3) などを付けた透明電極上に，上述の発光材料薄膜を塗布または蒸着によって付け，さらにその上に金属電極を付けた，一種のショットキー接合として形成されている。

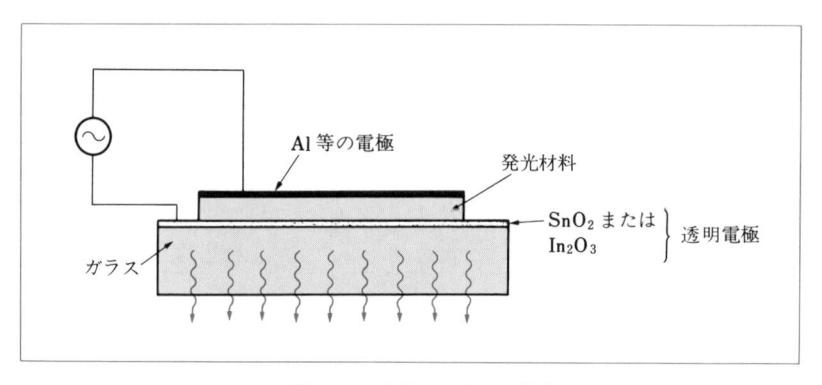

図 6・13 真性 EL 素子の構造

この素子を発光させるには，外部からかなり大きな値の交流またはパルス電圧を印加することが必要である。この際，発光体の抵抗はかなり大きな値ではあるが，完全な絶縁物ではないため導電電流が流れ，それによる素子内でのジュール熱は素子の寿命を縮めてしまう。そこでこれを改善するため，酸化イットリウム (Y_2O_3) などの透明で抵抗の非常に大きい被膜を発光体の両面に付け導電電流が流れないようにする場合もある。

次に，この素子に交流電圧が印加されるときの発光原理を，図 6・14 のエネルギー帯図により説明しよう。

まず，金属電極に対して，発光体側が正電位にあるとき，すなわち図 6・14 の場合には，発光体中のドナー準位や価電子帯から熱励起された電子や，金属側から障壁を越えてきた電子は発光体部における強い電界により加速されて正電

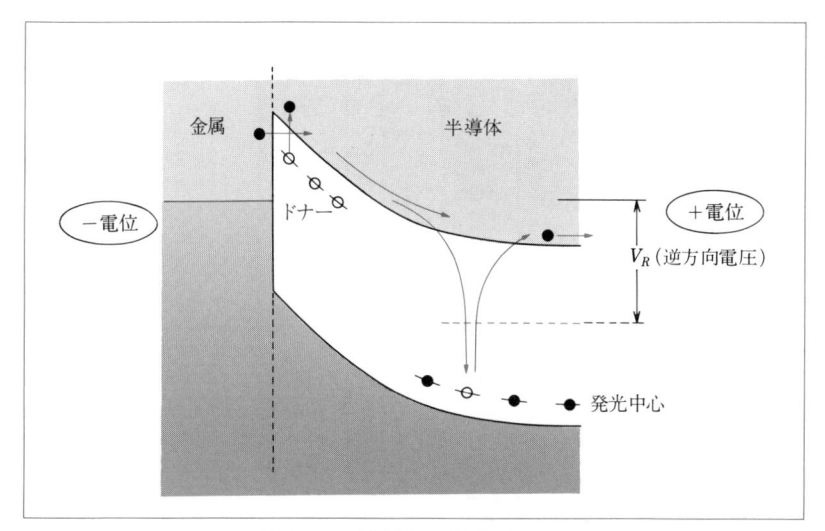

図 6・14　真性 EL の発光原理

極側に走る。この大きなエネルギーをもった電子は発光中心の電子を衝突電離させ，電子を伝導帯に励起する。このとき，発光中心は正イオンになる。

　さて，このようにして生成された電子は正電極側に走って行くが，まもなく印加電圧の極性が変わり，従って電子の進行方向も逆になり，再び速度を増した電子はイオン化した発光中心と出合い再結合する。この再結合の際に放出されるエネルギーが光となり放射される。

　EL 素子の発光色は，母材の禁制帯幅や禁制帯中にできる発光中心の準位の位置によって異なる。図 6・15 に，マンガンを発光中心として加えた硫化亜鉛（ZnS：Mn）薄膜を用いた EL 素子の発光特性を示す。

　EL 素子は，それが発表された当初，消費電力の小さい平面形の発光素子（光る壁）として注目されたが，輝度が弱く，寿命も短い欠点があった。しかし，現在では，これらの短所がかなり改善され，各種の表示器やブラウン管に代わるものとして用いられるようになってきている。

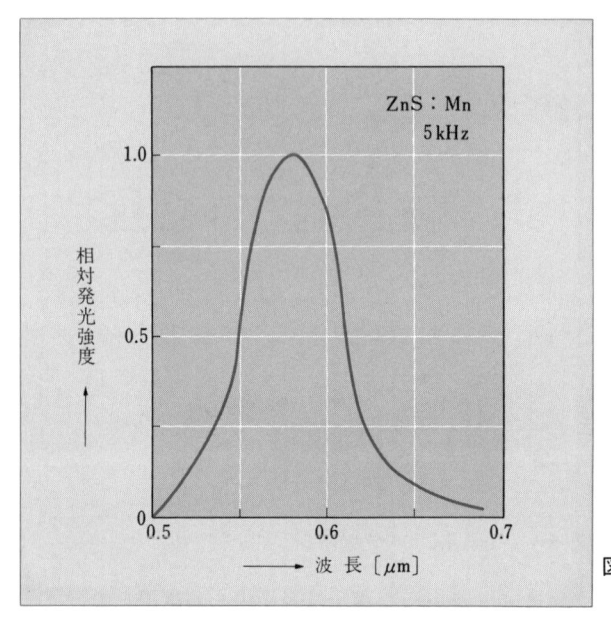

図 6・15　ZnS：Mn 薄膜 EL 素子の発光特性

〔2〕 発光ダイオード

例えば，図 6・16 のように，ガリウムひ素（GaAs）で作られた pn 接合に，順方向電流を流しキャリアの注入を行うと，空乏層とそれに隣接するキャリア拡散領域で，注入された少数キャリアは，直接または，不純物準位などを仲介して多数キャリアと再結合する．このとき，開放されたエネルギーが光として放射されるが，この原理を利用して作られた発光素子が**発光ダイオード**（LED；light emitting diode）である．

発光の最短波長 λ_c は，母材の禁制帯の幅 E_g 〔eV〕で，およそ決まり，

$$\lambda_c = 1.24/E_g \ [\mu\mathrm{m}] \tag{6・13}$$

であるが，発光中心などの準位を介して再結合が行われる場合には，当然そのときの発光波長はこれよりも長くなる．

効率の良い LED を作製するには，伝導帯の電子と価電子帯の正孔が直接遷移により再結合するような，直接遷移形半導体が高い効率が得られるため用い

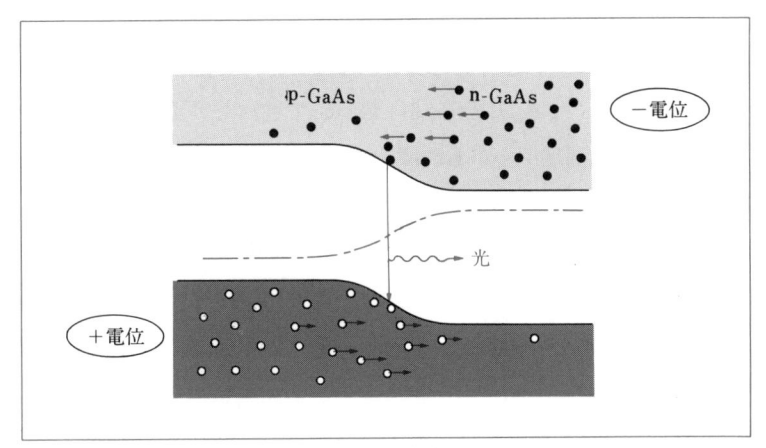

図 6·16　GaAs pn 接合 LED の発光

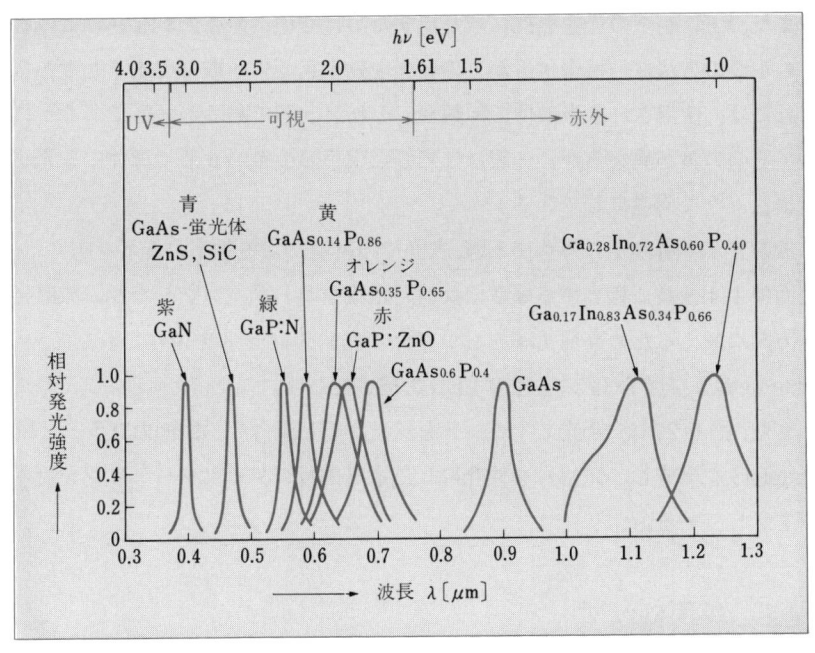

図 6·17　各種 LED の発光特性
　　　　（SZE, Physics of Semiconductor Devices, Wiley）

られる．これに対して，間接遷移形半導体を使用する場合には，先にも述べたとおり，再結合はフォノンを介して行われるため，その遷移確率は低くなり，一般に発光効率が悪くなる．しかし，6・1節〔2〕で述べたアイソエレクトロニックトラップのような捕足中心があれば，これによる擬直接遷移で強い発光素子が作られる．

GaAs($E_g \fallingdotseq 1.4$〔eV〕)を用いた素子は，波長が約 $0.88\ \mu m$ の赤外光を放射する．このほか，可視光を出す LED としては，赤色のものに GaAlAs, GaAsP, GaP, 黄色のものに GaInP, 緑色には GaP などが使われている．さらに，GaAs と蛍光体を用いて，赤，緑，青の光の3原色を発光させる素子も作られ，また最近では，青色を発光する LED に対する研究も盛んで，SiC や ZnSe などを用いた素子が試作されている．

図 6・17 は各種の LED 用材料の発光特性を示す．

また，LED からの光を有効に取り出すためにも種々の工夫がなされている．その1つの方法は，接合付近からの発光を効率良く外へ取り出すことである．これには，使用される半導体の種類や，それが p 形であるか n 形であるかによってその方策が異なるが，一般には光の吸収率の小さい n 形半導体中を光が抜け出るような構造にしている．

放射光が半導体から外へ出る際，表面での反射による効率の低下を防ぐため，表面に 1/4 波長に相当する厚さの反射防止膜をコーティングしたり，放射光を一方向に揃えるため高屈折率をもつプラスチックレンズを付けたりしている．図 6・18 および図 6・19 に各種の LED の構造を示す．

また，図 6・20 は，発光ダイオードを受光素子と組合せ，**ホトカプラー**(photo coupler) を構成し，光信号を仲介にして電気信号のアイソレーションを行う一例を示している．

〔3〕 半導体レーザ

励起状態にある電子が定常状態にもどるとき，開放されたエネルギーを光として放射する場合には，**自然放射**(spontaneous emission)と**誘導放射**(induced

6・3 発光デバイス

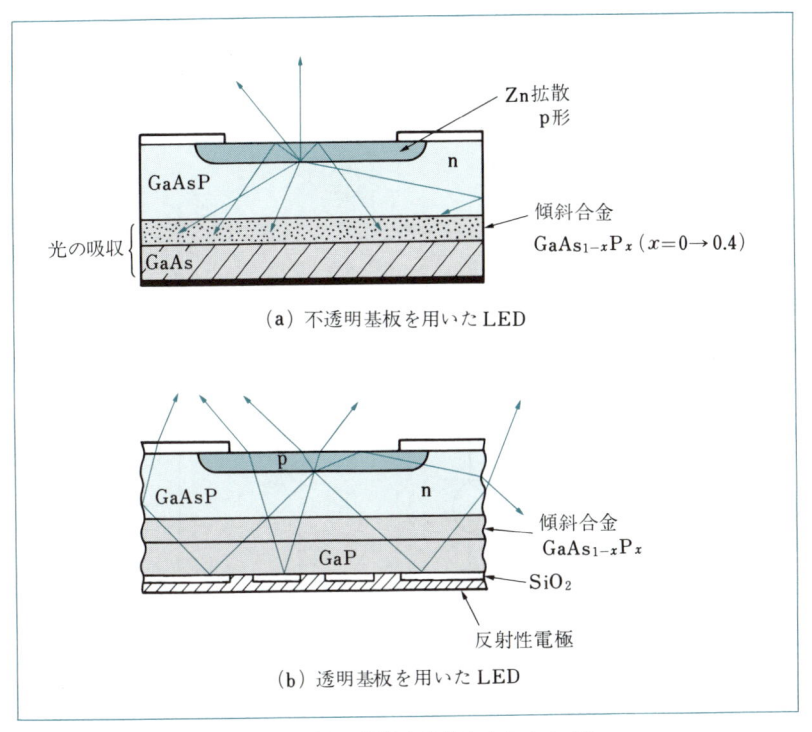

(a) 不透明基板を用いた LED

- Zn拡散 p形
- GaAsP
- 光の吸収
- GaAs
- 傾斜合金 $GaAs_{1-x}P_x$ ($x=0\to 0.4$)

(b) 透明基板を用いた LED

- GaAsP
- GaP
- 傾斜合金 $GaAs_{1-x}P_x$
- SiO_2
- 反射性電極

図 6・18　LED の輝度を改善するための方法

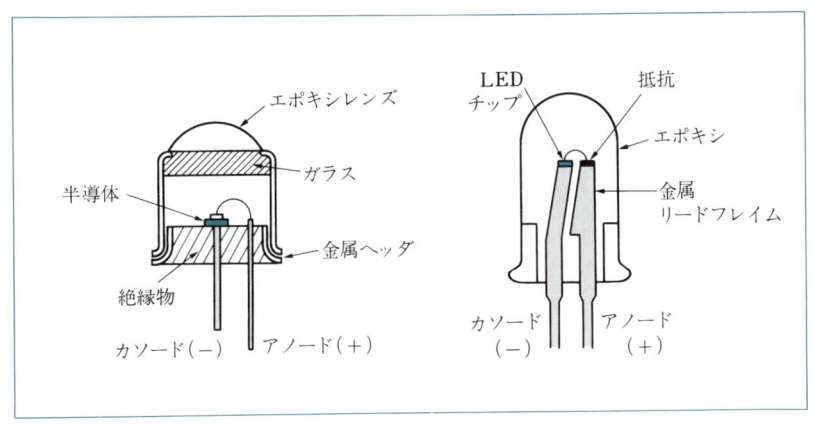

エポキシレンズ / ガラス / 半導体 / 金属ヘッダ / 絶縁物 / カソード(−) / アノード(+)

LEDチップ / 抵抗 / エポキシ / 金属リードフレイム / カソード(−) / アノード(+)

図 6・19　LED の構造とレンズの応用

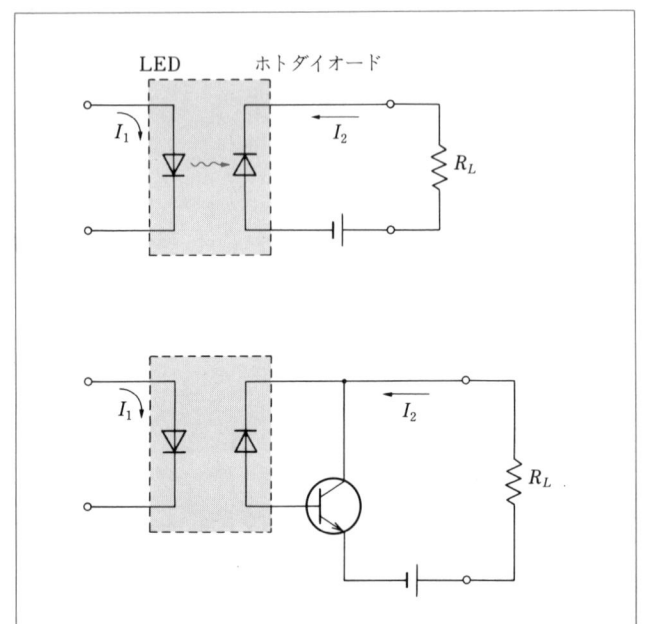

図 6·20 ホトカプラーの一例

emission）の二過程がある。半導体においても，伝導帯に励起された電子が価電子帯の正孔と放射再結合するとき，同様のことがいえる。自然放射を用いた半導体素子の一例としては，前項で述べた LED などがある。この素子の発光過程は，外界から何等の刺激を与えられなくとも，自然に（バラバラ勝手に）電子と正孔が放射再結合する。従って，放射される光も，その位相はバラバラになっており，短く切断された波の集合にすぎない。

　これに対し，誘導放射は光の刺激（光量子を吸収するということではない）により放射再結合が起こる過程であり，その際生じた放射光は，再び，次の放射再結合を誘起させるので，多量の励起状態にある電子が存在する限り極めて強い発光が得られる。そこで，このような一種の正帰還作用をもつ誘導放射を巧みに利用すれば，光の増幅器や発振器を作ることができる。このような装置を**レーザ**（LASER；light amplification by stimulated emission of radiation）という。半導体の場合でも，その発光領域（**活性層**；activation layer）中に励

起状態にある多量の電子と正孔が与えられ，また，その活性層の適当な位置と時刻に，上に述べたような誘導放射が整然と起こるような工夫（例えば，放射光が活性層内で定在波を作るような工夫）をすれば**半導体レーザ**（semiconductor LASER）を作ることができる。

このようにして得られる発光は，LEDなどで得られる自然放射による発光とは異なり，その強度が大きいばかりでなく，振動数や位相がキチンと揃った一連の波になる。このような光は**コヒーレント光**（coherent light）と呼ばれ，極めて直進性や干渉性が高いので，広い分野で利用されている。

半導体レーザは，当初 GaAs の pn 接合で作られた。この素子に順方向電流を流せば，接合部近傍の活性層における伝導帯と価電子帯には，それぞれ電子と正孔が注入され，それらは放射再結合する。この際，励起状態にある電子と正孔の量がある限界を超すと，すなわち素子電流が，ある**しきい値**（threshold current）を超すと，その再結合過程は自然放射から誘導放射に移行し，極めて強い発光が得られる。

しかし，この素子には大きな難点があった。それは，誘導放射を起こす程度の大きな電流では，その発熱のため素子温度が上昇し，まもなく誘導放射が起

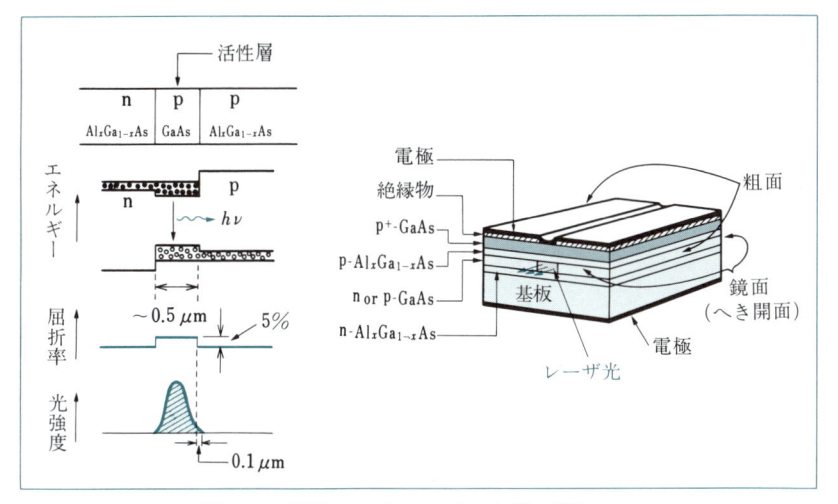

図 **6・21** DH レーザのキャリアと光の閉込め

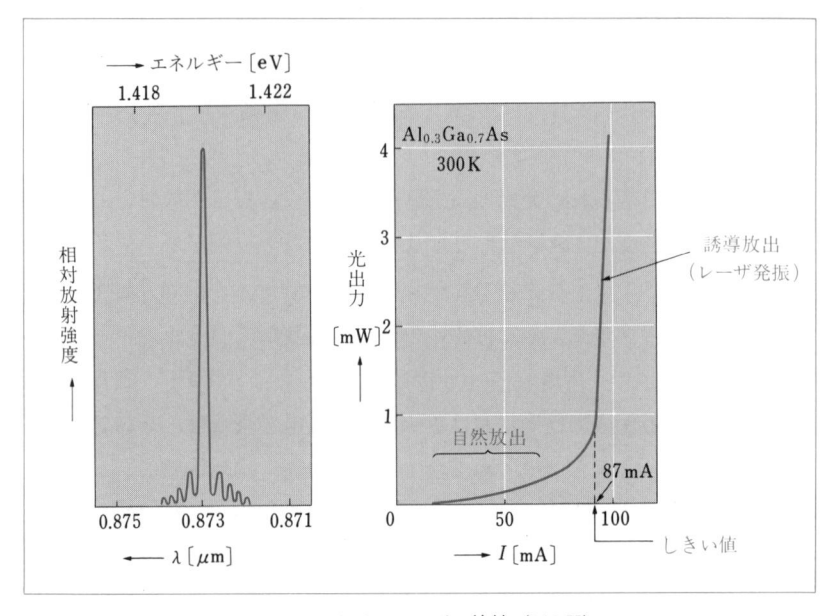

図 6・22 AlGaAsレーザの特性（300 K）

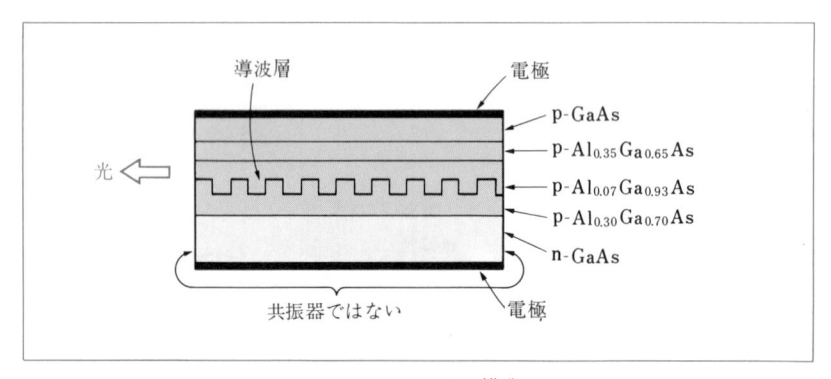

図 6・23 DFBレーザの構造

こらなくなる．そこで，素子の温度上昇を避けるため，特別の冷却装置を付加したり，または，パルス動作で使用せざるを得なかった．
　その後，発光領域であるGaAsの活性層の両側を，光の屈折率が5％ほど低

く，しかも活性層に注入された電子や正孔を活性層中から流出させないような電位障壁を作る，異種類の半導体（例えば，AlGaAs）で挟んだ素子（図6・21）が考案された。

　この素子においては，活性層の屈折率がその両側の層よりも高いため，活性層で発生した光は全反射の効果により活性層内をそれと平行に進行するものだけとなり，さらに活性層の一方向で対向する両端面は，結晶の**へき開面**（cleavage surface）を利用して平行な鏡面に作られているため，光はこれらの鏡面で反射され，活性層内に定在波を形成する。

　また，活性層とその両側の層との間には，禁制帯幅の違いにより電位障壁が形成されており，この障壁は活性層内に注入された励起状態の電子や正孔が，さらに他の領域に流れ出ることを防ぎ，この領域に閉じ込める働きをする。

　これらの効果により，誘導放射を起こす**しきい値電流**は著しく低下する。そのため，常温で連続的に使用することができる半導体レーザを作ることが可能になった。

　なお，この素子は**ダブルヘテロレーザ**（DH LASER ; double hetero LASER）とも呼ばれ，広く実用されている。図6・22 は，このレーザダイオードの発光特性を示す。

　レーザ発光を行うには，上述のように活性層内に光の定在波を作らなければならないが，そのため図6・23 のように，光の伝搬部（光導波層）の厚さを周期的に変えることによって作られた，一種の回折格子により特定の波長の光に対して定在波が形成されるようにした素子もある。この素子は**分布帰還形レーザ**（DFB LASER ; distributed feedback LASER）と呼ばれ，回折格子を作るには第8章で述べるICの微細加工技術とレーザ光による干渉縞を利用している。

　この素子は，DH LASER のように，結晶のへき開面を利用していないので，光IC素子を作製するとき，基盤のどのような箇所にでも，それを形成させることが可能で都合良い。

　さらに，DH LASER では，両へき開面間の距離が発光波長に比べて非常に

大きいため，この間隔に乗り得る定在波の波長は1つとは限らず，従ってこの素子での発光波長には多数のものが包含されやすい．すなわち，**マルチ モード** (multi mode) の発光をしやすい．

DFB LASER の場合も，光の定在波は伝搬路に分布した格子間隔で定まる多数の波長の光で起こり得るが，その中でも特に基本波での発光が強く起こるので，**シングル モード**（single mode）での発光が得られやすい利点がある．

半導体レーザ素子として現在実用されているものには，光ファイバ通信用としてAlGaAsを用いたもの(波長 0.8 μm)，InGaAsPを用いたもの(波長 1.3, 1.5 μm)などがあり，また半導体レーザを用いたCDプレイヤにはAlGaAs(0.78 μm)が使われている．赤外分光器用としては，PbTe-Pb$_x$Sn$_{1-x}$Te (0.3-30 μm, 77 K)，PbSe (7.5-22 μm, 77 K) などのレーザ ダイオードが光源として用いられている．

〔4〕 青色レーザダイオード

最近，GaN系半導体を用いた青色半導体レーザが開発され，実用化されつつある．その断面構造の一例を図6・24に示す．波長 0.4〜0.5 μm 帯の青色レーザの実現は，多方面への応用の上で大きなインパクトとなると考えられる．例えば，青色レーザは波長が短いために従来の赤色レーザ光よりも集光性に優れている．すなわち，レンズによるビームスポット径 r は，

$$r=\frac{A\lambda}{N} \quad (\text{A は定数，} N \text{ はレンズの開口径})$$

で与えられるので，青色レーザ光では一層小さなビームスポット径が得られる．従って，高密度の光磁気ディスクに対応できるので，DVDプレイヤーなどでは欠かせない存在となっている．その他，青色レーザ光は光子エネルギーが高くなるため，レーザプリンタなどの光導電体を利用した機器の高速化が期待でき，さらに光計測，光化学，生物学，医療などでの計測，反応，評価，分析，診断といった多方面での応用が期待されている．

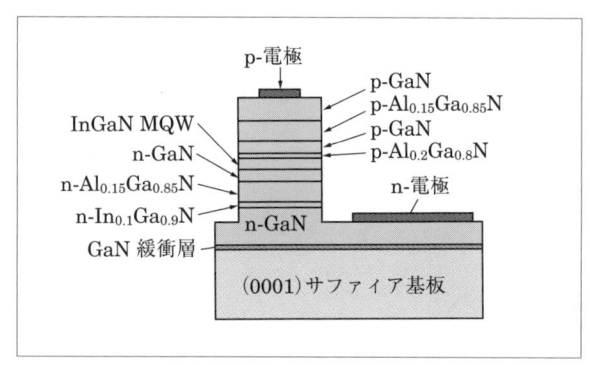

図 6・24 InGaN 多重量子井戸（MQW）構造レーザーダイオードの構造

6・4 太陽電池

〔1〕 太陽光の放射エネルギー

太陽では水素がヘリウムに変換（すなわち，核融合）するとき，失われる質量が電磁波として放射され，それが地球上に波長 $0.2\sim 3\,\mu m$ の光エネルギーとして到達している。太陽と地球の平均距離における到達光のエネルギーは $1\,353\,W/m^2$ で，これが地表に達するときは，さらに大気での吸収（例えば，オゾンは紫外，水蒸気は赤外領域を吸収する）や，霧，塵などでの散乱吸収を受け減衰する。この減衰効果は光が大気中を通過する距離が長いほど大きい。従って，減衰程度を表す値（これを**エアマス**（AM；Air Mass）という）は，太陽が地平線となす角度 θ に関係する。図 6・25 は，太陽光のスペクトル強度を示す。

この図において，AM 0 の曲線は地球大気圏外のスペクトルであり，これは，ほとんど 5 800 K の黒体放射に等しく，人工衛星やスペースシャトルなどで太陽放射の影響などを考察する際に重要である。AM 1 は太陽が天頂にあるとき海抜 0 の快晴時のスペクトルを標準化したエネルギーで，その放射エネルギー値は $925\,W/m^2$，AM 2 は θ が $30°$ のときで $691\,W/m^2$ である。これは地上で太陽光の利用を考えるとき，その平均値として用いられる。

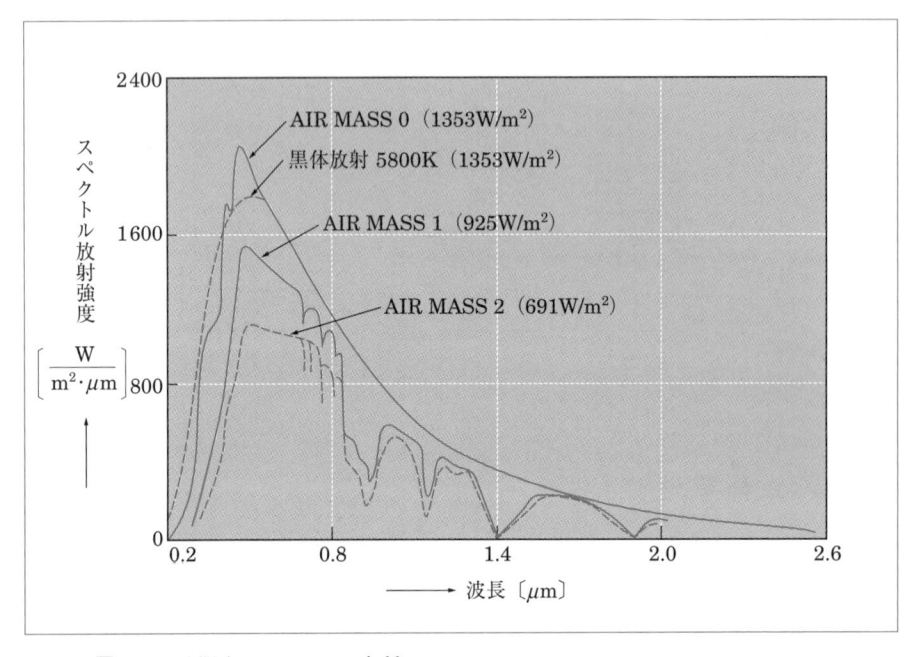

図6・25 太陽光スペクトルの各種
(Thekaekara, Suppl. Proc. 20th Annu, Meet, Inst, Environ, Sci, 1974)

〔2〕 太陽電池の発電原理

太陽電池は,光の作用によって生成した電子と正孔が場所的に分離されることによって起電力を発生する。電子と正孔の分離機構の点から,太陽電池はpn接合太陽電池と有機太陽電池に大別することができる。

(1) **pn接合太陽電池**　pn接合ダイオードに,それに用いた半導体の禁制帯幅 E_g より大きなエネルギーをもつ光量子を当てると,光量子は吸収されて電流に変換される。この際,E_g 以上の余分なエネルギーは熱となって素子の温度を上昇させる。なお,E_g に満たない光は電流を生じない。図6・26(a)は太陽電池の構造を示す。

pn接合部付近に光を照射すると,価電子帯の電子は励起され,電子・正孔の対生成が起こる。これらの電子および正孔は接合部に形成されている拡散電位差に起因する電界のため,電子はn領域へ,正孔はp領域へ分離して送り

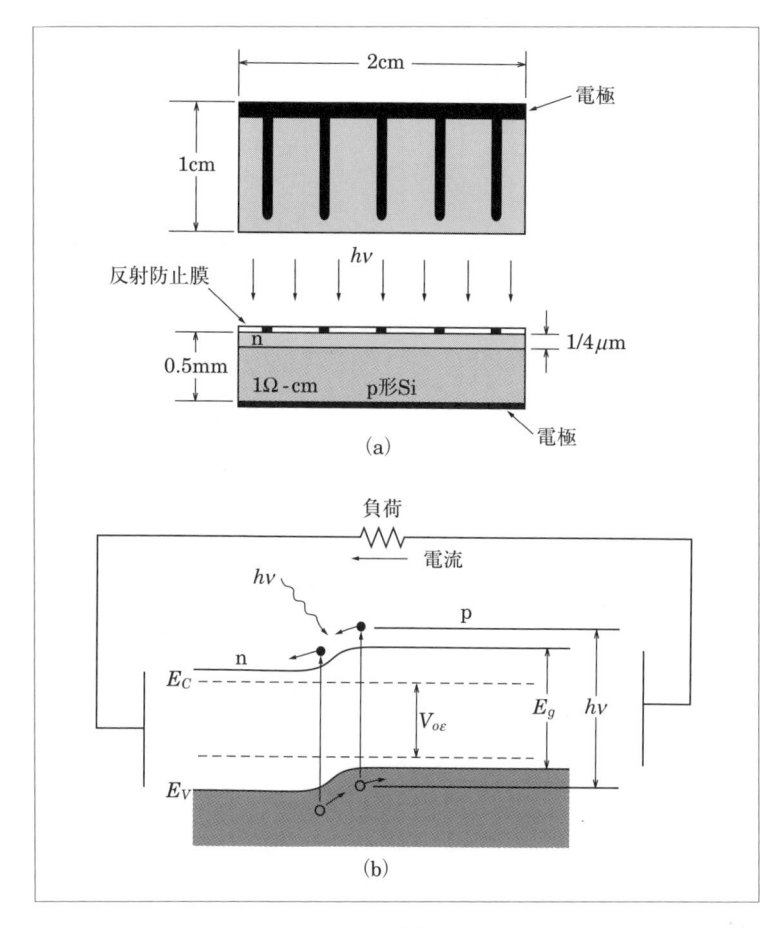

図 6・26　Si 太陽電池の構造

出され，素子外部に負荷が接続されていれば，光電流となって負荷に電力を供給する．図 6・26(b)にこれを示す．

　電源としての太陽電池の良否は，図 6・27 に示す電流-電圧特性で決まるが，この曲線は光照射が強いほど下方へ移動する．図において，V_{oc} は**開放電圧**（open circuit voltage）といい，無負荷時の電圧である．また，I_{sc} は**短絡電流**（short circuit current）といい，素子を短絡したときに流れる電流である．

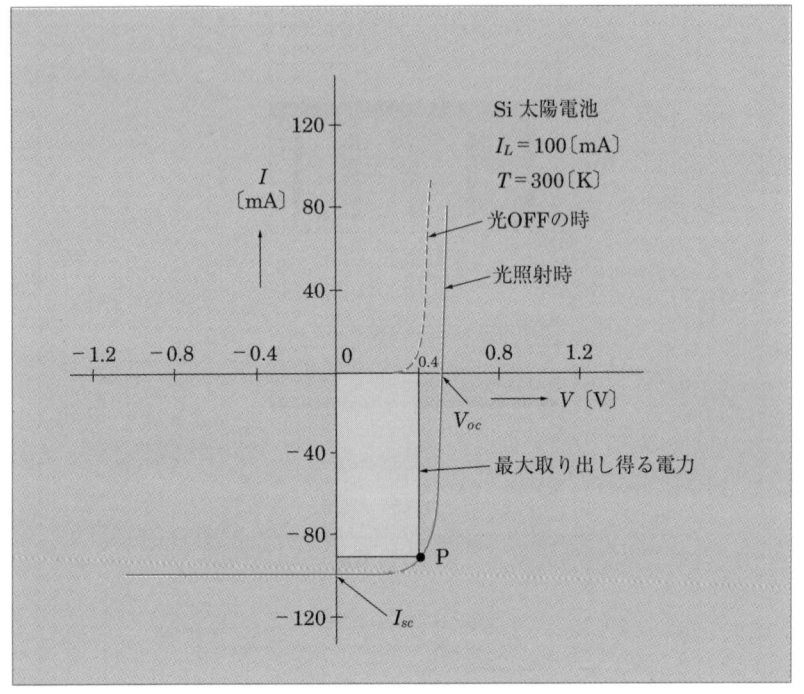

図6・27 太陽電池の特性

　図6・28は，この素子の等価回路を示す．電流源 I_L は光照射によって生じるものであり，ここで発生した電流はダイオード（素子自身）と外部回路に分流する．

　ダイオードの逆飽和電流を I_s，端子電圧を V とすれば，外部に取り出せる電流 I は，式(6・14)で与えられる．

$$I = I_L - I_s[\exp\{q(V-IR_s)/kT\}-1] \qquad (6\cdot14)$$

この上(6・14)で，$I=0$ とおくと，開放電圧 V_{oc} が次のように求められる．

$$V_{oc} = \frac{kT}{q}\log_e\left(\frac{I_L}{I_s}+1\right) \doteqdot \frac{kT}{q}\log_e\left(\frac{I_L}{I_s}\right) \qquad (6\cdot15)$$

また，短絡電流 I_{sc} は，式(6・14)で $V=0$ とおいて，式(6・16)のように求まる．

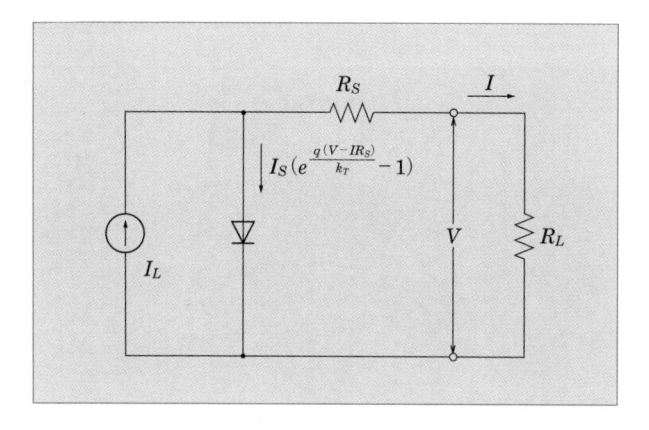

図 6・28 太陽電池の等価回路

$$I_{sc} = I_L \tag{6・16}$$

　さらに，この電池から取り出し得る最大電力は，I-V 特性曲線上の動作点 P が V 軸と I 軸で囲む面積（図では斜線を施してある）が最大になるような負荷のとき得られる．従って，太陽電池の I-V 特性は，なるべく V_{oc} と I_{sc} を通る曲線が右下方にふくらんだ形状，つまり四角形に近いものが好ましく，電池から取り出し得る最大電力 P_m の値は，$P_{\max} = I_{sc} \times V_{oc}$ とすると，

$$P_m = FF \times P_{\max} \tag{6・17}$$

で与えられる．ここに，FF は**フィルファクタ**（FF；Fill Factor）と呼ばれ，この値は1に近いほど好ましい．もちろん，太陽電池としては式(6・17)に示した $P_{\max}$ の大きいこと，すなわち I_{sc} および V_{oc} の大きいことが先決問題である．

　I_{sc} を大きくするには，できるだけ利用し得る光量子の数を増やすことが必要で，そのためには，E_g 値の小さい材料が良い．図6・29は，pn 接合材料として Si，GaAs，a-Si（アモルファス・シリコンのことで，これに関しては次項で述べる．）について，それらが太陽光スペクトルの中から光電流に変換し得る波長範囲を示す．

　しかし，逆に，V_{oc} は E_g 値が大きいほど大きくなる．その理由は，E_g が大きいほど拡散電位差が大きくなり，また拡散電位差が大きいほど，V_{oc} が大

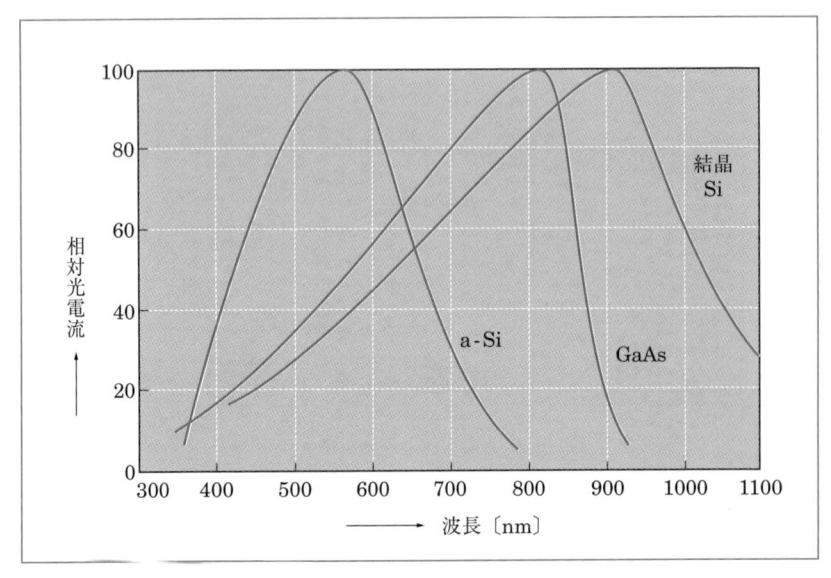

図6・29 太陽光に対する各種光電池のスペクトル特性

きくなるからである。

　従って，大きな P_{max} を得るには，太陽光のスペクトル分布に適合した E_g 値をもつ半導体を太陽電池用の材料として選ばなければならない。

　各種半導体の E_g と変換効率（太陽光エネルギーを電気エネルギーに変換する効率）については，多くの半導体材料について研究されており，それらの結果の主なものは図6・30に示される。なお，図中，太陽光強度 $C=1$ の曲線は，さきに述べたAM値が1.5の太陽光エネルギーのスペクトル分布を，参考のため（$E_g=h\nu$ の関係を用いて）E_g に換算して表したもので，$C=1000$ の曲線は，同じ光をレンズを用いて集光し，1000倍にした場合を示す。この曲線は，レンズの透過率の関係で短波長側の光がより多く吸収されるため，比較的長波長側でエネルギーの分布が高くなっている。

　（2）**有機太陽電池**　有機化合物を用いた有機太陽電池は，以下の2つに大別される。その1つは，二酸化チタンなどの無機半導体表面に増感剤として有機色素をコーティングし，電解質溶液を用いて発電する湿式の光電池であ

6・4 太陽電池

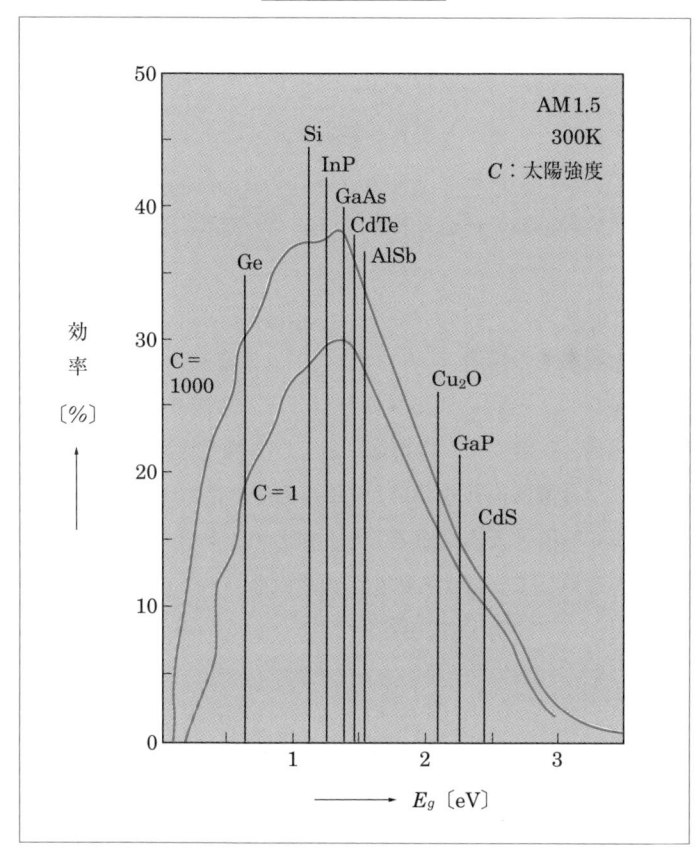

図6・30 理想太陽電池の効率に影響する E_g
(SZE, Physics of Semiconductor Devices, Wiley)

る。もう1つは，無機半導体のpn接合を用いた太陽電池の動作原理を模倣して発電する有機薄膜系の乾式の光電池である。

これらの有機太陽電池の光電変換プロセスは，Siを用いた通常のpn接合太陽電池とは異なり，光照射による有機物質中の励起子の生成と移動といった分子レベルのメカニズムを考える必要がある。すなわち，光照射による有機物質中での，①光吸収と励起子の生成，②励起子の拡散と移動，③界面における励起子による電子，正孔の対生成，④内部電界による電子，正孔の分離，⑤起電

力の発生，という過程を経て発電する機構になっている。この考え方は，植物の光合成において葉緑素（クロロフィル）などの色素が太陽光を吸収し，その励起エネルギーによって電子と正孔が発生し，移動するという自然現象から学び取ったものである。これを発電に利用したのが有機太陽電池である。

これらの有機太陽電池の構造と動作原理については，次項〔3〕（3）において述べる。

〔3〕 各種太陽電池の構造

太陽電池の種類は，それに使用する材料の点から図6・31に示すように，シリコン系太陽電池，化合物系太陽電池，および有機系太陽電池の3つに分類される。前者の2つは無機物質を用いたpn接合における電子，正孔の分離作用によって発電する機構の太陽電池であり，後者の1つは有機化合物を用いて，光合成の原理を応用して発電する構造の太陽電池である。以下に，各太陽電池の構造と特徴について説明する。

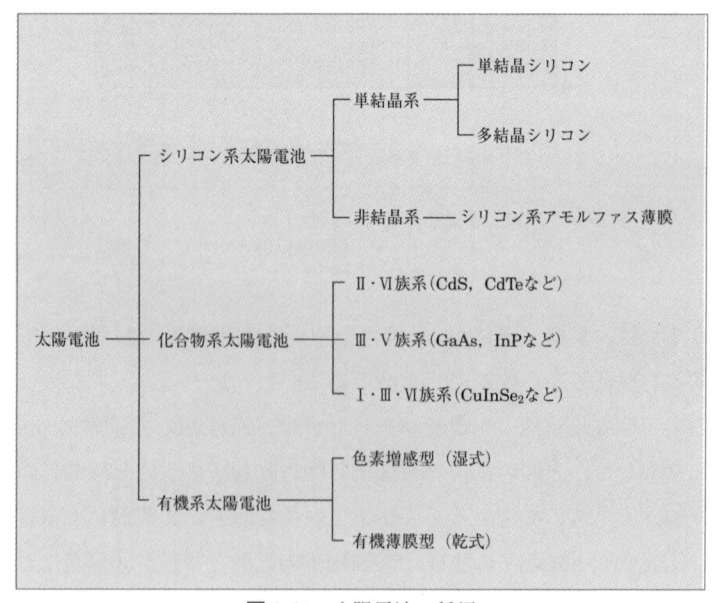

```
                                  ┌─ 単結晶シリコン
                      ┌─ 単結晶系 ─┤
                      │           └─ 多結晶シリコン
     ┌─ シリコン系太陽電池 ─┤
     │                │
     │                └─ 非結晶系 ── シリコン系アモルファス薄膜
     │
     │                ┌─ II・VI族系（CdS, CdTeなど）
太陽電池 ─┼─ 化合物系太陽電池 ─┼─ III・V族系（GaAs, InPなど）
     │                │
     │                └─ I・III・VI族系（CuInSe₂など）
     │
     │                ┌─ 色素増感型（湿式）
     └─ 有機系太陽電池 ─┤
                      └─ 有機薄膜型（乾式）
```

図6・31 太陽電池の種類

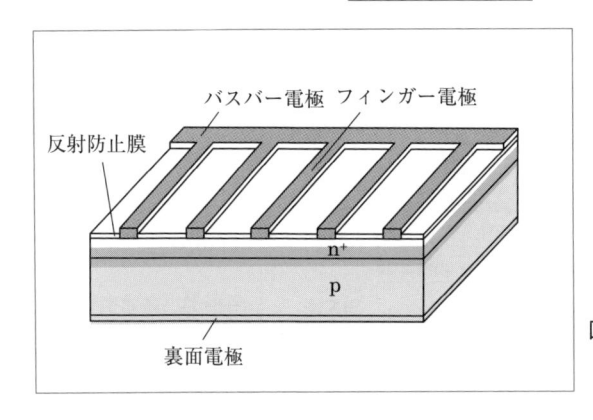

図 6・32 単結晶 Si 太陽電池の基本構造

（1） シリコン系太陽電池

■**単結晶 Si 太陽電池**　単結晶 Si 太陽電池の基本的な構造を図 6・32 に示してあり，抵抗率約 1 Ωcm，厚さ約 0.5 mm の p 形 Si ウェハー上に n^+ 層（ドナーを高濃度で添加させた n 層）を形成させた n^+p 接合構造を成している。n^+ 層表面上には，入射光の反射を防止するための反射防止膜を形成してあり，p 層裏面には全面に電極を形成させてある。n^+ 層は，光がこの層を通過して n^+p 接合界面に達し，有効にキャリア生成を起こさせるように，$0.2 \sim 0.5\ \mu m$ 程度の薄い厚さになっている。n^+ 層は p 層との接合によって電子と正孔を分離させる役割以外に，光生成キャリアを収集させるための電極としての役割を担っている。従って，n^+p 接合領域への光の透過率を大きくするために n^+ 層を薄くし過ぎると，n^+ 層の表面抵抗が高くなり，光生成キャリアの収集効率が低下して変換効率が低くなる。そのため，n^+ 層表面に金属電極（フィンガー電極とバスバー電極）を設け，光生成キャリアを効果的に収集させる構造に作られている。

　太陽電池に光照射を行うと，n^+p 接合およびその近傍で生成した電子と正孔は n^+p 接合の強い内部電界によって分離されて，電子は n^+ 層へ，正孔は p 層へ移動する。その結果，n^+ 層が負，p 層が正となるように起電力を発生する。変換効率は，単接合の基本的構造のもので約 15～16% 程度であるが，最適化を図った太陽電池においては，24% 程度の高い変換効率のものが得られてい

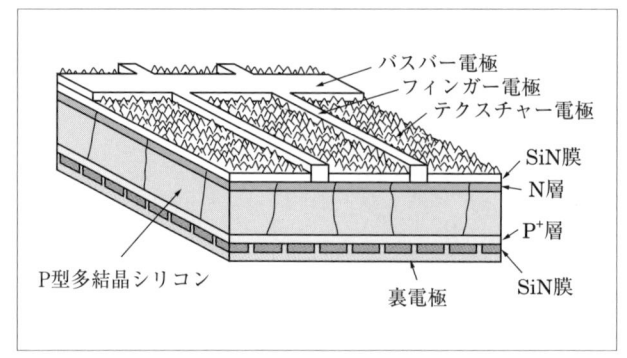

図6·33 高効率化した多結晶Si太陽電池の構造

る。

■**多結晶Si太陽電池**　単結晶Si太陽電池は高い変換効率が得られるが，母材となる単結晶Siの製造コストが高いことが難点である。そのために，低コスト化を目指した多結晶Si太陽電池が開発されている。その発電原理は単結晶Siの場合と同じであるが，キャリアの寿命や移動度が劣るために，単結晶Si太陽電池に比べて変換効率が低くなる傾向にある。変換効率を向上させるために，種々の改善策が試みられている。図6·33は，変換効率の改善策を施した多結晶Si太陽電池の一例であり，p形の多結晶Si基板の表面を凹凸構造（テクスチャー構造）にし，その上にn層およびSiN層（反射防止膜）を形成させた構造を成している。表面のテクスチャー構造は，光の閉じ込めと，表面反射の低減，およびキャリア収集効率の向上などの機能を有しており，これらの効果によって変換効率を大幅に向上させることができる。この構造の太陽電池において，約17%の変換効率が得られている。

■**アモルファスSi太陽電池**　アモルファスSiは結晶Siに比べて抵抗率が高く，キャリアの寿命と移動度が小さい。しかし，直接遷移形の光吸収特性を有することから，光吸収係数は図6·34に示すように単結晶Siに比べて大きく，厚さ約0.5 μm程度の薄膜による太陽電池の製作が可能である。その光学バンドギャップは約1.7～1.8〔eV〕で結晶Siの1.1〔eV〕に比べて大きく，また，光に対する分光感度は図6·29に示すように太陽光の放射スペクトルの

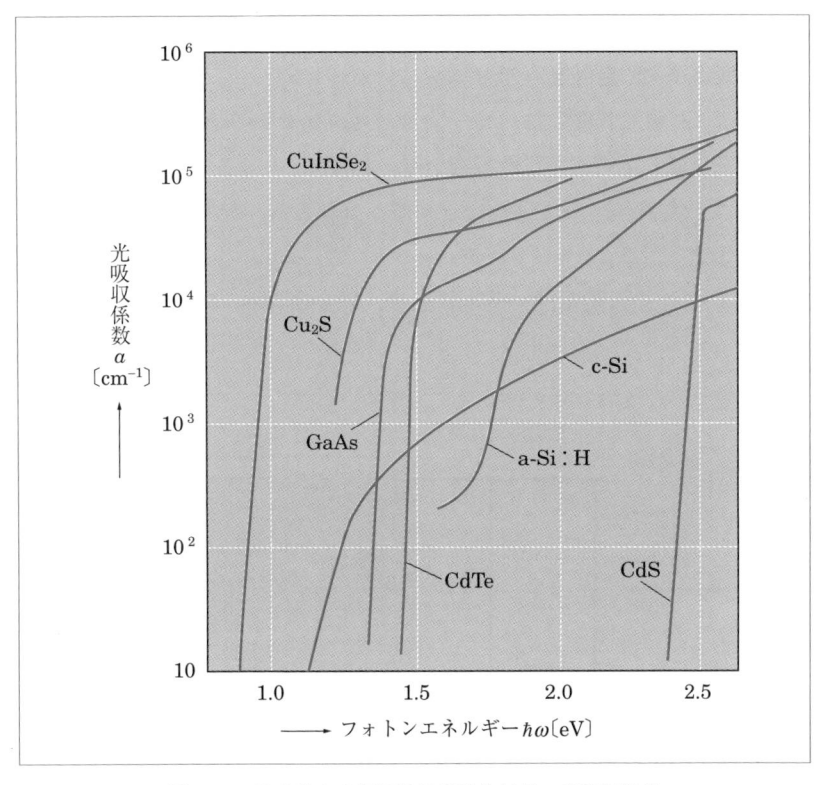

図 6・34 代表的な太陽電池用半導体材料の光吸収特性

ピーク波長（約 $0.5\,\mu\mathrm{m}$）に近い値を有している．さらに製造コストが安価で，かつ大面積化が容易であり，太陽電池材料として優れた条件を備えている．また，ヘテロ接合の形成に際して，界面における原子結合の不整合が起きにくいことから，多層構造による変換効率の向上を図る上においても有利である．

アモルファス Si 太陽電池の構造は，単結晶 Si 太陽電池の pn 接合構造とは異なり，i 層を p 層と n 層でサンドイッチした pin 接合構造をなしている．i 層を挿入する理由は，アモルファス Si の p 層および n 層での欠陥準位密度が多いために，pn 接合においては再結合電流やトンネル電流が支配的となり，

良質の整流特性が得られないためである。単結晶 Si 太陽電池では，光生成した電子と正孔を pn 接合部分で分離しているのに対して，アモルファス Si 太陽電池では i 領域で分離している。すなわち，アモルファス Si 太陽電池においては，光生成した電子と正孔が空乏層の i 領域における強い内部電界によって，電子は n 領域へ，また正孔は p 領域へ分離され，発電する機構になっている。

アモルファス Si 太陽電池の基本構造は，図 6・35 (a) (b) に示すように，大

(a) 透光性基板を用いた太陽電池構造

(b) 非透光性基板を用いた太陽電池構造

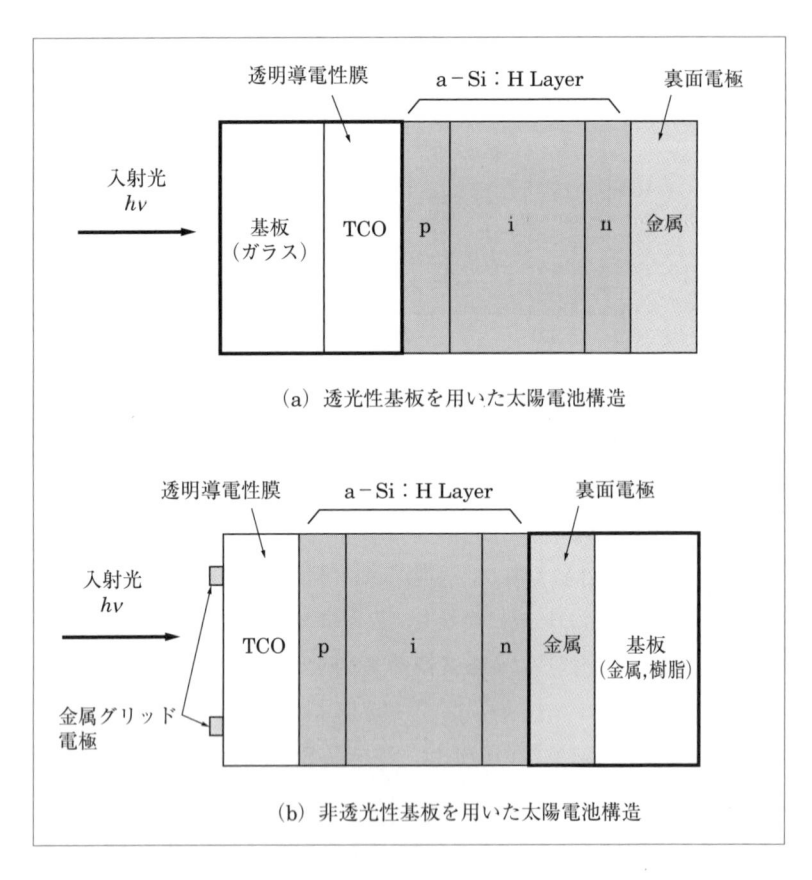

図 6・35　アモルファスシリコン太陽電池の基本構造

きく2種類に分けられる。1つは，図(a)の透光性基板を用いた太陽電池構造であり，ガラス基板上に透明導電性膜（TCO），a-Si：H（pin）層，裏面電極の順に形成させ，ガラス基板側からの光入射によって発電させる構造になっている。もう1つは，図(b)の非透光性基板を用いた太陽電池構造であり，金属や樹脂等の基板上に裏面電極，a-Si：H（nip）層，TCO，金属グリッド電極の順に形成させ，TCO側からの光入射によって発電させる構造となっている。いずれの構造においてもp層側から光が入射されるため，p層側の透明導電性膜電極は，透光性と導電性を有した酸化すずなどが用いられる。入射光の内，一部はpin層内で吸収されないで裏面電極に達する。この光を有効に発電に利用するために，裏面電極の表面で反射させてpin層内に戻し，再度吸収させる構造になっている。その他，変換効率を高めるために，テクスチャー構造，窓効果をもたせたヘテロ接合構造をはじめとし，図6・36のように広い波長範囲の太陽光スペクトルを電気エネルギーに変換するためにバンドギャップの異なる太陽電池をⅠ，Ⅱ，Ⅲ層を積層したタンデム構造，などの太陽電池が開発されている。変換効率としては，現在，約12％のものが得られている。しかし，アモルファスSi太陽電池の場合，強い光照射によって変換効率が低下する光劣化現象（SW：Staebler-Wronski効果）が起こる。この特性改善が，今後の課題となっている。

■**ハイブリット構造太陽電池**　太陽電池の変換効率のさらなる改善のために単結晶Si基板にアモルファスSi層を積層させ，表と裏の両面で発電させる構造にしたハイブリット型太陽電池（HIT；Heterojunction with Intrinsic Thin-layer）が開発されている。この太陽電池では，アモルファスSiのpi接合とin接合がn形の単結晶Siをサンドイッチした構造を成している。この構造の太陽電池の変換効率は，約17％台に至っている。

　以上，シリコン系太陽電池においては，単結晶Siを用いた場合に高い変換効率が得られるが，その反面，製造コストが高くなることが難点である。低コスト化のために，キャスト法（Siの塊を溶融した後に冷却して多結晶Siを作る方法）によって作製した多結晶Siや，モノシラン（SiH_4）のグロー放電分

```
            a-SiC:H        a-Si:H        a-SiGe:H
入射光    │ p │ i │ n │ p │ i │ n │ p │ i │ n │
 hν  →    │   │Eg1=│   │   │Eg2=│   │   │Eg3=│   │
          │   │2.0 eV│ │   │1.7 eV│ │   │1.4 eV│ │
          │   │ Ⅰ │   │   │ Ⅱ │   │   │ Ⅲ │   │
```

(a) タンデム型太陽電池の構造例

(b) 太陽光スペクトルの有効利用の概念図

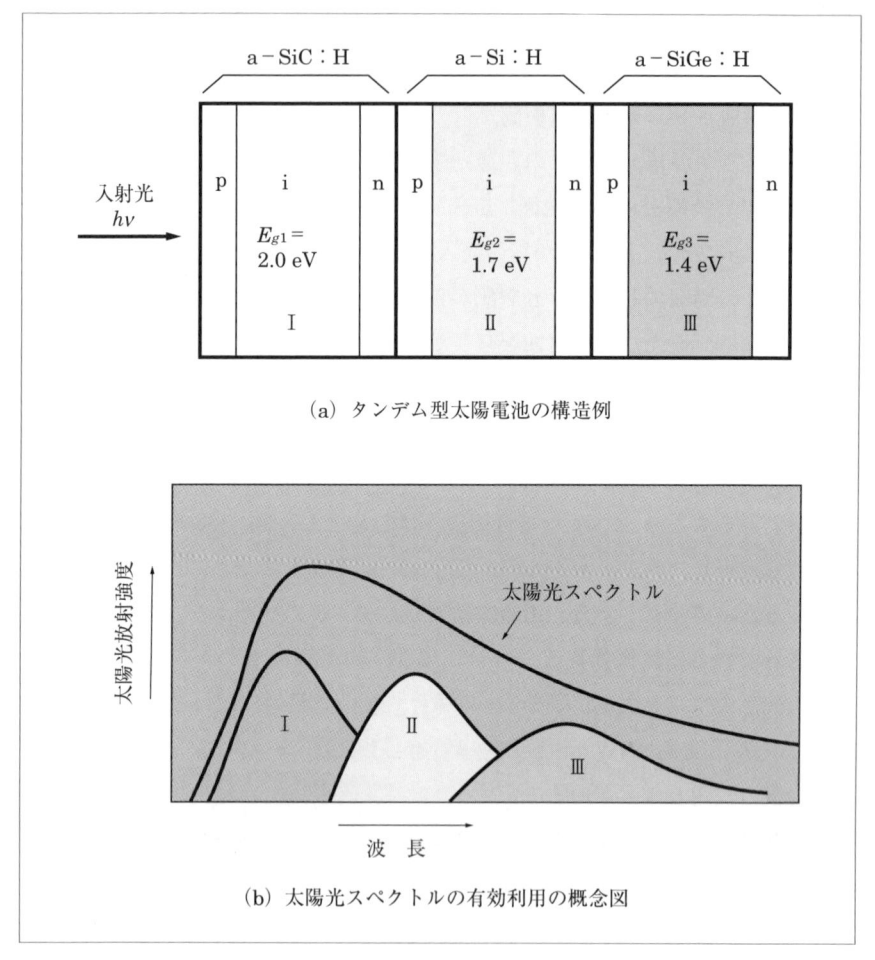

図 6・36 太陽光スペクトルを有効利用するためのタンデム型太陽電池の構造

解によって作製したアモルファス Si 薄膜などを用いた太陽電池が多く使用されている。

（２）**化合物系太陽電池**　　化合物半導体では，化合物元素の種類を選択することによって，太陽光の放射スペクトルに整合した光学バンドギャップ材料の開発が可能である。II－VI族化合物系の代表的なものに，CdS や CdTe 太

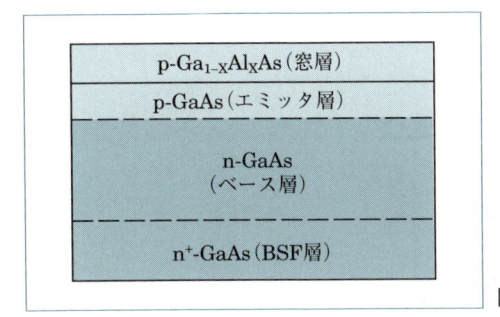

```
┌─────────────────────────────┐
│ p-Ga₁₋ₓAlₓAs（窓層）          │
├─────────────────────────────┤
│ p-GaAs（エミッタ層）          │
├─────────────────────────────┤
│     n-GaAs                   │
│    （ベース層）               │
├─────────────────────────────┤
│ n⁺-GaAs（BSF層）              │
└─────────────────────────────┘
```

図 6・37　GaAs 系太陽電池の基本構造

陽電池，III－V族化合物系に GaAs や InP 太陽電池，さらに I－III－VI族化合物系に $CuInSe_2$ 太陽電池などがある。Cu（InGa）Se_2（CIGS と略記する）系太陽電池は，薄膜太陽電池の中で最も変換効率が高く，長期信頼性も実証されていることから，次世代太陽電池の有力な候補の一つとなっている。図 6・37 は，一例として，GaAs 系太陽電池の基本構造であり，n 形の GaAs 単結晶基板上に p 形の GaAs 層を形成させた構造を成している。表面には，光生成キャリアの表面再結合を阻止するたに，GaAs よりバンドギャップの広い $Ga_{1-x}Al_xAs$（窓効果層）が形成されている。単接合の GaAs 太陽電池の変換効率としては，約 25% の高い値のものが得られている。

　以上の化合物系太陽電池においては，材料の光学ギャップと太陽光スペクトルの整合性がとれることから，シリコン系太陽電池に比べて優れた性能が期待できる。しかし，製造コストや，資源的および環境汚染などの点において問題が残っている。

（3）　**有機系太陽電池**　　有機系太陽電池は，前述のように色素増感型（湿式）と有機薄膜型（乾式）の2つに大別される。

■**色素増感型（湿式）太陽電池**　　代表的なグレッツェルセル型有機太陽電池の原理図を図 6・38 に示す。これは，電極として透明導電性ガラス基板上にチタニア（二酸化チタン；TiO_2）の微粒子を焼結させた多孔質層を形成させ，その上に光増感剤としてルテニウム錯体（Ru 色素）をコーティングさせた電極と，透明導電性ガラス基板上に白金（Pt）をスパッタリングで形成させた

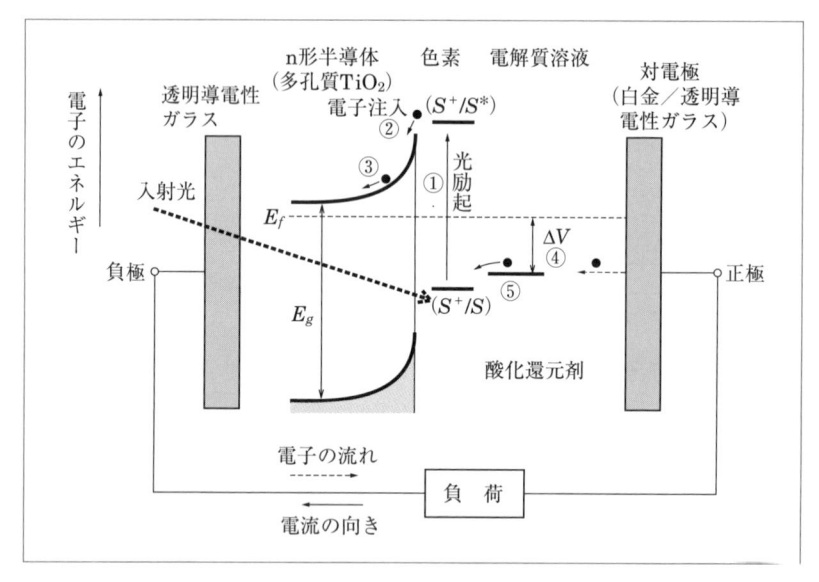

図6・38 グレッツェルセル型有機太陽電池の構造（色素増感型）

対電極を用いている。これらの2つの電極間に電解質溶液を満たし，色素への光照射によって発電する構造になっている。ここで，光増感剤である色素は可視光吸収による励起電子の生成を増加させ，また，チタニア層の多孔質化は反応面積を増加させるためのものである。

この色素増感型太陽電池の発電原理は，次のように説明される。図6・38において，①色素への光照射によって電子が励起され，②この励起電子はチタニア層に注入され，③その中の内部電界に沿ってチタニア層内部に移動する。その結果，励起電子が正孔（色素酸化体：電子を失った色素）と空間的に分離され，起電力④を発生する。⑤電解質は，色素酸化体を還元し，失った分の電子を対電極の白金から受け取り，外部回路に電流が流れる。この構造の有機太陽電池において，10.9％の変換効率が得られている。実用化に際しては，色素や電極の劣化をはじめ液漏れ等に対する対策が必要である。

■有機薄膜型（乾式）太陽電池　　この太陽電池は，金属電極と有機化合物を

組み合わせたショットキー接合型，および有機化合物と無機系半導体を組み合わせたヘテロ接合型の太陽電池構造を成している。この太陽電池は，乾式で液漏れの問題を生じないことから期待されているが，現在の段階では変換効率が数％程度であり，特性改善が求められている。

有機系太陽電池は以上のように，構造が簡単で材料が安価であることから，低コスト化の点で大きく期待できるが，現時点では変換効率や安定性の点で問題があり，基礎研究の段階にある。

以上で述べてきた各種太陽電池を総合的にみて，安定した性能を有し，資源的な優位性の点から，現在では実用的なシリコン系太陽電池が主流となっている。最近では，これら以外に，微細なナノ粒子を用いた新しい構造の太陽電池の開発も試みられている。

〔4〕 太陽電池の変換効率
（1） 代表的な太陽電池の特性比較　一般に太陽電池の性能は，使用する

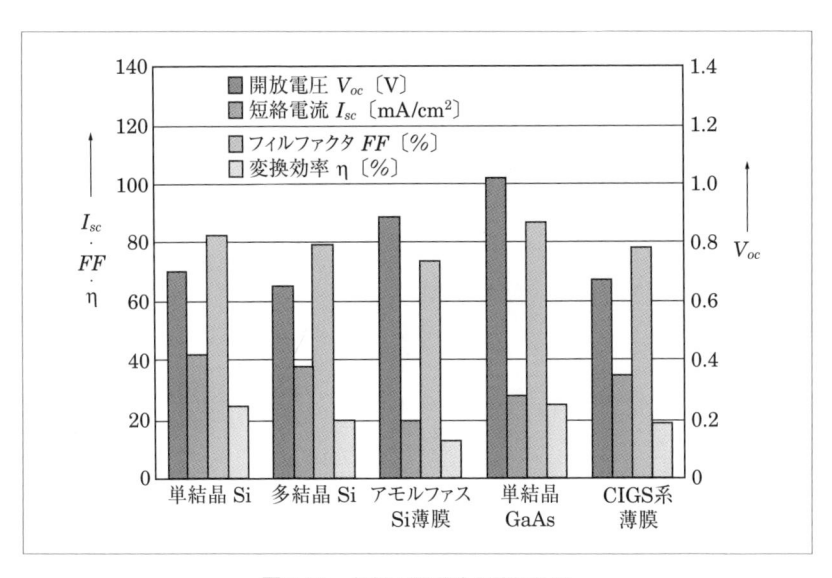

図 6・39　各種太陽電池の特性比較

材料の種類と性質，および太陽電池の構造に強く依存する．モジュール化した大面積の市販の太陽電池の性能に比べて，実験室レベルでの小面積の太陽電池の性能の方が高い．図 6・39 は，代表的な太陽電池の実験室レベルでの性能比較である．単結晶 Si 太陽電池では 24.7%，単結晶 GaAs 太陽電池では 25.1% の高い変換効率のものが得られている．また，化合物系の CIGS 系薄膜太陽電池では，19% の変換効果が得られている．太陽電池の性能は，年々向上しており，市販のモジュール化したものも，近い将来にこれらの実験室レベルの値に近づくことが予想される．

（2） **変換効率の年次推移と高効率化技術**　シリコン系太陽電池と化合物系太陽電池の変換効率の年次推移および今後の予想を図 6・40 に示してあり，年次とともに変換効率の改善が大幅に進んでいる．これらの変換効率の向上に際しては，以下の技術開発が重要なポイントとなっている．

■**太陽電池用材料の物性に関する改善策**

・太陽電池の母材および接合界面の高品質化技術の開発
・太陽光スペクトルに整合したバンドギャップ材料の開発
・グレーデッドバンドギャップ材料の開発

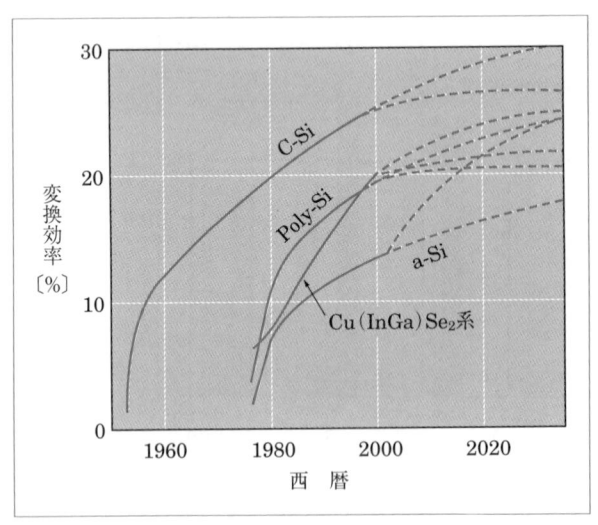

図 6・40　代表的な太陽電池の変換効率の年次推移と将来予測

・その他

■太陽電池構造に関する改善策
- 表面および裏面電極にテクスチャー構造（凹凸形状表面）を採用し，光の閉じ込めと反射防止効果を活用。
- バンドギャップの異なる材料を積層させたタンデム構造により，広い波長領域の太陽光スペクトルを吸収。
- 表面および裏面における反射防止膜の形成
- 窓効果を利用したキャリア生成効率の改善
- ヘテロ接合による表面再結合の低減
- 太陽電池の受光面積の増加
- 光生成キャリアの収集効率を高めるための電極構造
- 変換効率の最適化を図るための太陽電池構造の理論設計
- その他

〔5〕 太陽電池モジュールと応用

（1） **太陽電池モジュール**　Si太陽電池1枚のAM1.5G（100mW/cm^2），25℃における発電起電力は，約0.6〜0.8〔V〕，短絡電流は20〜40〔mA/cm^2〕程度の小さな値である。このような太陽電池を多数直列および並列に接続し，環境に耐えるように外囲器に封入し，かつ外部端子を備えて規定の出力をもたせた最小単位の発電ユニットを太陽電池モジュールという。この太陽電池モジュールは，0.5〔W〕〜300〔W〕のものが標準的な単位となっている。大電力を必要とする場合には，これらのモジュールを必要枚数だけ組み合わせて接続できる構造になっている。

（2） **太陽電池の応用**　現在，最も多く使用されている太陽電池は，製造コスト，安定性，および資源的な点から，シリコン系太陽電池である。その応用例としては，砂漠に設置された大規模な電力用の太陽光発電システムや，住宅の屋根に設置させた太陽光発電システム，さらに電卓や時計などの民生用の小型な電源用に至るまでの広範囲にわたっている。

電力用太陽電池としては，一般に，結晶 Si や多結晶 Si 太陽電池，さらに，結晶 Si とアモルファス Si を組み合わせたハイブリット構造などが使用されている。

一方，アモルファス Si 太陽電池は，分光感度が結晶 Si 系の太陽電池のものに比べて低波長側にシフトしており，蛍光灯下での発電起電力が大きいという特長がある。そのため，室内で使用する電卓，ラジオ，腕時計などの電源用として広く応用されている。また，アモルファス Si 太陽電池は薄膜で製作されていることから，直径 1 mm 程度の小さな穴を空け，光が通過する構造にしたシースルー太陽電池が開発されている。この太陽電池は，ビルや一般住宅の窓ガラスに設置し，太陽電池としての発電と，これを通して外の景色を見る窓としての両機能を備えている。

直接遷移型の化合物半導体を使用する GaAs 系太陽電池は，高い変換効率をもつとともに宇宙線に対する特性劣化が少ないことから，宇宙用の太陽電池として応用されている。

（3）**太陽光発電システム**　太陽光発電システムの主要機器としては，太陽電池モジュール，パワーコンディショナー（直流を交流に変換するためのインバータや制御装置等から構成），接続箱，分電盤および蓄電池等から構成されている。太陽光発電システムは，商用電源（系統という）に接続して発電した電力の内，余剰電力を逆流（逆潮流という）させて売電したり，また発電電力が不足の場合に系統から買電したりする方式の「系統連系型システム（図 6・41（a））」と，系統に連系しないで独自の負荷にのみ発電電力を供給して使用する方式の「独立型システム（図 6・41（b））」の 2 つに大別される。

系統連系型システムにおいては，図 6・41（a）のように太陽電池で発電した電力が負荷の消費電力より多い場合に，余剰な電力を系統に逆潮流させて売電し，逆に発電電力が負荷の消費電力より少ない場合に系統から買電する方式である。一般に，住宅用の太陽光発電システムではこの方式が広く利用されている。また，太陽光発電の電力が常に負荷の消費電力に比べて少ない場合には，逆潮流なしの方式が用いられる。さらに，系統が停電した場合に，系統から自

6・4 太陽電池

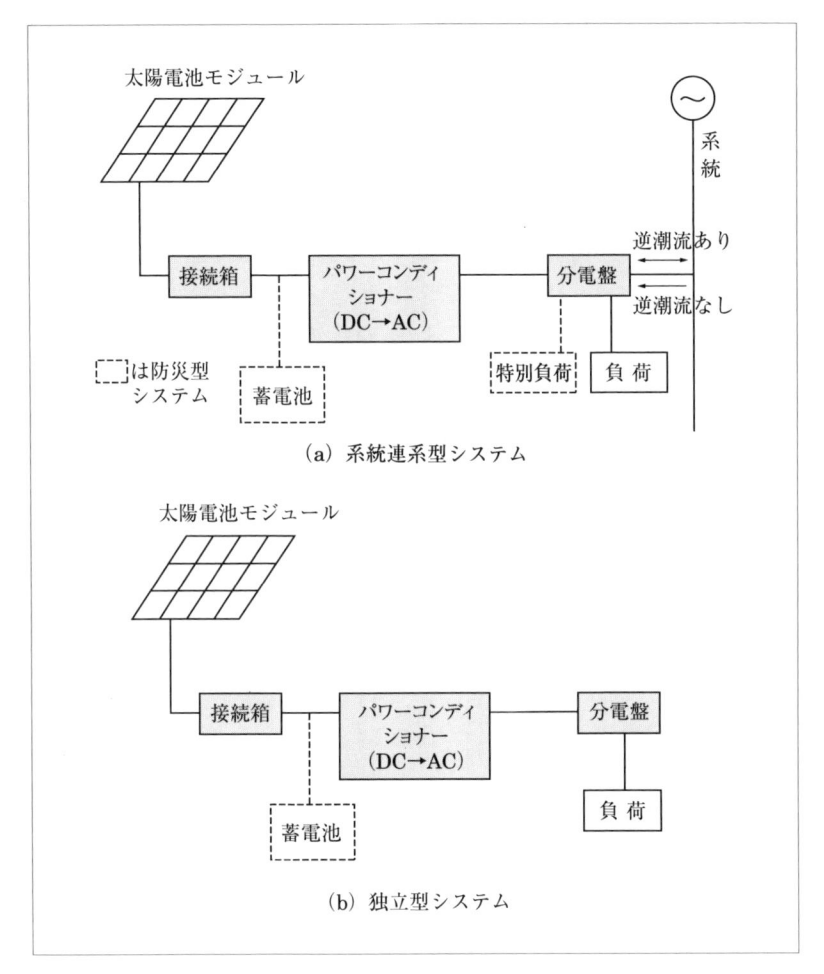

図6・41 太陽光発電システム

(a) 系統連系型システム

(b) 独立型システム

動的に切り離して特定の負荷に発電電力を供給する機構をもった防災型システムもあり，この場合には蓄電池が併用される．さらに図6・41(b)の独立型システムでは，系統とは連系しないので，太陽電池で発電した電力を独自の負荷にのみ供給して使用する方式である．この方式では雨天や曇り空のときのような，発電電力が不足する場合に対処するために蓄電池を併用し，負荷への安定

した電力供給を行っている。

演習問題〔6〕

〔問題〕 1. 半導体の吸収スペクトルを計測することにより直接遷移形か，または間接遷移形であるかを判別することができる。その理由を述べよ。

〔問題〕 2. pinホトダイオードが高速の光信号を検出できる理由を述べよ。

〔問題〕 3. 3原色のLEDを製作するときには，どのような半導体材料が各色に必要かを述べよ。

〔問題〕 4. DHレーザとは，どのような特色をもつレーザか。その構造や動作原理を述べよ。

第7章　パワーデバイス

　パワーデバイスは，電力系統の制御，電動機制御，産業機器や家電製品の制御等に幅広く用いられている。電動機の特性や負荷にあわせて回転数やトルクを電子デバイスで制御できれば，エネルギー消費を少なくすることができる。パワーデバイスの基本的な動作原理は，前章までに述べてきたデバイスと同様であるが，高耐圧で大電流を扱う必要があり，放熱にも注意を払う必要がある。

7・1　パワーデバイスの種類と用途

　電動機等の制御では，スイッチング素子が重要な役割を持つ。たとえば産業用に広く利用されている誘導電動機では，回転数は印加電圧の周波数で制御する。このため，誘導電動機の速度制御には，パワーデバイスをスイッチング素子としたインバータを用いる。インバータは，電流を適当な周波数でスイッチング（オン・オフ）して，電動機に可変周波数の交流電力を供給するものである。スイッチング用として使われるパワーデバイスの電圧－電流特性では，図7・1に示すように，オン状態で V_{on} ができる限り低く，I_{on} ができる限り大きいことが望ましい。一方，オフ状態では，耐圧 V_{off} ができる限り高く，漏れ電流 I_{off} ができる限り小さいことが望まれる。また，パワーデバイスのスイッチング周波数は，図7・2に示すようにデバイスの種類によって異なり，大容量分野ではサイリスタやGTO（Gate Turn Off）サイリスタが使われ，高速スイッチング分野ではパワーMOSFETが，中間分野ではIGBT（Insulated Gate Bipolar Transistor；絶縁ゲートバイポーラトランジスタ）が使われることが多い。

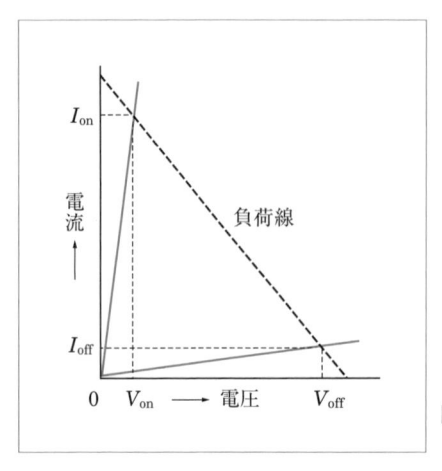

図7・1 パワーデバイスに要求される電圧―電流特性

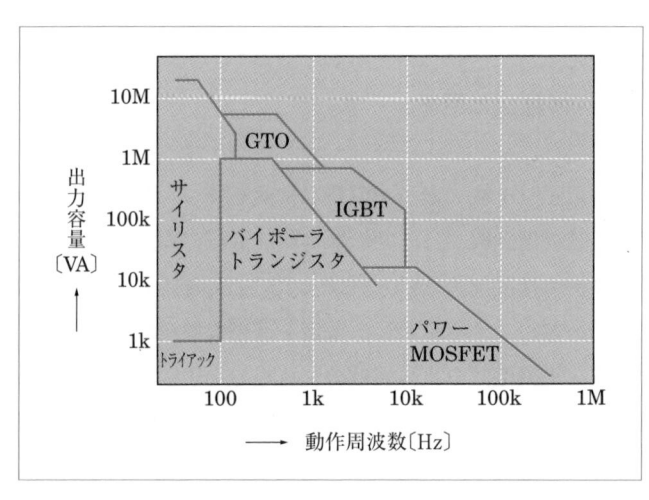

図7・2 パワーデバイスに要求される電圧―電流特性

7・2 短絡エミッタ構造

サイリスタでは，順方向阻止状態でアノード電圧がターンオン電圧以下であっても，アノード電圧が急激に変動するとターンオンすることがある。これは，急激な電圧変動で，逆方向バイアス状態にある接合 J_2 の空乏層容量を充

7・2 短絡エミッタ構造

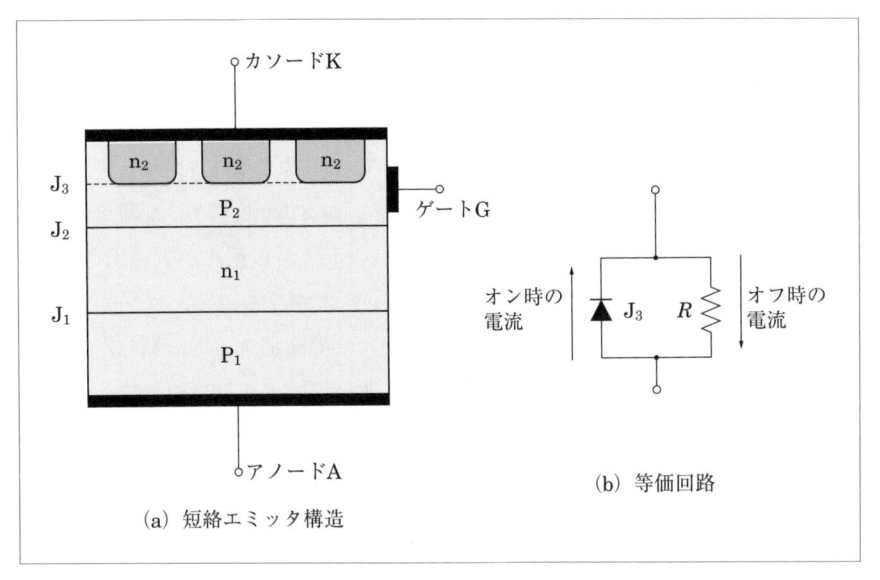

図7・3 サイリスタの短絡エミッタ構造（a）と等価回路（b）

電するための電流が増大し，これにより$n_1p_2n_2$トランジスタがオン状態になるためである。

これを防ぐために，図7・3(a)に示すような短絡エミッタ構造を用いる。等価回路は，同図(b)に示すように，接合J_3に抵抗Rを並列に接続した形となる。短絡エミッタ構造では，順方向のオフ状態ではサイリスタを流れる電流が微少であり，電流は接合J_3より抵抗の低いRを流れる。これにより$n_1p_2n_2$トランジスタがオン状態になることを抑制している。ゲート電流I_gが流れると，電流が大きいので，電流は抵抗Rより接合J_3を流れるようになり，サイリスタはターンオンする。

7・3 GTO (Gate Turn Off) サイリスタ

ゲートに逆方向電流を流してターンオフできるようにしたサイリスタを GTO サイリスタという．図 7・4 に GTO のターンオフ動作時の原理を示す．ゲート・カソード間に負の電圧を印加すると，p_2 層から正孔が吸い出される．一方，ゲート・カソード間の J_3 は逆方向バイアスされるので，カソードからの電子の供給が停止し，残された電子・正孔対は寿命によって消滅し，ターンオフ状態となる．このとき，ゲート電極から遠い位置の正孔は引き抜かれにくいので，p_2 層の横方向抵抗を小さくする必要がある．そのため，カソード幅を狭くし，カソードの周りをゲートで取り囲むような構造とする．

GTO は微細な単位 GTO の集合体になっており，その使用用途によって大きく 2 種類に区別される．図 7・5 に GTO の種類と構造を示す．

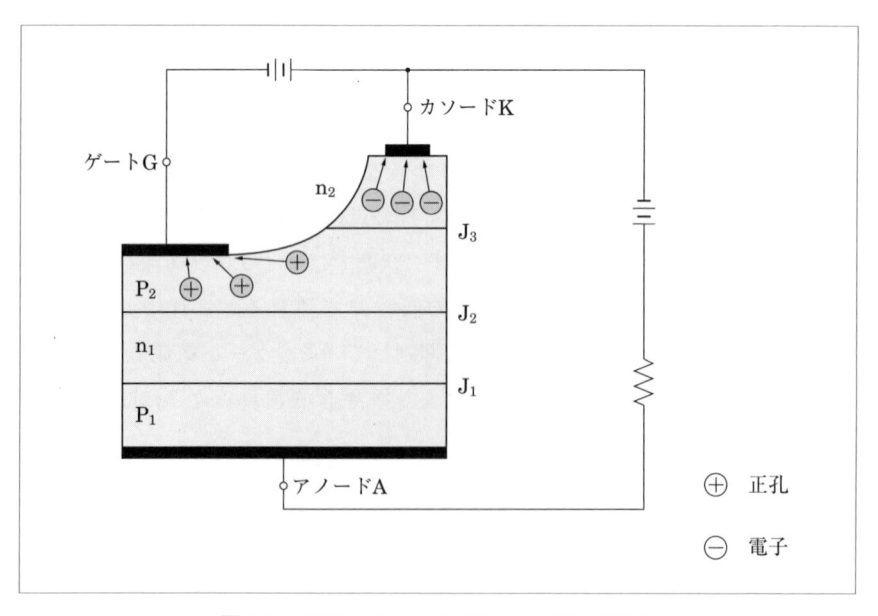

図7・4　GTO のターンオフ時のキャリアの動き

7・3 GTO (Gate Turn Off) サイリスタ

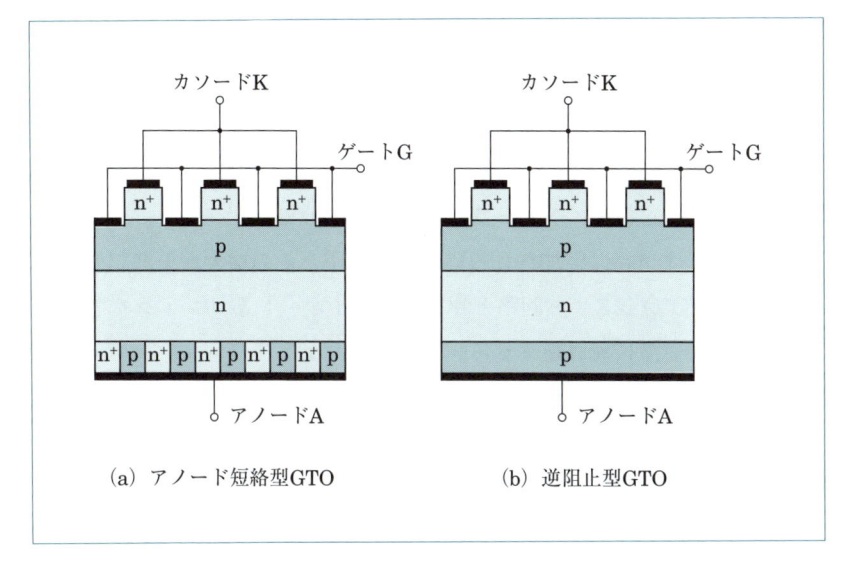

（a）アノード短絡型GTO

（b）逆阻止型GTO

図7・5　GTOの種類と構造

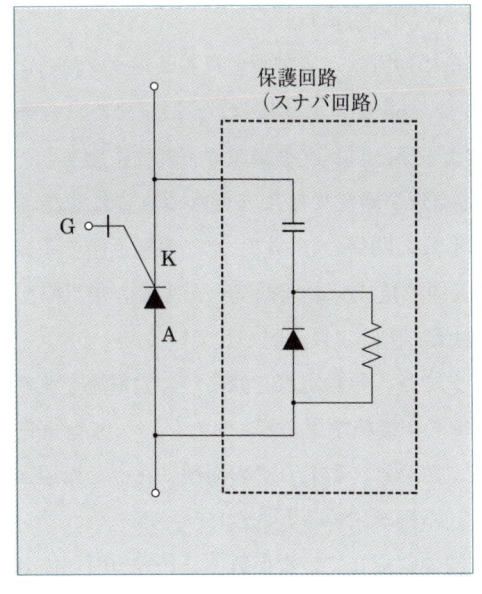

図7・6　回路記号と保護回路

（1）短絡エミッタ（短絡アノード）型 GTO　オフ時のスイッチングを速くし，高いスイッチング周波数で使用できる構造としている。逆阻止電圧が低く，電圧型インバータに広く使用されている。

（2）逆阻止型 GTO　通常の pnpn 4 層構造で，逆阻止電圧が順阻止電圧ほぼ同一である。電流型インバータに使用されている。

また，ターンオフ時に印加される過渡的な電圧とその増大率を抑制するために，電流を GTO からスナバ回路と呼ばれるダイオードとコンデンサで構成される保護回路に急激に流れ込ませる。（図 7・6）

7・4　パワーバイポーラトランジスタ

バイポーラトランジスタをパワー用途に用いるためには，耐圧の向上，電流容量の増加，ならびに放熱特性の向上が必要となる。パワー用のバイポーラトランジスタの典型的な構造を図 7・7(a)に示す。

トランジスタの耐圧は，動作時に逆方向バイアスされるコレクタ接合の耐圧で決まる。第 3 章で述べたように，pn 接合の耐圧は，p 領域または n 領域の不純物密度の低い方によって決まるが，コレクタ領域の不純物密度を低くすると，耐圧は向上するが直列抵抗成分が増加することとなる。これを防ぐために，コレクタ領域内で空乏層の形成と関係しないコレクタ電極近傍の不純物密度を高くして n^+ 層を形成し，直列抵抗成分の低抵抗化を図る。空乏層が伸びる n^- 層の厚さは，必要とする耐圧を満たす最小限としている。

パワーバイポーラトランジスタでは，駆動電流を減らし，大電流を流せるように図 7・7(b)のようなダーリントン接続を用いる。また，ベース抵抗を低減し，エミッタでの電流集中を防ぐために，エミッタの面積に比べて周辺部の割合を大きくするように「くし形」電極を用いる。さらにバイポーラトランジスタのターンオフ時間はベース領域に蓄積している小数キャリアの引き抜きに要する時間によって決まるため，ターンオフ時にベースに逆方向バイアスを印加

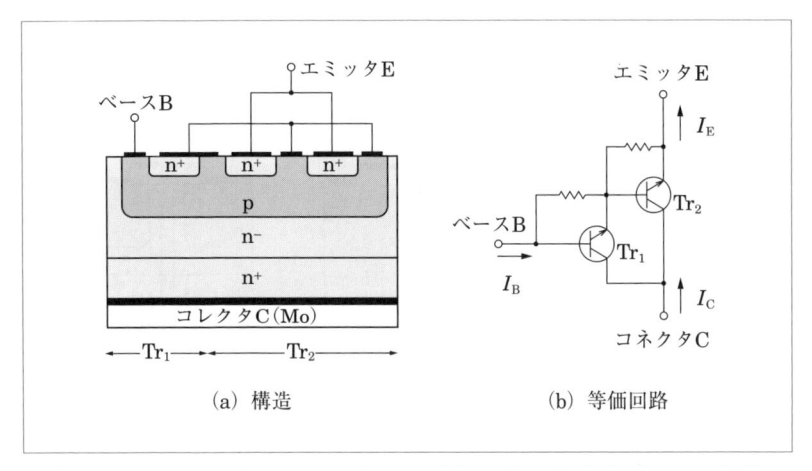

図7·7　パワーバイポーラトランジスタの構造と等価回路（ダーリントン接続）

し，小数キャリアを強制的に引き抜いて，高速化を図る．

　バイポーラトランジスタは，温度上昇と共に V_{BE} が負の温度係数で低下するため，I_c が高くなると発熱が大きくなって温度が上がり，それによりさらに I_c が増え，最終的に破壊に至る．この現象を熱暴走という．熱暴走を防ぐためには，パワーバイポーラトランジスタの温度に追随してバイアス電圧を下げる必要がある．

7·5　パワー MOSFET

　MOSFET は熱的に安定であり，容易に大面積化できるため，大電流，大電力動作である．MOSFET を大電流化するためには，チャネル長を短くする必要がある．パワー MOSFET には，図7·8(a)に示すように，Si 基板に V 字形の溝を作り，チャネルを並列に接続した VMOSFET（V-shaped grooved MOSFET）と，同図(b)に示すように不純物拡散技術を利用してチャネルを形成する二重拡散（double-diffused）MOSFET（DMOSFET）がある．

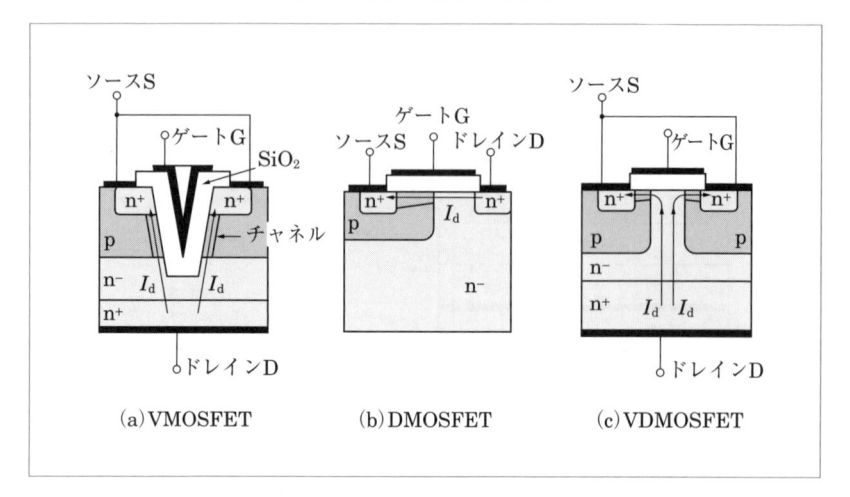

図7・8 パワーMOSFET

VMOSFETではチャネルとなるp層の厚さを利用して短いチャネルを実現し，DMOSFETでは不純物の分布位置が異なるようにドナーとアクセプタを分布させている．また，図7・8(c)に示すように，電流を縦方向に流すVDMOSFETも広く用いられている．この構造では，ドレインを基板裏面に配置することでドレイン電流が基板全体に流れるようになり，大電流化が容易になる．

VDMOSFETでは，n型基板内にpウェルを形成し，その中にソースとなるn^+層を形成する．基板裏面をn^+とし，ソース・ドレイン間のn^-層とp領域をチャネルとして用いている．n^-層に空乏層が広がることによって高耐圧化が実現できる．ゲート電圧にしきい値以上の電圧を印加すると，ゲート酸化膜直下のp領域が反転し，ドレイン電流が流れる．

7・6　絶縁ゲートバイポーラトランジスタ

絶縁ゲートバイポーラトランジスタ（IGBT）は，VDMOSFET と類似の構造で，MOSFET よりスイッチング速度は劣るが，パワーバイポーラトランジスタに比べて高速に動作する．IGBT の構造は図 7・9（a）に示すように，VDMOSFET のドレイン n^+ 層とドレイン電極の間に p^+ 層を挿入したものであり，等価回路は同図（b）で示される．n チャネル MOSFET がオン状態になると，$p_2^+(n_3^+n_2^-)p_1$ で構成されるバイポーラトランジスタがオン状態になる．これによりチャネルを経由してエミッタからコレクタに流れる電子だけでなく，コレクタからエミッタに流れる正孔も電流に寄与することになり，オン状態の抵抗が VDMOSFET より小さく，大電力化が可能になる．一方，$n_1^+ p_1(n_2^-n_3^+)p_2^+$ で寄生サイリスタが構成されるが，不純物密度等を制御してサイリスタ動作を抑制する必要がある．

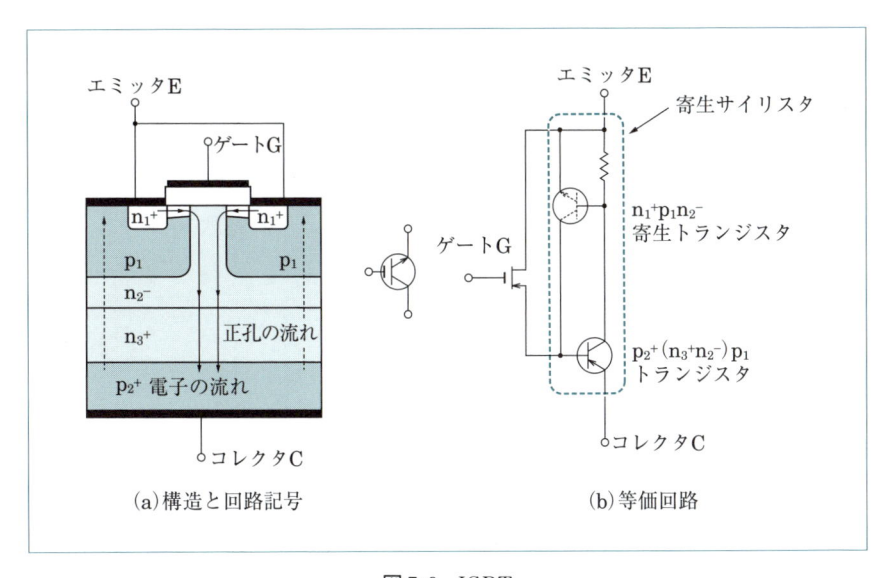

図 7・9　IGBT

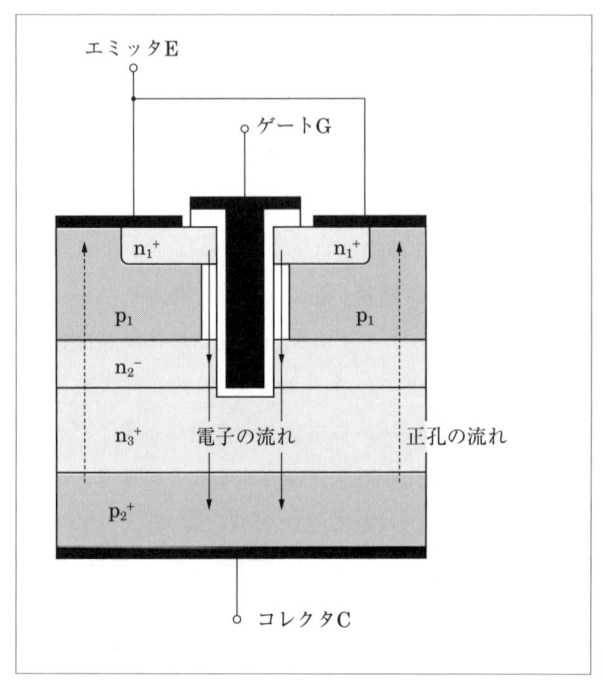

図7・10 トレンチIGBT

　IGBTは，主にSi基板表面に形成されるMOSFETを微細化することによって進歩してきたが，MOSFETを微細化すると逆にオン電圧を上昇させることになる。そのため，最近では図7・10に示すように，Si基板の表面に狭く深い溝（トレンチ）を形成し，その側壁にMOSFETを形成するトレンチIGBTが開発されている。

演 習 問 題 〔7〕

〔問題〕 1. サイリスタにおいて,短絡エミッタ構造を採用する理由を述べよ.

〔問題〕 2. パワー MOSFET のソース領域において,n 領域と p 領域が電極で短絡されている理由を述べよ.

第8章 センサと関連デバイス

　この章では，半導体の導電率温度依存性とそれを利用した温度センサや，熱電効果とそれを用いた熱電デバイス，磁気効果とそれを利用した各種磁気センサ，および半導体の歪効果とそれを用いたデバイス，またガスセンサやイオンセンサについて解説しよう．

8・1 温度センサと熱電変換デバイス

〔1〕 半導体を用いた温度センサ

　半導体中のキャリア密度は，第2章の式(2・24)および式(2・25)に示したように，温度 T の関数として与えられる．下に，これらの式を再度示す．

$$n=2\left(\frac{2\pi m_n^* kT}{h^2}\right)^{3/2} \exp\left(-\frac{E_c-E_f}{kT}\right) = N_c \exp\left(-\frac{E_c-E_f}{kT}\right) \quad (8\cdot1)$$

$$p=2\left(\frac{2\pi m_p^* kT}{h^2}\right)^{3/2} \exp\left(-\frac{E_f-E_v}{kT}\right) = N_v \exp\left(-\frac{E_f-E_v}{kT}\right) \quad (8\cdot2)$$

これらの式から，半導体のキャリア密度の温度依存性が次のようにわかる．
① 許容帯の有効状態密度 N_c や N_v の値は，T の3/2乗に比例して変わる．
② 分布関数は T の指数関数的な変化をする．

　ここで注意しなければならないことは，分布関数の変化は式中に直接示されている T だけではなく，フェルミ準位 E_f が半導体の温度に依存して，図2・24で示したように禁制帯内で，その位置を変えることである．
　ただし，この E_f の位置変化が無視できるような温度範囲で考察するものと

すれば，キャリア密度の温度依存性に関係する原因の中で，最も強く影響する項は，式(8・1)および式(8・2)中のexp項の( )内で直接示されているTである。

半導体の導電率は，式(2・52)に示したように，キャリア密度に大きく依存するが，キャリア移動度が温度によって変化することも無視できない場合もある。しかし，ここでは，解析を容易にするため，半導体はn形であるとし，そのドナー準位は伝導帯の底E_cよりも十分に（考察する温度をTとするとき，kTにくらべて）低い位置にあり，また，フェルミ準位はE_cとドナー準位の中程に位置し，その禁制帯内での相対的位置は温度によって変わらないとしよう。

このような仮定の下では，キャリアのほとんどはドナー準位からの熱励起による電子だけであると考えてよい（この状態は，第2章の図2・25における(A)の温度領域に相当する）。そして，その電子密度を計算する場合には，上述のことから，近似的に式(8・1)中のN_cおよび$(E_c-E_f)/k$は定数と考えて良い。

また，電子移動度μ_nの温度による変化も比較的小さいので，これも無視し，温度Tと温度T_0における電子密度をそれぞれn, n_0とすれば，それぞれの温度における半導体の抵抗率の比ρ/ρ_0は，式(8・3)で与えられる。

$$\frac{\rho}{\rho_0} = \frac{qn_0\mu_n}{qn\mu_n} = \exp B\left(\frac{1}{T} - \frac{1}{T_0}\right) \tag{8・3}$$

ここで，Bは$(E_c-E_f)/k$であり，半導体やドナーの種類およびドナーの濃度などで定まり，**活性化エネルギー**（activation energy）と呼ばれる（単位はK）*。

それゆえ，温度Tにおける半導体の抵抗Rは，温度T_0のときの抵抗R_0を用いて，近似的に次のように与えられる。

---

* 活性化エネルギーとしては，上記の他に，$E_c-E_f=E_a$（単位はeV）として表記する場合がある。

$$R = R_0 \exp B\left(\frac{1}{T} - \frac{1}{T_0}\right) \tag{8・4}$$

電気抵抗の温度係数 a は，式(8・4)から，

$$a = \frac{1}{R}\frac{dR}{dT} = -\frac{B}{T^2} \tag{8・5}$$

となり，温度によって大きく変化する負の値をもつ。

このような，半導体の抵抗率における大きい温度依存性を利用したデバイスの一例として，**サーミスタ**（**therm**ally sensitive res**istor**）がある。サーミスタはマンガン（Mn），コバルト（Co），ニッケル（Ni）などの酸化物や炭酸塩などの粉末を酸素気流中で焼結し，これにオーミック電極を取り付けた，酸化物半導体温度**検出素子**（センサ；sensor）であり，その電気抵抗や抵抗の温度係数は，近似的に式(8・4)および式(8・5)で与えられ，常温（300 K）付近での dR/dT の値は，そのときの抵抗値のおよそ数%の値をもっている。

しかし，サーミスタには種類も多く，その導電機構にも種々あり，一般的には，それら多数の導電機構が組み合わさっているものと考えられている。すなわち，サーミスタは，上述のような，単一の導電機構だけで説明できるものではない。

サーミスタはその抵抗値から温度を検出する素子であるので，当然，抵抗測定のために多少なりとも素子に電流を流さなければならない。このとき，サーミスタはジュール熱を発生し，温度が上昇する。この現象を**自己加熱**（self-heating）という。

自己加熱のため，素子温度は周囲温度よりも高くなり，これが温度測定の際の誤差になる。いま，サーミスタの熱容量を C，**熱放散係数**（dissipation constant）を D [W/K]，抵抗を R とする。一定値 I の測定電流を，時刻 $t=0$ から流し始めたとすれば，時刻 t における素子の自己加熱による温度上昇 θ は，熱平衡方程式，

$$C\frac{d\theta}{dt} = I^2 R - D\theta$$

で表される。これを解くと，

$$\theta = \frac{I^2 R}{D}\left\{1 - \exp\left(-\frac{t}{\tau}\right)\right\} \tag{8・6}$$

となる．ここで，$\tau = C/D$ は素子の時定数で，この値は測定値が落ちつくまでの時間，つまり式(8・6)の過渡項の消滅する速さの目安になる．また，この時定数は自己加熱現象に限らず，周囲温度の変化に素子温度が応答する場合の時定数でもある．このことは，式(8・6)を，自己加熱 I^2R の代わりに，周囲からの熱供給による素子温度の応答式である，と理解すれば明白なことである．従って，τ の値は小さいほど良い．

さて，D の値は，サーミスタの形や大きさ，および周囲環境によって変化するが，できる限りこの値を大きくすることと，測定電流を小さくすることが，自己加熱による誤差を小さくすることになる．また，D の値を大きくすることは，C の値を小さくすることとともに，素子の時定数を短くすることになる．

C の値を小さくするため，小さなビーズ状に作製されたサーミスタもあり，その時定数が1秒以下のものも市販されている．

式(8・4)および式(8・6)で $t \to \infty$ のときの温度上昇の最終値 θ を $T - T_0$ と置くと，T/T_0 を媒介変数にして，電流 I と抵抗 R が次のように求められる．

$$R = R_0 \exp\left\{\frac{B}{T_0}\left(\frac{T_0}{T} - 1\right)\right\} \tag{8・7}$$

$$I = \left\{\frac{DT_0}{R}\left(\frac{T}{T_0} - 1\right)\right\}^{1/2} \tag{8・8}$$

これから $V = IR$ の関係を用いれば，周囲温度 T_0 が一定の条件の下で，自己加熱に起因する素子の抵抗変化を考慮したサーミスタの電圧-電流特性が求められる．

図8・1は，$T_0 = 300$ [K]，$R_0 = 1$ [kΩ]，$D = 1/100$ [W/K] として，活性化エネルギー B の値を種々変えたときの電圧-電流特性を示す．

この図からも明らかなように，適当な活性化エネルギーをもつ素子は，素子電流がある程度変化しても，その端子電圧は，ほぼ一定値に保たれる．

それゆえ，サーミスタは温度センサとして用いるほか，上述の定電圧特性を

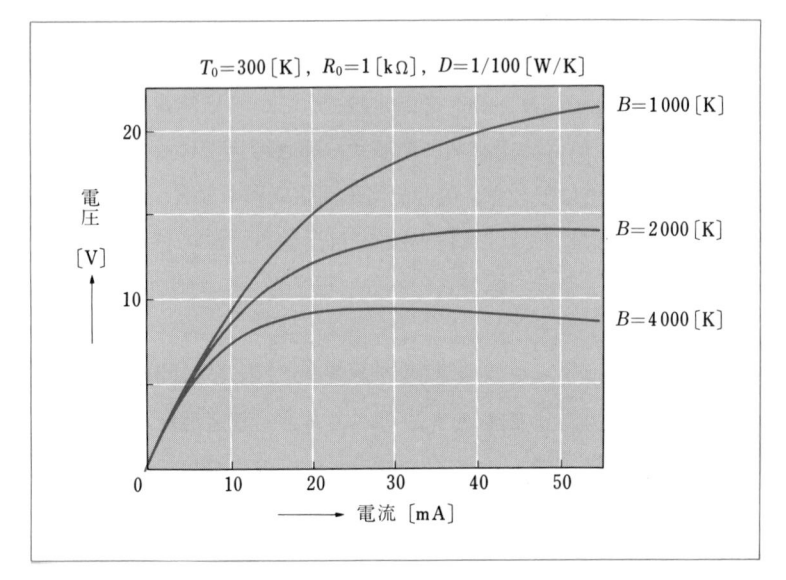

図8·1 サーミスタの V-I 特性

利用して簡単な定電圧装置を作ることにも利用できる。

〔2〕 熱電効果デバイス
(1) 熱電効果
(a) ゼーベック効果　禁制帯幅 E_g の比較的大きな外因性半導体において，そのキャリアの大部分が不純物準位からの励起によって作られる温度領域では，キャリア密度は温度上昇によって増加する。その理由としては，分布関数の値が温度上昇により増大することが主原因であるが，許容帯の有効状態密度が温度の上昇とともに増加することもこれにつけ加わっている。このことは既に前節で述べた。

いま，図8·2(a)のn形半導体の棒状素子において，左端（低温端）を $x=0$ とし，その温度は T_L，右端（高温端）を $x=l$，その温度は T_H で，熱的には非平衡であるが，時間的には変化しない定常状態を考える。

解析を容易にするため，前節と同様に，ドナー濃度は大きく，伝導帯の電子

8・1 温度センサと熱電変換デバイス

はほとんどドナーから供給されているとする。すなわち，n形半導体の禁制帯幅は大きく，ドナー準位 E_D は伝導帯の底 E_c から十分に離れており，温度 T におけるフェルミ準位 E_f は E_c と E_D の間にあり，しかも $E_c-E_f \gg kT$ であるとする。

このような条件下では，高温部（右端）の電子密度 n_H は，低温部（左端）の電子密度 n_L よりも大きくなり，高温部の電子は低温部へ拡散する。低温部へ拡散した電子は低温部の電位を低め，逆に高温部に残されたドナーの正イオンは高温部の電位を高める。

この電位の変化は，高温部のフェルミ準位を低温部のフェルミ準位より低くし，それに伴って伝導帯の底の準位も下がる。

その結果，高温部の伝導帯電子は，低温部へ流出しようとする傾向を弱め，

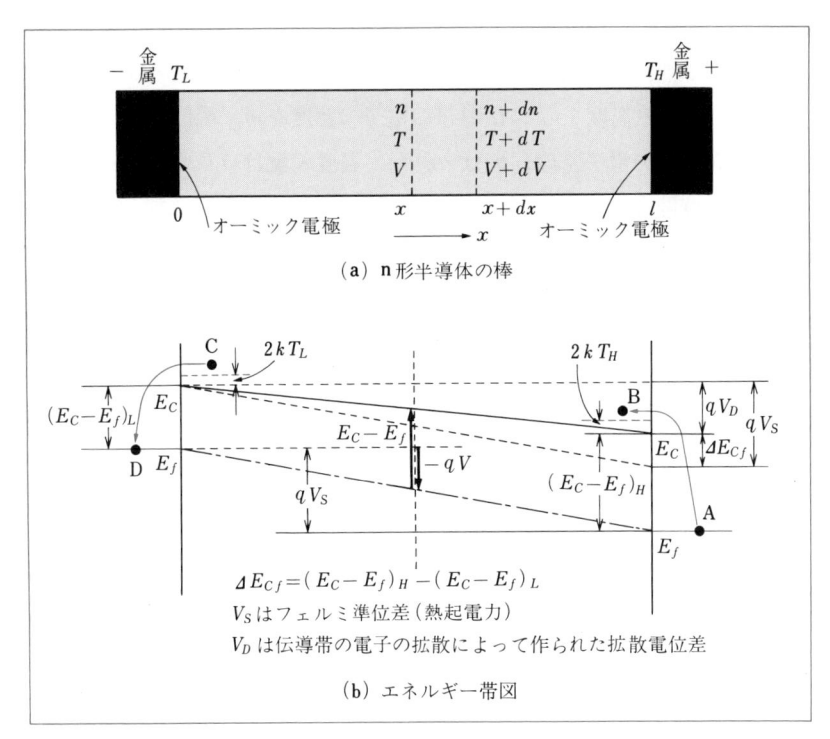

(a) n形半導体の棒

(b) エネルギー帯図

$\Delta E_{Cf}=(E_C-E_f)_H-(E_C-E_f)_L$
V_S はフェルミ準位差（熱起電力）
V_D は伝導帯の電子の拡散によって作られた拡散電位差

図8・2　n形半導体の熱電効果を説明する図

拡散は平衡（熱平衡の意味ではない）する。このようなエネルギー準位の変化を，図8・2(b)に示す。

ここで注意することは，E_c の傾斜とフェルミ準位 E_f の傾斜は異なっており，これは先にも述べたように，$(E_c - E_f)$ の値が温度によって変わるからである。棒の両端間のフェルミ準位の差 qV_s は，外部からも半導体棒両端間の電位差 V_s として直接，電圧計で測定することができる。

この電圧 V_s を**熱起電力**（thermoelectromotive force）と呼び，このような熱起電力を生ずる現象を**ゼーベック効果**（Seebeck effect）という。

熱平衡状態で pn 接合の伝導帯や価電子帯に形成される拡散電位差は，p，n 両領域のフェルミ準位が一致しているため，外部から測定できないが，熱起電力はフェルミ準位の差に起因するので，その電圧は外部から直接測定できるのである。

次に，この熱起電力の大きさについて調べてみよう。この棒状 n 形半導体の位置 x における温度を T，伝導帯の電子の密度を n，電位を V とする。このとき，位置 x の電子密度勾配は dn/dx，温度勾配は dT/dx である。また，位置 x の伝導帯底の準位は，低温部 $(x=0)$ のフェルミ準位に対して，

$$-qV + (E_c - E_f) \tag{8・9}$$

であり，この傾斜が伝導帯の電子に対するドリフト電界 ξ を作る。

$$\xi = -\frac{1}{q}\left[\frac{d\{-qV + (E_c - E_f)\}}{dx}\right] = \frac{1}{q}\left\{q\frac{dV}{dx} - \frac{d(E_c - E_f)}{dx}\right\} \tag{8・10}$$

である。しかし，これまでは，電子がその位置の温度にみあう運動エネルギー $kT/2$ をもっていることを考えに入れていなかった。そこで，これを考慮すると，式(8・9)は $(kT/2)$ が付け加えられ，従って式(8・10)は，T での微分を仲介として，

$$\xi = \frac{1}{q}\left\{q\frac{dV}{dx} - \frac{d(E_c - E_f)}{dT}\cdot\frac{dT}{dx} - \frac{k}{2}\frac{dT}{dx}\right\} \tag{8・11}$$

となる。さて，位置 x における電子の移動は式(8・11)の電界によるドリフト電流が温度差による拡散電流と等しくなった状態で平衡する。

8・1 温度センサと熱電変換デバイス

$$qD_n\frac{dn}{dx} = qn\mu_n\xi \tag{8・12}$$

ここで，dn/dx は dn/dT と dT/dx の積であり，また，温度 T における電子密度 n は，式(8・1)で与えられているので，これの T についての微係数から，

$$\frac{dn}{dx} = \frac{dn}{dT}\frac{dT}{dx} = \frac{n}{kT}\left\{\frac{3}{2}k + \frac{(E_c - E_f)}{T} - \frac{d(E_c - E_f)}{dT}\right\}\frac{dT}{dx} \tag{8・13}$$

である。この式と式(8・11)を式(8・12)に代入すれば，

$$\frac{nD_n}{kT}\cdot\left\{\frac{3}{2}k + \frac{(E_c - E_f)}{T} - \frac{d(E_c - E_f)}{dT}\right\}\cdot\frac{dT}{dx}$$

$$= \frac{n\mu_n}{q}\cdot\left[\frac{qdV}{dx} - \left\{\frac{d(E_c - E_f)}{dT} + \frac{k}{2}\right\}\cdot\frac{dT}{dx}\right]$$

となる。ここで，上式にアインシュタインの関係式を用いて整理すれば，

$$\left\{\frac{2k}{q} + \frac{(E_c - E_f)}{qT}\right\}\cdot\frac{dT}{dx} = \frac{dV}{dx} = -E_s \tag{8・14}$$

が得られる。この E_s はフェルミ準位の勾配によって作られた電界であり，棒の右端を正極，左端を負極とする熱起電力を作り出しており，これを**ゼーベック電界** (Seebeck's electric field) という。また，

$$\alpha(T) = -\{(2k/q) + (E_c - E_f)/qT\} \tag{8・15}$$

と置くと，式(7・14)は，

$$E_s = \alpha(T)\frac{dT}{dx} \tag{8・16}$$

となる。この $\alpha(T)$ は n 形半導体と，これとオーム性接触している金属との間の，**ゼーベック係数** (Seebeck coefficient) である。

式(8・14)を x に関して 0 から l まで積分すれば，熱起電力 V_s が求まり，

$$V_s = \int_0^l\left(\frac{dV}{dx}\right)dx = \int_0^l \alpha(T)\left(\frac{dT}{dx}\right)dx = \int_{T_L}^{T_H} \alpha(T)dT \tag{8・17}$$

となる。

以上の計算は，n 形半導体についてなされたが，全く同様の考察と計算から，p 形半導体のゼーベック係数は，

$$\alpha(T)=\{(2k/q)+(E_f-E_v)/qT\} \tag{8・18}$$

として求められる．数式が繁雑になるので，以後，数式中においては，$\alpha(T)$ は単に α と記す．

（b） **ペルチエ効果**　再度，図8・2(a)のようなn形半導体の棒を考える．この棒に，$+x$ の向きに電流 I を流すとしよう．このとき，電子は右端の金属電極から半導体中に入り，左端の金属電極へ通り抜ける．電子はこのような移動に伴って，同図（b）からもわかるように，そのエネルギー値を次のように変える．

電子は右の金属電極中にいるとき，その平均エネルギーはそのフェルミ準位（A）にあるが，これが半導体中に送り込まれると，そのエネルギーは高く（B）にならなければならない．そのため電子は周囲にある原子から，必要とするエネルギーを熱の形で吸収する．電子が半導体（エネルギー C）から左の金属電極（エネルギー D）へ抜け出すときには，今度は逆に，その過剰なエネルギーを熱として放出しなければならない．

このように，異なった2種の金属や半導体の接触部に，電流 I が流れるとき，ジュール熱以外に熱を発生したり，または，吸収したりする現象を**ペルチエ効果**（Peltier effect）という．

このとき，1秒間当たりに発生する熱量 Q 〔J/s〕（1 J/s＝1W）は，流した電流 I 〔A〕に比例し，

$$Q = \Pi I \tag{8・19}$$

である．ここで，Π は**ペルチエ係数**（peltier coefficient）で，その値は物質の種類や接触箇所の温度により定まる．そして，式(8・19)からその単位は〔V〕であること，およびその値は 1〔A・s〕（1 A・s＝1 C）の電荷や接触面を通過するときの発熱または吸熱量に相当していることがわかる．それゆえ，電子が接触面を通過する際の発熱または吸熱量は $q\Pi$ であることも直ちに理解できる．なお，Π が負のときは吸熱を意味する．

ペルチエ効果は可逆的で，電子の向きを逆にすれば，発熱と吸熱が逆になる．このことを利用して，半導体を使った熱電冷却デバイスが作られている．

なお，証明は略すが熱力学の第1法則および第2法則から，一般にゼーベック係数 $\alpha(T)$ とペルチエ係数 Π の間には $\Pi = \alpha T$ の関係があることが導かれている。従って，n形半導体に関しては，式(8・15)から，式(8・20)が得られる。

$$\Pi = \alpha T = -\{(2kT)+(E_c-E_f)\}/q \tag{8・20}$$

次に，この式を，図8・2(b)のエネルギー帯図に関連させて説明しよう。いま，図8・2(a)のn形半導体棒に $+x$ の向きに電流を流したとき，棒の右端でのペルチエ係数 Π_H の値は，式(8・20)の T を T_H に，(E_c-E_f) は温度 T_H における伝導帯の底とフェルミ準位の差 $(E_c-E_f)_H$ に置き換えて，

$$\Pi_H = \alpha T_H = -\{(2kT_H)+(E_c-E_f)_H\}/q \quad (吸熱) \tag{8・21}$$

となる。これは図8・2(b)では，電子のAからBへの遷移として示されている。

また左端では，電流が金属から半導体へ流れるので，Π_L は符号が Π_H と逆になり，T を T_L に，(E_c-E_f) を $(E_c-E_F)_L$ に置き換えて，

$$\Pi_L = -\alpha T_L = \{(2kT_L)+(E_c-E_f)_L\}/q \quad (発熱) \tag{8・22}$$

となる。これは図8・2(b)の中で，CからDへの遷移として示されている。

(c) **トムソン効果** 温度勾配 dT/dx が存在する金属や半導体の棒に電流 I が流れるとき，棒の中には，ジュール熱以外の発熱または吸熱が起こる。この現象を**トムソン効果**（Thomson effect）という。いま，電流 I [A]が高温部から低温部へ流れているとき，長さ dx の部分で発熱する場合を正として，単位時間当たりの発熱量を dQ [W]とすれば，

$$dQ = \tau\left(\frac{dT}{dx}\right)I dx \tag{8・23}$$

である。ここで，τ は物質により定まる係数で，**トムソン係数**（Thomson coefficient）と呼ばれ，その単位は [V/K] である。これは温度差が1Kの所を1Cの電荷が高温部から低温部へ移動するときの発熱量を意味し，これが負のときは吸熱を表す。

上式を x に関して0から l まで積分したときの熱量を，エネルギー保存則

から導いてみよう．いま，電子を A→B→C→D と遷移させると，電子のエネルギーの変化から，

$$qΠ_H + q\int_0^l τ\left(\frac{dT}{dx}\right)\cdot dx - qΠ_L = qV_s \tag{8・24}$$

が成立する．この式に，式(8・21)および式(8・22)を代入し，整理すれば，

$$\int_0^l τ\left(\frac{dT}{dx}\right)\cdot dx = \int_{T_L}^{T_H} τdT$$
$$= V_s - \{(E_c-E_f)_H - (E_c-E_f)_L\}/q - 2k(T_H-T_L)/q$$
$$= V_D - 2k(T_H-T_c)/q \tag{8・25}$$

となる．ここで，V_D は，

$$V_D = V_s - \{(E_c-E_f)_H - (E_c-E_f)_L\}/q \tag{8・26}$$

であり，これは棒の両端における伝導帯底のエネルギー差，つまり拡散電位差である．

（2）**熱電変換デバイス**　半導体を用いた熱電変換デバイスとしては，ゼーベック効果を利用した熱電発電素子や，ペルチエ効果を利用した熱電冷却素子などがあるが，素子の基本的な構成や動作（エネルギー変換の向きは逆ではあるが）は同じなので，前者について説明しよう．

この素子は，図 8・3 のように，p 形半導体と n 形半導体の棒の両端をオーム性接触をする金属を用いて Π 字形に接続したもの1対を基本構成とする．こ

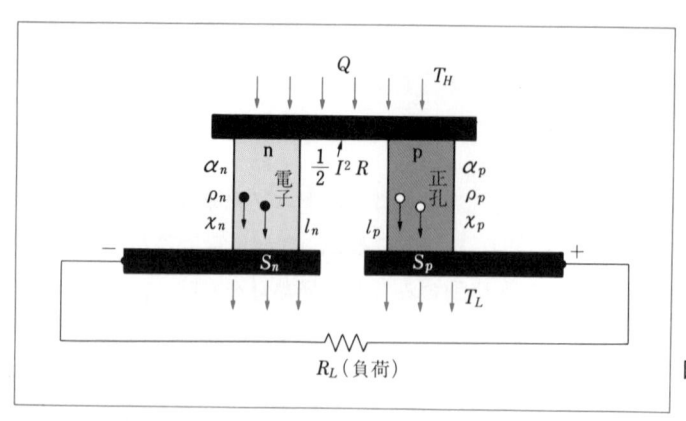

図 8・3　熱電発電デバイス

れを**サブモジュール**（submodule）といい，これらの数対〜十数対を直列接続したものを**モジュール**という．実際には，負荷に応じて，このモジュールをさらに適当な数だけ直並列接続して使用するが，ここでは1対のサブモジュールについて，その熱電変換効率を求めてみよう．

ゼーベック係数を a, 電気抵抗率を ρ, 熱伝導率を χ, 棒の長さを l, 断面積を S とし，p形半導体については下添字 p を，n形半導体では n を付けて表すことにする．このとき，素子対の電気抵抗 R，および熱コンダクタンス K は，それぞれ，

$$\left.\begin{array}{l} R = R_p + R_n = \rho_p l_p / S_p + \rho_n l_n / S_n \\ K = K_p + K_n = \chi_p S_p / l_p + \chi_n S_n / l_n \end{array}\right\} \quad (8\cdot27)$$

で，高・低温度差 $T_H - T_L = \Delta T$ に対して発生する熱起電力 V は，ゼーベック係数を近似的に定数と考えて，

$$V = (a_p - a_n)\Delta T \quad (8\cdot28)$$

である．負荷抵抗を R_L とし，$R_L/R = m$ とすれば，負荷に流れる電流 I は，

$$I = \frac{V}{R + R_L} = \frac{(a_p - a_n)\Delta T}{R(1+m)} \quad (8\cdot29)$$

で，負荷に取り出せる電力 P は，

$$P = I^2 R_L = \frac{(a_p - a_n)^2 \Delta T^2}{R} \times \frac{m}{(1+m)^2} \quad (8\cdot30)$$

となる．

高温接点で単位時間当たりに失われる熱量 Q は，ペルチエ効果による吸熱 ΠI と素子内の熱伝導により低温接点へ移動する熱量 $K\Delta T$ の和から，素子内で発生するジュール熱の半分（残りは低温接点側に行く）$I^2R/2$ を引いたものになる．ここで，Π の値は，

$$\Pi = \Pi_p - \Pi_n = (a_p - a_n) T_H \quad (8\cdot31)$$

であること，および式(8・29)から，Q は，

$$Q = \Pi I + K\Delta T - I^2 R/2$$
$$= \frac{(a_p - a_n)^2 T_H \Delta T}{R(1+m)} + K\Delta T - \frac{1}{2}\frac{(a_p - a_n)^2 \Delta T^2}{R(1+m)^2} \quad (8\cdot32)$$

となる。従って、効率 η として、式(8・32)と式(8・30)から、

$$\eta = \frac{P}{Q} = \frac{m\Delta T}{(1+m)T_H + (1+m)^2/Z - \Delta T/2} \qquad (8\cdot 33)$$

を得る。ここで、$Z=(\alpha_p - \alpha_n)^2/(KP)$ である。なお、単一素子の $z=\alpha^2/(\rho\kappa)$ を、その**熱電性能指数**(thermoelectric figure of merit)と呼び、単位は〔K^{-1}〕であるが、この命名の理由については、次に説明する。

式(8・33)において、最大効率を与える負荷抵抗は $d\eta/dm=0$ から求まり、そのときの最大効率 η_{max}、および負荷抵抗 $R_{Lopt}=m_{opt}\cdot R$ における m_{opt} の値は、

$$\eta_{max} = \frac{T_H - T_L}{T_H} \times \frac{m_{opt}-1}{m_{opt}+T_L/T_H},\ m_{opt}=\{1+Z(T_L+T_H)/2\}^{1/2} \qquad (8\cdot 34)$$

となる。式(8・34)における $(T_H - T_L)/T_H$ は**カルノー効率**(Carnot efficiency)に相当するが、熱電発電素子は一種の熱機関と考えられるから、カルノー効率でその最大効率が制限を受けるのは当然である。

式(8・34)から、m_{opt} の値は指数 Z により変化し、Z の値が大きいほど、

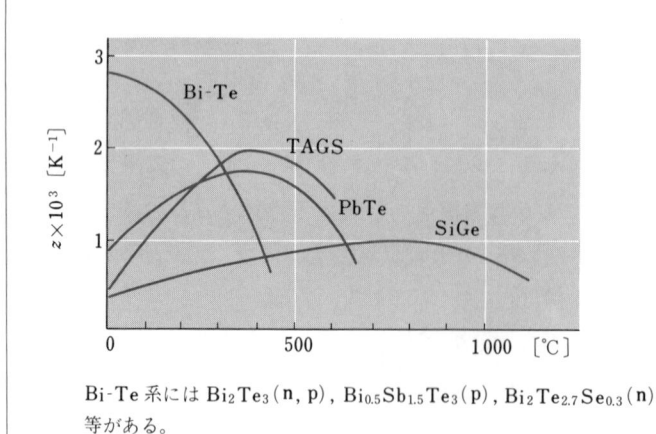

図8・4 熱電物質の z の温度依存性

Bi-Te 系には $Bi_2Te_3(n, p)$, $Bi_{0.5}Sb_{1.5}Te_3(p)$, $Bi_2Te_{2.7}Se_{0.3}(n)$ 等がある。
TAGS の組成は $(GeTe)_{0.85}(AgSbTe_2)_{0.15}$ で p 形である。
PbTe は I ドープで n 形, Na ドープで p 形
Si-Ge(p, n) の Ge 量は 0.2〜0.4mol

m_{opt} の値は大きくなり，従って効率も大きくなる．それゆえ，Z の値は素子の性能に重要な関係があるので，これを性能指数と呼ぶ．しかし，カルノー効率は，T_L の値が定まっている（普通は常温）ので，T_H の値は大きいほど良い．従って，性能指数も高温で大きな値をもつ材料が好ましい．このことから，zT を性能指数として使う場合もある．

図 8・4 は，代表的な熱電物質の z の温度依存性を示す．

8・2 磁気効果デバイス

〔1〕 ホール効果とその応用デバイス

金属や半導体に電流を流し，これと直角方向から磁界を作用させると，電流と磁界の方向を含む面に対し垂直な方向に起電力を発生する．この現象は，1879 年にホール（E. H. Hall）によって発見されたもので，**ホール効果**（Hall effect）と呼ばれる．

ホール効果は，材料物性の研究手段として重要であるばかりでなく，感磁性

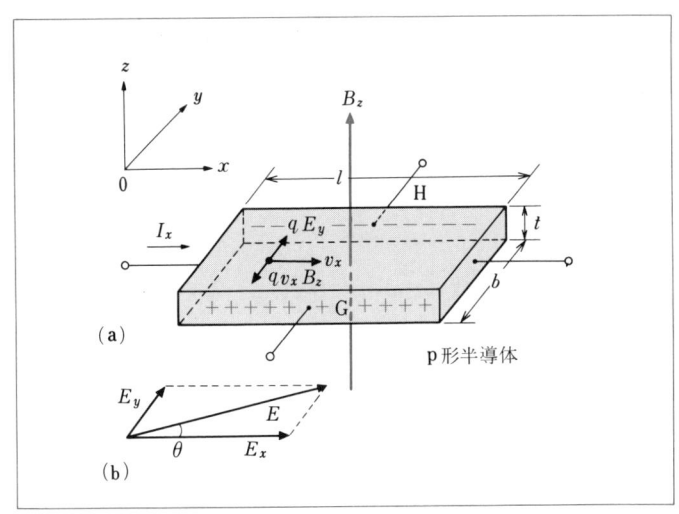

図 8・5 ホール効果

素子などへの広い応用面がある。

次に，p形半導体を例にしてホール効果による起電力（ホール電圧）V_H を求めよう。図8・5(a)のように，電流 I_x が流れている長方形のp形半導体素子に，一定の強さの磁界 B_z を印加したときの過渡状態を考えよう。

磁界が加えられた初期において，速度 v_x でドリフトしている正孔は，磁界による力 qv_xB_z を受けてその進路が $-y$ の方向に曲げられ，手前のG面に蓄積される。このとき，反対側のH面にはイオン化したアクセプタが取り残される。その結果，これらGおよびH面に現れた正負の電荷は，素子内で $+y$ の向きに電界（ホール電界）E_y を生ずる。このホール電界は正孔に対して $+y$ の向きに qE_y の静電力を及ぼす。そして，この静電力と磁界による力がつりあったとき定常状態になり，正孔は直進するようになる。

すなわち，定常状態ではキャリアに働く**ローレンツ力**（Lorentz's force）が0となり，

$$qE_y - qv_xB_z = 0 \tag{8・35}$$

になる。また，素子電流 I_x は，素子の幅を b，厚さを t，正孔密度を p とすれば，

$$I_x = qpv_xbt \tag{8・36}$$

である。従って，G面を基準にしたH面の電位，すなわちホール電圧 V_H は，式(8・35)および式(8・36)を用いて，

$$V_H = -E_yb = -R_H\frac{I_xB_z}{t} \tag{8・37}$$

となる。ここで，R_H は，

$$R_H = 1/(q \cdot p) \tag{8・38}$$

で，これをp形半導体の**ホール係数**（Hall coefficient）という。なお，ホール電圧 V_H とホール係数 R_H の単位は，他の量の単位をそれぞれ，I_x〔A〕，B_z〔T〕，b〔m〕，t〔m〕，q〔C〕，p〔m^{-3}〕とするとき，V_H は〔V〕，R_H は〔m^3/C〕である。

また，n形半導体のホール係数も，上に述べたと同様な計算から，

$$R_H = -1/(q \cdot n) \tag{8·39}$$

となる。上式の負符号は，電子が負電荷をもつためであり，ホール電圧の極性がp形半導体とは逆になることを意味している。

これらの式(8·38)および式(8·39)は，いずれも少数キャリアが無視できるような，明確なpまたはn形半導体の場合のホール係数であるが，真性半導体に近い半導体の場合には，正孔と電子の両者を考慮しなければならない。このときのホール係数は，

$$R_H = \frac{1}{q} \cdot \frac{p\mu_p^2 - n\mu_n^2}{(n\mu_n + p\mu_p)^2} \tag{8·40}$$

となり，単純に R_H の正負によって，p形か，n形かを判定できない。

次に，素子外部から印加された電圧によって素子内に作られている電界 E_x とホール電界 E_y との合成電界 E が，E_x となす角 θ （これを**ホール角**（Hall angle）という）を求めよう。通常，この角度はあまり大きくないので，キャリアの移動度を μ とすれば，$v_x = \mu E_x$ の関係と式(8·35)から，

$$\theta \fallingdotseq \tan\theta = E_y/E_x = \mu B_z \tag{8·41}$$

が得られる。図8·5(b)にp形半導体のホール角を示す。

いままでの説明では，キャリアはすべて同じ速度で動くことを仮定してきたが，実際には，キャリアの速度分布は一様ではない。そのため，式(8·38)〜式(8·40)のホール係数 R_H には補正係数 γ を掛けることが必要である。

すなわち，室温付近の温度では，SiやGeにおけるキャリアの速度分布は，格子原子の熱運動による散乱を受けてボルツマン分布をしていると考えられ，このときは $\gamma = 3\pi/8$ であることが導かれている。また，半導体結晶が低温である場合には，むしろ不純物イオンによる散乱が主になるので，このときは $\gamma = 315\pi/512$ になる。

p形半導体の導電率 σ_p は，

$$\sigma_p = q\mu_p p$$

であるから，この式を式(8·38)を補正した式にかければ，

$$R_H \sigma_p = (\gamma/qp) \cdot (q\mu_p p) = \gamma\mu_p = \mu_{H_p} \tag{8·42}$$

となり，この μ_{Hp} を，正孔の**ホール移動度**（Hall mobility）と呼ぶ。同様に，n形半導体について，電子のホール移動度 μ_{Hn} は，

$$|R_H|\sigma_n = (\gamma/qn)\cdot(q\mu_n n) = \gamma\mu_n = \mu_{Hn} \tag{8・43}$$

となる。

（1） 上で述べたホール効果は，次のような各種の特性測定に応用される。

① **半導体材料の pn 判定**　V_H の極性によって行う。ただし，材料が真性半導体に近い場合は V_H の値は小さく，その極性も式(8・40)によるので pn 判定が面倒である。

② **キャリア密度の測定**　I_x, B_z, t, V_H を測定し，p または n を知る。

③ **キャリアの移動度の測定**　σ, R_H の測定により，ホール移動度がわかる。

（2） ホール効果を利用したデバイスを作る半導体材料としては，Ge や Si のほかに，ホール係数が大きいインジウムアンチモン（InSb）や，インジウムひ素（InAs）などの化合物半導体が広く使われている。

（3） ホール効果デバイスとしては，V_H が I_x あるいは B_z に比例することを利用した電流計，磁束計，角変位計，その他ブラシレスモータ用のホール素子などがあり，また V_H が I_x と B_z の積に比例することを用いて，電力計，位相計，乗算器，その他直流信号を交流信号に変えるためのチョッパー用の素子などが作られている。

〔2〕 磁気抵抗効果とその応用デバイス

（1） **磁気抵抗効果**　半導体に磁界を作用させると電気抵抗が変化する現象を**磁気抵抗効果**（magnetoresistance）といい，これには縦磁気抵抗効果と横磁気抵抗効果がある。通常，横磁気抵抗効果のほうが著しく現れる。

横磁気抵抗効果の原因は，キャリアがすべて同じ速度で移動しているのではなく，ある速度分布をもっていることによる。すなわち，平均速度をもつキャリアに対してローレンツ力は釣り合っているが，平均速度以外のキャリアでは釣り合わず，従って電流通路が曲げられて長くなり電気抵抗が増加する。ま

た，微視的に見るとき，キャリアの熱運動における道筋が磁界により曲げられて格子原子との衝突確率が増すことも，電気抵抗の増加原因となっている。

磁界 B が作用しているときの素子の抵抗を R，磁界が作用していないときの抵抗を R_0 とするとき，磁界による抵抗の変化率 M は，$R-R_0=\Delta R$ として，

$$M=(R-R_0)/R_0=\Delta R/R_0 \tag{8・44}$$

である。横磁気抵抗効果の場合の M を求めるため，再度，図 8・5 の素子について説明しよう。

磁界が印加されている半導体中のキャリアは，磁界による力とホール電界 E_y による静電力が釣り合って，電流の通路を曲がらず直進することは既に述べた。しかし，もし何等かの方法でホール電界を消滅させたならば，そのときは磁界による力は電流の通路を傾けることになる。その傾き角 θ の大きさは，式(8・41)で示したホール角に等しい。

もし，このように電流通路が傾けば，電極間の実効的な距離も伸び，その結果抵抗は増加する。磁界が印加されていないときの電流通路の長さを L_0，磁界 B が印加されているときの電流通路の実効的な長さを L とすれば，

$$M=\frac{\Delta R}{R_0}=\frac{L-L_0}{L_0}=1-\cos\theta\fallingdotseq\frac{\theta^2}{2}=\frac{(B\mu)^2}{2} \tag{8・45}$$

となる。実際の素子における M の値は，素子の形状その他を考慮して磁気抵抗係数 ξ を用いて，式(8・46)のように表される。

$$M=\xi\mu^2B^2 \tag{8・46}$$

一方，縦磁気抵抗効果は，結晶軸の方向によって異方性を強く示す半導体結晶に現れることが知られている。

（2） 磁気抵抗効果デバイス　　磁気抵抗効果は素子の形状により大きく変わる。図 8・6 の(a)→(b)→(c)のように，電極の間隔が狭くなる順に，磁界に対する抵抗の変化率 M の値が大きくなる。これは，電極によりその付近のホール電界が短絡されて弱まる領域が増加することに起因する。ホール電界が小さくなれば，磁界による電流通路の曲がりが現れ，従って抵抗は増加する。

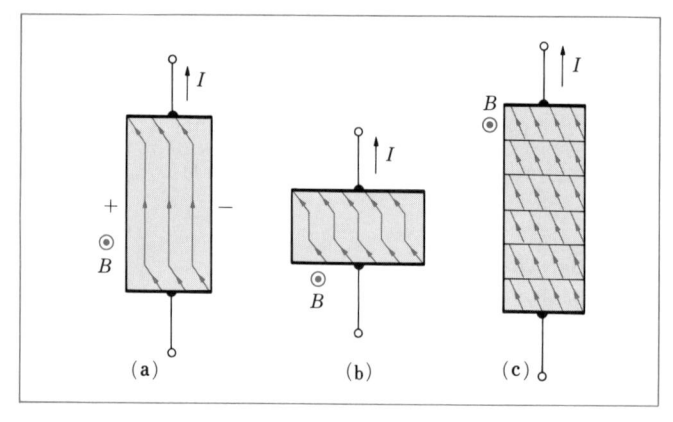

図8·6 磁気抵抗効果素子

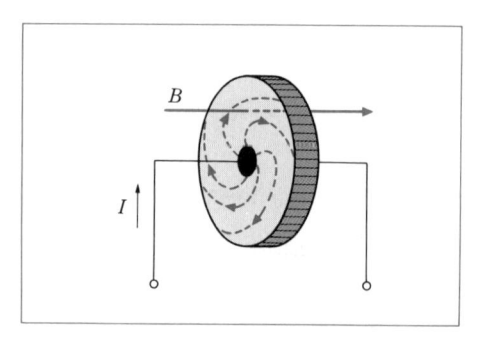

図8·7 コルビノ円板

また，図8·7のように，円板の中心から円周に向かって放射状に電流が流れる構造をもつ**コルビノ円板**（Corbino disk）素子では，ホール電界ができないため，電流通路が磁界によって大きく曲げられ，高い感度の磁気抵抗効果素子になる。

磁気抵抗効果素子は，4端子素子であるホール効果素子とは異なり，2端子素子である。そのため，回路構成が容易であり，しかも磁界に対する感度も高い。しかし，磁気抵抗効果素子は，磁界が0のときでもある値の抵抗をもち，また式(8·46)で示したように，磁界に対して2乗特性をもつことを特徴としている。

磁気抵抗効果素子を作る半導体材料としては，ホール効果素子と同様，InSb，InAsのような移動度の大きなものが使われる。磁気抵抗効果素子の応

用面としては，磁界で制御する無接触形の可変抵抗器や無接点スイッチなどがある。

8・3　歪効果デバイス

応力，歪，変位などの力学的な量を起電力や電気抵抗に変換するために，従来から種々の応力センサが使われてきた。近年，これらの量に対する計測技術の電子化や高精度な制御方式の要求，機械的スイッチの電子化，さらに，機械系と電子系を一体化したロボットなど様々な分野への利用のため，各種の圧力センサが開発されている。ここでも，半導体素子は，高感度，小型，集積化，高速応答という特長を生かして用いられている。この節では主として，半導体を用いた歪効果デバイスについて述べる。

〔1〕　圧電半導体

反転対称性をもたない結晶に，特定方向の応力を与えると電気分極を起こし，結晶の表裏面に分極電荷が現れる。このような現象を，一般に，**圧電効果**（ピエゾ効果；piezo electric effect）という。半導体の中にも，CdS，CdTe，InSb，ZnSなどのように，圧電効果を示すものがあり，これらを**圧電半導体**（piezoelectric semiconductor）という。圧電効果は，主として，応力による結晶の歪みが，結晶中の正負イオンの相対的な位置を変化させることにより発現する。

圧電半導体は導電性をもつため，圧電効果によって生ずる電界によるキャリアの移動現象は，強誘電体物質とは異なった性質を示す。

〔2〕　ピエゾ抵抗効果とその応用デバイス

一般に，金属や半導体の線や棒状素子に張力を与えると，その長さは伸び，断面積は減少する。このような変形は，その電気抵抗を変化させる。この抵抗

表8・1 各種の抵抗歪ゲージ

電気抵抗歪ゲージ	金属抵抗歪ゲージ	抵抗線ゲージ
		箔，金属薄膜ゲージ
	半導体ピエゾ抵抗歪ゲージ	薄膜半導体ゲージ
		バルク半導体ゲージ
		拡散形半導体ゲージ

値の変化から，加えられた応力を検出する素子を**歪ゲージ**（**ストレインゲージ**；strain gage）という。

応力を検出する抵抗歪ゲージとして，現在広く使用されているものを表8・1に分類して掲げた。表中の金属抵抗線ゲージは，主としてCuとNiの合金で作られた抵抗温度係数の極めて小さい素子で，応力センサとして広く使用されているが，ここでは半導体ピエゾ抵抗歪ゲージについて述べる。

これら歪ゲージの感度は，**ゲージ率**（gage factor）K を用いて表されるので，まずこれについて説明する。

いま，素子の長さを L，断面積を S，抵抗率を ρ とし，これらの応力による変化分を，それぞれ $dL, dS, d\rho$ とすれば，応力による素子の抵抗 R の変化率 dR/R は，

$$\frac{dR}{R} = \frac{d\rho}{\rho} + \frac{dL}{L} - \frac{dS}{S} \tag{8・47}$$

である。応力による伸び dL と断面積の縮小 dS の間には，ポアソン比を ν とすると，$(dS/S) = -2\nu \cdot (dL/L)$ の関係があるので，これを式(8・47)に代入すれば，

$$\frac{dR}{R} = \frac{d\rho}{\rho} + (1+2\nu) \cdot \frac{dL}{L} \tag{8・48}$$

となる。この式から抵抗の変化率 dR/R の歪み率 dL/L に対する比，すなわちゲージ率 K は，次式で与えられる。

$$K = \frac{(dR/R)}{(dL/L)} = \frac{(d\rho/\rho)}{(dL/L)} + 1 + 2\nu = \Pi Y + 1 + 2\nu \tag{8・49}$$

この式の最右辺の第1項は，応力による抵抗率変化の効果を表し，第2項と

第3項は，応力による形状の変化に起因する効果を示す。

この第1項の，応力による抵抗率変化によって電気抵抗が変化する現象を，**ピエゾ抵抗効果**（piezoresistance effect）といい，式中の Π は**ピエゾ抵抗係数**（piezoresistance coefficient）と呼ばれる。

ここで，Π は，応力 P に対する抵抗率 ρ の変化率 $d\rho/\rho$，すなわち $\Pi=(d\rho/\rho)/P$ である。また，Y はヤング率であり，応力 P の伸び率 dL/L に対する比 $Y=P/(dL/L)$ の関係にある。

通常，金属抵抗体では第2項と第3項の効果が主であり，$K=2$ 程度であるが，半導体においては，第1項の効果が著しく大きく，K は金属より数10倍大きな値をもつ。

半導体の抵抗率が応力により顕著に変化する理由としては，応力による格子定数の変化に伴う禁制帯幅 E_g などの，エネルギー帯構造の変化によるキャリア密度の変化，あるいは移動度の変化が考えられる。

E_g が大きくなれば，キャリア密度は減少し電気抵抗は高くなる。例えば，Ge や金属間化合物に，静水圧のような等方性圧力を加えると E_g の増加が認められ，抵抗率は増大する。しかし，Si の場合には逆に減少することが知られている。

半導体ストレインゲージのゲージ率は，ほとんど，ピエゾ抵抗係数に起因するが，その値は，半導体の種類はもちろん，それが p 形か n 形か，またその不純物濃度，および温度によっても変化する。

さらに，応力が等方性圧力でなく，一方向から加わる一軸性圧力である場合には，それの加わる方向が結晶に対して，どのような角度になっているかが重要なことである。

表8·2は，Si および Ge について，結晶軸の3方向に対するピエゾ抵抗係数 Π，ゲージ率 K，ヤング率 Y を示す。

この表からもわかるように，Si の p 形では歪の増加で抵抗も増すが，n 形では逆に減少する。Ge では，n⟨111⟩，p⟨111⟩，Si では，p⟨111⟩，n⟨100⟩の結晶方向が高感度である。

表 8·2 Ge, Si のピエゾ抵抗係数など

各定数	半導体名	Ge		Si	
	抵抗率	1 Ω·cm		2 Ω·cm	
	結晶軸＼形	n	p	n	p
Π $10^{-12} \frac{\text{cm}^2}{\text{dyne}}$	〈100〉	-3	-6	-102	$+65$
	〈110〉	-72	$+47$	-63	$+71$
	〈111〉	-95	$+65$	-8	$+93$
K	〈100〉	-1	-5	-132	$+10$
	〈110〉	-97	$+67$	-104	$+123$
	〈111〉	-147	$+104$	-13	$+177$
Y $10^{-12} \frac{\text{dyne}}{\text{cm}^2}$	〈100〉	1.04		1.30	
	〈110〉	1.38		1.67	
	〈111〉	1.55		1.87	

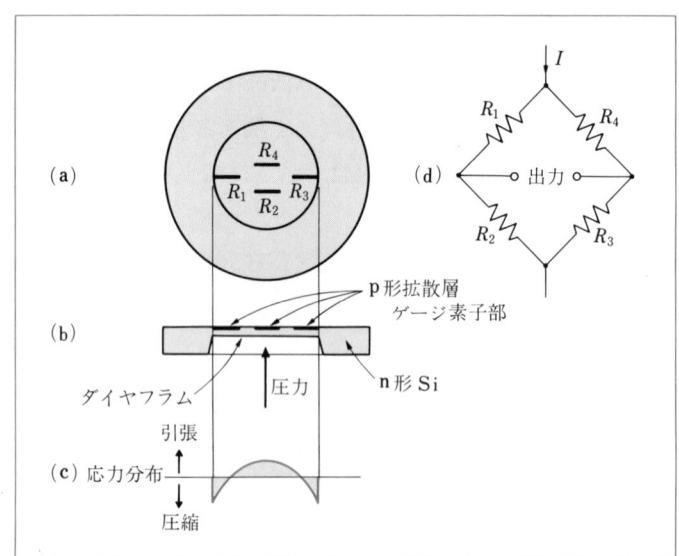

図 8·8 シリコンダイヤフラム形ゲージ素子例

ゲージ率は温度の上昇に伴い減少するが，不純物濃度を上げると温度依存性を小さくすることができるので，抵抗率が 0.01 Ω·cm 程度の p 形 Si が常温付近での使用に適した材料とされている。

半導体ゲージ素子の構造には，半導体を薄く細長い棒状に加工したもの，あるいは，n形基板の上にp層を拡散し，この拡散p層をゲージの素子部としたもの等がある。

最近では，図8・8のようなシリコンダイヤフラム形素子が作られているが，図(a)はその上面，図(b)は断面を示す。シリコンダイヤフラムはシリコン板を数10 μm の厚さにエッチングして薄くしたもので，この部分が気体や液体から受圧し変形する。

圧力を受けているときのダイヤフラム部の応力分布は図(c)となり，中央部と周辺部では応力の符号は反対になるので，これら4つの抵抗を図(d)のようなブリッジ回路構成に接続して，高感度の圧力センサを得ている。

〔3〕 半導体接合形歪センサ

各種のダイオードやトランジスタに流れる電流には感圧効果があり，その感圧機構に対しては様々なことが知られている。

すなわち，それぞれの素子の感圧効果は，その素子が本来もっている電導機構の圧力依存性のほかに，圧力が加えられたことによって，新たに発生する電流に起因する場合がある。そして，その感圧効果は，与えられる応力が，静水圧のような等方向性のものなのか，あるいは，一方向からの一軸性応力か，さらには針で加圧した場合の異方性応力なのかによって，著しく異なったものになる。

（1） pn接合ダイオードの感圧効果　　図8・9の電流-電圧特性が示すように，順方向，逆方向ともに素子電流は圧力により増加する。この図は，順方向電流が圧力によって，$\log I$ 対 V の勾配が一定のまま増す領域と，圧力の増加によって，その勾配が次第に減少する（低い素子電圧のときに見られる）領域のあることを示している。

勾配が一定の領域の電流 I は，禁制帯幅 E_g の圧力 P による変化で説明できる。すなわち，

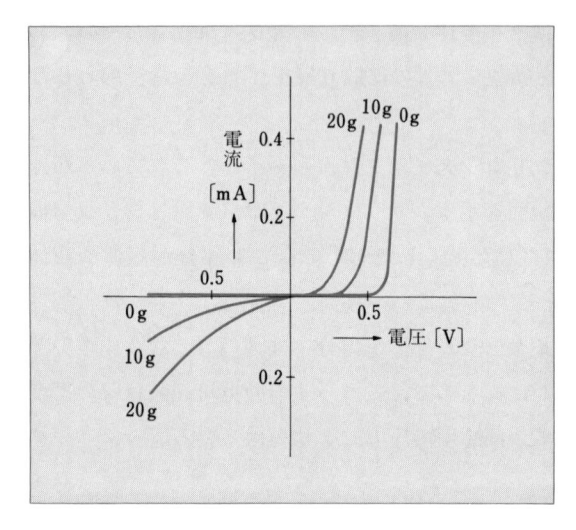

図 8·9 Si pn 接合ダイオードの感圧効果

$$I \propto \exp\left(\frac{dE_g}{dP} \cdot \frac{P}{kT}\right) \tag{8·50}$$

である．これに対して，勾配が減少する領域は，圧力によってキャリアの生成-再結合電流が生ずるためとされ，この効果は特に異方性応力を与えた場合に顕著に現れる．そして，逆方向電流の圧力依存性の原因も，この効果によるものと考えられている．

（2） **トンネルダイオードの感圧効果** 図 3·6 で示したように，トンネルダイオードに流れる逆方向電流および，順方向バイアス電圧の小さいときの電流は，主としてトンネル効果によって流れ（トンネル電流），順バイアス電圧が大きくなると，通常の拡散電流が主になる．キャリアがトンネル現象を生ずる確率は禁制帯幅 E_g の値によって大きく左右され，E_g が大きいほどトンネル電流は小さくなることが知られている．それゆえ，前述のように圧力により禁制帯幅が変化すればトンネル電流も変化する．

Ge や多くの化合物半導体において，等方向性圧力を与えたとき，トンネル電流は，dE_g/dP が正であるため減少する．しかし，Si では dE_g/dP が負であるため，加圧下でトンネル電流は増加する．

ただし，トンネルダイオードでも拡散電流成分は，前項で述べたように，通常の pn 接合と同様，等方向性圧力が加えられると増加する。また，Ge のトンネルダイオードの場合においても，一軸性圧力が与えられたとき，その方向により，トンネル電流が増加することもある。

トンネルダイオードの感圧特性を利用した微小な素子は，血管中にそう入され，その圧力測定に実用されている。

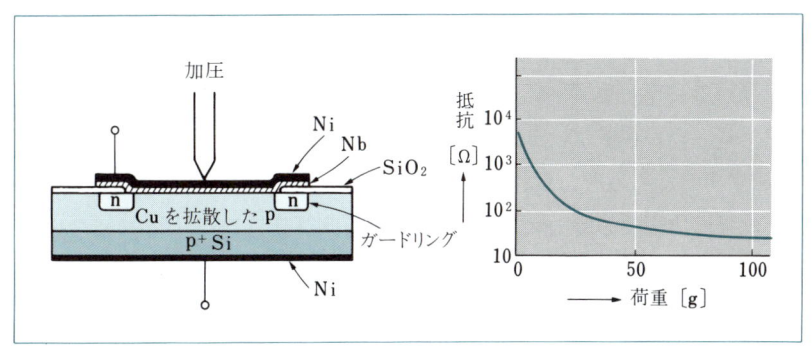

(3) ショットキー障壁形ダイオードの感圧効果 金属と半導体との接触面に垂直に圧力を与えると，順逆両方向ともに電流が増す。特に，障壁部の半導体中に Cu などを多量添加すると，その感度が高くなることが知られており，このような感圧素子も市販されている。図 8・10 に，この素子の構造と特性を示す。

ショットキー障壁形ダイオードの感圧効果の研究は，かなり古くからなされており，加圧下での電流増加は，障壁高さの圧力による低下と考えられているが，まだ十分明確にされていない。筆者は，二極管理論でその電流-電圧特性が大体説明できる銀 (Ag) と n 形 Si で作られたショットキー障壁形ダイオードについて，それの一軸性応力下の感圧効果を測定し検討した。図 8・11 はその電流-電圧特性を示す。

図からもわかるように，順逆両方向に感圧電流が現れ，特に逆方向特性が飽和特性を示さず，また，加圧下での逆方向電流の温度依存性と圧力依存性を調

図 8・10 感圧ダイオードの構造と特性

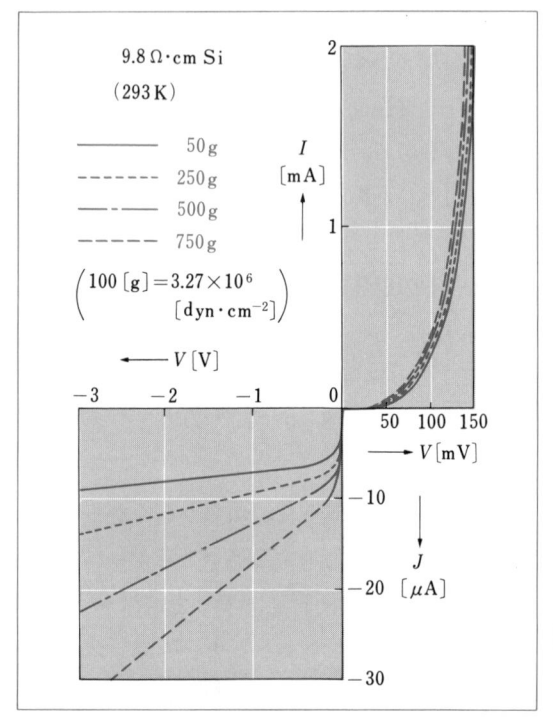

図8·11 Ag-n形Siショットキーダイオードの感圧効果

べると，単に加圧下での電流増加が障壁高さの低下や禁制帯幅の変化だけでは説明できない。これらのことから，筆者は障壁上部に外部応力下でキャリアの通過を許す領域があり，その厚さが応力によって変化するものと考えた*。

（4）トランジスタの感圧効果　トランジスタのエミッタ・ベース接合付近に異方性応力を与えると，コレクタ電流は図8·12のように，加圧下で大幅に減少する。この現象は，加圧によりエミッタの注入効率が低下し電流増幅率 h_{fe} が減少するためと考えられている。

以上，半導体素子の応力に対する特性とそれを利用したデバイスについて簡単に説明したが，半導体の特徴を生かした高性能なエレクトロニクス部品の今後における開発は，ますます大きくなるものと期待されている。

* 電子通信学会論文誌　Vol 61-C, No. 5, p 294, 1978.

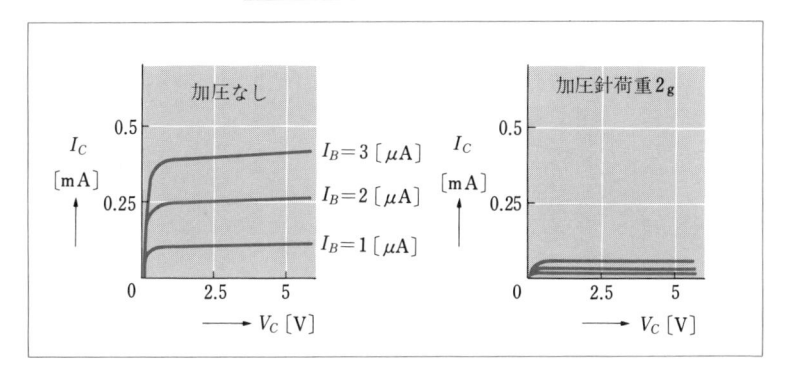

図 8・12　トランジスタの応力下特性

8・4　ガスセンサ，イオンセンサ

この節では，ガスを検知し電気信号に変換するガスセンサと，水溶液中のイオンを検知し，その種類と量を測定するイオンセンサについて述べる。

〔1〕　ガスセンサ

ガスセンサ（gas sensor）とは，各種ガスを検知するとともに，それを電気的な出力に変換するデバイスで，対象とするガスの種類，要求される精度や感度により各種のものがある。1968年には半導体ガスセンサが実用化されたが，その小型で高感度といった特徴が注目され，次第に利用される機会が増えてきた。

その構造の一例を図 8・13 に示す。このデバイスは，磁製絶縁チューブの外側に多孔質焼結体からなる半導体が塗布され，電極として 2 本のリード線が取り付けられている。また，磁製絶縁チューブの内側には，素子を加熱するためのヒータが組み込まれている。塗布される多孔質半導体としては，高温で熱的，化学的に安定な SnO_2 など，主として金属酸化物が用いられる。

SnO_2 は，格子酸素の空孔と割込み Sn 原子のため，通常，n 形の半導体となっているが，この表面に，例えば水素ガスのような還元性ガスが吸着する

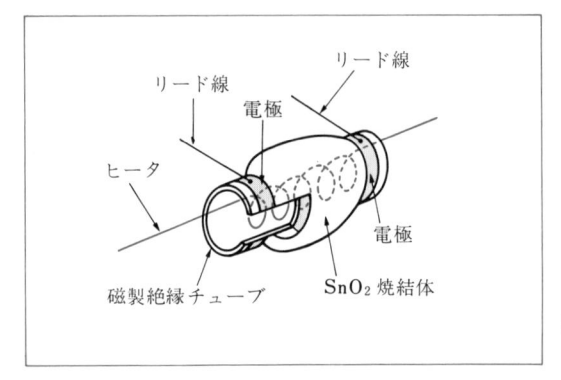

図8・13 半導体ガスセンサの構造

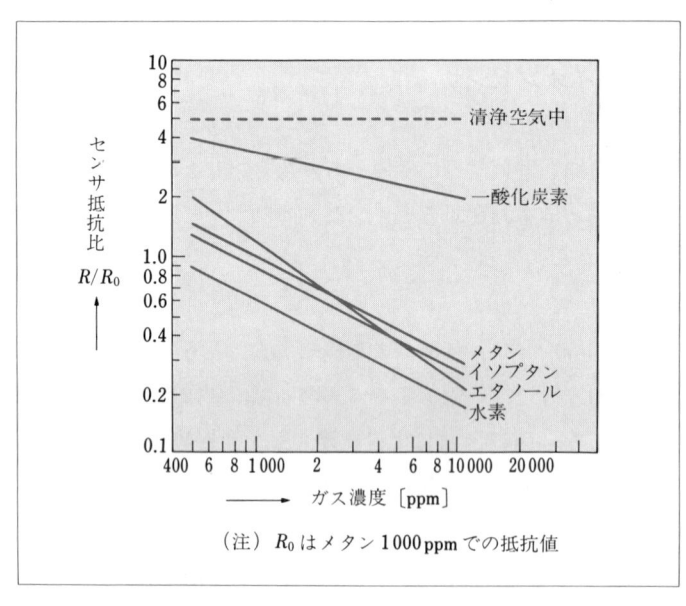

図8・14 半導体ガスセンサのガス感応特性

（注）R_0 はメタン1000ppmでの抵抗値

と，吸着水素から電子が出てこれが半導体に移るか，あるいはすでに吸着していた酸素が吸着水素と反応し，酸素が捉えていた電子を放出してこれが半導体に移るか，のどちらかが起こる。

その結果，半導体内の電子密度が増加して電気抵抗は減少する。この抵抗変化から，還元性ガスの濃度を知ることができる。

各種ガスの濃度に対する電気抵抗の変化を図 8・14 に示す。この図からもわかるように，半導体ガスセンサはガスの識別能力の点では十分なものとはいえない。

そこで，これを改良するために，動作温度の選定や触媒を利用して識別能力を高めたり，多孔質体の結晶粒子のナノサイズ化，薄膜化，さらにガス識別能力の異なるいくつかの材料を集積化し，それらの応答からガスを識別する方法など，いろいろ研究されている。図 8・15 に多孔質 SnO_2 ガスセンサの電気抵抗の結晶粒子サイズ依存性を示す。図中(a)において，水素ガス雰囲気中での

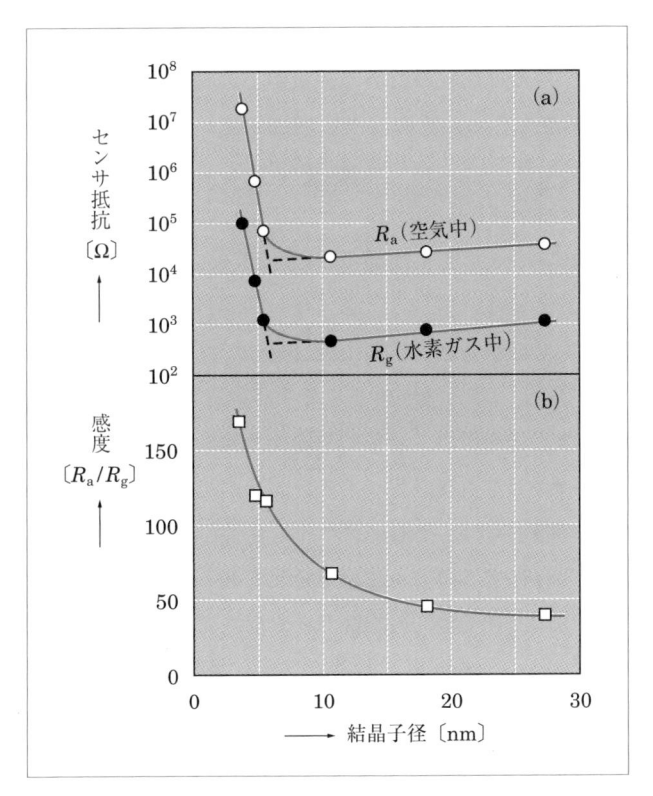

図 8・15　SnO_2 ガスセンサの抵抗およびガス感度の結晶粒子サイズ依存性[*]

[*] 清水康博，他，応用物理，第 70 巻，第 4 号，pp. 423-427，2001 年

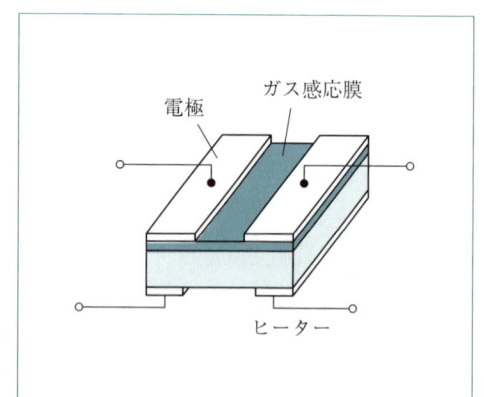

図8·16 半導体薄膜ガスセンサ

センサの抵抗 R_g および比較のための空気中でのセンサ抵抗 R_a は，ともに約 6 nm 付近で最小値をもち，その前後で増加している．特に 6 nm 以下において抵抗値は急増し，ガスセンサの感度が粒子サイズに非常に敏感であることを示している．また，図(b)に示すように，R_a と R_g の比で示されるガス感度は，粒子サイズの減少とともに増加することから，現在，ナノサイズガスセンサの開発が行われている．

また，ガスセンサの小型化，集積化を目指して，薄膜を用いたセンサが開発されている．図8·16 にガス感応膜として半導体を用いたガスセンサの構造を示す．このような素子を用い，現在の微細加工技術を用いることによって，いくつかの機能を持たせた新機能デバイスの開発が可能となる．しかし，粒子のナノサイズ化，薄膜化には，ともにデバイス特性の経時変化を引き起こしやすいという問題点も存在するので，注意が必要である．

ガスセンサの用途としては，可燃性ガスや毒性ガスの漏洩検知，排気ガス中の未燃成分検知，その他，医療，産業，空調，調理などの広範にわたっている．

〔2〕 イオンセンサ

イオンセンサとは，水溶液中の特定のイオン濃度をイオン感応膜を用いて検知するセンサを示す．この中で，このイオン感応膜を FET のゲート部に取り

付けた半導体センサをイオン感応性電界効果トランジスタ（ISFET；Ion-Sensitive Field Effect Transistor）と呼ぶ。図8・17に代表的なISFETの構造を示す。FETのゲート上部に，検出対象とするイオンに敏感な感応膜を付ける。比較電極と感応膜を溶液中に入れることにより，ゲート（感応膜）に電位が発生し，ゲート下に形成されるチャネルが変化する。このチャネルの形状

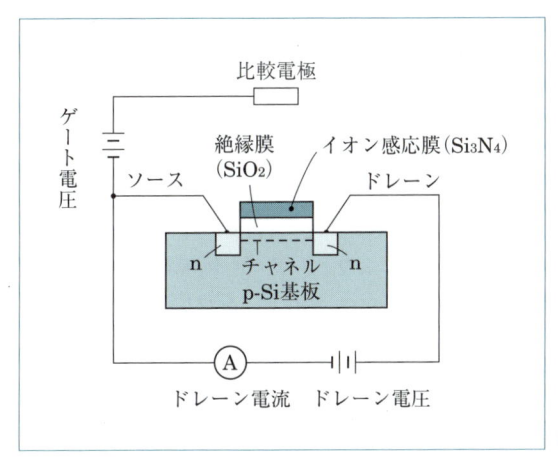

図8・17 ISFETセンサの構造

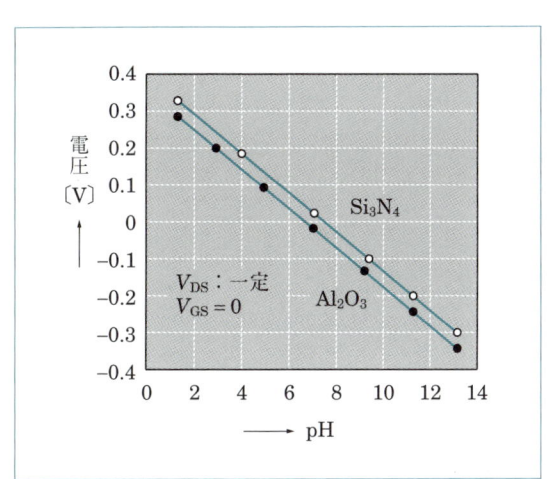

図8・18 pHセンサの特性

が溶液中のイオン濃度に対応することから,濃度に応じたドレイン電流を取り出せる。例えば,Hイオンを検出して測定されるpHセンサの場合,イオン感応膜としてはSi_3N_4やAl_2O_3が用いられる。図8・18にゲートに発生する電圧とpHとの関係の一例を示す。また,イオン感応膜を代えることにより,NaイオンやKイオンなどの金属イオンにも対応することができる。このセンサは,半導体の微細加工技術とあいまって,今後,小型化,集積化,多機能化がますます進んでいくものと思われる。

演 習 問 題 〔8〕

〔問題〕 1. ゼーベック係数 α を温度を変えて測定し,逆温度 $1/T$ に対してプロットすると,その勾配は $(E_c - E_f)/q$ と近似してよい。これから E_f の E_c に対するエネルギー的位置がわかるが,さらにこのデータから伝導体の有効状態密度を求め,式(2・26)から電子の有効質量 m_n^* を求めよ。ただし,伝導帯の電子密度はドナー濃度 N_D と等しいものとする。

$$\text{答}\left(m_n^* = \frac{h^2}{2\pi kT}\left\{\frac{N_D}{2\exp\left(2+\frac{q\alpha}{k}\right)}\right\}^{2/3}\right)$$

〔問題〕 2. 正孔と電子の両方を考慮した場合のホール係数は,式(8・40)で示されることを導け。

第9章　各種半導体デバイス

　この章では，通信等に用いられるマイクロ波デバイスや，撮像および表示デバイスを取り上げる。さらに，その他のデバイスとして，静電誘導トランジスタや光集積回路，静電容量型半導体センサ，そして，最後に新しいデバイスとして，ナノデバイスについて解説しよう。

9・1　マイクロ波デバイス

　この節では，マイクロ波帯で動作する半導体デバイスについて述べる。**マイクロ波**とは，通常，1 GHz（10^9 Hz）から3 000 GHzまでの電磁波をいうが，特に30 GHzから300 GHzまでを，真空中での波長が1 mmから10 mmになることから，**ミリ波**と呼んで区別し，また300 GHzから3 000 GHzまでを**準ミリ波**と呼ぶこともある。

　これらの周波数帯で，増幅・発振を行うデバイスとしては，電子管の仲間である，**速度変調管**（klystron），**進行波管**（traveling-wave tube），**磁電管**（magnetron），**後進波管**（backward-wave tube）等が用いられてきた。しかし，1970年以降，半導体デバイスで出力，効率，雑音等の面で優れたものが開発されてきたことから，次第にこれがマイクロ波デバイスの主流を占めるようになってきている。

　以下に，マイクロ波半導体デバイスのうちでも代表的な**ガンダイオード**（Gunn diode），**インパットダイオード**（INPATT diode），および，**超格子**（super lattice）構造をもつマイクロ波素子について，それらの動作原理，構造，特性を解説しよう。

〔1〕 ガンダイオード

ガイダイオードの名称は，1963年にJ. B. Gunnが，n形のGaAsやInPに，ある値以上の電界を与えたとき，発振現象が起こることを発見したことに由来するが，この素子はまた，**ガン効果素子**，あるいは**電子遷移効果素子**(TED)等と呼ばれることもある。

後になって，この発振現象は，伝導帯の電子が電界からある程度以上のエネルギーを得たとき，いままでの有効質量が小さく移動度の大きい状態から，有効質量が大きく移動度の小さい別の状態へ遷移する効果によって生ずることが，明らかにされた。

図9・1は，電子のドリフト速度と電界との関係を示す。この特性は，電界Eが強くなると，ドリフト速度v_{dn}が減少する領域（AからBの領域）をもっている。

この領域で，**微分移動度** μ_{diff} を次式のように定義すると，

$$\mu_{\text{diff}} = dv_{dn}/dE \tag{9・1}$$

その値は負になる。そこで，この領域を**負性微分移動度の領域**という。

図9・2のような，直方体のn形GaAsの両端にn$^+$層と金属からなる電極を設けた素子に電圧を印加する。もしも，n形領域が全く均一であるとすれば，その領域内の電界は印加電圧に比例する。素子内の電流Iは，ほとんど電子

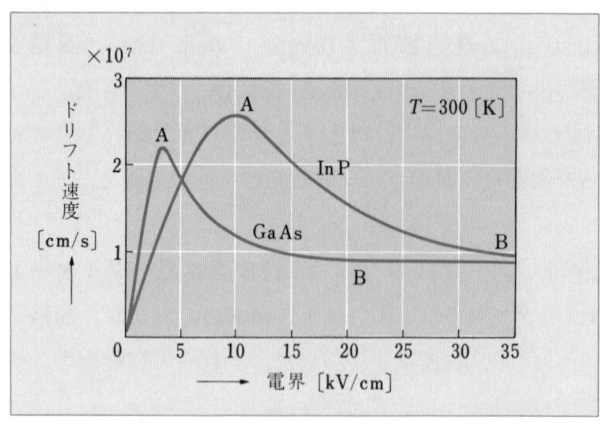

図9・1 GaAsとInPにおける電子のドリフト速度・電界特性

9・1 マイクロ波デバイス

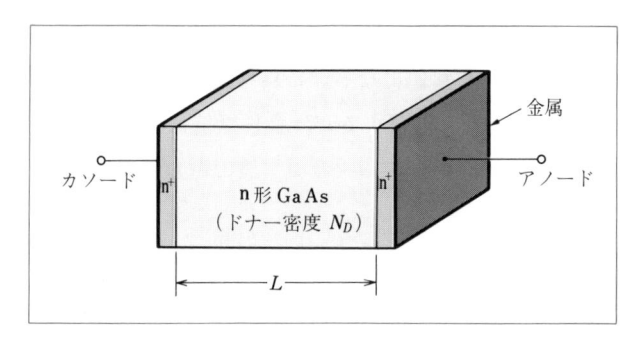

図9・2 ガンダイオードの基本的構造

のドリフト電流によるものであるから，素子の断面積を S，電子密度を n とすれば，

$$I = Sqnv_{dn}$$

であり，I は v_{dn} に比例する。それゆえ，この素子の電流-電圧特性曲線の形は，図9・1と同形になる。それを図9・3の緑色の曲線で示す。

いま，この素子に直流バイアス電圧のほかに，高周波電圧を図のように重畳すると，電流の高周波成分は電圧より位相が180°遅れた波形になる。すなわ

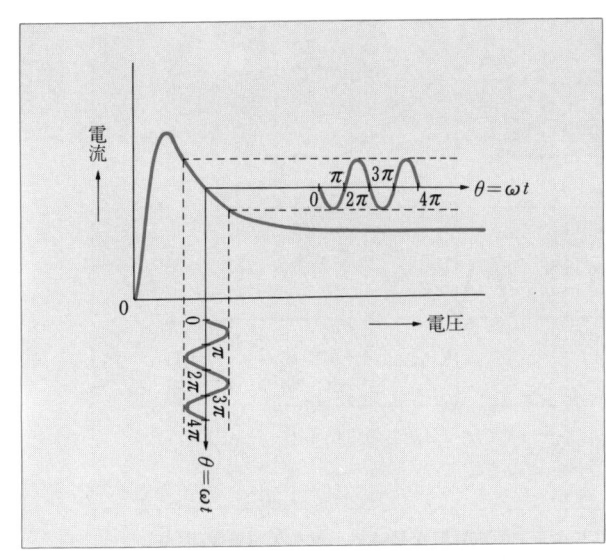

図9・3 電流-電圧特性と交流信号に対する動作

ち，電圧を基準にとれば，電流の（基準と）同相成分は負の値になる．それゆえ，素子の高周波電圧に対する抵抗は負値になる．これを**負性抵抗**（negative resistance）という．正の抵抗は電力を消費するが，負性抵抗は電力を発生する．このことを利用して，ガンダイオードに，マイクロ波の電力増幅や発振をさせることができる．

しかし，実際の素子内では，不純物濃度や温度分布などの不均一さのため，上に述べたような，均一な電界やキャリア密度分布は得られない．そこで，図9・4（a）のように，電界分布の不均一な箇所をもつ素子について考察しよう．この場合，電界の大きい箇所の電子の移動度は，前述のように小さくなる．その結果，この領域の陰極側には電子が滞り蓄積し，負の空間電荷を形成する．逆に，この領域の陽極側では，電子密度は希薄となり，ドナーイオンによる正の空間電荷が現れる．

これら正負の空間電荷は，同図（b）に示すような電気二重層を形成する．

この電気二重層の作る局部電界は，その領域（**ドメイン**；domain）の電界

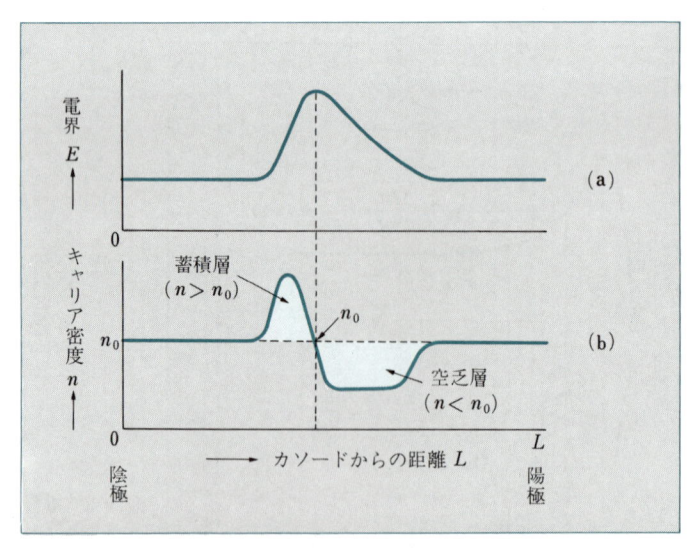

図9・4 高電界ドメインの電界分布（a）とキャリア密度分布（b）

と同一方向にできるため，ますます，そのドメインの電界を強め，他の場所の電界を弱め，結局，素子電流を減少させる。

このような局部電界の形成は，そこのキャリアのドリフト速度をさらに減少させ，電子密度の不均一さを助長する。この正帰還過程の繰り返しは，電気二重層の作る局部的な高電界のドメインを成長させる。

そして，この高電界ドメインは（そこに形成している蓄積電子が，外部から印加されている電界による静電力を受けるため）陽極に向かって走行し，陽極に到達して吸収される。このように，高電界ドメインが陽極に吸収されると，素子内の電界が再度上昇し，新しい高電界ドメインが形成され，成長，移動，吸収，…が繰り返される。

なお，高電界ドメインが消滅し，新しく高電界ドメインが成長するまでの期間は，素子内の電界が高くなるため，素子電流は大きくなる。このときの発振電流波形を図 9·5 に示す。ここで使用した素子の長さは 100 μm，不純物濃度は 3×10^{15} cm^{-3} のものである*。

ガンダイオードの特徴の 1 つは，低雑音であることで，600 W の連続発振出力における雑音電力はわずか 2 W 程度である。また，電力効率 10%，最高発振周波数 100 GHz 程度の素子も作られており，マイクロ波の送信機や小形

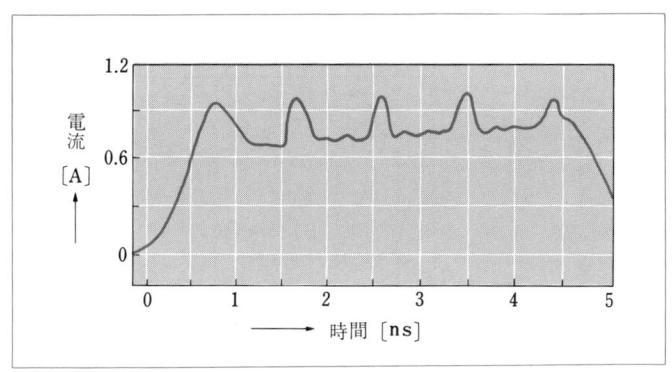

図 9·5　ガンダイオードの発振波形（高電界ドメイン走行モード）

* H. Fukui, Proc. IEEE, Vol. 54 (1966 年)

レーダの発振器，または受信機の局部発信器などとして広く利用されている。

〔2〕 インパッドダイオード

インパットダイオードの名は，Impact Avalanche and Transit Time を省略して付けたものである。この素子は，その名のとおり，電子なだれによってキャリアを発生させると共に，後述するそれの走行時間効果により，マイクロ波帯で負性抵抗を得て，増幅・発振を行わせるデバイスである。

この素子の原形は，1958 年に W. T. Read が提案した，図 9・6 のような，**リードダイオード**である。この素子は，p^+nin^+ の 4 層構造をもち，その不純物濃度の分布を同図（b）に示す。

素子に直流の逆バイアス電圧を印加すると，空乏層は主として n 領域から i 領域に広がり，素子内の各部における電界は図（c）に示すようになる。このと

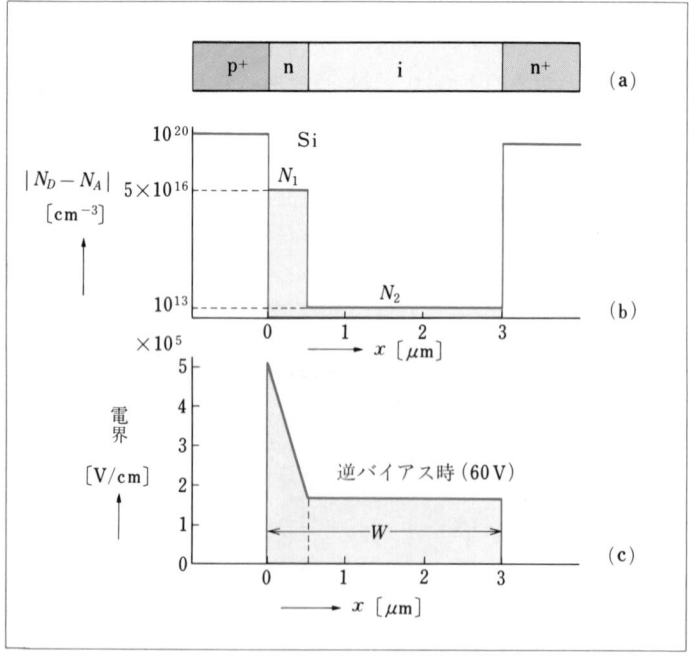

図 9・6　リードダイオードの構造（a），不純物分布（b），および電界分布（c）

きの逆バイアス電圧は，p^+n接合部の電界が，電子なだれを起こす"しきい値"よりわずか低い状態になるように印加される．この直流逆バイアスに，図9・7(a)のような，高周波電圧 v を重畳すると，その位相が同図(b)の $0～π$，$2π～3π$，…の間で電子なだれ増倍が起こり，キャリア密度は同図(c)のように指数関数的に増加する．

このキャリアは素子内の強い電界により，正孔は p^- 側へ電子は n^+ 側へ移動する．

このうち，正孔は直ちに p^+ 層内に吸収されてしまうが，電子は周波数電圧の位相が $π～2π$，$3π～4π$，…の間，n領域とi領域を走行する．その結果，素子端子間には，同図(d)のような誘導電流が流れる．この電流は，図からもわかるように，電圧の位相に対し180°ずれている．すなわち，この素子は等価的に負性抵抗をもつ．

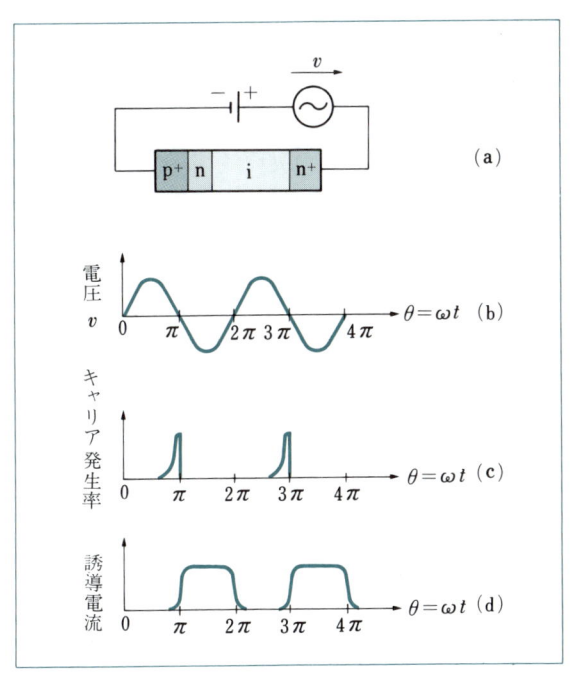

図9・7 リードダイオードのマイクロ波動作

従って，インパットダイオードは，ガンダイオードと同様に，高周波の増幅・発振が可能である。現在のところ，10 GHz で，パルス発振出力が 40 W，電力効率 40% の素子が得られており，また最高発振周波数も 400 GHz 程度まで可能である。

このように，インパットダイオードの出力と効率は，他のマイクロ波半導体デバイスに比較して優れているが，電子なだれ増倍を利用しているため雑音が若干多いのでが欠点である。

インパットダイオードの用途としては，レーダの発振用，送信機の電力増幅用などがある。

〔3〕 **超格子デバイス**

超格子 (super lattice) とは，異なる材料を交互に成層して，本来の結晶格子よりも大きい間隔の周期性をもつ構造を作り出したものをいう。

図 9・8(a) に，GaAs と $Al_xGa_{1-x}As$ を交互に成層した，超格子デバイスのエネルギー帯構造を示す。$Al_xGa_{1-x}As$ における x を 0.3 にした場合，その禁制帯幅は 1.72 eV となる。また，GaAs の禁制帯幅は 1.42 eV である。

$Al_xGa_{1-x}As$ 層のみに Si をドナー不純物として添加すると，そのエネルギー帯構造は，図(b)のように変形する。このような超格子を**変調ドープ形超格子**といい，マイクロ波デバイスへの応用にとって重要である。

図 9・8(b) において，GaAs の伝導帯の下端は $Al_xGa_{1-x}As$ のドナー準位より下にあるので，ドナーから励起した電子の大部分は GaAs 層に移る。すなわち，キャリアのほとんどは，GaAs 層にある。そこで，この素子の多層構造に平行に（図では，紙面に垂直に）電界を印加して，その方向にキャリアをドリフトさせる場合，通常の不純物半導体で起こる中性またはイオン化した添加不純物による散乱を受けない。

それゆえ，この素子を，さらにフォノン散乱が減少する低温で使用するならば，キャリアの移動度は極めて大きくなり，マイクロ波帯で動作する高速デバイスとなる。

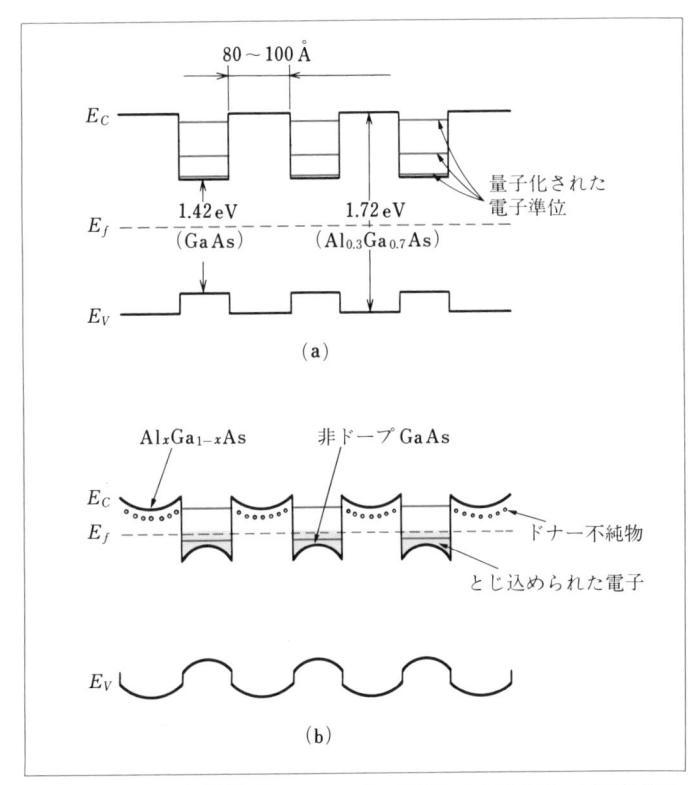

図 9·8 非ドープ形超格子のエネルギー帯図(a)と変調ドープ形超格子のエネルギー帯図(b)

　図 9·9 は，バルク GaAs と変調ドープ形超格子における，キャリア移動度の温度依存性を示す．
　超格子デバイスの一例として，図 9·10 のような，ショットキー障壁形の FET を作り，これを液体窒素温度（77 K）で動作させると，通常の GaAs ショットキー障壁形の FET の約 4 倍の動作速度が得られる．これを **HEMT** (High Electron Mobility Transistor) という．なお，この素子においては，超格子は 1 周期だけで繰り返しがないため，本来の超格子構造とは区別される場合もある．

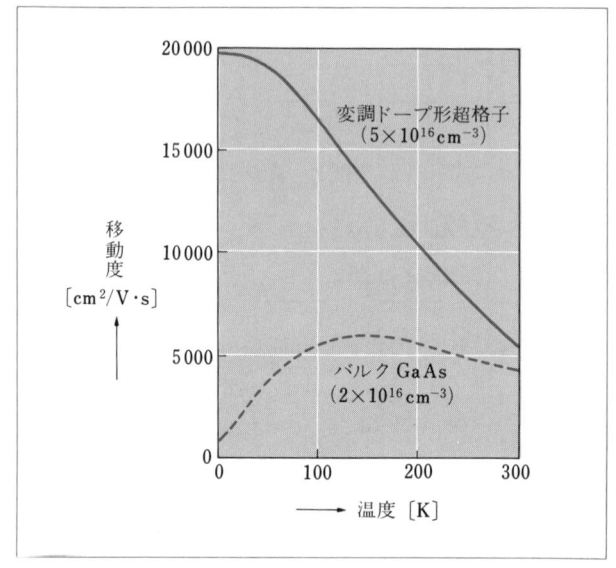

図9・9 バルク GaAs と変調ドープ形超格子の移動度の温度依存性

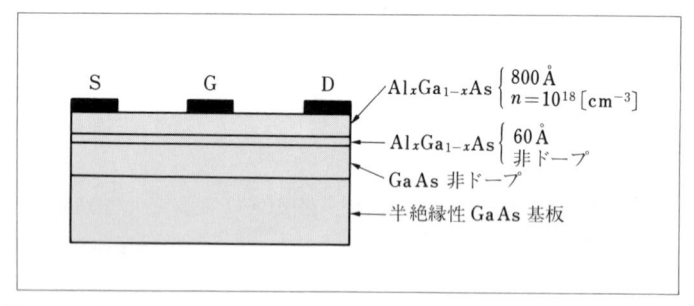

図9・10 変調ドープ形超格子を用いたショットキーバリア形 FET（HEMT）の構造

　超格子デバイスはマイクロ波デバイスのほか，半導体レーザや電子なだれホトダイオードにも用いられる。

9・2 撮像・表示デバイス

この節では，電荷転送デバイス（CCD）や MOSFET を用いた撮像デバイス，さらに，LED や EL を用いた表示デバイスについて解説する。

〔1〕 撮像デバイス

光としてとらえた像を電気信号に変換するデバイスを撮像デバイスあるいはイメージセンサと呼ぶ。従来，よく用いられているものに真空管を用いた撮像管があげられる。これは，ターゲットに光が照射するときに生じる光電変換を利用し電気ビームで像を引き出す方式である。この方法に対し，固体撮像素子は，半導体受光素子を平面に配置し，各素子から得られた二次元像を取り出すことで撮像する。このとき CCD あるいは MOSFET が用いられ，それぞれの素子を CCD イメージセンサあるいは MOS イメージセンサと呼ぶ。この他に，バケットブリケード素子（BBD；Backet Brigade Device）がある。これは，MOSFET と静電容量を詰めてつらねた構造となっており，アナログ，ディジタル用シフトレジスタ用デバイスとして用いられている。この節では，CCD および MOS イメージセンサについて述べる。

（1）**CCD イメージセンサ**　電荷結合デバイス（CCD；Charge Coupled Device）は，1 つの基板の上に多数の MOS 構造ダイオードを並べ，個々の MOS ダイオードの保持する電荷を順に転送するデバイスである。転送には時間がかかるので，その時間遅れを利用して遅延素子として使われるほか，ディジタル信号の記憶素子や，光センサと結合して画像のセンサ，撮像デバイスなどに使用されている。

この素子の基本である MOS ダイオードの構造を図 9・11(a) に示す。この素子は p 形 Si の表面に SiO_2 膜を作り，さらに，その上に金属電極を付けたもので，SiO_2 膜の厚さは，0.1 μm 以下の極めて薄いものである。

第 4 章 4・3 節で述べたように，この素子の金属電極に大きな正電圧を印加す

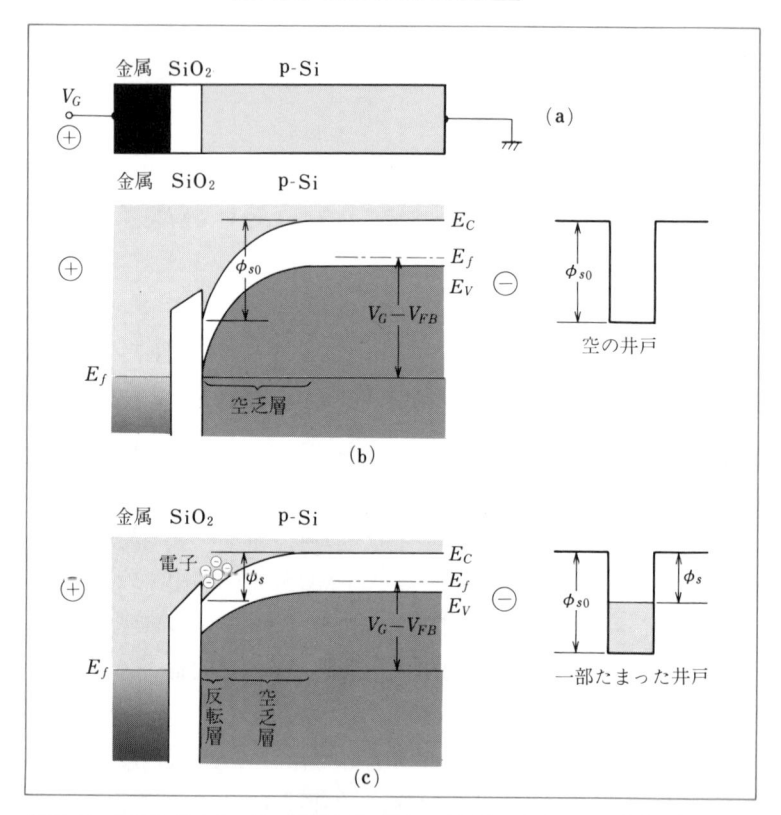

図9·11 MOSダイオードの構造と空乏層，反転層の発生による井戸の様子

ると，SiO_2膜に接した半導体の表面では，電界のためエネルギー帯構造に曲りを生じる．バイアス電圧が加えられた直後，半導体表面部に空乏層が形成され，そのエネルギー帯は同図（b）のようになり，電子に対し同図右のような**ポテンシャルの井戸**（potential well）ができる．バイアス電圧が引き続いて印加されたままであれば，この井戸には次第に電子が集まり（反転層が形成され），そのエネルギー帯構造は図（c）のようになって落着く．

そこで，この蓄積している電子を，別のMOSダイオードに転送することを考える．そのため，電荷を蓄積しているMOSダイオードのバイアス電圧を低めると同時に，隣接するダイオードの金属電極のバイアス電圧を高めれば，そ

の電極の下の半導体部のエネルギー帯構造は図(b)のようになり，また，その井戸には電子がないため，隣の井戸から電子が流れ込んでくる．そこで再び，このMOSダイオードのバイアス電圧を低めて，隣のダイオードのバイアス電圧を高める．このようなことをクロックパルスを用い，図9・12(a)のように，各MOS金属電極に電圧を次々と繰り返し印加すれば，電荷は図(b)のように転送される．

この図において，IDは信号（電荷）を入力させるためのダイオードで，ここで入力端のMOSに注ぎ込むべき電子を用意する．また，ODは出力を取り出すダイオードである．また，IGは入力端MOSのゲートで，この電圧により信号の転送を行うか否かを決定する．さらに，1，2，3，1，2，3の電極は転送の向きを規制するための案内用の電極であり，同番号の案内電極は並列に接続され，それぞれ，120°ずつ位相の遅れた電圧 ϕ_1, ϕ_2, ϕ_3 が印加される．

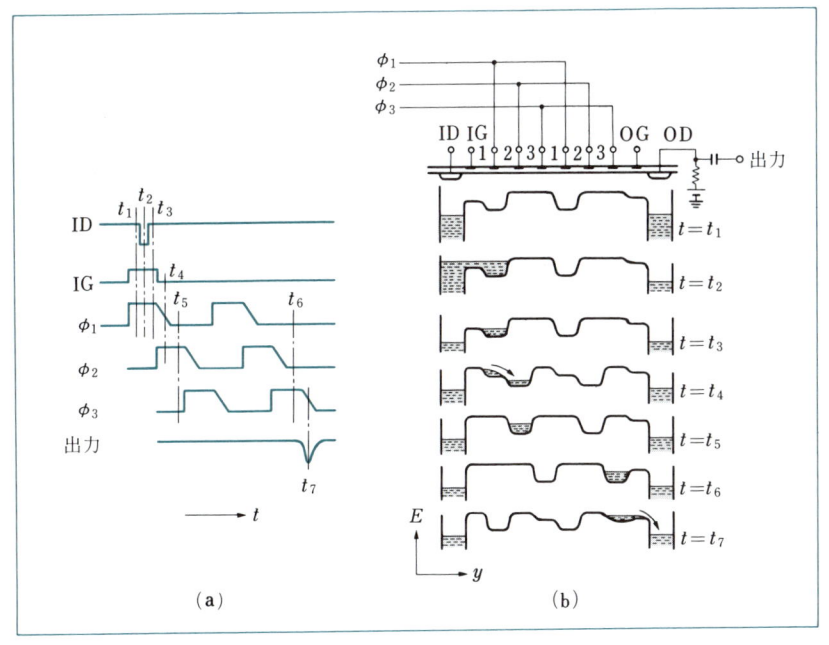

図9・12 三相CCDのクロック波形と出力波形および電荷の転送の模式図

この場合のクロック電圧を**三相クロック**と呼ぶ。

なお，このクロック電圧の波形は立ち下がり時間が長くなっているが，その理由は次相の電圧が立ち上がった後，電荷がそのダイオードに移動を完了するまでに時間を要するからである。

■**フレーム転送 CCD**　図 9·13 にフレーム転送 CCD の構成を示す。まず，イメージ部の各画素において一定時間内に光照射によって生成したキャリアは，1 フレーム分まとめて蓄積部にデータ転送される。次に，この蓄積部に保存されたデータは，イメージ部の各画素ごとのデータとして水平転送部を経由して外部へ取り出される。このようにして，フレーム転送方式においては，イメージ部，データ蓄積部，データ転送部がそれぞれ分離しているため，構造が簡単であり，光に対し高感度で，高解像度を得やすいが，一方，チップが大き

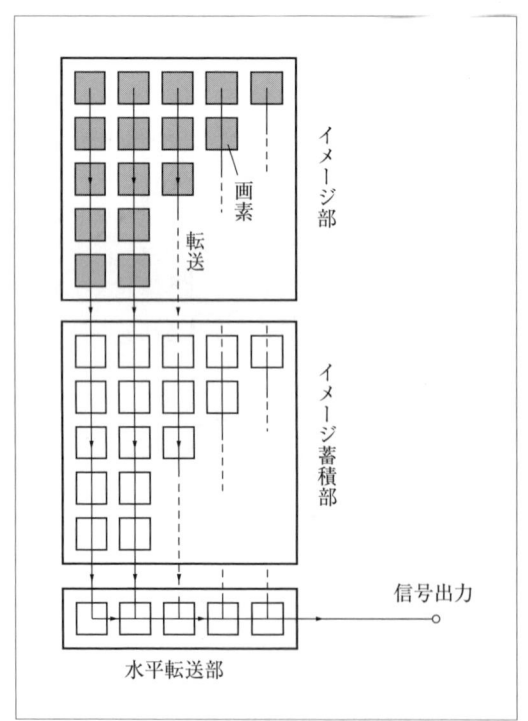

図 9·13　フレーム転送 CCD イメージセンサの構成

図中ラベル: 画素／転送／垂直転送用CCD／水平転送用CCD／信号出力／水平転送部

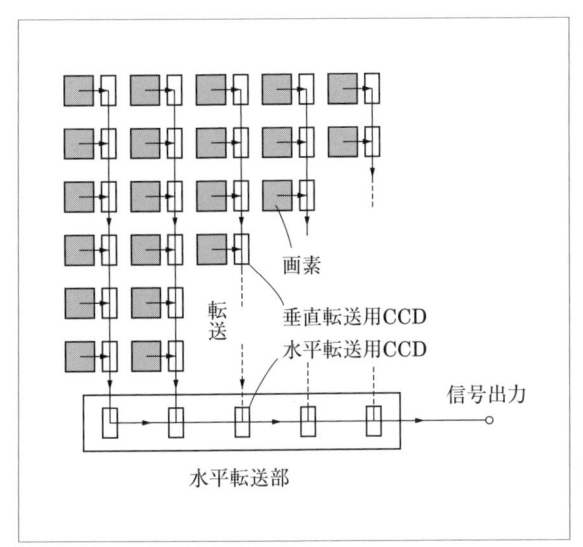

図9・14 インタライン転送CCDイメージセンサの構成

くなりやすいという特徴をもつ。

■**インタラインCCD** 図9・14にインタライン転送CCDの構成を示す。特徴として，1画素ごとにデータ転送用CCDが付いていることがあげられる。光照射により1画素で生成したキャリアは，すぐに垂直転送用CCDに送られる。その後，1走査線ごとに水平転送用CCDに送られ，外部に出力される。フレーム転送方式に比べ，素子内部にデータ蓄積部を持たないため，小型化に優位である。また，カラー用として用いる場合に必要となるカラーフィルタの取り付けに際しても，構造上優位となる。しかし，構造が複雑になるため，より高度な微細加工技術が要求される。

（2） **MOSイメージセンサ** 図9・15にMOSイメージセンサの構成を示す。撮像は，マトリックス状に配置されたフォトダイオードによって行われ，これによって光からキャリアに変換される。このキャリアを，水平および垂直レジスタを用い，各MOSトランジスタをスイッチングさせることによって，各画素ごとのデータとして外部に取り出される。このMOS型デバイスにおいては，信号出力線を立体的に配置できることから多機能デバイスになる可

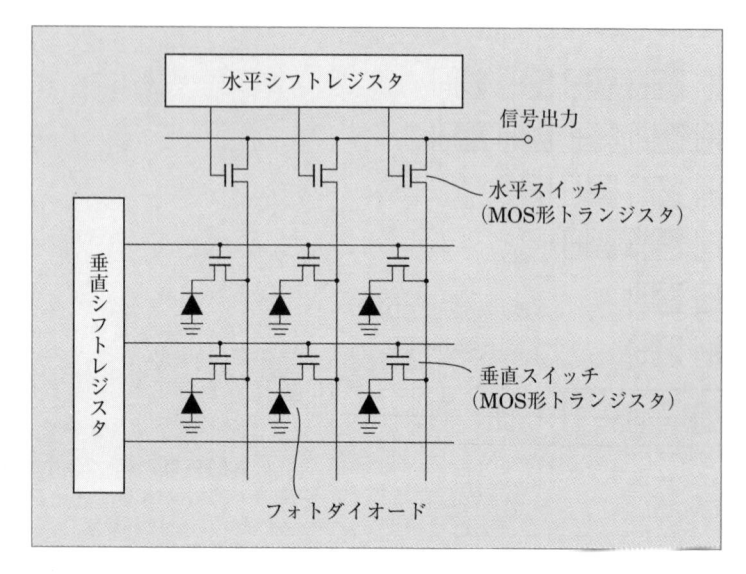

図9・15 MOSイメージセンサの構成

能性をもっている。

[2] 表示デバイス

　表示デバイスは，その動作原理から自発光型と非発光型に分類される（表9・1）。自発光型としては，発光ダイオード（LED），エレクトロルミネッセントパネル（ELP）およびプラズマ表示パネル（PDP）などがあり，非発光型には液晶表示（LCD），エレクトロクロミック（ECD）などがある。

　LEDディスプレイは，その視認性に優れた特徴を活かして，ビル屋上の大型広告塔や高速道路の情報板等の屋外ディスプレイでさかんに使用されはじめている。近年開発されたGaN系からなる高輝度の青色や緑色のLEDによって，この用途の広がりはさらに加速されると思われる。最近では，交通信号機の三原色電球の代わりにLEDが使われつつある。

　ELデバイスにはACおよびDC動作があるが，薄膜ACELは大型マトリクス表示も可能な最も開発が進んだ型で，メモリ特性を持たせることも可能であ

表9・1 表示デバイスの分類と動作原理

	名称	略称	動作原理
自発光型	発光ダイオード	LED (Light Emitting Diode)	pn接合での発光
	プラズマ表示パネル	PDP (Plasma Display Panel)	ガス放電／紫外線励起蛍光体発光
	エレクトロルミネッセントパネル	ELP (Electro Luminescent Panel)	蛍光体膜中の電子衝突
非発光型	液晶表示	LCD (Liquid Crystal Display)	旋光性／光散乱／2色性吸収／相転移
	エレクトロクロミック表示	ECD (Electro Chromic または Chemical Display)	酸化還元

表9・2 主なEL発光物質

蛍光体 活性体	色	励起周波数 (kHz)	光度 (cd/m^2)
ZnS:Mn	黄橙	2.5	3 500
ZnS:Mn/Cu	〃	5	6 000
ZnS:Mn	〃	1	6 000
ZnS:SmF$_3$	赤	5	700
ZnS:Tb/P	緑	5	3 500
SrS:CeF$_3$	青	1	150

る。ELPに使われる代表的な物質と発光色を表9・2に示す。

　有機物を外部から電界で励起して発光させる自発光型デバイスとして有機ELデバイスが開発され,新しい表示デバイスとして注目されている。この有機ELは真性ELとは異なり,図9・16に示すように,電子輸送層,発光層,正孔輸送層からなり,直流電流で動作するので,有機発光ダイオードと呼ばれる場合もある。一般に,電子輸送層にはAlq$_3$(キノリノールアルミ錯体),正孔輸送層にはTPD(ジアミン誘電体)が使われており,Alq$_3$層が発光層をかねる場合もある。発光層の材料を変えることにより三原色の発光が実現できるので,フルカラーディスプレイへの応用が可能である。現在,有機ELデバイスのさらなる高効率化,低駆動電力化が要求されており,新しい有機材料の開発が進められている。

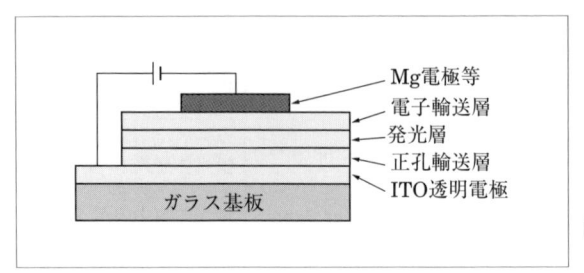

図 9・16 有機 EL デバイスの構造の一例

9・3 その他のデバイス

この節では，静電誘導トランジスタ，光磁気効果デバイス，光集積回路，超音波増幅素子，静電容量型半導体センサ（指紋センサ），および，半導体ナノデバイスについて述べる。

〔1〕 静電誘導トランジスタ

静電誘導トランジスタ（SIT ; Static Induction Transistor）に関しては，既に第4章4・4節で簡単に述べたが，ここでは，類似のデバイスと共に，説明を付け加えておこう。

図4・27に静電誘導形トランジスタの構造を示したが，この素子は，シリコンウエーハに垂直にドレイン電流が流れるようにした，接合形電界効果トランジスタと考えることができる。

p形ゲートは，格子状にn形領域に埋め込まれており，これに印加された電圧によりチャネル幅が変わり，電流が制御される。

その電流-電圧特性の一例を図9・17に示す。この特性には，通常のFETのような，ドレイン電流の飽和特性が見られない。このことは，入力として与えられるゲート電圧だけでなく，ドレイン電圧からの静電誘導によっても，電流が制御されることを示す。

ここに，その名の由来がある。この素子の特徴は，ゲート-ソース間の距離を短くすると共に，ゲートのチャネル方向の長さを短くしたことにある。その

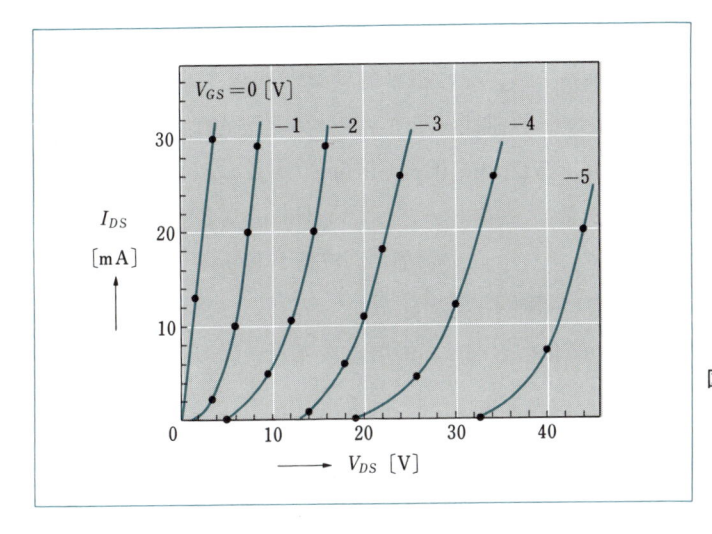

図9・17 静電誘導形トランジスタの電流―電圧特性

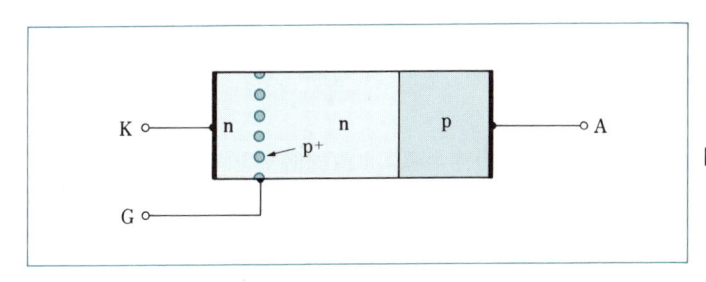

図9・18 静電誘導形サイリスタの構造

ため，この素子はチャネル抵抗が小さく，また，チャネルの幅を広げず，格子の数を増加することによって電流を大きくしているため，大電力用素子としての使用に適している。

なお，この素子はチャネルの抵抗とゲート容量が小さいため，時定数が短く，そのため高周波用トランジスタとしても適している。

さらに，図9・18のような構造の**静電誘導形サイリスタ**とすると，従来のサイリスタよりも高速の動作が得られるが，導通時のオン抵抗が若干大きいのが欠点である。

〔2〕 光磁気効果デバイス

磁性体が光を照射されたとき，その磁気的性質が変化する性質を**光磁性**（photo-magnetism）といい，光磁性を示す半導体の典型的なものに，イットリウム鉄ガーネット（YIG；Yttrium Iron Garnet）がある。

例えば，この YIG に少量の Si をドープした $Y_3Fe_{1.96}Si_{0.04}O_{12}$ の結晶を，（110）面に平行な平板素子に作る。この素子に，波長 1.15 μm の直線偏向の光を図 9·19 のように，垂直に照射する。

このとき，YIG 素子の磁化の方向は，照射した光の偏光方向に応じて，任意に変えることができる。

この効果を利用して，現在，YIG などの希土類鉄ガーネットは，光スイッチや光アイソレータなどの光通信デバイスにも用いられている。また，磁性半導体に情報を書き込み，記憶させることも可能である。逆に，書き込まれた情報を読み出すには，**ファラデー効果**（Faraday effect）を利用する。ファラデー効果とは，直線偏光が磁場の作用により，その偏向面の角が回転する現象のことである。

すなわち，情報が書き込まれた磁性半導体に直線偏光を入射し，その出射光の偏向角を検光子と受光デバイスにより検出すれば，書き込まれた情報を読み出すことができる。コンピュータの記憶装置としての光磁気デイスク（MO；

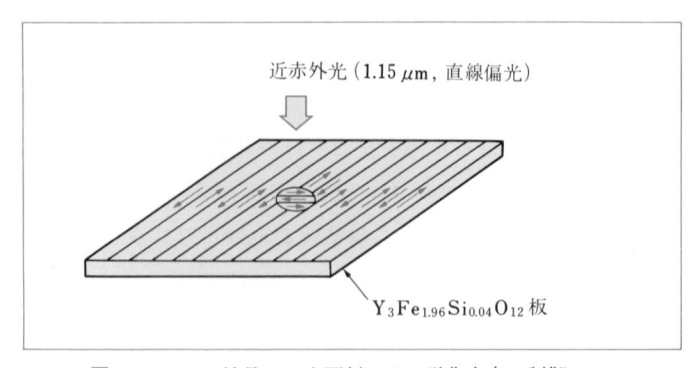

図 9·19　YIG 結晶への光照射による磁化方向の制御

Magnetic Optical Disk）には，現在，主に TbFeCo 系アモルファス薄膜が用いられているが，安定性などの点では酸化物である希土類ガーネットの方が優れており，この半導体を用いた MO の実用化が期待される。

〔3〕 光集積回路

　光通信用の装置には，発光素子，受光素子，変調器等，各種の素子が使用されるが，これらの素子相互間を光ファイバーで接続するのは，接続点での損失が避けられないことと，装置全体が大きくなるため好ましいことではない。
　そこで，これらの素子と光の通路（**導波路**；waveguide）を 1 つの基板上に集積化して小型化と高効率化を実現しようとするのが，**光集積回路**（光 IC；optical integrated circuit）である。
　通常，基板には GaAs を用い，光導波路としては光ファイバーの代わりに GaAs 基板上に平板状または帯状に形成した $Ga_{1-x}Al_xAs$ を用いる。$Ga_{1-x}Al_xAs$ の光の屈折率は，空気や基板よりも大きいため，この中に導かれた光は全反射により，この層内に閉じ込めることができる。
　光 IC 用の発光デバイスとしては，第 6 章で述べた半導体レーザが使用されるが，ここでは光共振器として，ブラッグ反射を利用した分布帰還形レーザを図 9・20 に示す。

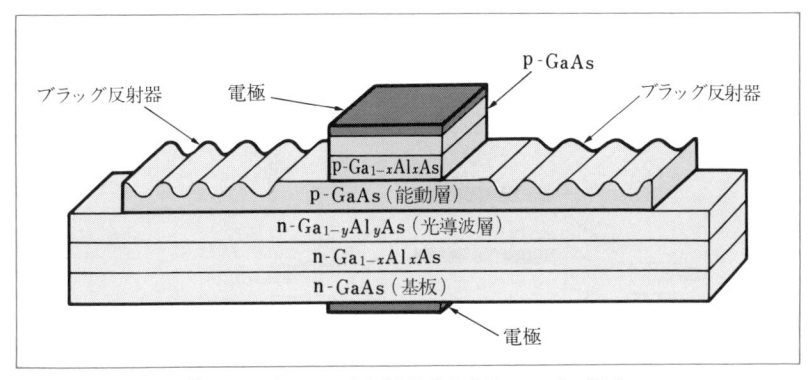

図 9・20　光 IC 用分布帰還形半導体レーザの構造

この素子を使用することにより，若干エネルギー損失は増えるが，電力や温度の変化による発光周波数の変化を小さくすることができる。

また，光信号の位相を変えるデバイス，すなわち**移相器**（phase shifter）には**ポッケルズ効果**（Pockels effect）が利用される。

ポッケルズ効果は**電気光学効果**（electro-optic effect）の一種で，光の屈折率が電界に比例して変化する効果をいう。なお，電界の2乗に比例して変化する効果は**カー効果**（Kerr effect）と呼ばれる。

ポッケルズ効果を用いた半導体移相器を図9・21に示す。光導波路の両側には電界を与えるための電極が配置されている。また，図9・22は，この移相器を用いた，干渉計形の**光変調器**（light modulator）の構成を示す。

この変調器の光導波路は2つに分岐しており，一方が移相器になっている。移相器の電極に電圧が印加されないときは，分かれた光は同位相で結合し出力

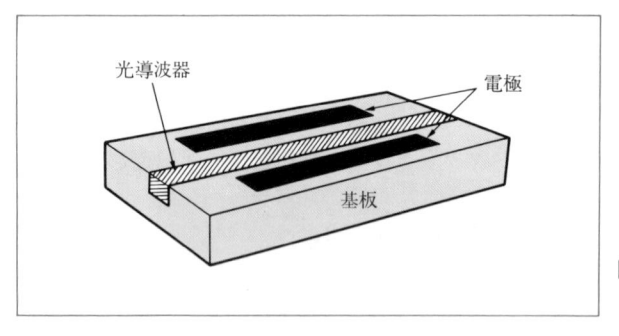

図9・21　ポッケルズ効果を用いた移相器

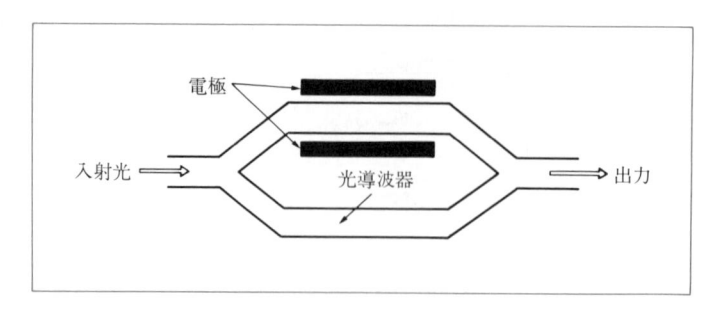

図9・22　干渉計形光変調器

される．しかし，移相器に電界が印加されると，その導波路内の屈折率が増加し，伝搬速度が低下して位相が遅れる．もし，この位相遅れがちょうど，πになれば，結合点で2つの光は逆位相となり，反射されて出てこない．つまり，この変調器を用いて，光をオン・オフすることができる．そして，そのスイッチ速度は数 100 ps の高速動作が可能である．

〔4〕 **超音波増幅素子**

水晶，ニオブ酸リチウム（$LiNbO_3$），酸化亜鉛（ZnO）等の圧電性結晶の表面に，櫛形の電極を設け，高周波電圧を印加すると，結晶の表面に沿って伝搬する超音波が得られる．櫛形電極を対にして，超音波用の，フィルタ，スイッチ，結合器，増幅器等を構成させることができる．

図 9・23 は，**パラメトリック増幅**（parametric amplifier）方式を用いた超音波増幅素子の一例である．ここで，パラメトリック増幅について簡単に説明しておく．

パラメトリック増幅とは，L とか C のようなエネルギーを蓄える能力をもつ要素（リアクタンス要素）の値（パラメータ）を，信号周波数の2倍の周波数で変化することによって，信号増幅を行う方法である．例えば，電極間隔を

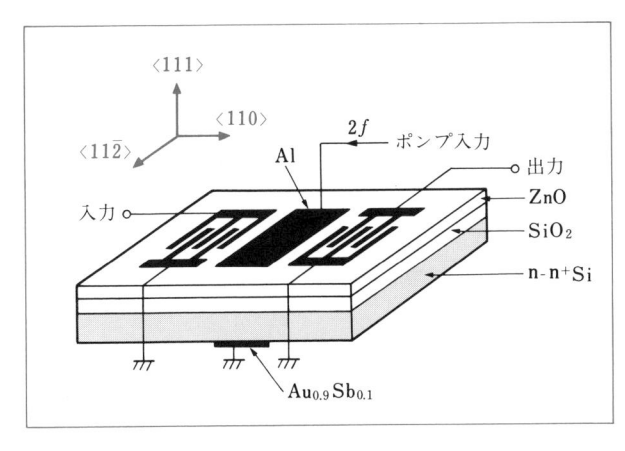

図 9・23 パラメトリック増幅を用いた超音波増幅素子

変えることのできる可変容量コンデンサに，周波数 f の信号電荷が与えられているとする．ちょうど，コンデンサの電荷が最大になったとき，コンデンサの電極間隔を急に広げ C の値を小さくしたとする．このとき，コンデンサの電荷 Q は急には変化できないため，電圧 V は $V=Q/C$ の関係から上昇する．次に，電荷 Q が 0 になったとき電極間隔を元にもどす．このようなことを繰り返すならば，コンデンサの電圧の増幅を行うことができ，これに伴い，電荷の変化量も増幅される．

コンデンサの電荷の大きさが最大になるのは，信号の1周期間に正負2度あるため，電極間隔を広げる周期は信号周期の2分の1にする必要がある．なお，電極間隔を広げるには，電極間に働く静電引力に逆らってなされるため，エネルギーが必要である．すなわち，信号周波数の2倍の周波数でエネルギーを補給しなければならない．これを**ポンピング**（pumping）という．実際に，コンデンサでポンピングを行うには，上に述べたような機械的に電極間隔を変化させるのでなく，半導体の pn 接合容量を利用し，その容量の変化は逆バイアス電圧に信号周波数の2倍の電圧を重畳することにより行われることが多い．

パラメトリック増幅は，以上のような電気的な現象に限らず利用される．例えば，ブランコをこぐとき，振れに合わせて身体を屈伸させ（重心の位置を上下させる動作がポンピングになる），その振幅を大きくすることなども一種のパラメトリック増幅である．

さて，再び図 9・23 の素子にもどるが，超音波を発生し伝搬させる媒質としては ZnO 膜を用い，入力信号が与えられる左側の櫛形電極は電歪効果により超音波振動を ZnO 膜に発生させる．このとき，素子および櫛形電極は電極間隔を半波長とする超音波の表面波を ZnO 膜に生じるような構造に作られている．この表面波は右側の櫛形電極まで伝搬し，圧電効果により入力信号と同じ周波数の出力電圧を誘起させる．

ZnO 膜中の超音波の表面波は，膜中の各部位にその歪みにほぼ比例する電気分極による分極電荷を生じさせる．

9・3 その他のデバイス

そこで，左右両電極間の超音波伝搬途中にパメトリック増幅を行うための電極を配置し，この電極に印加する逆バイアス電圧を増加して，Al/ZnO/SiO$_2$/n-n$^+$Si からなる MIS 構造の静電容量を減少させる。すると，その電極下部の ZnO 膜中の分極電荷の絶対値が最大になっている部位では，先に述べたコンデンサの例と同様に，膜中の分極電荷はパラメトリック増幅により増大させられる。しかし，その他の部位では，静電容量の変化が分極電荷に与える影響は少ない。

ここで，信号の半周期後に再び静電容量を減少させれば，先と同一の部位においては，その符号は逆であるが，分極電荷の絶対値は最大になっているので，パラメトリック増幅が行われる。

このようなことが繰り返されて，分極電荷は増大し，それに付随する超音波の伝搬方向の電界は強まり，それに伴って超音波も増幅される。

以上のことは，パラメトリック増幅を行うための電極に，信号周波数の2倍の周波数のポンピングをすることによって，超音波の増幅が行われることを示す。

なお，このデバイスは，出力の一部を入力側にもどすことにより，発振器にすることができる。しかし，このときの発振周波数の安定性は水晶発振器に比較してやや劣るが，水晶振動子では困難な高い周波数での発振が可能である。

〔5〕 **静電容量型半導体センサ（指紋センサ）**

コンデンサは，その形状が変化することで静電容量が変化するが，このとき，生じる電流変化を半導体集積回路で検出する。この原理を応用したデバイスが静電容量型半導体センサと呼ばれ，指紋センサとして用いられている。

図9・24に指紋センサの原理図を示す。センサの表面に指を触れることにより，半導体チップ上に形成されたそれぞれのコンデンサの形状が指紋の凹凸に従って変化する。このとき，コンデンサから電流の流れ出しが生じる。この電流の変化をコンデンサの下部に形成された半導体集積回路で検出し，指紋の形状を認識する。一般に，指紋の凹凸の間隔は 200 μm 以上であり，これを認識

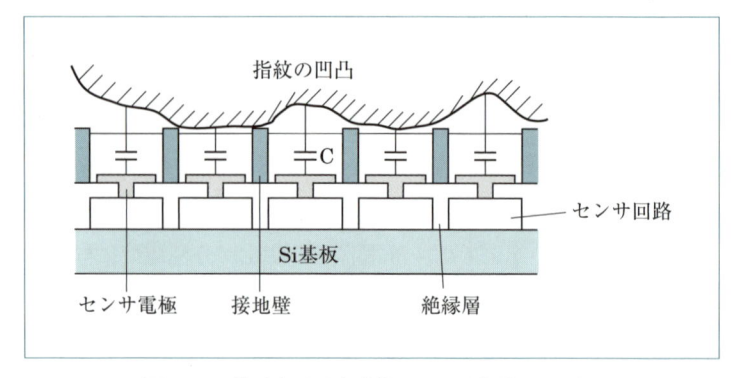

図 9・24　静電容量型半導体センサ（指紋センサ）

するためには，コンデンサの大きさを 50 μm 角程度にする必要がある．指紋センサとしては，半導体を用いる方法の他に光学式がよく用いられている．しかし，この方法に比べ，半導体センサは小型化が可能であり，また，他の機能を持たせた集積回路と組み合わせることが容易なことから，多機能デバイスとして期待されている．

〔6〕 半導体ナノデバイス

　半導体を用いた電子デバイスの高性能化，多機能化が進むに従って，デバイスの高集積化，微細化が必要となってきている．この微細加工技術については第10章で詳しく述べるが，材料が微細になり，ナノサイズ（数 nm～数十 nm）化することで，バルク材料では得られない特性が現れる．この特性を生かした新機能デバイスの開発が多方面で行われている．この中で，特に半導体性質をもつ材料を用いて作製されるデバイスを半導体ナノデバイスと呼ぶ．現在のところ，トランジスタ，CCD，レーザ，コンピュータ，発光素子，メモリ等の各デバイスが研究開発中である．以下にいくつかのデバイスについて説明する．

■**単電子デバイス**　　このデバイスは，動作の制御を1つの電子で行うものである．動くものが電子1つであることから，消費電力が限りなく小さく，現在

の数万分の一になるとも考えられている。しかし，実現に向けて必要なことは，量子効果が現れるナノオーダーの微細加工技術を可能にすることである。このデバイスの応用としては，単電子トランジスタ，単電子CCDなどがあり，さらに，これらデバイスを用いた量子ドットレーザ，量子コンピュータ，量子ドットメモリなどが考えられている。

■**量子ドット**（Quantum Dots）　サイズがおよそ10～100 nm程度の粒子で，この粒子の中に電子やホールを閉じ込めることが可能なもの。このサイズになると，閉じ込められた電子は量子化された運動をするようになり，量子効果デバイスとして用いることが可能となる。これを量子ビットと呼ぶ。この量子ビットを用いて作製された量子コンピュータは，処理速度が現在の10^{16}倍程度になると見込まれており，また，消費エネルギーおよび発熱が小さいという特長を有する。また，他の応用例としては，量子レーザが考えられている。これは，従来のレーザに比べ光の発生効率が大幅に増大することから，高速光通信デバイスなどへ応用できるものと期待されている。

■**有機半導体デバイス**　低分子あるいは高分子有機物からなる半導体を有機半導体と呼び，この半導体を用いたデバイスを有機半導体デバイスと呼ぶ。この半導体は，従来の結晶半導体に比べ加工性に優れ，低コストでの作製が可能とされている。現在のところ，カーボンナノチューブ，C_{60}，導電性高分子などの材料開発が進められている。さらに応用デバイスとして，太陽電池，有機レーザ，表示デバイス，電子ペーパー等が考えられている。

演 習 問 題 〔9〕

〔問題〕 1. ガンダイオードとインパットダイオードとを比較せよ。

〔問題〕 2. CCD に用いられる電荷転送の原理について述べよ。

第 10 章　半導体材料と素子製造技術

　本章では，半導体材料の精製と単結晶化を中心とした作製方法を説明し，次に pn 接合を利用した素子の製造技術を具体的に記述し，最後に半導体材料の特性評価法の概要を述べる。

10・1　半導体材料の高純度化

　半導体素子の作製法は目的に応じ種々開発されているが，基本的な方法としては，まず始めに，可能なかぎり不純物の少ない材料を作製し，これに素子作製に必要な不純物を必要な量だけ添加する手順をとる。Si 単結晶を例にこの方法を説明する。

〔1〕　化学的な精製

　Si は，天然には約 28% も存在する元素であるが，単体で存在することはなく，多くは酸化物（けい石，SiO_2 が主成分）やけい酸塩として存在する。けい石をコークスと共にアーク炉に入れて還元すると，金属級 Si と呼ばれる純度 98% 程度の Si の塊が得られる。この塊は，粉砕され塩酸と反応させると三塩化シラン（トリクロロシラン；$SiHCl_3$）となる。三塩化シランは融点 −126.5°C，沸点 31.8°C の無色の液体である。作られたままの三塩化シランは多くの不純物が含まれているため，これを蒸留によって精製し高純度中間化合物とする。精製された三塩化シラン中には，ほう素 (B)，りん (P)，ひ素 (As) の量は数 ppb にまで減少している。最後に，電気炉中で加熱して気相にし，高純度水素ガスで還元して高純度多結晶 Si を得る。

　このように気相から反応を介して固相を得る方法を **CVD**（Chemical

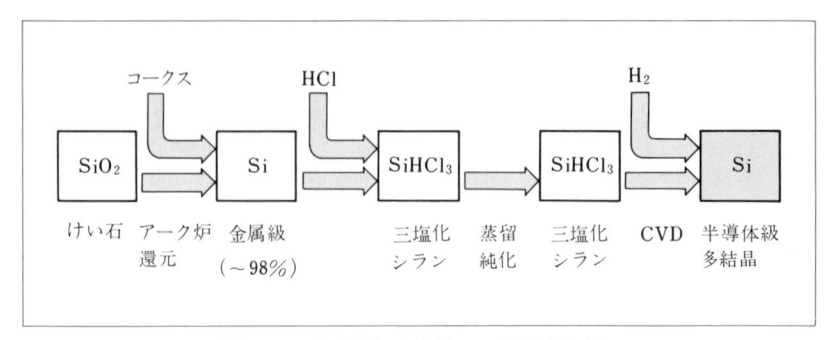

図10・1　半導体級多結晶Siの製作過程例

表10・1　高純度多結晶Si中の不純物

3 族元素	<0.3
5 族元素	<1.5
重金属類	<0.1
炭　　素	<300
酸　　素	< 50
そ の 他	<0.001

[単位：ppb（part per billion）atom；Si 1原子当たり10^{-9}個の不純物濃度]

Vapor Deposition）**法**という．図10・1に高純度多結晶Siの製造過程をブロック図で示した．

中間化合物としては，このほかに四塩化けい素（$SiCl_4$）やシラン（SiH_4）が使用されることもある．また，これらの中間化合物は**エピタキシー**（epitaxy）による単結晶層の原料（第10章10・2節参照）として，またアモルファスSi膜の原料として用いられている．

高純度多結晶Siの純度を表10・1に示した．炭素はSiと同じ4族元素で類似な性能を多くもっているので，最も除外しにくい不純物となっている．Siの場合には上記の化学的な精製で十分な純度が得られるので，今日では行われなくなったがこのほかに物理的な精製法がある．化合物半導体材料の精製に際して重要であるので，この方法の原理について以下に説明する．

〔2〕 物理的な精製

この方法では，偏析という現象を利用する。図10・2は，成分元素Aに1種類の不純物Bが少量含まれている領域の状態図を模式的に示している。図中の液相線と固相線で分けられた3種の領域が存在する。液相線以上の領域では任意の液相が，固相線以下の領域では任意の固相（結晶）が存在できる。中間の領域では液相と固相の2相が共存し，それらの組成は，それらの温度の高さで引いた水平な線が液相線および固相線と交わった点の組成に限定される。いま不純物BをN_0の濃度で含む液体を冷却すると，温度T_1までは液相を保つが，この温度で不純物を$N_1(N_1<N_0)$だけ含む結晶が析出しはじめる。これを**偏析**（segregation）という。さらに温度が下がると固相線に沿った組成をもつ結晶が析出する。固相と液相中の不純物の比（例えば，N_1/N_0）を**偏析係数**（segregation coefficient）という。この図のように，固相線と液相線が直線とみなせる領域では，偏析係数は温度によらない定数である。

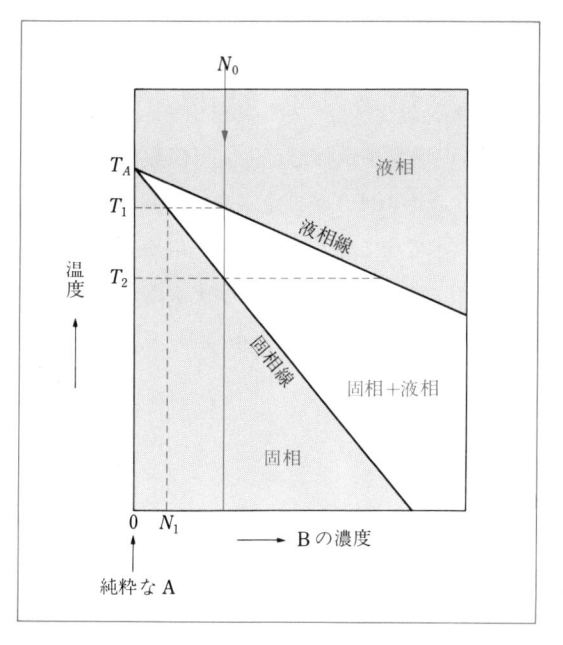

図10・2 不純物の偏析による精製

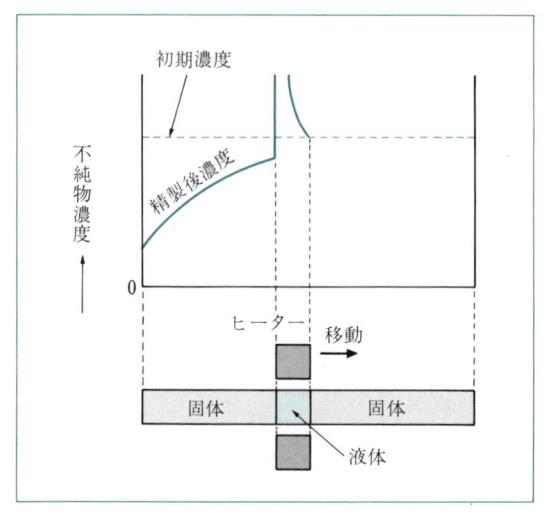

図中ラベル: 初期濃度／精製後濃度／不純物濃度／ヒーター／移動／固体／固体／液体

図 10・3 ゾーン精製法の説明図

　図 10・2 を用いた上記の偏析の説明ではすべて熱平衡状態での説明であるが，実際の冷却では偏析物の移動が十分でないために，偏析係数は熱平衡時のそれに比べ少し 1 に近づく。しかし偏析係数が 1 より小さければ，液体より純粋な結晶を析出するので，これを数回繰り返すことで前記の化学的な精製と同時に高純度の半導体材料を作ることができる。

　図 10・2 では偏析係数が 1 より小さい場合を示したが，偏析係数は 1 より大きな場合もある。このときは固相より液相のほうが純度が高い。偏析により材料の精製を行うには，始めに原料のすべてをとかし，これを一端から凝固させてもよいが，より効果的にこれを行うために，図 10・3 に示すように，棒状の材料の一部分のみをとかし，融解領域を棒の一端から他端へ向けて移動させる**ゾーン精製**（zone refining）という方法がとられる。

10・2　半導体材料の単結晶化

　半導体材料は単結晶の状態で用いられることが圧倒的に多い。この節では，

10・2 半導体材料の単結晶化

まず単結晶インゴットの育成法の原理について述べ，次にエピタキシーという技術を用いた層状単結晶の作製法の原理について説明する。

〔1〕 引き上げ法 (pulling method)

この方法は，創始者 (Czockralski) の名をとり，**チョクラルスキー** (CZ) **法**ともよばれる。

図 10・4 に CZ 法で Si 単結晶インゴットを作る様子を模式的に示す。

石英るつぼ中の高純度 Si は，高周波誘導加熱によって融点よりわずかに高い温度に保たれている。上部の回転シャフトに取り付けた**種結晶**と呼ばれる Si の単結晶を液面に接触させ毎秒 20 μm 程度の速さでシャフトを引き上げると，Si の融液は種結晶の結晶方位に配列しながら徐々に引き上げられる。引き上げられた結晶中に転位と呼ばれる原子配列の乱れを取り除く（または減少させる）目的で，結晶成長の初期段階で一担結晶を細くしぼることが一般に行われている。

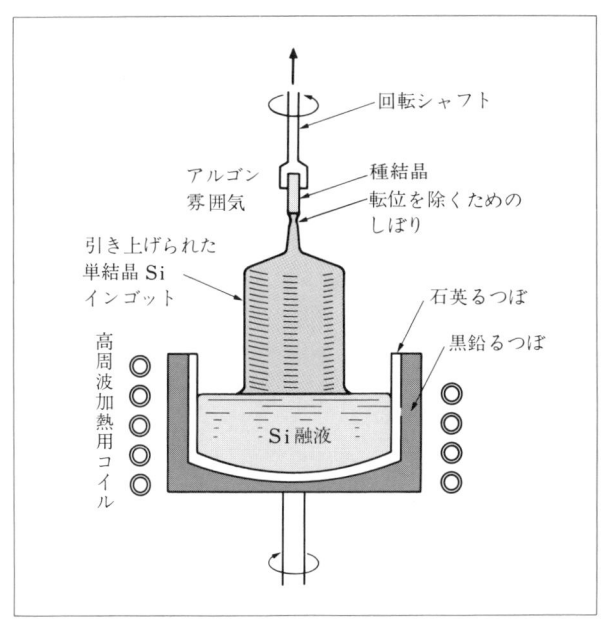

図 10・4 引上げ法による Si 単結晶の育成

CZ法ではSi融液を石英（SiO$_2$）るつぼに入れるため，酸素原子がSi単結晶中に取り込まれる。かつてこのことはCZ法の欠点と考えられていたが，この不純物酸素原子の性質をたくみに利用して，ウエーハ（wafer）の表面に近い層に存在する結晶欠陥を内部にすい込む**ゲッタリング**（gettering）**技術**が見い出され，現在では，IC，LSI基板用のウエーハはCZ法によって作られたものが多い。大きさは，直径が30 cm，長さ1 mのSi単結晶が生産されている。SiのほかにGaAsを始めとする化合物半導体にも一部CZ法が活用されつつある。

〔2〕 浮融帯法（float-zone method，FZ法）

この方法では，図10・5に示すように，多結晶Siの一部分のみを融解し，特にるつぼのような容器を用いないで，表面張力と高周波電磁場により融液を保持しながら単結晶の育成が行われる。従って，FZ法では育成中に不純物原子の混入が少ない。特に，酸素原子についてはCZ法に比べ1/100程度におさえることができる。

FZ法により育成された結晶は純度が高いので高耐圧のpn接合の形成に適

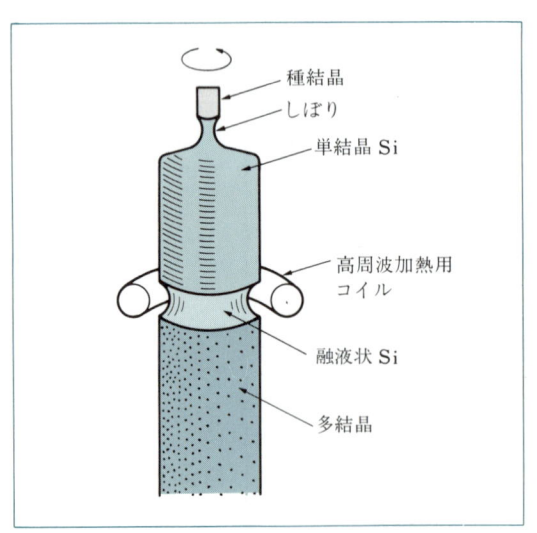

図10・5 浮融帯法によるSi単結晶の育成

しているため，電力用トランジスタやサイリスタ等の材料として用いられている。しかし，ウエーハ内の抵抗率分布の不均一性やデバイス形成時の熱処理によるウエーハ面の変形（そり）がCZ法によるウエーハに比べ大きい欠点を有し，このためIC，LSI用の基板としては用いられない。製産量は全体のおよそ5%以下である。

〔3〕 エピタキシーによる単結晶層の製作

あらかじめ作られている単結晶の表面に，その結晶と結晶方位をそろえて新たな結晶層を形成する技術を**エピタキシャル成長**（epitaxial growth）**法**という。一般に，エピタキシーによる結晶成長は，バルク単結晶よりも低い温度で行うことができるために不純物の混入も少なく，また結晶の完全性もバルクの単結晶に比べてよくすることができる。Siバイポーラトランジスタ，化合物半導体を用いた半導体レーザ，高周波FET等のデバイス作製過程で用いられている。通常，均一性の良い0.5〜数μmの薄い層が製作できる。

エピタキシーの方法は，**液相エピタキシー**，**気相エピタキシー**，**分子線エピタキシー**の3種に分類できるが，材料の面からは基板材料と同一化学組成をもつ層を形成させる**ホモ・エピタキシー**と基板材料とは異なる化学組成をもつ層を形成させる**ヘテロ・エピタキシー**に分類できる。

（1） **液相エピタキシー**　この方法では，エピタキシー層の原料（溶質）を一担溶媒にとかし，溶液の温度を下げ過飽和状態とし，溶液を基板と接触させ溶質を結晶として析出させる。

液相エピタキシーは極めて熱平衡に近い状態で結晶成長が行われるという特徴があり，このため他の方法によるエピタキシアル層より結晶の完全性がよい。液相エピタキシーには，**傾斜法，デイップ法，スライドボード法**等の方法があり，これらを図10・6に模式的に示した。GaAs，$Al_{1-x}Ga_xAs$，$Ga_{1-x}In_xAs$等Ⅲ-Ⅴ族化合物半導体に用いられている。溶媒としては融解温度の低いGa金属が用いられ，結晶成長温度は700〜800℃である。Siでは，この方法は用いられていない。

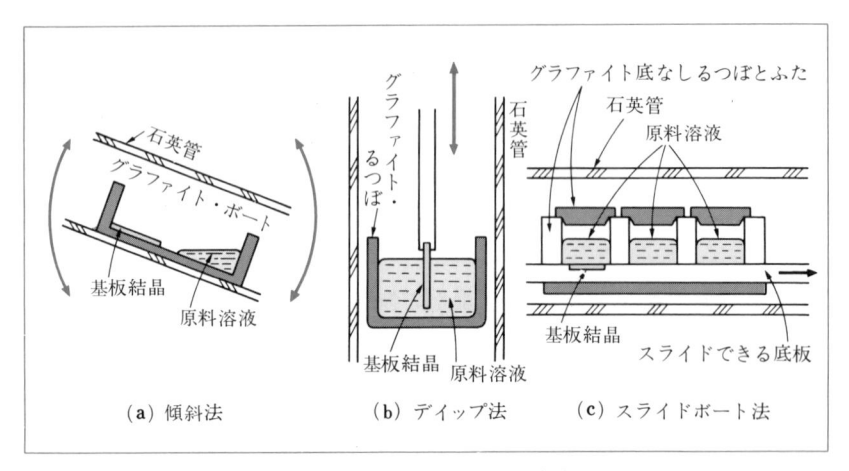

図10・6 液相エピタキシーの方法

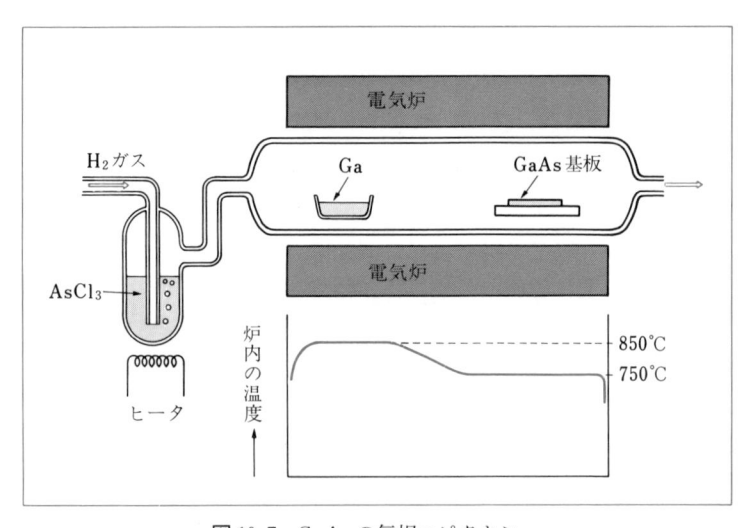

(a) 傾斜法　(b) ディップ法　(c) スライドボート法

図10・7 GaAsの気相エピタキシー

(2) 気相エピタキシー　この方法では，**キャリアガス**（一般に水素）と混合された原料（気相）が供給されCVDにより基板上に結晶成長させる。Siの場合，原料としては$SiCl_4$（この場合，水素は還元剤）やSiH_4（熱分解）が用いられる。ドーピング用の不純物源としてはPCl_5，PH_3，BCl_3，B_2H_6等が原料と混合して送られる。結晶成長時の基板温度は1 000～1 200℃，数 μm/

minの速度で結晶が成長する。GaAsの場合，Ga源としては金属Gaの加熱蒸気，As源としては3塩化ひ素（$AsCl_3$）が用いられ，基板温度〜750°Cで成長させる。GaAsの気相エピタキシーを図10・7に模式的に示す。このほかに蒸気圧が適当であり，かつ，加熱により分解しやすいという理由で，トリメチルひ素，トリメチルGa等の有機金属の蒸気も原料として用いられる（MOCVDと呼ばれる）。

（3） **分子線エピタキシー**　大気圧では気体分子の運動方向は分子同志の衝突により刻々と変化するが圧力を低くすると衝突回数が少なくなり，始めに気体分子の運動方向をそろえておくと方向のそろった流れを作ることができる。これを**分子線**（molecular beam）といい，これを原料の供給源とする方法が**分子線エピタキシー**（molecular beam epitaxy）である。このため，分子線エピタキシーは10^{-8} Pa程度の超高真空中に基板をおいて行われる。この方法の特徴は，予期しない不純物の混入を少なくすることができるとともに，成長しつつある結晶の特性をその場で測定でき，必要であればその信号を用いて結晶成長条件を自動制御することが可能な点にある。このため電子線回折，

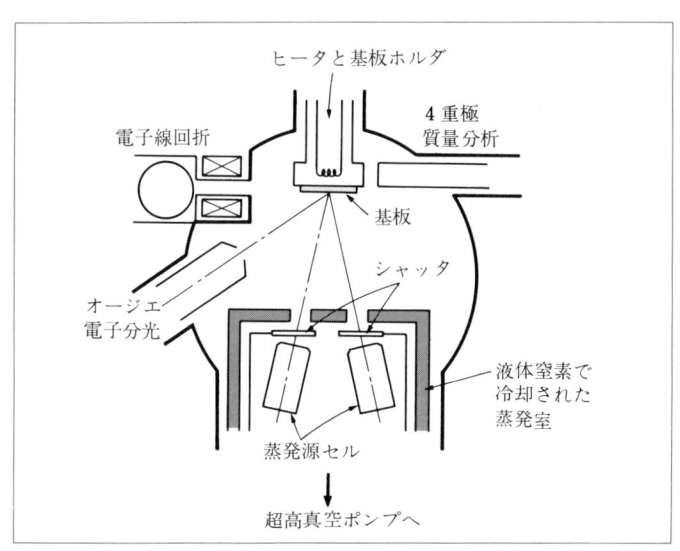

図10・8　分子線エピタキシー装置の構成

オージェ電子分光,X線マイクロアナライザ等の分析手段(表10・7参照)が用いられている。

分子線エピタキシーで作った層の特徴は,前記の2つのエピタキシーで作った層に比べ,層の表面を原子サイズで平坦にすることができることであり,他の方法では,製作困難な急峻な接合の形成が容易である。この特徴を生かして半導体レーザや光導波路の形成に応用されている。図10・8に,装置の模式図を示した。

(4) **ヘテロ・エピタキシー**　エピタキシーの際立った特徴の1つに先に述べた**ヘテロ・エピタキシー**(異種単結晶層の形成)がある。その際,基板とする結晶とその上に形成させる結晶の組合せには制限がある。この制限は,エピタキシーでは基板結晶の原子配列の特徴を受けついて,その上に結晶が成長することに原因している。

一般にヘテロ・エピタキシーが可能な条件として,

① 基板とする結晶の格子定数とその上に成長させる結晶のそれが近い値をとること。

② 両者の熱膨張係数の差が小さいこと。

があげられる。このような条件を満たす材料の組合せ例を表8・2に示す。もし,上記の条件からはずれると,作られた結晶層には格子欠陥と呼ばれる原子配列の不完全な箇所が多くできたり,はなはだしい場合には単結晶層を保つことができず多結晶となる。

ヘテロ・エピタキシーの有望な応用分野の1つとして,数十〜数百原子層ずつ異種材料を交互に結晶成長させた多層膜構造の**超格子半導体材料**がある(第

表10・2　ヘテロ・エピタキシーができる材料の組合せ例

GaAs	Ge
GaP	Si
ZnSe	Ge
InAs	GaSb
α-Al_2O_3(サファイア)	Si

9章参照)。ヘテロ・エピタキシーの変形として，石英ガラスのように原子が周期的に配列していない基板上にも基板表面に細密な規則的凹凸をつけておくと，その上に単結晶層を形成することができる**グラホ・エピタキシー**（grapho-epitaxy）法や，同じく原子配列の不規則なガラス基板上に一担多結晶層を形成しておき，これをレーザ光を走査しアニールを行うと結晶方向が走査方向にそろうことを利用した方法等が開発されている。

表10・3 その他の半導体材料の作製法

名　称	方法と特徴	形　状	例
ブリッジマン法（垂直，水平）	先端のとがった管中の融液を先端から冷却し結晶化	単結晶塊 多結晶塊	GaP，アントラセン，CdS，AlAs，CdTe
パイパー法	焼結体の昇華による気相成長，昇華物が容器の自己シール効果をもつ	単結晶塊	CdS
真空蒸着	高真空中で蒸発または昇華させた材料を基板に付着	微結晶薄膜 非晶質薄膜	容易に気化し，分解しにくい材料に可。例多数
スパッタリング	グロー放電中のArイオンの衝突で飛び出した原料原子と基板付着	微結晶薄膜 非晶質薄膜	例多数。一般に真空蒸着のむずかしい材料
フラックス法	育成温度を下げるためフラックス（一般に無機塩）に溶かし，その中で成長	単結晶片（針状）	ZnS, CdS
ベルヌーイ法	プラズマトーチを利用，るつぼを用いないため高融点材料に向く	単結晶塊	TiO_2, NiO
水熱育成法	一般に，オートクレーブを利用水溶液に溶解させ，種結晶上に析出	単結晶	ZnS, ZnO, Gu_2O, 水晶
VLS法	気相から原料供給し液体合金層を介し結晶成長	100 nm〜200 μm のホイスカー	Si, Ge, GaP, GaAs
リボン結晶引き上げ法	過冷却液体からのデンドライト成長，高成長速度（〜1 cm/s）	双晶リボン状	Si, Ge, InSb, GaAs
トランスポート法（不均等化反応法）	温度勾配をつけた閉（開）管で原料をI_2等を用いて低温部に気相成長	単結晶片（針状，板状）	ZnS, Si, GaP, GaAs

〔4〕 その他の半導体材料の作製法

これまで多種類の半導体材料の育成のため数多くの方法が開発されてきた。それらの主要なものを表10・3にまとめて示した。

10・3 不純物および構造欠陥の制御技術

〔1〕 半導体基板の不純物と構造欠陥

半導体素子を作製する結晶体は，純度が高く構造欠陥の少ないものが望まれる。シリコンやゲルマニウムについては，結晶の欠陥の割合が 10^{-10} と極めて少なく育成できるようになってきたが，これら以外の結晶では純度や構造欠陥を 10^{-5} 程度より少なく育成することはできないのが現状である。結晶育成には高純度の素材を用い，それに導電率を制御する不純物原子を添加して所要の導電率の結晶に育成している。例えば，4属のSiには3属元素のボロン(B)，5属のひ素(As)，りん(P)が用いられ，3～5属化合物半導体には2属の元素の亜鉛(Zn)，カドミウム(Cd)，6属の元素のテルル(Te)，硫黄(S)，セレン(Se)などが用いられている。

これらのドナーやアクセプタに寄与する元素の添加量を増加させると，導電率が高くなるが，不純物濃度として作用する割合はおよそ 10^{-2} までが限度である。Siに対する不純物濃度と温度の関係を図10・9に示すように，不純物濃度としては $10^{21} \mathrm{cm}^{-3}$ が限度であることがわかる。これ以上添加してもSiに固溶せず析出され不純物として作用しないので，導電率を高める効果をえることはできない。

結晶の高品質化には不用な元素を極力ふくませないことのほかに，結晶に構造の微小な欠陥を少なくすることが必要である。これらの不用な不純物や欠陥はキャリアのライフタイムを短くさせたり，接合の漏洩電流を増加させたり，接合の逆耐電圧を低減させたりする要因となる。また，この微少欠陥はウエーハを加熱するときの生ずるそりの原因にもなってくる。このため微小欠陥をウ

10・3 不純物および構造欠陥の制御技術

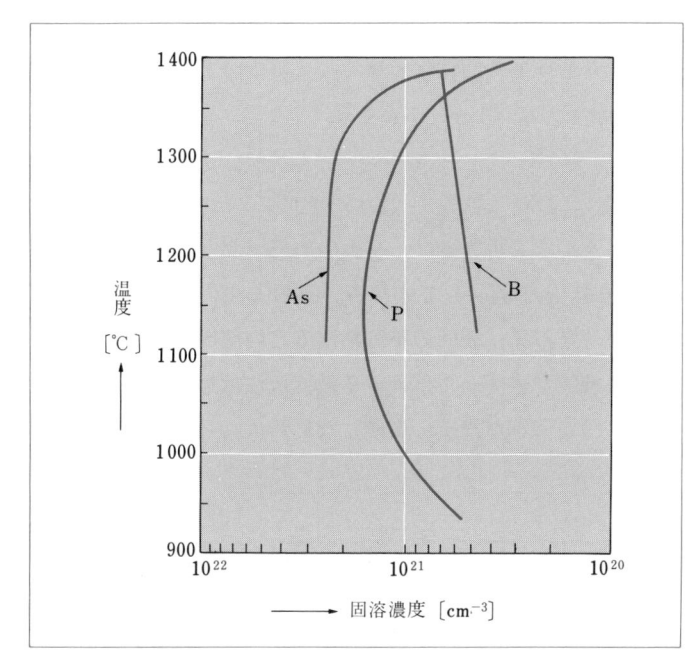

図 10・9 シリコンに対する不純物の固溶度

エーハ作製後に極力少なくするため，ウエーハの裏面などに微少欠陥と汚染物質を集めて素子形成部分（活性領域）の純度と品質を高めるため**ゲッタリング** (gettering) が用いられる．

　Si ウエーハに対するゲッタリングの方法としては，ウエーハの裏面に機械的研磨による歪をつけたり，アモルハス Si を付着させたりしたのち，900℃で30 分間程度の加熱処理する方法と，酸素の析出による欠陥を利用する方法とがある．前者では，ウエーハの裏面の歪に欠陥や汚染物質（Na など）を集めて，活性領域として用いる表面部分の純度と品質を高めている．後者では，Si 中の酸素濃度を $0.85 \sim 1.2 \times 10^{-3}$ に設定して結晶を作製しておき，これをウエーハにしたのちに窒素雰囲気中で 1 100℃で 3 時間程度の加熱処理を行いウエーハ表面から酸素を析出させて欠陥を形成させ，次に 650℃で 16 時間の加熱処理ののち，1 000℃で 16 時間の加熱処理を行って酸素の析出欠陥に汚染物質や微少欠陥を吸いとらせている．この処理によってウエーハの表面から 24

μm 程度の深さまでの部分を欠陥等のない層にすることができるので，この高品質化された深さは素子を形成する活性化領域としては十分である．この手法は，高密度の LSI の作製法として用いられている．

〔2〕 **不純物導入技術**

半導体基板の表面から不純物を導入させ，基板の内部と異なる不純物分布層を形成させる主な形成法を Si を例にして述べる．その方法の1つとして，不純物の原子に熱エネルギーを与え，表面の不純物濃度と内部の濃度との差によって熱的に拡散させて不純物を表面から導入する熱拡散法は最もよく用いられる方法である．近年，素子を微細な構造に形成しなければならないときに，不

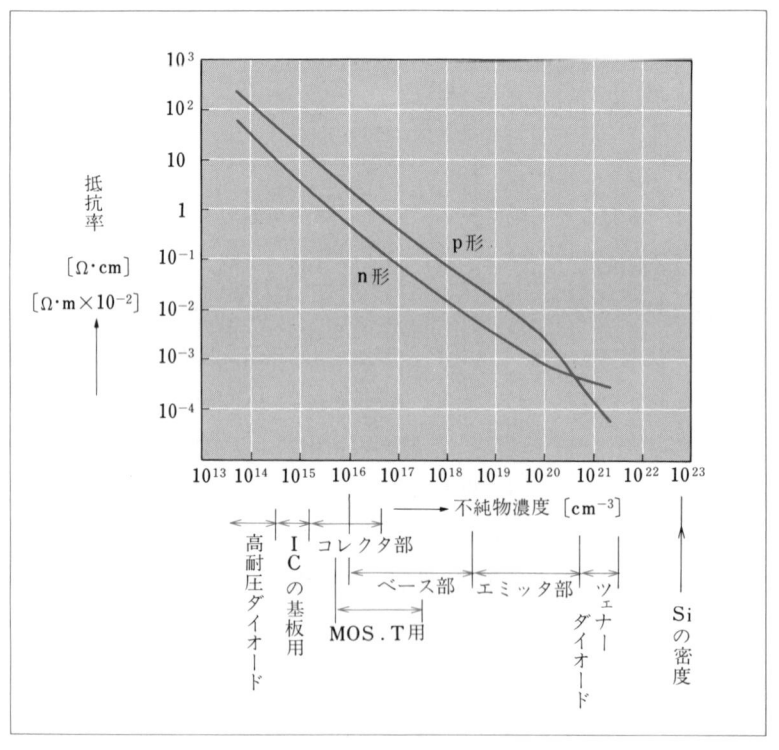

図 10・10 シリコン基板の抵抗率と用途の関係

純物原子をイオン化して電界を用いて加速しウエーハに浸透させる**イオン打込み法**（ion implantation）が用いられている．このほかに，中性子を照射してシリコンをりん（P）に変えて不純物として作用させる方法などもある．

（1）熱拡散技術　半導体素子の用途によって基板のSiの抵抗率は大幅に調整しなければならないので，その関係を図10・10に示す．この基板に対してpn接合を形成するには，取り扱いが容易である3属のB，5属のPまたはAsなどを熱拡散法で浸透させる方法が多く用いられている．これらの不純物元素の素材としては，室温で気体の化合物であるジボラン（B_2H_6），ホスフィン（PH_3），アルシン（AsH_3），液体の化合物のBBr$_3$，PCl$_3$が多く使用される．これらの化合物を分解して不純物原子として作用させている．これらの元素のSiへの拡散係数は，図10・11に示すように，加熱温度が高いほど拡散の速度は指数関数的に増加するが，通常の熱処理温度は1 100～1 250℃で行われる．図10・11よりわかるように，BとPとはその拡散係数がほぼ等しいが，Asは

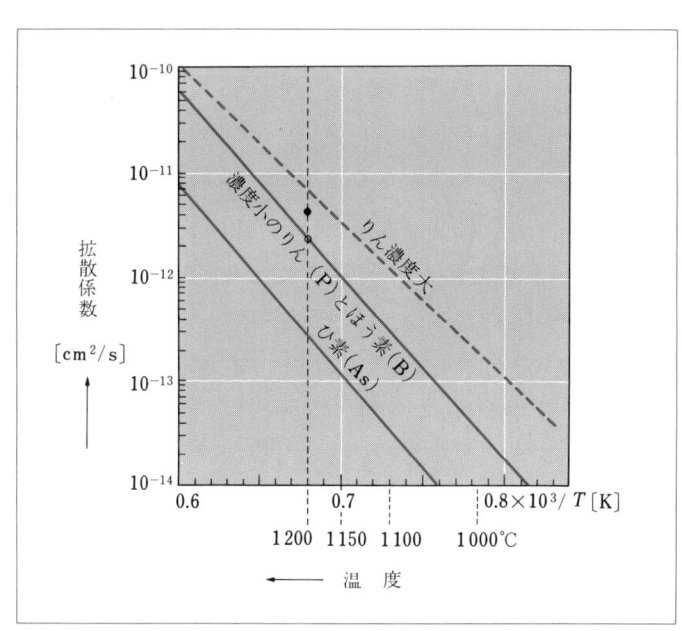

図10・11　シリコンに対する不純物の抵抗係数

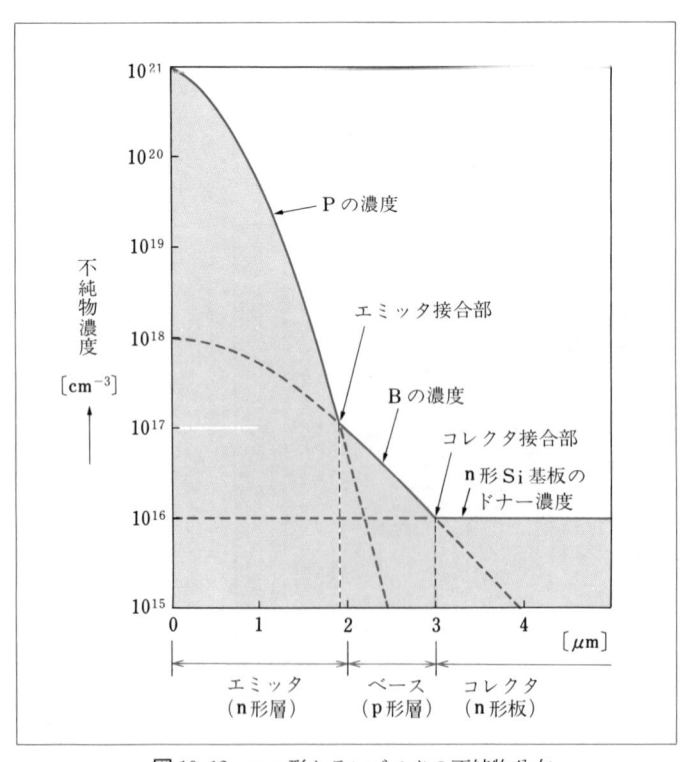

その1/10と小さい値であるのでAsの浸透を始めにしておくと，BやPの熱拡散を後から行っても，Asの分布はほとんど変化しない利点がある．また，Pの拡散の様子はその濃度や雰囲気によって変わるし，BはSiO₂になじみやすいため，SiO₂の近傍ではBの濃度が薄くなるので留意しなければならない．

いま，$0.4\,\Omega\cdot\text{cm}$ のn形Si基板に熱拡散法を用いて，図10・12のような不純物分布をもつnpn型のトランジスを形成させてみよう．Si基板のドナー濃度 N_D は，図10・10より $10^{16}\,\text{cm}^{-3}$ であることがわかる．このn形Si基板の表面からまずBを熱拡散させてP形層を形成し，深さ $3\,\mu\text{m}$ のところにpn接合面を形成させたい．このため，BのSi表面での濃度 N_0 を常に $10^{18}\,\text{cm}^{-3}$ に保持させておく方法を用いることにすると，この表面のBの濃度（$10^{18}\,\text{cm}^{-3}$）

図10・12 npn形トランジスタの不純物分布

を熱処理によって深部に浸透させて表面より 3 μm の位置での B の濃度 N_A を基板のドナー濃度 N_D の 10^{16} cm^{-3} と同じにすればその位置が pn 接合面にできる。このため，1 200°C で熱処理すると，B の拡散係数の値は 2.2×10^{-12} cm^2/s である。図 10・12 よりわかるように，B の濃度分布は表面が 10^{18} cm^{-3} で接合部の濃度は 10^{16} cm^{-3} であるので，濃度は 10^{-2} だけ薄くなっている。この条件での熱処理では濃度分布は誤差関数形になるので，図 10・13 に示す誤差関数の係数を用いて 10^{-2} の濃度差のときの u 値（$x/2\sqrt{Dt}$ の値）を求めてみると $u \fallingdotseq 1.8$ が得られる。これより x が 3 μm(10^{-6} m) のときで，1 200°C での D の値に図 10・11 からの 2.2×10^{-12} cm^2/s の値を用いて，熱処理時間 t 〔秒〕を求めると 3 156 秒（52.6 分）が求められる。これらの計算より B の表面濃度を

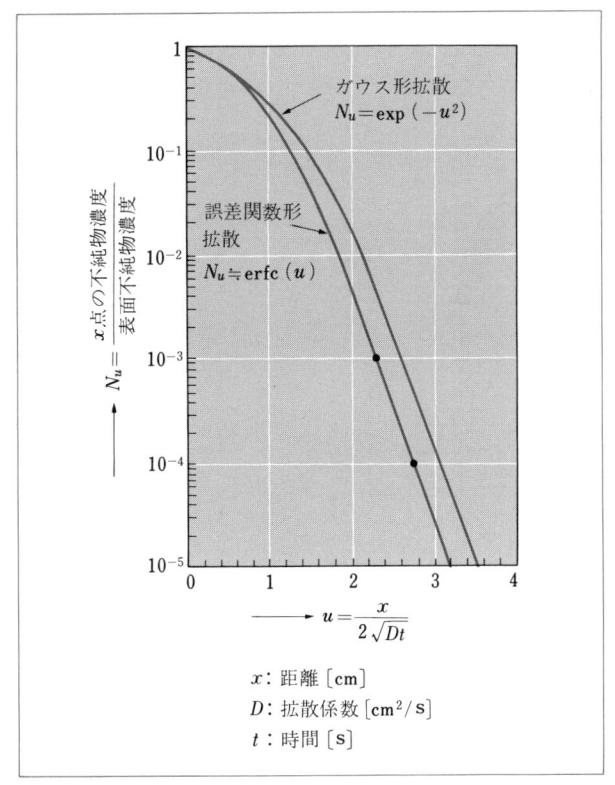

図 10・13　熱拡散による濃度分布

10^{18} cm^{-3} として1 200°Cで約39分間の加熱処理をすれば，0.4 Ω・cm の n 形 Si の表面より 3 μm の深さに pn 接合を形成できる．

次に，B を拡散させた部分に P をアクセプタとして拡散させて表面より 2 μm までを n 形層にしよう．深さ 2 μm のところの B の濃度はほぼ 10^{17} cm^{-3} になっているので，P の Si 表面の濃度は 10^{21} cm^{-3} と濃く保持して 2 μm の深さでの P の濃度を 10^{17} cm^{-3} としよう．このときの P の濃度差は 10^{-4} になっているので，u の値は約 2.8 となり，$u = x/2\sqrt{Dt}$ の関係より t〔秒〕の加熱時間がきまる．P の拡散係数は濃度によって変わるので，1 200°C での拡散係数の値を 4.2×10^{-12} cm^2/s としよう．この値より x を 2 μm として t〔秒〕の値を求めると約 300 秒（5 分）となる．

これより B の熱処理は 1 200°C で (39 分) − (5 分) = 34 分行い，P の熱処理は 1 200°C で 5 分間行うと，図 10・12 のような不純物分布を得ることができる*．

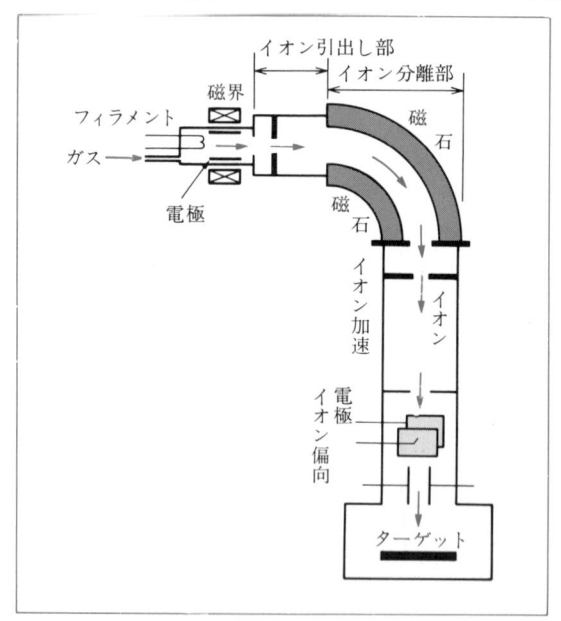

図 10・14　イオン打込み装置
（加速電圧 10〜5 000 keV）

---

*　P の熱処理時間の間に，B は外部よりの補充なしに深部に拡散するし，Si の表面の SiO$_2$ の中にも吸い込まれて B の濃度が下がるので，始めの B の表面濃度を 10^{18} cm^{-3} より濃くしておく必要がある．

これによってできる表面より 2 μm までの n 形層をエミッタとし，基板とエミッタ部との中間の 1 μm の部分の p 形層をベースとし，基板の n 形部をコレクタとして用いると npn 形のバイポーラトランジスタを形成できる。

（2）**イオン打込み技術**　イオン打込み技術とは，図 10・14 に示すように，イオンソース部でプラズマによってイオン化された元素の質量を選別し，所要のイオンのみを加速したのち，ビーム走査系からウエーハ移動させてウエーハの全面に不純物イオンを打込み，不純物ドープ層を形成することである。この技術では，イオンの数を制御できるし，不純物分布はガウス分布で表されるので，加速電圧の大きさと**ドーズ**（does）**量**（打ち込みした量）を決めると，不純物分布を制御できる特長をもっている。前述の熱拡散技術で，pn 接合を形成させると 2～3 μm の深さが限度で，これより浅いところに接合面を形成させることは極めてむずかしい。しかし，イオン打込み技術を用いると，0.1～0.6 μm の深さに pn 接合面を形成できるので，集積密度の高い MOS 型 LSI などを形成するには，イオン打込み技術は不可欠の技術となっている。

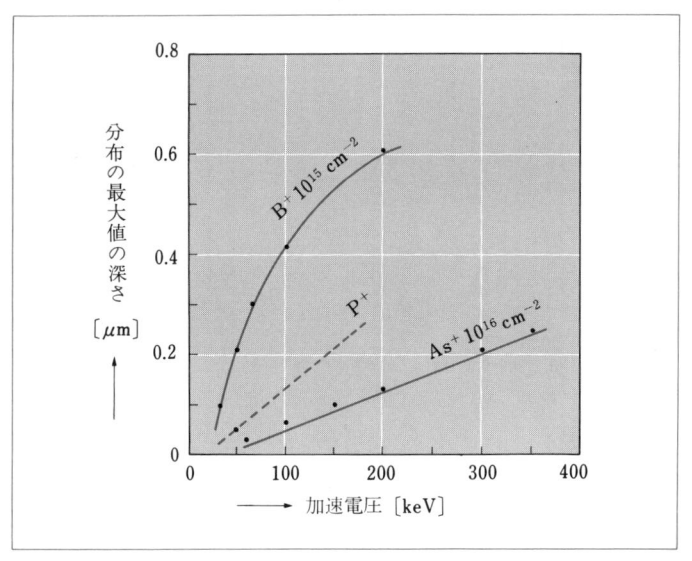

図 10・15　シリコンに対する加速電圧による打込み深さ（縦軸はガウス分布の極大値）

この技術で打ち込まれたイオンの不純物分布のピーク値の深さは，加速電圧と元素の種類によって変化するので，これらの関係を図 10・15 に示す。これよりわかるように，イオン半径が小さく質量の軽い元素は深く打込みやすいし，加速電圧 V を高くすると不純物分布のピーク値は $V^{0.5 \sim 1}$ に比例して深くすることができる。また，不純物分布の広がりはドーズ量が多くなれば大きくなるし，ウエーハに対する打込み角度にも依存するので，直角の打込み方向よりも 8 度程度傾きをつけて打込むと正確な分布に不純物を浸透させることができるといわれている。しかし，打ち込んだイオンによって発生した結晶欠陥を除去したり，そのイオン元素に不純物作用をさせるためには，1 000℃で 20 分間程度の加熱処理が必要である。このため，打ち込まれた元素の分布は，熱拡散によってその密度分布のピーク値が低下し，分布の広がりも増大する。B，As，

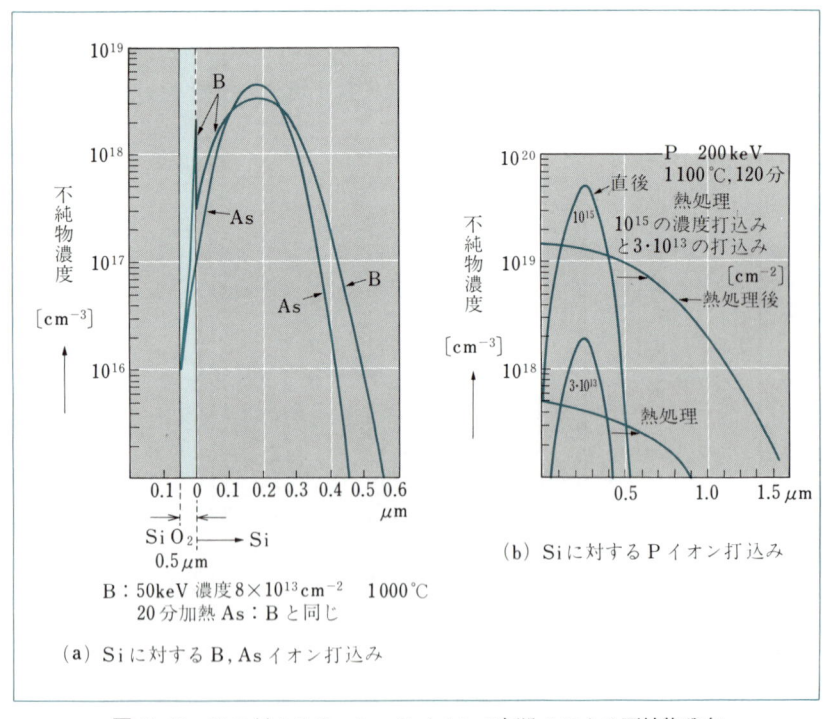

(a) Si に対する B, As イオン打込み
B：50keV 濃度 $8 \times 10^{13} \mathrm{cm}^{-2}$　1 000℃ 20 分加熱　As：B と同じ

(b) Si に対する P イオン打込み

図 10・16　Si に対する B, As, P イオンの打込みによる不純物分布

PのSiに対する打込み後熱処理によって得られた分布を図10・16(a), (b)に示す。

　SiによるMOSトランジスのソースやドレイン領域を形成するには,ドーズ量10^{15}～10^{16} cm^{-2}の高い濃度でイオンを打込むことが必要であり,CMOSのウエル領域の形成のときでも10^{15}～10^{16} cm^{-2}の高い濃度でイオンを打ち込むことが必要である。イオン打込み技術では,イオン濃度を高くするにはイオンソースを大きくしなければならないので装置が大型化する。しかし,チャネル領域は10^{10}～10^{12} cm^{-2}と濃度の低いドーズ量で不純物分布を制御できるので,しきい値電圧V_{th}を調整し,整合させるにはこのイオン打込み技術は不可欠になっている。

　また,イオンの打込み時には横方向にもイオンの分布が起こる。この横方向に対する分布ずれは深さの半分程度しかずれないので,イオン打込みで深さ0.2～0.5 μmのところに接合面を形成するときは,横方向には0.1～0.2 μmだけしか不純物分布がはみ出さない。そのため,精度の高い2 μm以下の寸法のデザインルールで設計されたpn接合を形成するには,このイオン打込み技術は極めて主要な技術といえる。

（3）その他の技術　　不純物を熱拡散技術で導入させるときにも,気体状態の不純物元素を表面から浸透させるだけではなく,不純物元素を酸化物などの固体の化合物としてSi表面に付着させてから,内部にその不純物元素のみを拡散させることも行われる。また,CVD法を用いて不純物元素を多くドープされた多結晶SiをSiのウエーハの表面に析出させ,その多結晶Siから不純物をウエーハ内部に拡散させる方法も用いられている。

　そのほかに,Siに中性子を照射して^{30}Siを^{31}Pに変換させてドナー不純物として作用させることもできる。この^{30}Siは通常Siの中には約3%含有されているので,相当濃いドナーを形成させることができる。中性子はSiの中を容易に透過するため,^{30}Siを一様にPに変換させてしまうので,ウエーハ全体のドナー量を一様に増加させる方法に適しているが,ウエーハの表面のみに不純物を導入させる方法には適用できない。この中性子線照射による不純物導入

法でも Si ウエーハに結晶欠陥をつくるので，照射後には十分な加熱処理が必要であるが，中性子の照射量を検出して P の密度を精度よく規定できるので，ウエーハの導電率を一様に精度よく変換させるには有効な技術である。

10・4 微細加工技術

〔1〕 結晶の機械的加工

半導体素子に用いる結晶は大きいほど加工手数がはぶけるので，結晶はますます大きく育成されるようになり，始め Si 結晶も 1 インチの直径で長さ約 10 cm 程度の大きさであったが，現在では，Si 結晶においては，12 インチ（約 30 cm）の直径で長さ 1 m 程度の大きさのものが用いられるようになった。この円筒形結晶を厚み 0.5 mm 程度に輪切にしてウエーハを作製する。この工程での切りしろを少なくするために極めて薄い刃のダイヤモンドカッタを用いて切断している。

このウエーハを細かい粉の研磨材で研磨し平滑な面に仕上げる。このときにウエーハの厚みを整え，片面を鏡面に仕上げる。鏡面研磨材としては，良質の微細なアルミナ，酸化シリコンやダイヤモンド粉のペーストがよく用いられる。この仕上げられたウエーハに多くの素子を形成したのち単独の素子（ペレット）に分割する。分割に際しては，鋭い先端をもったダイヤモンドによってガラス切りの手法で傷を入れ，裏面から圧力を加えて分割している。通常の 0.2 mm の厚さのウエーハであれば，0.5×0.5 mm の寸法までの小さいペレットに作製できる。

〔2〕 表面処理とエッチング技術

ウエーハに半導体素子を形成するときには，その表面の汚染を極力さけるために表面を良く洗浄しなければならない。油系の汚染の洗浄にはトリクロールエチレンやエチルアルコールまたはアセトンがよく用いられる。さらに，洗浄

効果を高めるには超音波洗浄法を用いる。しかし，最終的洗浄には必ず超純水が用いられる。超純水は，通常の水から不純物イオンをイオン交換樹脂によって除去し，抵抗率を 10 MΩ·cm 以上に高めた水を，さらに紫外線で殺菌し，フィルタで微細な物質や菌の元骸などを取り除いて作られる。

しかし，ウエーハの汚染がひどいときには，まず希塩酸処理（5分），希硫酸処理（5分），加熱重クロム硫酸（2分），20%KOH 水溶液の加熱洗浄などがよく用いられ，Si のときにはふっ酸系の薬品も用いられる。半導体や酸化物あるいは金属などを酸やアルカリで化学的に腐蝕すること，または放電現象などを利用して部分的に取り除くことを**エッチング**（etching）という。一例として，Si に対するエッチング剤を表 10·4 に示す。この表には，Si を用いた LSI の形成に必要な素材である SiO_2，Si_3N_4，Al などをつけ加えておく。

いま，Si 表面に形成された SiO_2 膜に四角な穴をあけようとするとき，穴の大きさが数 μm 角の寸法であれば，上記の薬品による化学的エッチングで穴

表 10·4 化学的エッチング剤

材料	用途	薬品組成
Ge	鏡面用 方位決定	$HNO_3 : HF : CH_3COOH : Br = 5 : 3 : 3 :$ 少量 $H_2O_2 : HF : H_2O = 1 : 1 : 4$
Si	鏡面仕上 一般用 多結晶用	$HNO_3 : HF : CH_3COOH = 4 : 1 : 1$
	等方エッチング 異方性エッチング	KOH 溶液で煮沸 $N_2H_4 + CH_3CHOHCH_3$ $NH_2(CH_2)_2NH_2 + C_2H_4(OH)_2$
	方位決定	$HF : H_2O_2 : H_2O = 1 : 1 : (3 \sim 4)$
SiO_2		$HF : NH_4F : H_2O = 1\,cc : 3\,gr : 7\,cc$
Si_3N_4	複合酸化物に適用できる	熱りん酸（160〜180°C）
Al 系	速度大 平滑用	$KOH\ (56\,gr) + $赤血塩$\ (250\,gr) + H_2O\ (1l)$ $H_3PO_4 + HNO_3 + CH_3COOH + H_2O$
W, Ta		王水または KOH + 赤血塩
3〜5 属化合物	GaAs 鏡面研磨 GaAs, 方位決定	$H_2SO_4 : H_2O_2 : H_2O = 14 : 3 : 3$ $HNO_3 : H_2O = 1 : 2$
2〜6 属化合物	CdS, 方位決定	$HCl : HNO_3 = 1 : 1$

をあけることができる。しかし，3 μm 角の寸法の穴になると2倍に近い7 μm 角の穴があくし，2 μm 角以下の寸法になると穴のかどの近傍はエッチングできなくなる。このため2 μm 角以下の寸法で加工精度よくエッチングするには，薬品による**ウェット・エッチング（wet-etching）方式**ではむずかしくなり，気体の放電現象を用いてエッチングする**ドライ・エッチング（dry-etching）方式**を用いなければならない。この方式には，イオンの化学反応を用いる**プラズマ・エッチング（plasma-etching）方式**，**スパッタ・エッチング（spatter-etching）方式**および**イオン・エッチング（ion-etching）方式**があるが，これについては次節で述べる。

〔3〕 リソグラフィ技術

（1） 原理　リソグラフィ（lithography）は，もともと石版画を意味するフランス語からきた言葉である。半導体では，その素子形成にサブミクロン程度の加工精度が必要になるので，写直技術で原板を作り，これをマスクとして有機感光剤を露光させ，感光剤による微細なパタンを形成する。これを**リソグラフィ技術**と呼んでいる。このリソグラフィ技術と微細エッチング技術は，現在のLSI作製に際しては10数回繰返し使用する主要技術であり，これらの技術の精度，位置合せ精度および不純物導入精度がLSIの集積度をきめているといえる。そのリソグラフィ技術の原理的手法を図10・17に示す。

図10・17での基板とは，エッチングしようとする材料のことである。リソグラフィに際しては，まずその基板を良く洗浄し汚染物を除去する。特に，SiO_2 をエッチングしようとするときには窒素中で700〜800°Cで加熱処理を行った後に洗浄し乾燥させる。次に，感光性有機高分子（ホトレジスト）溶液を滴下し，基板を数1000 rpmの速さで回転させ，約1 μmの膜厚にする。さらに85°Cで約10分間加熱する（図(a)）。このホトレジスト膜に透明部と不透明部のあるホトマスク（写直の原液）をあて，これを通して紫外線を数秒間照射し，ホトレジストに光化学反応を起こさせる（図(b)）。ホトレジストには，紫外線を照射させると光化学反応が起こって感光部が不溶化する**ネガ型ホトレ**

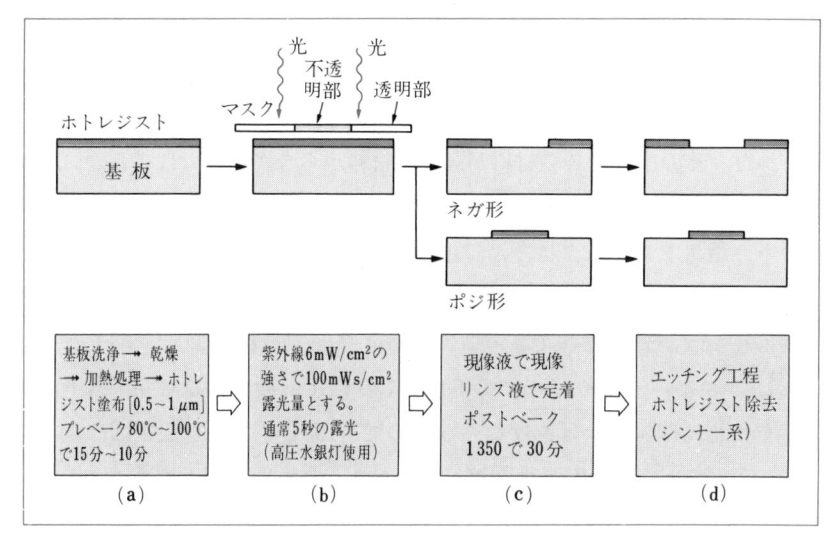

図10・17 リソグラフィの原理

ジスト[*1]と，光化学反応で高分子を分解してアルカリ水溶液に可溶化する**ポジ型ホトレジスト**[*2]とがある。この不溶化した部分を残し，可溶化した部分を現像液[*3]で取り除き，次にリンス液[*3]で定着させる。この残ったホトレジストを固化させるため135℃で約30分間の加熱処理を行う（図(c)）。ネガ型とポジ型とでは，図(c)のように残留されるレジストの位置が逆転していることに注意されたい。この残留したレジストを**ホトレジスト・パターン**といい，これをマスクとして基板をエッチングする。エッチングの後にホトレジストを除去剤（シンナー系）で取り除く。このホトレジスト・パターン形成までの工程がリソグラフィ技術である。

（2）**性能および精度**　リソグラフィの精度は，ホトレジストの材料，露光する光の波長およびその方式によってきまる。1978年ごろに量産されはじめた16KビットのダイオミックDAM（DRAM）のSiによるLSIは，4〜5

[*1] 環化イソプレンゴムと感光剤ビスアジストの混合物
[*2] フェノールボラック樹脂とジアジト化合物の混合物
[*3] 現像液，リンス液はホトレジストに指定されている。

μm の値を安定に確保する加工技術を基準にして形成されている。このときのホトレジストにはネガ型の環化イソプレンゴム系のレジストを用い，露光にはマスクを密着させる装置を用いて露光し，薬品によるウェット・エッチングが用いられた。その後，マスク材料が高分子材料から金属クロムに替りマスクの寿命が延び，露光装置も自動化しマスク合せ精度が向上した。

このネガ型ホトレジスタは，ポジ型より感度もよく SiO_2 に対する密着性も強く，エッチング薬品に対する耐蝕性も強い。しかし，ネガ型ホトレジストの解像度は約 μm が安全寸法であり，2～3 μm 角の穴を精度よくエッチングすることはできない。64 K ビットの DRAM の LSI の製作には 3 μm 以下の加工精度を安全に確保しなければならないので，1981 年以降の LSI にはホトレジストをネガ型より解像度のよいポジ型にかえられた。このポジ型のホトレジストは，SiO_2 に対する密着性が悪く，機械的衝撃にもろい欠点があるため，露光装置はウエーハにマスクを直接接触させない投影露光装置が用いられている。1984 年ごろより 256 K ビット DRAM の LSI の製造には，さらに精度のよい微細加工が必要となり，露光装置は自動マスク合せ機構をもつ縮小投影露光装置（1/2～1/4 倍）を用いることによって，1.25 μm 幅を精度 ±0.25 μm で形成でき，0.8 μm の線幅のパターンの線画きができるようになった。そのため，2 μm を安全な精度として LSI を形成できるようになってきた。

その後，2000 年には，DRAM は 256 M ビットになり，加工線幅は 165 nm になった。図 10・18 に加工線幅の年次推移を示す。年に対し指数関数的に微細化していることがわかる。現在のところ，この微細化には，バルクからパターンを加工していくトップダウン法が用いられている。しかし，この方法では，加工線幅の限界は，50 nm 程度ともいわれている。一方，原子，分子からナノ構造を組み立てるボトムアップ法はナノオーダーの加工が可能なことから，トップダウン法にかわるナノテクノロジーとして期待されている。第 9 章で述べた半導体ナノデバイスの作製にはこのボトムアップ法がよく用いられている。表 10・5 には，露光システム光源，マスク材料，レジスト材料に分類し，各々の精度などを示してある。

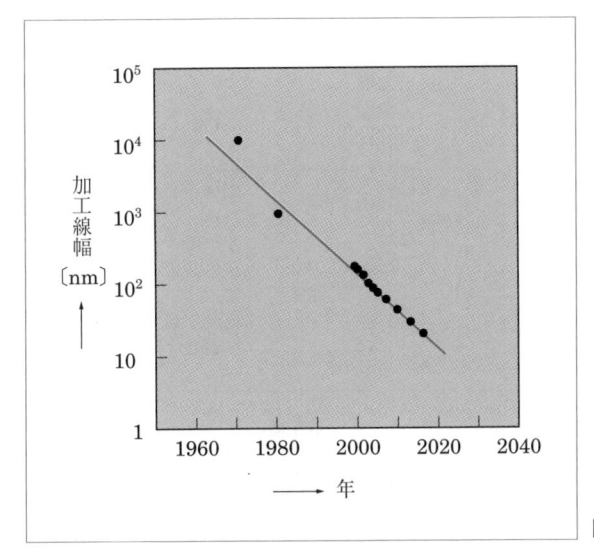

図10·18 加工線幅の年変化*

(3) 微細エッチング技術 リソグラフィ技術で，$2\,\mu$m 以下の線幅を精度良く作成するように要求されると，液体薬品によるウェット・エッチング法はエッチング精度が不足し，特に多結晶 Si に対する精度が悪く好ましくなる。このためグロー放電によって励起された分子または原子の重合化学反応によるプラズマ・エッチング技術が必要となる。

このプラズマ・エッチング方式のほかにスパッタ方式とイオン・ビーム方式とが知られているが，後者の 2 つの方式は選択性が悪いうえにエッチング速度が遅く，エッチングされた原子が再び元の位置の近傍に付着するので，$1\,\mu$m 以下の精度よい加工法にはプラズマ・エッチング方式が多く用いられる。この放電に用いる分子には，化学的に活性化しやすいガスの CF_4，CCl_4，BCl_3 などが用いられる。放電によって励起されたこれらの分子による化学反応を利用してエッチングすると，加工材料は揮発性の分子となって除去できるので，再付着が起こりにくく加工速度も早い。そのため，プラズマ・エッチングは微細な加工に適した方式といえる。この方式で SiO_2 に穴をあけるときには $1\,\mu$m

---

* 米国，半導体工業会（SIA）「国際半導体微細加工ロードマップ2001版」

表10・5 露光システム

方式	波長エネルギー	転写形式	精度〔μm〕	マスク合せ精度〔μm〕	適用線幅〔μm〕	光源	マスク材料	レジスト感度
紫外線	350〜450 nm 3 eV	密着形	±0.3〜0.4μm	±1μm	3μm	高圧水銀灯	銀塩系クロム 非接触,マスク寿命大 自動マスク合せ	ネガ型レジスト ポリ珪皮酸 (KPR) RD系 感度 10^{-6} cm^{-2} $\gamma=1.5$
		反射投写	±0.25μm	±0.5〜1μm	2μm			
		縮小投写 $\left(\frac{1}{4}\sim\frac{1}{10}\right)$	±0.25μm	±0.5μm	0.6〜0.8μm			
遠紫外線	180〜260 nm 5〜7 eV	近接形	±0.2μm	±0.5μm	1μm以下	Xe-Hg放電灯(250 nm)数kW 重水素放電灯(220 nm)300 W	Cr Cr$_3$O$_3$ Si	ネガ型(PGMA) 感度 10^{-7} cm^{-2} $\gamma=1.5$〜2.5
		反射投写	±0.2μm	±0.5μm	1μm以下			
X線	0.4〜1.4 nm 1〜5 keV	近接形*	±0.025μm	±0.5μm	1μm〜			ポジ型 PMMA PBS PMIPK AZ-2400 高感度 感度 4.10^{-7} cm^{-2}〜10^{-6} cm^{-2} $\gamma=3\sim4$
電子ビーム	0.001〜0.01 nm 5〜20 keV	マスタマスク製作	±0.1μm	±0.125μm	1μm〜			
		直接描画*			(0.8μm)			

* 研究段階の方式

以下の誤差精度で穴を形成できる。また,Siやけい素化物(MoSi$_2$, WSi$_2$など)も1μm以下の精度で加工できるので,超微細加工には不可欠な技術である。また,このエッチング方式によれば,Siの〈100〉結晶面のほうが〈111〉結晶面よりも数倍速くエッチングできるので,Siの表面にV形の溝を形成させることもできる。

このプラズマによるエッチングはその速度が一般に早く,いまCF$_4$ガスを用いて200Wの高周波で放電させると,SiやSi$_3$N$_4$に対して約1分で0.1μmの深さにエッチングすることができる。しかし,SiO$_2$に対してはエッチング

速度が極めて遅く，1分間で0.001 μm程度しかエッチングできないことは注意すべきである。

(4) 配線形成技術 ここでは集積回路，特にSiモノリシック集積回路における配線の形成法について述べる。配線用の材料には，一般にAl系の合金が用いられるが，近年はMOSトランジスタのゲートに接する部分の配線にはMoやTaなどのけい素化物が用いられることがある。

Alは抵抗率(10^{-6}Ω・cm)が低いうえにSiO$_2$に対する付着力も強く，真空蒸着法で丈夫で薄い（約1 μm）膜を容易に形成できるし，精度のよいエッチングがしやすい。Al薄膜の純度をよく形成するには，Alを電子ビームで加熱して蒸発させる電子ビーム蒸着法が用いられるが，近年，段差のある部分でのAl膜の断線を少なくするために，プラズマ放電を利用して蒸着させるスパッタ法が用いられている。

線幅が5 μm程度の集積回路の配線を形成するときには，純度の良いAlを真空蒸着してリソグラフィ技術で配線部分のみを残してエッチングしたのち，密着性などを良くするため450°Cで30分間の熱処理を行う。しかし，集積回路の集積密度を高めるのに微細化をさらに進めるには，pn接合面を表面から1 μm以下の浅い深さに形成するようになる。接合面がこのように浅くなると，配線用のAlがSiと部分的に合金化してそれが接合面に達する現象が起きやすく，接合の破壊を起こす原因となる。このため，pn接合が浅く作られる最近のMOSトランジスタによるLSIでは，1〜2%のSiを含むAlを配線材として用いて，この破壊現象をさけている。

接合の深さがさらに浅く0.3 μm以下の深さに形成させるときには，AlとSiの間にSiと合金化しにくいW，Cr，Tiなどの膜を介在させる必要があるとされている。また，集積回路の線幅が狭くなると，配線中を流れる電流密度が高くなり，配線の温度が上昇し，配線の構成原子の移動現象（マイグレーション現象）を生じて断線を生じやすくなる。

このマイグレーション現象やアロイ・ピット現象による劣化をさけるために，配線材料として抵抗率が3〜4 μΩ・cmと高いにもかかわらず，Al

＋Si(1%)＋Cu(0.25〜0.5%) の合金や，Si と Ti を含む Al 合金が配線材料として使用される．

また，MOS 形トランジスタのゲート電極には，CVD 法で形成される面積抵抗 30〜40 Ω/□ の多結晶 Si がよく用いられている．このゲート電極の抵抗による回路の遅延時間を短くするため，最近は耐熱性金属けい素化物と多結晶シリコンとの 2 層（**ポリサイド**；polyside）構造が使われている．けい素化物としては $MoSi_2$ (40 $\mu\Omega\cdot cm$)，WSi_2 (30 $\mu\Omega\cdot cm$)，$TaSi_2$ (50 $\mu\Omega\cdot cm$)，$TiSi_2$ (20 $\mu\Omega\cdot cm$) を用いて，多結晶 Si ゲートの構造の抵抗値を 1/10〜1/30 に低減している．

なお，配線としての金属薄膜や SiO_2 薄膜を保護するために，これらの上にりんガラス（PSG）を 450℃ の低温 CVD 法で 0.5 μm 程度の厚みに形成させる手法が Si 集積回路ではよく用いられる．

10・5　集積化技術

近年のエレクトロニクス部品はますます小型化され，内部に使用される電子回路は高密度化を要求されている．Si を用いた集積回路は極めて発達し，1970 年には 1 チップ当りトランジスタの数が 2 000 個であったのに対し，1980 年には 25 万個になり，2000 年には，1 チップ当り 4 000 万個を越えるようになった．この関係を図 10・19 に示す．これは，ムーアの法則として知られており，この法則によると，集積密度は 18〜24 ヶ月で 2 倍になるという．電子部品は集積化されると性能が高くなり，信頼性も高まるうえに低価格にて製作できるようになるので，あらゆる電子部品はますます集積化の傾向を強めている．このように数多くの固体回路素子を一体に構成し機能化することを一般的に**集積化技術**という．この集積化のうち特に発達の著しい Si 半導体による集積化を具体例を用いて説明する．

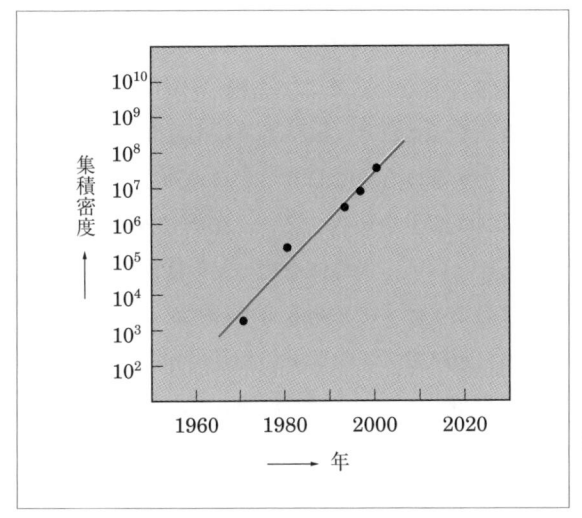

図10・19 集積密度（1チップ当りのトランジスタの数）の年変化*

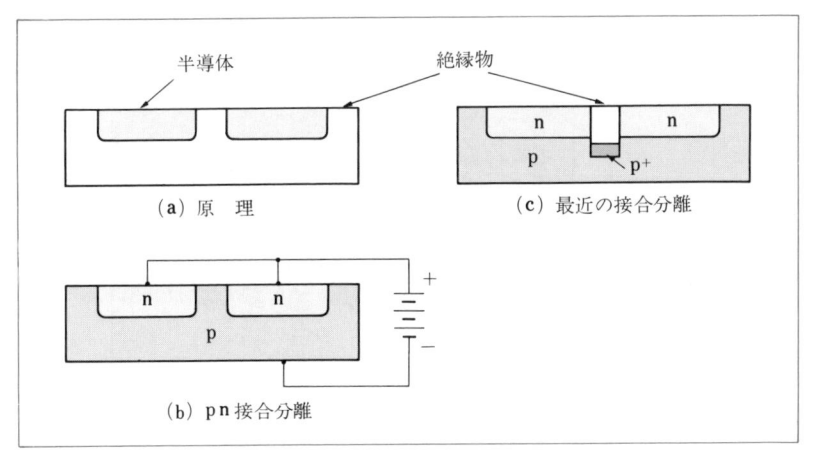

図10・20 集積回路の分離法（アイソレーション）

〔1〕 半導体集積化の原理と基礎技術

半導体素子を集積化するには，同一基板上に多くの構成素子を形成し，かつ，絶縁してある構造にしなければならない．そのためには，図10・20(a)の

---

* 米国, 半導体工業会（SIA）「国際半導体微細加工ロードマップ2001版」

ように，絶縁物の中に半導体を埋め込んでおき，その半導体に素子を形成すれば集積化できる。しかし，Siを基板に用いる集積回路では，Si基板（ウエーハ）を絶縁物に近い導電率には形成できない。そこで，図(b)のようにpn接合を形成し，それに逆バイアス電圧を加えれば，n形部分は相互間では電流を導通させないので，相互に独立した半導体と見なしうる。この独立した部分を**アイランド**（island）と呼び，ここに素子を形成する。この方法をpn接合**分離**（アイソレーション；isolation）といい，半導体を用いた集積化にはこの方法が多く用いられている。これらのことはすでに第5章で述べたことである。しかし，集積密度が高くなると短い距離でアイランドの相互の独立性を高く保つため，アイランド間に絶縁物を形成し，さらにその下部にp^+層を形成し，分離を良くする構造にする（図(c)）。

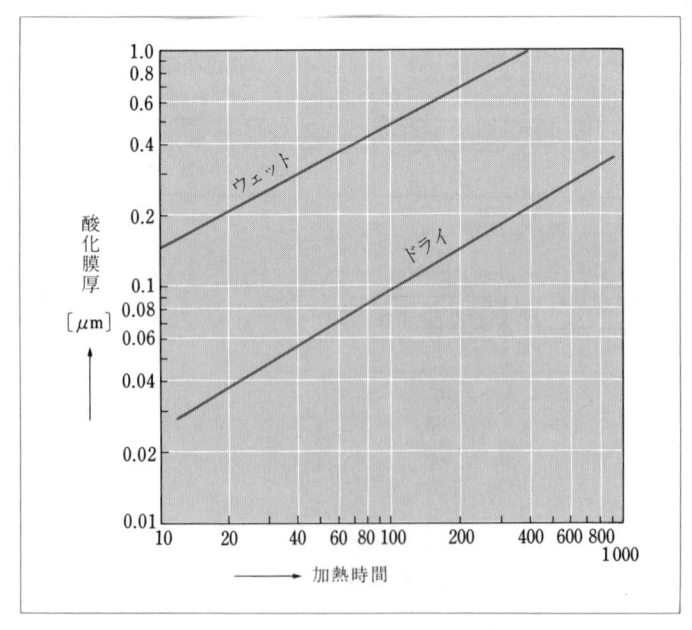

図10・21 Si表面に形成されるSiO_2の成表
$$\begin{pmatrix} 1\,000℃加熱・ドライ……乾燥酸素1気圧 \\ ウェット……水蒸気1気圧 \end{pmatrix}$$

10・5 集積化技術

図10・22 (a) 選択熱拡散 / (b) 選択イオン打込み

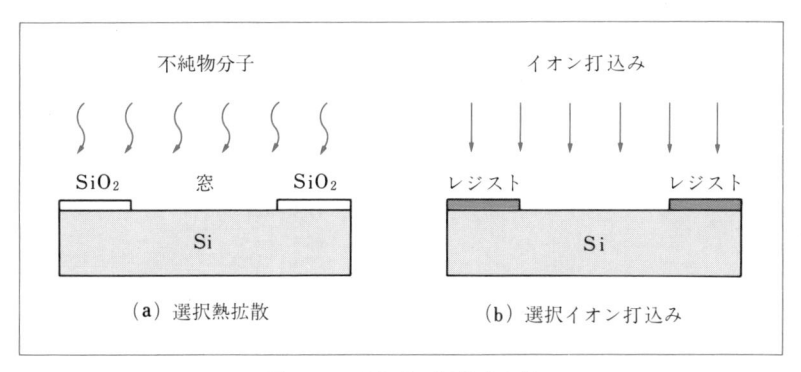

図10・22 選択的不純物導入法

　このように部分的にアイランドを形成するには，まず Si の表面に SiO_2 をつくる必要がある。Si を酸素や水蒸気中で加熱すると表面は酸化され，薄くて丈夫な SiO_2 膜になる。乾燥した酸素1気圧中および水蒸気1気圧中で加熱温度 1 000°C で処理したときに形成される SiO_2 の膜厚と時間の関係を図 10・21 に示す。

　Si 表面に SiO_2 の膜を厚く形成するときは水蒸気（ウェット）を用いるが，通常，選択的に不純物を熱拡散しようとするときには，乾燥した酸素雰囲気で加熱してできる厚み $0.1 \sim 0.5 \mu m$ の SiO_2 膜をマスクとして用いる。このマスク材の SiO_2 はリソグラフィ技術で図 10・22(a) のように窓をあける。不純物元素が SiO_2 を熱的に拡散する速さは Si に対する速さより極めて遅いので，SiO_2 のある部分には不純物は浸透しないとみなされる。従って，窓の部分のみに不純物元素が浸透し，pn 接合分離部分を形成できる。なお，イオン打込み法で選択的に不純物を浸透させるときのマスクとしては厚めのホトレジストを用いなければならない。

　図 10・20(c) に示す分離を行うには選択的に酸化する技術が必要である。この酸化層分離の工程を図 10・23 に示す。まず，Si の表面を酸化させ，その上に Si_3N_4 膜を形成させる（図(a)）。これにリソグラフィを用いて窓をあけ（図(b)）。酸素雰囲気で加熱処理を行うと，SiN_4 のあるところは酸素が透過

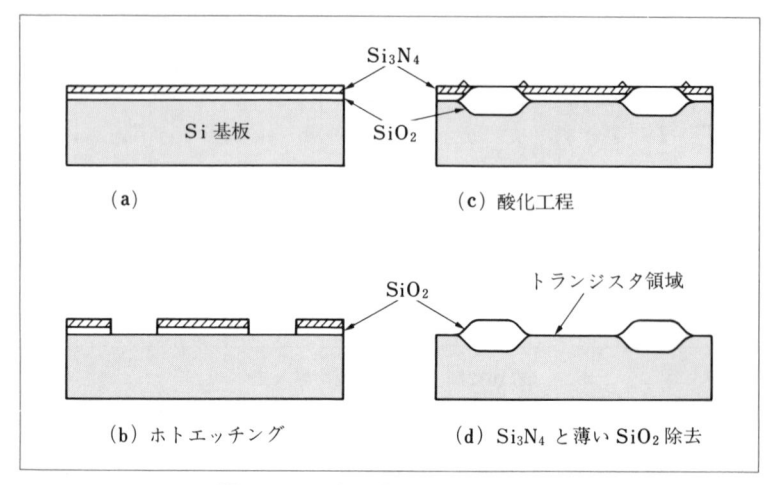

図10·23 選択酸化法 (Locos)
(Local Oxidation of Silicon)

しないので，窓の部分のみ深く酸化させることができる（図(c)）。そののちSi_3N_4膜の部分を除去する（図(d)）。残された酸化層は約 $1\ \mu m$ の厚さであり，この SiO_2 部の相互間は数 μm の間隔があり，その部分にトランジスタを形成する。この選択酸化法による分離を**ロコス**（Locos ; local oxidation of silicon）**法**という。

〔2〕 **Si 集積回路の形成法**

（1） **バイポーラトランジスタを用いた集積回路**　代表例として非常に多く用いられる npn バイポーラトランジスタを用いた集積回路の形成工程を図10·24 に示す。ダイオードはエミッタとベースまたはベースとコレクタを使用し，抵抗素子としては面積抵抗が $200\ \Omega/\square$ のベース部を所用の形状に形成して用いられる。

いま，電源として電圧 24 V の電池を使用する集積回路を構成することにしよう。まず，24 V より高い降伏電圧をもつアイランド部を形成することが必要である。このため，Si 基板には $10\ \Omega\cdot cm$ の p 形 Si を用い，その上に 0.5

10・5 集積化技術

Ω·cm の n 形層を約 20 μm 積らせた，n on p というウエーハを使用する。この n on p は約 50 V の降伏電圧をもつので，これに 24 V の逆方向電圧をアイソレーションのため加えて使用することが可能である。

この n on p のウエーハの n 形層の表面に約 0.5 μm の厚みの SdO_2 を形成する（図 10・24(a)）。分離のための p 形層を形成する部分の SiO_2 をリソグラフィで取り除き，p 形不純物元素を熱拡散技術で導入させ基板の p 形部まで浸透させる（図(b)）。この p 形層と基板の p 形部で囲まれた n 形部分が分離され

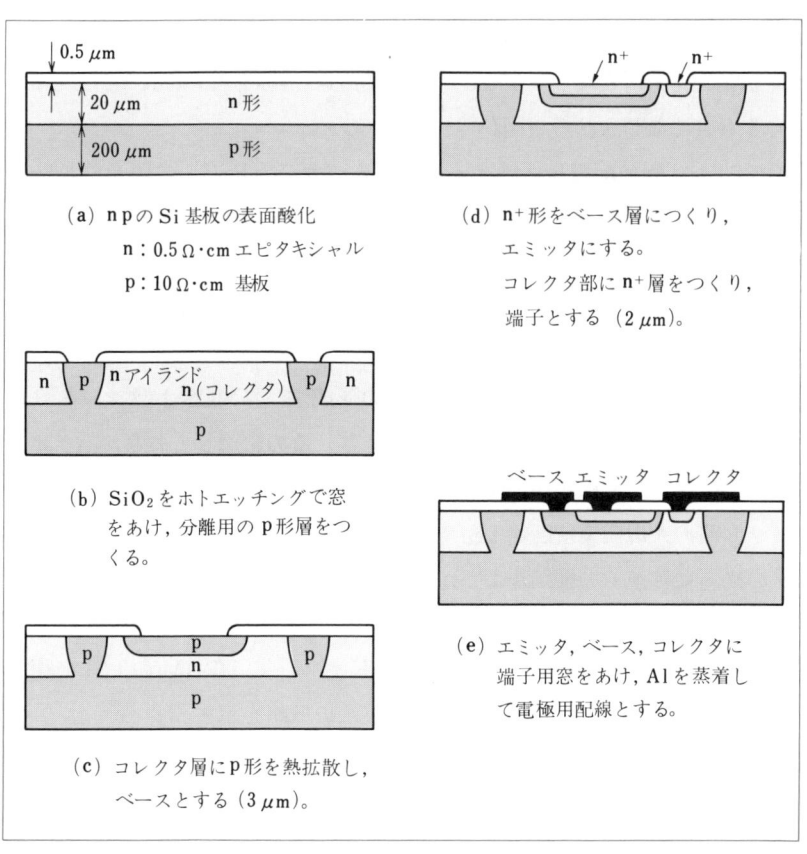

(a) n p の Si 基板の表面酸化
 n：0.5 Ω·cm エピタキシャル
 p：10 Ω·cm 基板

(b) SiO_2 をホトエッチングで窓をあけ，分離用の p 形層をつくる。

(c) コレクタ層に p 形を熱拡散し，ベースとする（3 μm）。

(d) n^+ 形をベース層につくり，エミッタにする。
 コレクタ部に n^+ 層をつくり，端子とする（2 μm）。

(e) エミッタ，ベース，コレクタに端子用窓をあけ，Al を蒸着して電極用配線とする。

図 10・24 バイポーラトランジスタによる集積回路の形成法
 （基板 n on p の Si）

てアイランドになる．このアイランド部がコレクタ部として動作する．このアイランドのn形部にp形不純物をアイランド形成と同じように選択的に熱拡散し，約 $3\,\mu m$ の深さに浸透させる（図(c)）．これがベース部として動作する．このベース部に同じ方法でn形不純物を濃く選択拡散させて n^+ 層を $2\,\mu m$ の厚みに形成し（図(d)），エミッタ部とする．ベース部は $3\,\mu m$ の p 形層につくられた $2\,\mu m$ の n 形層の残りの $1\,\mu m$ の厚みの部分がベース部として機能する．

次に，配線 Al 膜をエミッタ，ベース，コレクタの各部に接続させるために SiO_2 に窓をあけたのち約 $1\,\mu m$ の厚みに Al 膜を蒸着し，リソグラフィ技術で配線部のみ残す．そのうち 450°C で 30 分間加熱処理を行い，Al 層を焼結して SiO_2 とも良くなじませる（図(e)）．

さらに，Al 層の配線を保護するためりんガラス（PSG）の膜をウエーハ全面に形成し，ボンデングパットと呼ばれる Al 配線の端子部のみは Al 膜を露出させておく．このウエーハを分割してペレットに形成し，これをケースにマウントし，ケースの端子とボンディングパットとを細い Al 線を用いてボンディングして接続する．

（2） MOS トランジスタによる LSI の形成法　　MOS トランジスタはディジルタル信号によるスイッチング動作をさせるのに適しており，バイポーラトランジスタよりもはるかに小面積に形成できるので，ディジタル論理回路，メモリ回路の大規模集積回路 LSI を形成するのに適している．MOS トランジスタの構造には多くの種類があるが，最近多く用いられる酸化物による分離，多結晶 Si によるゲート電極でnチャネル形の MOS トランジスタを例にして説明する．この構造は，64 K および 256 K ビットの DRAM の LSI に用いられているものであり，図 10・25 にその形成法の概略を示す．

基板には，結晶軸 ⟨100⟩，抵抗率 $10\,\Omega\cdot cm$ のp形 Si を用い，酸化層分離を行うため表面を酸化したのち，その上に Si_3N_4 を形成する（図(a)）．アイランドとして用いる部分のみ Si_3N_4 を残してエッチングして Si_3N_4 を除去し，その Si_3N_4 の上にのみ厚いホトレジストを付着させ，これをイオン打込みのマ

10・5 集積化技術

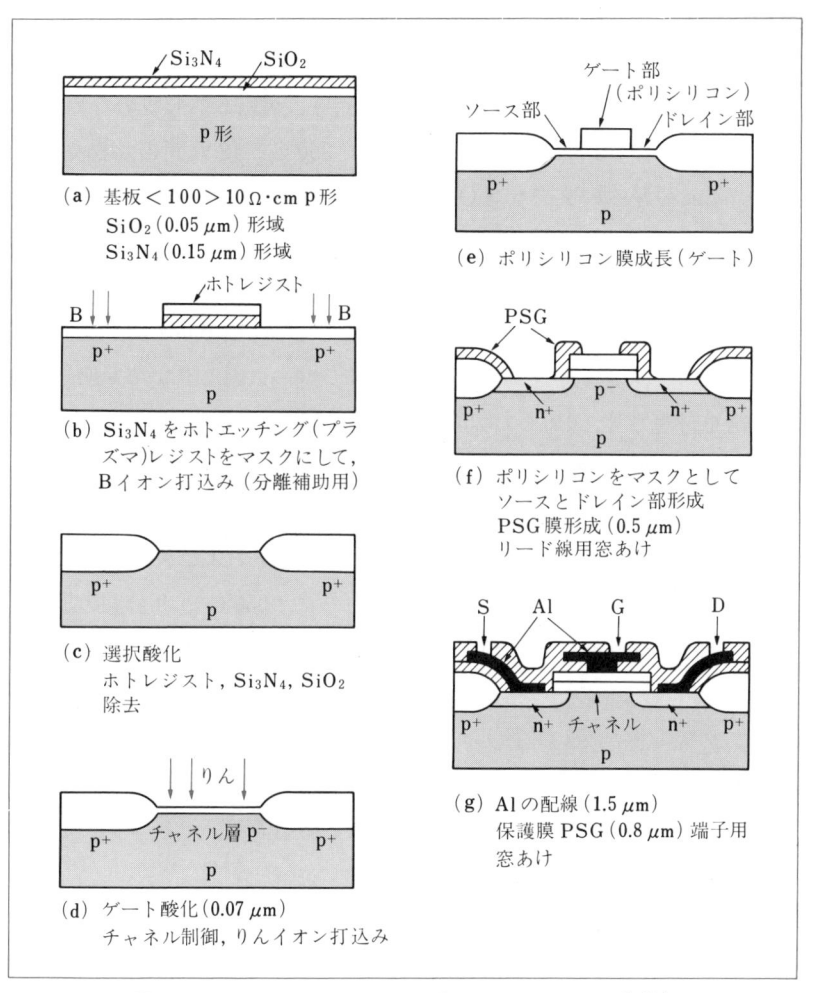

図 10・25 に n チャンネルシリコンゲート MOS LSI の形成法
（酸化層分離法）

(a) 基板 <100> 10 Ω・cm p 形
   SiO₂ (0.05 μm) 形域
   Si₃N₄ (0.15 μm) 形域

(b) Si₃N₄ をホトエッチング（プラズマ）レジストをマスクにして，B イオン打込み（分離補助用）

(c) 選択酸化
   ホトレジスト，Si₃N₄，SiO₂ 除去

(d) ゲート酸化 (0.07 μm)
   チャネル制御，りんイオン打込み

(e) ポリシリコン膜成長（ゲート）

(f) ポリシリコンをマスクとしてソースとドレイン部形成
   PSG 膜形成 (0.5 μm)
   リード線用窓あけ

(g) Al の配線 (1.5 μm)
   保護膜 PSG (0.8 μm) 端子用窓あけ

スクとして使用する。次に，100 keV に加速した B イオンを 2×10^{13} cm^{-2} の量だけ全面に打込む。加速されたイオンはホトレジストを透過しえないが，SiO₂ は容易に透過するので，SiO₂ の部分はイオンが透過し，基板の Si の表面を p⁺ 層にする。この p⁺ 層が分離の補助として役立つ。(図(b))。

次に，ウェットな酸素雰囲気中で1000°Cの加熱処理を行ってSi_3N_4のないところのみに約1μmの厚みのSiO_2を形成したのち，アイランド部にあるホトレジスト，Si_3N_4，SiO_2を除去する（図(c)）。ゲート部形成のためにはH_2＋O_2＋HCl（2：1：0.1の割合）雰囲気中で950°Cで12分間の加熱処理を行い，0.07μmの厚みの丈夫なSiO_2膜を形成する。このアイランド部以外をホトレジストで覆い，100 keVのりんイオンを$5×10^{11} cm^{-2}$の量だけ打込み，ゲートのしきい値電圧V_{th}を制御し，nチャネル層（p^-層）を形成する（図(d)）。ゲート電極にする多結晶Siを640°CのCVD法で0.4μmの厚みに形成し，リソグラフィ技術でゲート部のみ残す。ソース部とドレイン部にのみりん化合物を付着させ，950°Cで20分間の加熱処理を行い，薄いSiO_2を透してSi基板に浸透させn^+層を形成させて，これらをソースとドレインにする。次に，SiO_2などの保護のため，りんガラスを0.5μmの厚みに付着させ，90°Cで30分間の加熱処埋を行った後，ソース，ドレインおよびゲートの配線接続に用いる部分のみりんガラスに窓をおけ，さらに1050°Cで30分間の加熱処理を行い，平滑化を行って薄いSiO_2の保護膜を形成する（図(f)）。

配線用Alには2％のSiを含んだAlを用いて1.5μmの厚みの膜を形成し，エッチングで配線部分のみ残したのち，450°Cで30分間の加熱処理を行い，Al層を焼結させる。さらに，配線のAl膜を保護するため，りんガラスを0.8μmの厚さに形成し，ボンディグパット部など所用の部分のみエッチングしてAl膜を露出させておく（図(g)）。

初期のMOS形集積回路の製法は初期のバイポーラ集積回路より単純であったが，微細化に伴って次第にその工程を増加したため，以上のようにMOSLSIの近年の工程は極めて複雑になったのである。

（3）GaAsによる集積回路の形成法　GaAsによる集積回路は，Siによる集積回路ほど集積密度を高くすることはできない。しかし，移動度の大きさがSiより大きいので，高周波特性が良く高速スイッチ動作が可能であるため，マイクロ波領域での特殊な分野で使用されている。また，GaAsの表面はSiの表面のように酸素中で加熱処理し，丈夫な酸化物を形成させることができな

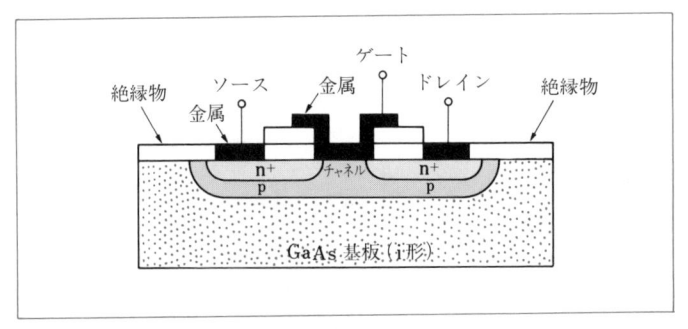

図10・26 GaAs の IC 用 FET 素子
$\begin{pmatrix} ショットキー形 \\ パンチスルー防止用 p 層形成（B^+ の打込み） \\ ゲート長は 0.6\,\mu m \end{pmatrix}$

い。このため，MOS 形のトラジスタを形成させることはできないので，図 10・26 のように，ゲート部は表面障壁型（ショットキー形障壁）にして形成する。集積に必要な絶縁物は CVD 法で形成させるしかないので，Si のように集積密度を高めることができないのが現状である。しかし，今後の光信号を対称とする光電子集積回路には，この GaAs を用いた集積回路の技術は大きな貢献をするものと思われる。

10・6　半導体材料の評価法

この節では，半導体材料の基本的な特性を求める測定方法の概要について述べる。

〔1〕 抵抗率

図 10.27(a)に示したような断面積 S の試料を作り，両端に電流を流すためのオーミック電極をつけ，側面に間隔 l で 2 本の探針を立て，この間の電圧降下 V を測定する。試料に流れる電流を I とすると，この材料の抵抗率 ρ

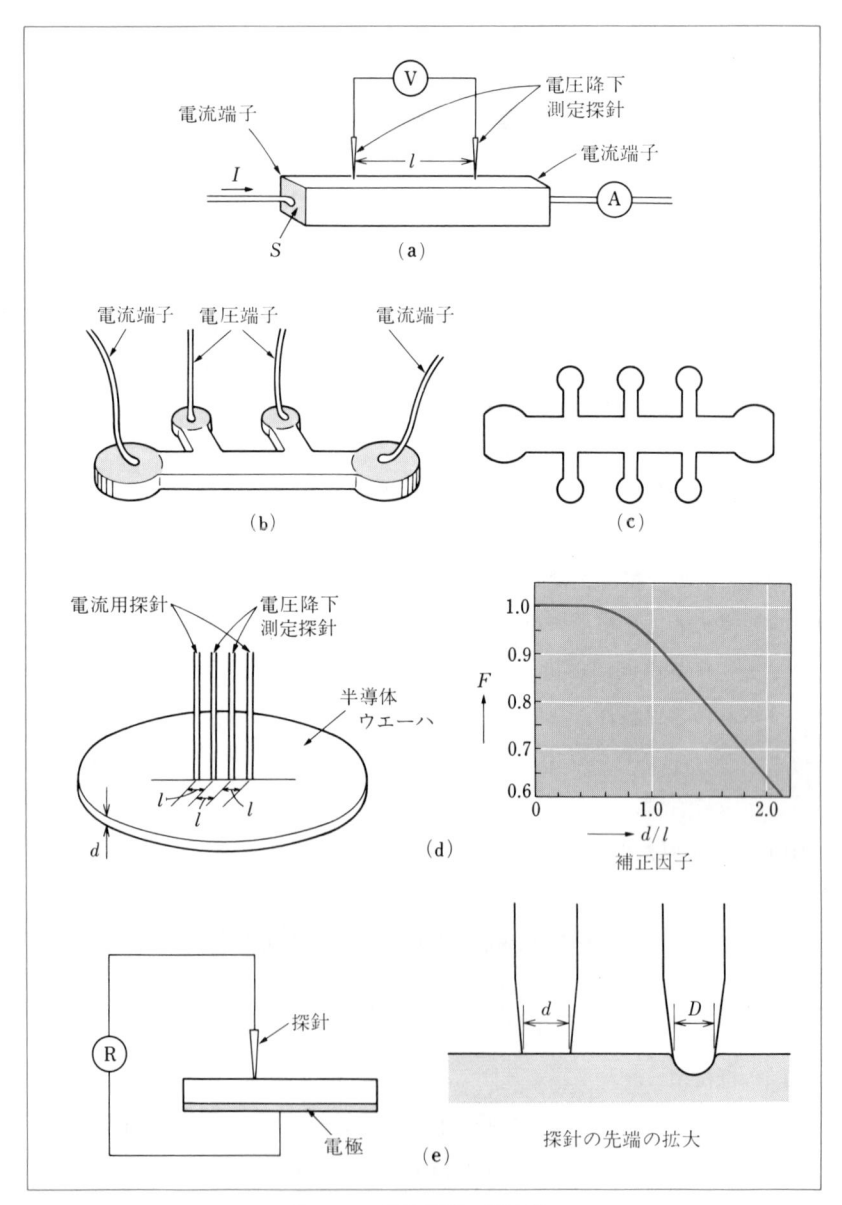

図 10·27　固有抵抗の測定法

は，次式から求められる．

$$\rho = \frac{VS}{Il} \tag{10・1}$$

抵抗率の温度依存性を測定する場合など，電圧測定用の2探針をより安定なものとするには，図10・27(b)に示す形の試料に電圧，電流端子ともに合金型の電極をつけたものを用いればよい．

一般に，抵抗率とホール係数の測定は，同じ試料を用いて行われることが多く，このためには同図(c)の形に**整形***した試料が用いられる．図10・27(d)に示した4探針を用いる方法は，半導体ウエーハを特に加工することなく測定できる特徴をもち，ウエーハ内の抵抗率の分布の測定等に利用されている．

この方法では，先端を細く（〜0.5mmφ）加工した金属線（タングステン等）をウエーハに押しつけ測定する．各探針の間隔 l に比べ試料の寸法が十分に大きいとき，抵抗率は次式で与えられる．

$$\rho = 2\pi l \frac{V}{I} \tag{10・2}$$

一般に，半導体ウエーハの厚み d は，それほど厚くはないので，この場合は，

$$\rho = \frac{\pi d}{\ln 2} \cdot \frac{V}{I} \cdot F(d/l) \tag{10・3}$$

ここで，補正因子 $F(d/l)$ は，図10・27(d)に示した値をとる．

試料内の抵抗率の分布を4探針法より細かく測定できる方法に広がり抵抗法がある．この方法では，試料の裏面全体に電極をつけ，表面に1つの探針を圧着して測定する（図10・27(e)）．

探針の先端の形状が，図に示したように，平たい円状か半球状かにより，抵抗率は次式で求められる．記号は同図を参照．

$$\rho = 2dR \quad （平たい円状） \tag{10・4}$$

$$\rho = \pi DR \quad （半球状） \tag{10・5}$$

以上の抵抗率の測定で電極のつけ方は特に重要である．電極はオーム性接触

---

* 一般に超音波加工が用いられる．

をすることが好ましく，整流性があると**少数キャリアの注入*** などにより抵抗率が見掛上変化する．一般に，適当な金属を用いた合金型の電極により整流性はかなり小さくなる．このとき電極材料として選ばれる金属としては，試料がn形であればドナー準位を作る金属，p形ならアクセプタ準位を作る金属が良い．

〔2〕 キャリアの濃度と移動度と寿命

第8章で述べたホール効果の実験が半導体材料の特性づけのためによく行われる．ホール電圧の符号から試料の伝導形（p形，n形）の判断ができ，キャリアが1種類のときは，ホール係数 R_H はキャリア密度 n に反比例するので，この関係からキャリア密度を知ることができる．また，先に示した抵抗率 ρ の値と組み合せることにより，キャリアの移動度 $\mu(=1/(qn\rho))$ の値がわかる．この方法で求めた移動度は，次に述べる電気伝導から求めた移動度とは少し異なるので，**ホール移動度**と呼ばれるが，このことについてはすでに第8章で述べた．

図10・28において，n形半導体に立てたフィラメント電極Eからパルス的に少数キャリアを注入すると，キャリアは右側に移動して行き電極Cに達する．

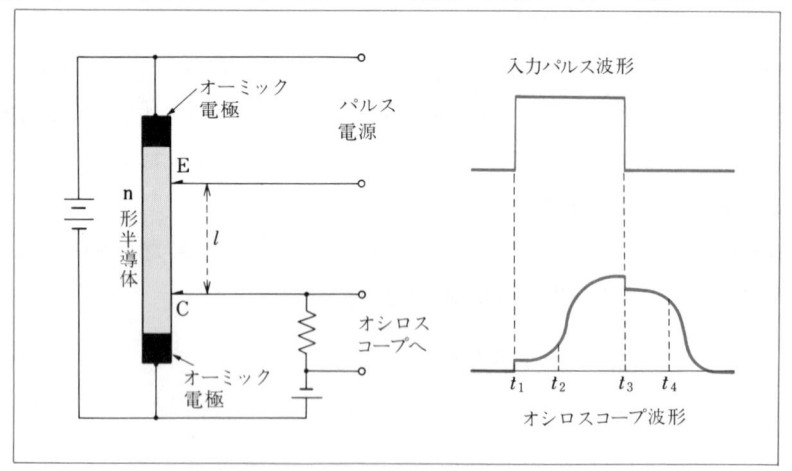

図10・28 キャリアの移動度と寿命の測定

---

* 第3章2・7節参照

このときオシロスコープには，図に示したような波形が観測される．キャリアが電極Eで注入されてから電極Cに達するまでに t_2-t_1 の時間がかかるので，これを $l/(\mu E)$ とおき，移動度 μ を求めることができる．ただし，E は試料中の電界である．このようにして求めた移動度は**伝導度移動度**である．また，パルスが切られ (t_3) てから，正孔は $p=p_0\exp(-t/\tau_h)$ で減衰するとすれば，それが電極Cに到達する時刻 t_4 以後の波形から正孔の寿命 τ_h を知ることができる．

このほかにキャリアの寿命を求める方法としては，試料全体にパルス光を照射し光電流の減衰から求める方法，試料の一部で光励起したキャリアの拡散による濃度分布を試料表面に立てたコレクタ電極の電位で測定し，これから拡散長 L を求め，$L=\sqrt{D\tau}$（D は拡散係数）より寿命を求める方法，その他 pn 接合を利用する方法，赤外光の吸収による方法等が知られている．

〔3〕 禁止帯幅，不純物準位，フェルミ準位

一般に，伝導帯や価電子帯のキャリア密度 n の温度 T に対する依存性は，

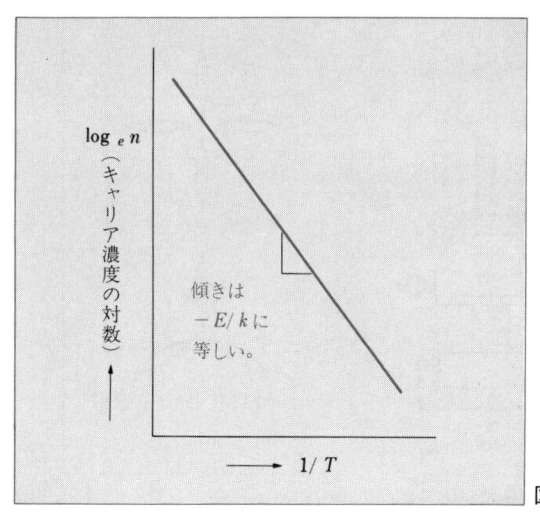

図 10・29　キャリア密度の温度依存性

$n_0\exp(-E/kT)$ の形となる (第2章参照)。従って，ホール効果から求めたキャリア密度の温度依存性を図10・29のようなグラフで表せば，その傾きは $-E/k$ となる。真性半導体の場合，E は $E_g/2$ (E_g：禁止帯幅) に等しい。また，p形およびn形半導体の場合，E はそれぞれ E_c-E_f および E_f-E_v に等しく，十分に低い温度では，これらは $(E_c-E_D)/2$, $(E_A-E_v)/2$ に等しい (第2章参照)。移動度の温度依存性はキャリア密度の温度依存性に比べ小さいので，伝導率 σ の温度依存性の測定から，上記のエネルギーを求めることもしばしば行われる。第8章で示したゼーベック係数 S は，フェルミエネルギーを反映した量であるので，ゼーベック係数の温度依存性からもこれらのエネルギー準位を求めることができる。また，禁止帯幅は第6章で示したように，試料の吸収スペクトルの呼収端からも求められる。

〔4〕 結晶性の評価

(1) **結晶方位の決定**　育成された単結晶の方位 (第2章2・1節参照) を知るために，X線または電子線による回折法が行われる。すなわち，結晶の

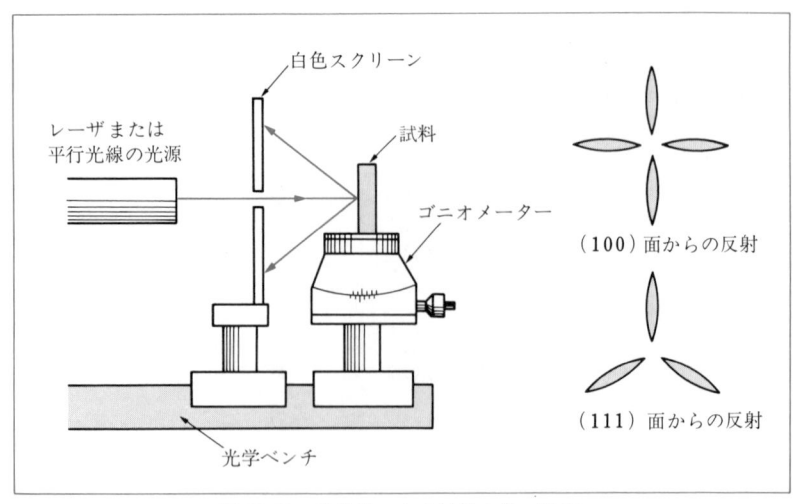

図10・30　光像法による結晶方位の決定

格子間隔を d, 照射光の波長を λ, 結晶面に対する照射角を θ とすれば, ブラッグの反射式 $2d \sin \theta = n\lambda$ から回折する X 線または電子線を測定して, 結晶方位が求められる.

方位決定の他の方法として, 結晶表面を化学的にエッチングすると, エッチ速度が結晶面によって異なるため, 結晶表面に特有の凹凸が現れることを利用する方法がある. 簡便にはこの表面を光学顕微鏡で観察してもよいが, 図 10・30 に示した光像法を用いれば, 精度 ±0.5° ぐらいで容易に方位決定ができる.

（2） 格子欠陥の種類と観察　十分に注意して育成した単結晶にも原子配列の不完全な部分が含まれている. これを**格子欠陥**（lattice defect）という. 格子欠陥の存在はトラップ準位（第 2 章参照）を作ったりして, 半導体素子の動作不良の原因となる. 特に, 多数の微少化した素子が集積されている LSI においては, これの存在は極めて重要な問題である.

格子欠陥の種類は, 表 10・6 に示したように大別される. **点欠陥**の存在は, 一般には電子顕微鏡で直接に観測することはむづかしい. これらの欠陥は単独にも存在しうるが, 密度が増すとこれらの複合体としても存在し, 状況によってはさらに大きな**線欠陥**や**面欠陥**の原因となりうる. 線欠陥の代表的なものは**転位**（ディスロケーション；dislocation）と呼ばれるもので, 図 10・31 にその形を模式的に示す.

結晶に外力が加わると格子面のすべりを誘起するが, 転位は 2 つのすべり面の交線で次々と増殖され（フランク・リード源；Frank-Read source）, 転位

表 10・6　格子欠陥の分類

点欠陥	ショットキー欠陥（原子空孔） 侵入形欠陥（格子間原子） フレンケル欠陥（格子間原子と原子空孔の対） 不純物原子による欠陥
線欠陥	刃状転位 らせん転位
面欠陥	積層欠陥 表面, 界面に起因する欠陥

刃状転位　　　　　　　　　らせん転位

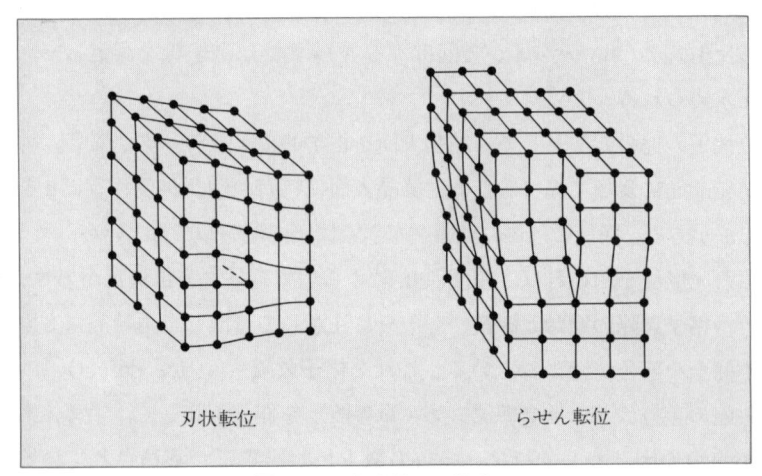

図10・31　転移構造の模式図

での原子配列のずれは大きくなる．このような転位が結晶表面と交わった所では，化学的なエッチングによって表面に凹み（**ピット**；pit）を生じる．このピットは光学顕微鏡によって観察することができる．一般に，結晶表面の単位面積当たりのピット数で転位の数の評価が行われている．LSI用Si基板には，この転位密度が0の単結晶ウエーハが用いられているが，IC用のGaAs基板では〜10^4 cm^{-2}の転位密度が含まれている．このことは，化合物半導体単結晶育成のむずかしさを示している．

このほかに転移を観察する方法として，電子線，X線の透過像をみる方法，金属不純物を転位に析出させ赤外線の透過像を用いる方法等がある．

積層欠陥は，正常な原子配列から格子面が一枚抜けた状態または一枚加わった状態である．前記の転位と共存することが多いが，転位の全く存在しないSi単結晶中にも不純物原子による点欠陥が原因となり，微小な積層欠陥が存在することが電子顕微鏡により確認されている．

演習問題 〔10〕

〔問題〕 **1.** 半導体 IC は，どうしてシリコン単結晶を用いて作られるか．

〔問題〕 **2.** シリコンにりん（P）が 1 ppm 導入されている．300 K の温度における抵抗率はいくらか．ただし，シリコン単結晶 1 cm^3 中には，約 5×10^{22} 個の Si 原子がある．　　　　　　　　　　　　　　　　　　　　　　　答（$0.2\ \Omega\cdot$cm）

〔問題〕 **3.** IC に用いる抵抗が 1 kΩ と 10 kΩ である．面積抵抗はベース層が 200 Ω/□ であるとき，抵抗の形状は，幅を 5 μm とすると長さはいくらになるか．
　　　　　　　　　　　　　　　　答（$l=25$ 〔μm〕…1 kΩ，250 μm…10 kΩ）

〔問題〕 **4.** 不純物濃度 5×10^{15} cm^{-3} の n 形シリコンに B を 1 250°C で 30 分間熱拡散させたとき，pn 接合面の深さを求めよ．ただし，B の Si の表面の濃度は 2×10^{19} cm^{-3} で一定であり，1 250°C での拡散係数 D は 8×10^{-12} cm^2/s とする．
　　　　　　　　　　　　　　　　　　　　　　　　　　　　　　　　　答（6 μm）

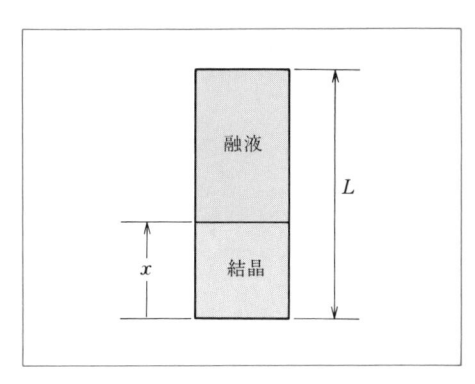

〔問題〕 **5.** 図 10・32 のように，長さ L，断画積 1 の融体に不純物が濃度 C_0 で一様に入っている．この融体を底部よりゆっくり結晶化したとき，結晶中の不純物濃度 C_s は場所によりどのように変化するか．ただし，この液体中での不純物の偏析係数を k とする．　　　　　　　　答（$C_s=kC_0(1-x)^{k-1}$）

図 10・32

〔問題〕 6. 図10・33のように，長さ L，断面積1の結晶に不純物が濃度 C_0 で一様に入っている．この結晶の左端から長さ l $(l<L)$ の領域のみを融解し，この領域を右にゆっくり移動させ，帯域精製を行った．精製後の不純物分布を与える式を求めよ．ただし，不純物の偏析係数を k とする．

答 $(C_s = C_0\{1-(1-k)e^{-(k/l)x}\})$

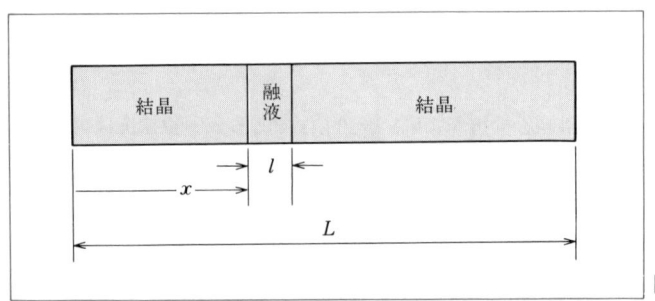

図10・33

演習問題の解答

第2章 半導体の基礎的性質　　……………………演習問題〔2〕（p.58）

〔問題〕 **1.** 式(2·8)において得られた $E=(\hbar^2/2m)k^2$ を有効質量を求める式(2·14)に代入して、次の結果が得られる。

$$m^* = \hbar^2 \left(\frac{d^2E}{dk^2} \right)^{-1} = m \quad \text{（自由空間における電子の質量）}$$

〔問題〕 **2.** ボーアの水素原子モデルにおいて比誘電率 ε_r の媒質を考えた場合、電子のエネルギー E_n は、

$$E_n = -\frac{q^4 m_n^*}{8n^2 h^2 \varepsilon_0^2 \varepsilon_r^2} \text{[J]} = -\frac{q^3 m_n^*}{8n^2 h^2 \varepsilon_0^2 \varepsilon_r^2} \text{[eV]} = -\frac{13.6}{\varepsilon_r^2 n^2} \cdot \left(\frac{m_n^*}{m} \right) \text{[eV]}$$

イオン化エネルギーは $n=1$（基底状態）とおいて得られ、計算により、

$$\Delta E = E_C - E_D = -E_1 \fallingdotseq 0.03 \text{[eV]}$$

〔問題〕 **3.**

$$f(E) = \frac{1}{1 + \exp\left(\dfrac{E - E_f}{kT} \right)}$$

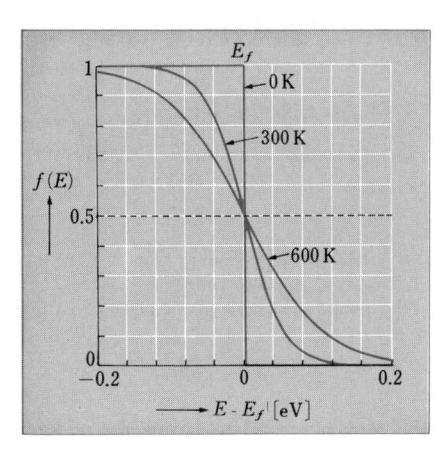

解図 1.

$T=0$ [K] の時

$E-E_f<0$ で $f(E)=1$

$E-E_f>0$ で $f(E)=0$

〔問題〕 **4.**

$$f(E_D)=\frac{1}{1+\exp\left(\frac{E_D-E_f}{kT}\right)}=1-0.8=0.2$$

∴ $E_D-E_f=kT\log_e 4=8.62\times10^{-5}\times300\times1.39\fallingdotseq 0.036$ [eV]

〔問題〕 **5.**

$$\mu_n=\frac{q\tau_d}{m_n^*}=\frac{q}{m_n^*}\left(\frac{1}{2}\cdot\frac{\langle\tau^2\rangle}{\langle\tau\rangle}\right)=\frac{q\tau}{2m_n^*}$$

$$\frac{1}{2}m_n^*v_{th}^2=\frac{3}{2}kT$$

平均自由行程 l は，

$$l=v_{th}\tau=\frac{2\mu_n m_n^*}{q}\sqrt{\frac{3kT}{m_n^*}}=\frac{2\mu_n}{q}\sqrt{3m_n^*kT}$$

$$=1.13\times10^{-7}\,[\text{m}]=0.113\,[\mu\text{m}]$$

衝突間の時間 τ は，

$$\tau=\frac{2m_n^*}{q}\mu_n=5.46\times10^{-13}\,[\text{s}]$$

〔問題〕 **6.**

（ i ） 100 g の Si の体積は $100/2.33=42.9$ [cm³]，2×10^{-7} g の B の原子数は $(2\times10^{-7}/10.8)\times6.02\times10^{23}=1.11\times10^{16}$ であるから，B を溶融させた Si 結晶中の B の密度は，

$$1.11\times10^{16}/42.9=2.59\times10^{14}\,[\text{cm}^{-3}]$$

（ ii ） 抵抗率 $=1/(q p \mu_p)=1/(1.6\times10^{-19}\times2.59\times10^{14}\times500)=48.3$ [Ω·cm]

〔問題〕 **7.**

$$n_i=\sqrt{N_cN_v}\exp\left(-\frac{E_g}{2kT}\right)=2\left(\frac{2\pi mkT}{h^2}\right)^{\frac{3}{2}}\exp\left(-\frac{E_g}{2kT}\right)$$

$h=6.62\times10^{-34}$ [J·s]，$k=1.38\times10^{-23}$ [J/K]，$m=9.1\times10^{-31}$ [kg] を代入して，

$$n_i=4.83\times10^{21}\times T^{\frac{3}{2}}\exp\left(-\frac{E_g}{2kT}\right)$$

（ i ） **Ge 結晶の場合** n_i の式に，T，k，E_g を代入して計算し，

$$n_i = 2.3 \times 10^{19} \, [\text{m}^{-3}] \quad , \quad \rho_i = 1/q(\mu_n + \mu_p)n_i = 0.51 \, [\Omega \cdot \text{m}] = 51 \, [\Omega \cdot \text{cm}]$$

（ii）**Si 結晶の場合** Ge の場合と同様な計算により，

$$n_i = 1 \times 10^{16} \, [\text{m}^{-3}] \quad , \quad \rho_i = 3.12 \times 10^3 \, [\Omega \cdot \text{m}] = 3.12 \times 10^5 \, [\Omega \cdot \text{cm}]$$

〔問題〕 **8.** $\rho = 1/q(n\mu_n + p\mu_p)$ と $pn = n_i^2$ から，

$$\frac{1}{\rho} = q\left(n\mu_n + \frac{n_i^2}{n} \cdot \mu_p\right)$$

$\dfrac{d(1/\rho)}{dn} = 0$ の条件から，

$$n = n_i\sqrt{\frac{\mu_p}{\mu_n}}, \quad p = \frac{n_i^2}{n} = n_i\sqrt{\frac{\mu_n}{\mu_p}}$$

従って，抵抗率の最大値 $\rho_{\max}$ は，これらの n と p を ρ の式に代入して，

$$\rho_{\max} = \frac{1}{2qn_i\sqrt{\mu_n\mu_p}}$$

$$\frac{\rho_{\max}}{\rho_i} = \frac{qn_i(\mu_n + \mu_p)}{2qn_i\sqrt{\mu_n\mu_p}} = \frac{\mu_n + \mu_p}{2\sqrt{\mu_n\mu_p}}$$

〔問題〕 **9.** $E_0 = V_0/l$, $v_d = \mu_p E_0$, 正孔の到達時間 $\tau_t = d/v_d$

従って，

$$\mu_p = ld/(V_0\tau_t) = 1 \times 0.7/(10 \times 47 \times 10^{-6}) = 1.49 \times 10^3 \, [\text{cm}^2/\text{V} \cdot \text{s}]$$

〔問題〕 **10.**

$$pn = n_i^2$$

$$\sigma = q(\mu_n n + \mu_p p)$$

ここで，$\mu_n n \gg \mu_p p$ であることを考慮して，

$$n = \frac{\sigma}{q\mu_n} = 2.5 \times 10^{19} \, [\text{m}^{-3}]$$

$$p = \frac{n_i^2}{n} = 1.6 \times 10^{13} \, [\text{m}^{-3}]$$

〔問題〕 **11.**

$$\frac{\partial \Delta n}{\partial t} = G - \frac{n - n_0}{\tau_n} = G - \frac{\Delta n}{\tau_n}$$

この解は，

$$\Delta n = G\tau_n + K\exp\left(-\frac{t}{\tau_n}\right)$$

$t = 0$ で Δn であるから，$K = -G\tau_n$

$$\therefore \quad \Delta n = G\tau_n \left\{1 - \exp\left(-\frac{t}{\tau_n}\right)\right\}$$

〔問題〕 **12.** 両極性方程式において，定常状態であるから，$\partial p/\partial t = 0$，拡散項を無視できるので，$D^*(\partial^2 \Delta p/\partial x^2) = 0$，低レベル注入であるから，$\mu^* = \mu_p$，熱以外を原因とするキャリア生成がないので，$G = 0$，などの条件を考慮することにより，

$$\frac{d\Delta p}{dx} + \frac{\Delta p}{\mu_p \tau_p E} = 0$$

この微分方程式を，$x = 0$ で $\Delta p = \Delta p(0)$ の条件のもとで解いて，

$$p = p_0 + \Delta p = p_0 + \Delta p(0) \exp\left(-\frac{x}{L_{dp}}\right)$$

ここで，$L_{dp} = \mu_p \tau_p E$ を正孔の**ドリフト距離**という。

〔問題〕 **13.** 無次元化を行うための変数とパラメータを次のように置く。

$$T = \frac{t}{\tau_p}, \quad X = \frac{x}{L_p}, \quad \Delta P = \frac{\Delta p}{n_0}, \quad P = \frac{p}{n_0}, \quad \Delta N = \frac{\Delta n}{n_0},$$

$$N = \frac{n}{n_0}, \quad \varepsilon = \frac{qL_h}{kT}E, \quad \mu = \frac{\mu^*}{\mu_p}, \quad \mu^* = \frac{N - P}{\dfrac{N}{\mu_p} + \dfrac{P}{\mu_n}},$$

$$D = \frac{D^*}{D_p}, \quad D^* = \frac{N + P}{\dfrac{N}{D_p} + \dfrac{P}{D_n}}$$

これらを用いて両極性方程式の無次元化を行うと，次式が得られる。

$$\frac{\partial \Delta P}{\partial T} = g - \Delta P - \mu\varepsilon \frac{\partial \Delta P}{\partial X} + D \frac{\partial^2 \Delta P}{\partial X^2}$$

ここで，$L_p = \sqrt{D_p \tau_p}$ は，正孔の拡散距離である。

第3章 ダイオードとバイポーラトランジスタ …演習問題〔3〕(p. 121)

〔問題〕 **1.**

$$\frac{\text{n 領域の多数キャリア密度}}{\text{p 領域の少数キャリア密度}} = \frac{\text{p 領域の多数キャリア密度}}{\text{n 領域の少数キャリア密度}} = \exp\frac{qV_0}{kT}$$

なる関係から，

$$V_0 = \frac{kT}{q} \log_e \frac{\text{n 領域の多数キャリア密度}}{\text{p 領域の少数キャリア密度}}$$

$$\frac{kT}{q} = \frac{1.38 \times 10^{-23} \times 300}{1.6 \times 10^{-19}} = 0.026 \text{ [eV]}$$

よって，上式は，

$$0.026 \log_e \frac{2.98 \times 10^{20}}{7.6 \times 10^{11}} = 0.026 \times 2.3 \times \log_{10} 3.92 \times 10^8 = 0.51 \text{ [eV]}$$

〔問題〕 **2.** 階段接合の空間電荷領域の幅 d は，

$$d = \left(\frac{2\varepsilon(N_A + N_D)V_0}{qN_A N_D} \right)^{1/2}$$

で表される。この式で，$N_A = N_D$ とすると，

$$d = \left(\frac{4\varepsilon V_0}{qN_A} \right)^{1/2} = \left(\frac{4 \times 11.6 \times 8.86 \times 10^{-12} \times 0.6}{1.6 \times 10^{-19} \times 8.8 \times 10^{20}} \right)^{1/2} = 1.32 \times 10^{-6} \text{ [m]}$$

〔問題〕 **3.** Poisson の方程式により，

$$\frac{d^2V}{dx^2} = \frac{qN_A}{\varepsilon}$$

これを空乏層の一端 $x=0$ で $E = -\dfrac{dV}{dx} = 0$ の条件で積分すれば，

$$\frac{dV}{dx} = \int \frac{d^2V}{dx^2} dx = \frac{qN_A}{\varepsilon} x$$

空乏層幅 d の中央（接合面）が最大電界強度 $E_{\max}$ となるので，$x = \dfrac{d}{2}$ を上式に代入すると，

$$E_{\max} = \frac{qN_A}{\varepsilon} \times \frac{d}{2} = \frac{1.6 \times 10^{-19} \times 8.8 \times 10^{20}}{11.6 \times 8.85 \times 10^{-12}} \times \frac{1.32 \times 10^{-6}}{2} \fallingdotseq 9 \times 10^5 \text{ [V/m]}$$

〔問題〕 **4.** バイアス電圧 V を印加したときの空乏層の厚さは，〔問題〕2.の拡散電位 V_0 を $V_0 + V$ に置き換えればよい。すなわち，$V = 0.3$ では，

$$d = \left[\frac{4\varepsilon(V_0 \pm V)}{qN_A} \right]^{1/2} = \left[\frac{4 \times 11.6 \times 8.86 \times 10^{-12}(0.6 \pm 0.3)}{1.6 \times 10^{-19} \times 8.8 \times 10^{20}} \right]^{1/2} = 1.62 \times 10^{-6} \text{ [m]}$$

同様に，$V = -0.3$ では，

$$d = 0.93 \times 10^{-6} \text{ [m]}$$

〔問題〕 **5.** 〔問題〕3.の空乏層幅 d に〔問題〕4.の答を使う。すなわち，

順方向バイアスのときは，$d = 0.93 \times 10^{-6}$ [m] であるから，

$$\frac{qN_A}{\varepsilon} \times \frac{0.93 \times 10^{-6}}{2} = \frac{1.6 \times 10^{-9} \times 8.8 \times 10^{20}}{11.6 \times 8.85 \times 10^{-12}} \times \frac{0.93 \times 10^{-6}}{2} = 6.4 \times 10^5 \text{ [V·m]}$$

逆方向バイアスのときは，$d = 1.62 \times 10^{-6}$ [m] であるから，同様にして，

$$\frac{qN_A}{\varepsilon} \times \frac{1.62 \times 10^{-6}}{2} = 1.1 \times 10^6 \text{ [V/m]}$$

〔問題〕 **6.** 単位面積当たりの静電容量は $\frac{\varepsilon}{d}$ で表されるので，〔問題〕4.の空乏層幅 d を使って，

順方向バイアスのとき，

$$\frac{\varepsilon}{d} = \frac{11.6 \times 8.85 \times 10^{-12}}{0.93 \times 10^{-6}} = 110 \times 10^{-6} \text{ [F/m}^2\text{]}$$

逆方向バイアスのとき，$d = 1.62 \times 10^{-6}$ [m] であるから，同様にして，$\varepsilon/d = 63 \times 10^{-6}$ [F/m²] を得る。

〔問題〕 **7.** （ⅰ） $d = \left[\dfrac{2\varepsilon V_0}{qN_A}\right]^{1/2} = \left[\dfrac{2 \times 11.6 \times 8.85 \times 10^{-12} \times 0.6}{1.6 \times 10^{-19} \times 10^{21}}\right]^{1/2} = 8.8 \times 10^{-7}$ [m]

（ⅱ） 単位面積当たりの静電容量は $\frac{\varepsilon}{d}$ である。（ⅰ）の答を使って，

$$\frac{\varepsilon}{d} = \frac{11.6 \times 8.85 \times 10^{-12}}{8.8 \times 10^{-7}} = 1.17 \times 10^{-4} \text{ [F/m}^2\text{]}$$

（ⅲ） 接合面が最大電界強度 $E_{\max}$ となる。

$$E_{\max} = \frac{qN_A}{\varepsilon}d = \frac{1.6 \times 10^{-19} \times 10^{21}}{11.6 \times 8.85 \times 10^{-12}} \times 8.8 \times 10^{-7} = 1.4 \times 10^6 \text{ [V/m]}$$

〔問題〕 **8.** アインシュタインの関係 $D = \dfrac{kT}{q}\mu$ より，室温 (300 K) では $D \simeq 0.026\mu$ となる。遮断周波数 $f = \dfrac{D}{\pi W^2}$ より求める。すなわち，

$$f = \frac{0.026\mu}{3.14 \times (10^{-5})^2} = 82.8\mu \times 10^6 \text{ [Hz]}$$

上式の μ に表の値を代入すれば，次表のようになる。

	Ge	Si
n p n	31	12
p n p	15	4.1

第4章　電界効果トランジスタ ……………………演習問題〔4〕(p.164)

〔問題〕 **1.** $g_{D1}=g_{m0}(1-\sqrt{(V_0-V_G)/V_{P0}})$, $g_{m1}=g_{m0}V_D/\{2\sqrt{V_{P0}(V_0-V_G)}\}$　$V_G<0$

〔問題〕 **2.** 実効相互コンダクタンス $=g_m/(1+g_mR_S)$

〔問題〕 **3.** $V_0=0.84$〔V〕, $V_{P0}=3.77$〔V〕, $V_P(V_G=0)=2.93$〔V〕, $g_{m0}=16.2\times10^{-3}$〔S〕, $I_D(V_G=0)=9.27\times10^{-3}$〔A〕, $g_m(V_G=-1.5$〔V〕$)=11.7\times10^{-3}$〔S〕, $f_T=823$〔MHz〕

〔問題〕 **4.** $\partial I_D/\partial T<0$ であるが, $\partial I_C/\partial T>0$ である.

〔問題〕 **5.** バイポーラトランジスタでは，温度上昇したトランジスタの電流増加は，ますます，温度の上昇と電流の集中を起こし，最悪の場合は素子破壊を生じ，その結果別の素子の電流増となって，熱破壊は並列素子全体におよぶことがある．従って，この点を考慮した回路補償法が使用される．

　一方，FET の場合には，温度上昇したトランジスタの電流は減り，他のトランジスタに分配される．そのため，電流の集中は起こらず，熱破壊を防ぐ方向へ動作するので，全体の安定性が保たれる．このことから，FET は並列接続に適しているといえる．

〔問題〕 **6.** $g_{D1}=\mu_nC_{ox}Z(V_G-V_T-V_D)/L$ において, $V_D\fallingdotseq0$, $g_{D1}=0$ とおけば, $V_T\fallingdotseq V_G$

〔問題〕 **7.** on 状態の動作点は線形領域内にある．

〔問題〕 **8.** $I_D=C_{ox}\mu_nZV_D^2/(2L)$

〔問題〕 **9.** フラットバンド状態では，電荷からの電束はすべて金属電極に入ることを考慮してポアッソンの方程式を解けばよい．

〔問題〕 **10.** （ i ） $V_f=0.347$〔eV〕, $\phi_{ms}=-0.667$〔eV〕, $y_{D\max}=0.3$〔μm〕, $Q_B=-4.8\times10^{-4}$〔C/m²〕, $C_{ox}=3.36\times10^{-4}$〔F/m²〕, $V_{FB}=-1.143$〔V〕, $V_T=1$〔V〕

　　（ii） $V_p=4$〔V〕, $I_{D\max}|_{V_G=5}=3.76$〔mA〕, $g_m|_{V_G=5}=1.88$〔mS〕, $f_T=445$〔MHz〕

〔問題〕 **11.** 解図 2 に小信号等価回路を示す．図中の r_D は,

$$r_D=\frac{dV}{dI}=\frac{\Delta V}{\Delta I}$$

で，この r_D を FET の内部抵抗という．

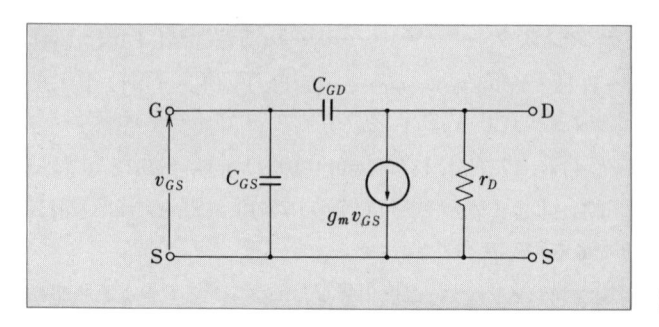

解図 2.

第5章 集積回路 ………………………………… 演習問題〔5〕(p. 189)

〔問題〕 **1.** 解図 3.

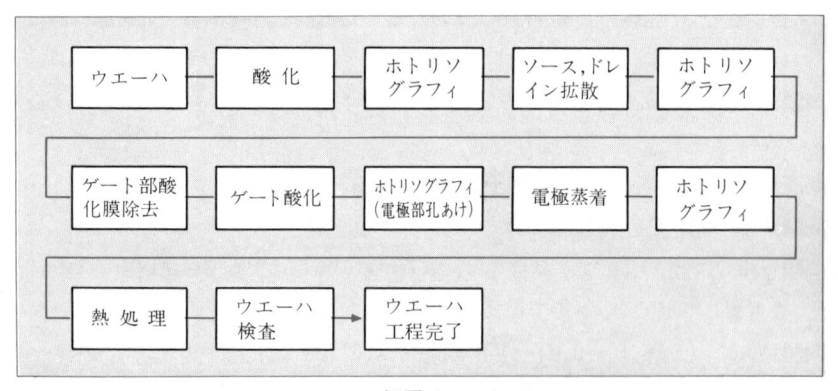

解図 3.

〔問題〕 **2.** 解図 4.

〔問題〕 **3.** 式(5・1)に $R=2\times10^3$ 〔Ω〕, $R_s=100$ 〔Ω〕/□, $W=10$ 〔μm〕を代入すると,

$$l=\frac{R\times W}{R_s}=200 \text{ [μm]}$$

〔問題〕 **4.** 式(5・2)の C に断面積 S をかけたものが解である. $S=100$ 〔μm〕×100〔μm〕$=10^{-8}$ 〔m²〕, $q=1.6\times10^{-19}$ 〔C〕, $\varepsilon=\varepsilon_r\varepsilon_0=12\times8.854\times10^{-12}$ 〔F/m〕, $N=8\times10^{21}$ 〔個/m³〕, $V=20$ 〔V〕を代入すると,

演習問題の解答

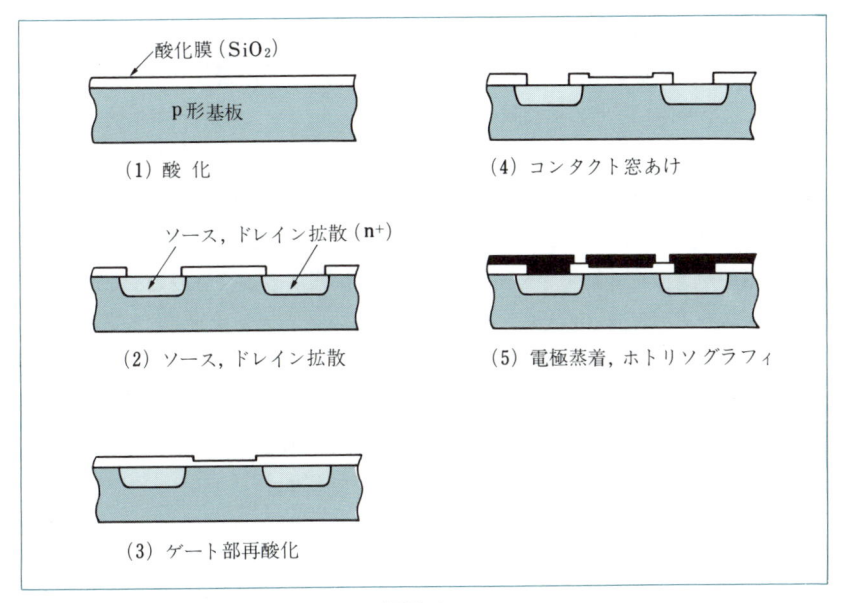

解図 4.

- (1) 酸化 — 酸化膜（SiO_2）, p形基板
- (2) ソース，ドレイン拡散 — ソース，ドレイン拡散（n^+）
- (3) ゲート部再酸化
- (4) コンタクト窓あけ
- (5) 電極蒸着，ホトリソグラフィ

$$S\sqrt{\frac{q\varepsilon N}{2V}} = 0.58 \text{ [pF]}$$

第6章 光電素子（オプト エレクトロニクス デバイス）

……………………………………………………………演習問題〔6〕（p. 236）

〔問題〕 **1.** 直接遷移形の半導体の吸収係数は，

$$\alpha_D = A(h\nu - E_g)^{1/2}$$

間接遷移形の半導体は，

$$\alpha_{\text{ind}} = \frac{A'(h\nu - E_g + E_p)^2}{\exp(E_p/kT) - 1} + \frac{A'(h\nu - E_g - E_p)^2}{1 - \exp(-E_p/kT)}$$

これから，直接遷移形の半導体の吸収係数は $h\nu$ のほぼ1/2乗に比例し，間接遷移の半導体は $h\nu$ のほぼ2乗に比例するので，吸収係数の波長依存性を測定すればよい。

〔問題〕 **2.** i層（高抵抗層）をpn接合の中間に入れることで，外部から加え逆電

圧のほとんどが i 層にかかり，ここでは高電界になっている。ここに光が当たり，電子と正孔は高電界のため速に分離され電極に電流の変化として現れる。

〔問題〕 3. 発光ダイオードの項参照のこと。直接遷移，間接遷移かも検討せよ。

〔問題〕 4. 半導体レーザの項参照のこと。

第7章 パワーデバイス ……………………… 演習問題〔7〕(p. 247)

〔問題〕 1. 順方向阻止状態でアノード電圧がターンオン電圧以下であっても，アノード電圧が急激に変動すると逆方向バイアス状態にある接合 J_2 の空乏層容量を充電するための電流が増大し，$n_1p_2n_2$ トランジスタがオン状態になることを防ぐために短絡エミッタ構造を採用する。

〔問題〕 2. ドレイン電圧が加わったとき，空乏層はドレイン (n^-) 側に延びてチャンネル (p) 側にほとんど延びないため，短いチャネルであっても，耐圧は低下せず（パンチスルーを発生せず），高耐圧化が実現できる。

第8章 センサと関連デバイス ……………………… 演習問題〔8〕(p. 280)

〔問題〕 1. 式 (8・15) から

$$\frac{E_c - E_f}{qT} = -\left(\alpha + \frac{2k}{q}\right)$$

$$\therefore \quad \frac{E_c - E_f}{kT} = \frac{-q}{k}\left(\alpha + \frac{2k}{q}\right) = -\left(2 + \frac{q\alpha}{k}\right)$$

他方，

$$n \fallingdotseq N_D = N_c \exp\frac{-(E_c - E_f)}{kT} = N_c \exp\left(2 + \frac{q\alpha}{k}\right)$$

$$\therefore \quad N_c = \frac{N_D}{\exp\left(2 + \frac{q\alpha}{k}\right)}$$

また，式 (2・26) から，

$$N_c = 2\left(\frac{2\pi m_n^* kT}{h^2}\right)^{3/2}$$

$$\therefore \quad \left(\frac{N_c}{2}\right)^{2/3} = \frac{2\pi m_n^* kT}{h^2}$$

$$\therefore \quad m_n^* = \frac{h^2}{2\pi kT}\left(\frac{N_c}{2}\right)^{2/3} = \frac{h^2}{2\pi kT}\left\{\frac{N_D}{2\exp\left(2+\dfrac{q\alpha}{k}\right)}\right\}^{2/3}$$

〔問題〕 2. 図 8・5 において, 正孔と電子両者の動きを考える. y 方島の電流密度 J_y は, 正孔電流密度 J_{yp} と, 電子電流密度 J_{yn} との和であり,

$$J^y{}_p = \underbrace{-qp\mu_p v_{px} B_z}_{\text{磁界による電流}} + \underbrace{qp\mu_p E^y}_{\substack{\text{ホール電界に}\\\text{よる電流}}} = -qp\mu_p(\mu_p E_x B_z - E_y)$$

$$J_{yn} = qn\mu_n v_{nx} B_z + qn\mu_n E_y = qn\mu_n(\mu_n E_x B_z + E_y)$$

定常状態では, $J_y = J_{yP} + J_{yn} = 0$ であるから, 上の2式から,

$$E_y = \frac{p\mu_p^2 - n\mu_n^2}{p\mu_p + n\mu_n} \cdot E_x B_z$$

$$\therefore \quad V_H = bH_y = b\frac{p\mu_p^2 - n\mu_n^2}{p\mu_p + n\mu_n} \cdot \frac{bB_z I_x}{q(p\mu_p + n\mu_n)bt}$$

$$= \frac{p\mu_p^2 - n\mu_n^2}{q(p\mu_p + n\mu_n)^2} \cdot \frac{B_z I_x}{t} = R_H \cdot \frac{B_z I_x}{t}$$

第 9 章　各種半導体デバイス　……………………演習問題〔9〕 (p.308)

〔問題〕 1. 省略

〔問題〕 2. 電荷転送デバイスの項参照のこと.

第 10 章　半導体材料と素子製造技術……………演習問題〔10〕(p.355)

〔問題〕 1. pn 接合が作りやすい. Si 表面に SiO_2 が作りやすい. I_{co} が少ない. 選択熱拡散ができる. 表面保護層ができる. MOS 形とバイポーラ形の両方のトランジスタが形成できる. 100°C まで動作できる.

〔問題〕 2. Si は $5\times10^{22}\mathrm{cm}^{-3}$ の原子濃度, P の濃度 $=5\times10^{22}\times10^{-6}=5\times10^{16}$ 〔cm^{-3}〕, 図 10・10 から, 0.2 Ω・cm. または, 抵抗率 $=1/\{e\mu$(移動度)$\times$(P の濃度)$\}$

〔問題〕 3.

$$l = (1000\,\Omega/200\,\Omega)\times 5\,\mu\mathrm{m} = 25\,[\mu\mathrm{m}]\cdots\cdots 1\,\mathrm{k}\Omega$$
$$= 250\,[\mu\mathrm{m}]\cdots\cdots 10\,\mathrm{k}\Omega$$

〔問題 4〕 4. $N/N_0 = 2.5\times 10^{-4}$ であるから, 図 10・13 から, $x/2\sqrt{Dt} = 2.6$ を得る.

$$\sqrt{Dt} = \sqrt{(8\times 10^{-12})\times(1.8\times 10^3)} = 1.2\times 10^{-4}$$

∴ $x = 2.6\times 2\sqrt{Dt} = 5.2\times 1.2\times 10^{-4} \fallingdotseq 6\times 10^{-4}$ 〔cm〕$= 6$ 〔μm〕

〔問題〕 5. $C_s = kC_0(1-x)^{k-1}$

〔問題〕 6. $C_s = C_0\{1-(1-k)e^{-(k/l)x}\}$

索　引

ア　行

α 遮断周波数 ……………………112
IGBT ………………………………245
ISFET ……………………………279
アーリー効果 ……………………114
アイソエレクトロニック トラップ…195
アイソ タイプヘテロ接合 …………95
アイランド ………………………340
アインシュタインの関係…………40
アクセプタ…………………………25
アクセプタ準位 ……………………25, 43
アナログ集積回路 ………………171
アバランシェ電圧 …………………79
アバランシ ホト ダイオード ……201
アモルファス Si 太陽電池………224
青色レーザダイオード …………214
圧電効果 …………………………267
圧電半導体 ………………………267
暗導電率 …………………………196

E/D 形 MOS インバータ …………181
E/E 形 MOS インバータ …………181
イオン インプランテーション……159
イオン打込み技術 ………………327
イオン打込を法 …………………323
イオン・エッチング方式 …………332
イオン化エネルギー………………7
イオン結合 ………………………12
イオンセンサ ……………………278
インタフェース集積回路 ………171
インタライン CCD ………………295

インバータ回路 …………………180
インパット ダイオード………281, 286
異種接合……………………………93
移相器 ……………………………302
一次元結晶のエネルギー帯………14
移動度 ……………………………33, 34
　——の温度依存性………………35
　——の電界依存性………………36

ウエーハプロセス ………………177
ウェット・エッチング方式 ………332

FZ 法 ………………………………314
HEMT ……………………………289
n チャネル ………………………124
9 形半導体 ………………………21, 23
npn トランジスタ …………………97
Si 集積回路の形成法 ……………342
SOI-MOSFET ……………………163
エアマス …………………………215
エキシトン吸収 …………………191
エサキダイオード…………………74
エッチング ………………………331
エネルギーギャップ………………17
エネルギー準位……………………7
エネルギー帯 ……………………15
エネルギー帯構造 ………80, 93, 99
エネルギー波数図…………………18
エピタキシー ……………………310
エピタキシャル成長法 …………315
エミッタ……………………………98
エレクトロルミネッセンス ……203

エンハンスメント形 ……………127,159
液相エピタキシー ………………315

オージェ再結合 …………………193
オーミック接触 ……………………90
オフ(off)状態 ……………………119
オン(on)状態 ………………………119

カ 行

カー効果 …………………………302
ガス センサ………………………275
カルコゲン化合物…………………12
カルノー効率 ……………………260
ガン効果素子 ……………………282
ガンダイオード …………………282
外因性半導体 …………………21,23
　　──のフェルミ準位………………31
開放電圧 …………………………217
殻 ……………………………………10
化合物系太陽電池 ………………228
過剰キャリア ………………………47
　　──の寿命 ………………………47
価電子 ………………………………11
価電子帯 ……………………………17
活性化エネルギー ………………249
活性層 ……………………………210
階段形接合 …………………………76
拡散距離 ……………………………54
拡散係数 ……………………………39
拡散電位差 …………………………64
拡散電流 …………………………38,39
拡散電流密度 ………………………38
拡散方程式 …………………………53
拡散理論拡散 ………………………87
乾式太陽電池 ……………………230
間接再結合 …………………………42
間接遷移 …………………………191

キャリア……………………………17
キャリア ガス……………………315
キャリア注入による空間電荷………55
キャリアの移動度の測定キャリア ……264
キャリアの生成……………………42
キャリアの遷移法則………………45
キャリアの連続の方程式…………49
キャリア密度………………………28
キャリア密度の測定 ……………264
基礎吸収 …………………………191
基礎吸収端 ………………………192
基底状態 ……………………………7
擬間接遷移 ………………………195
擬フェミル準位……………………69
気相エピタキシー………………315
逆方向バイアス……………………69
逆飽和電流密度……………………71
吸収低数 …………………………191
共有結合 ……………………………12
許容帯 ………………………………15
禁止帯幅 …………………………351
禁制帯 ………………………………15
金属結合 ……………………………12
金属-半導体電界効果トランジスタ……137

クーロン力…………………………7
ラホ・エピタキシ ………………319
クローニッヒ・ペニーのモデル……18
空間電荷制限電流…………………56
空間電荷領域………………………64
空乏状態 …………………………142
空乏層………………………………64
空乏層容量…………………………75

ゲージ率 …………………………268
ゲート ……………………………124
ゲッタリング……………………314

索　引

傾斜法 ……………………………315
結　晶 ………………………………12
結晶性の評価 ……………………352
結晶の機械的加工 ………………330
結晶方位の決定 …………………352
原子構造 ……………………………6
検出素子 …………………………250

コードウッド モジュール………168
コヒーレント光 …………………211
コルビノ円板 ……………………266
コレクタ ……………………………98
コレクタ係数 ……………………107
コンデンサ ………………………175
格子欠陥 …………………………353
光磁気効果デバイス ……………300
降伏電圧 ……………………………78
後進波管 …………………………281
光電素子 …………………………190
交流特性 …………………………109
固有半導体 …………………………21
混成集積回路 ……………………171

サ　行

サーミスタ ………………………250
サイリスタ …………………117,120
サブ モジュール ………………259
再結合 ………………………………42
再結合中心 …………………………44
撮像デバイス ……………………291
三相クロック ……………………294

CCD イメージセンサ …………291
CMOS インバータ ……………182
CVD 法 …………………………309
GTO サイリスタ ………………240
シーケンシャル アクセス メモリ……185

シュレーディンガーの波動方程式 ………7
ショットキー障壁形ダイオード ………273
ショットキー接合…………………90
ショットキーバリア形 FET………137
シリコン制御整流器 ……………117
シングルモード …………………214
しきい値電圧 ……………………148
しきい値電流 ……………………213
色素増感型太陽電池 ……………229
磁気抵抗効果 ……………………264
磁気抵抗効果デバイス …………265
自己加熱 …………………………250
仕事関数……………………………80
自然放射 …………………………208
湿式太陽電池 ……………………229
質量作用の法則 ……………………30
磁電管 ……………………………281
指紋センサ ………………………305
集積回路 ……………………168,169,170
集積化技術 ………………………338
種結晶 ……………………………313
充満帯 ………………………………17
寿　命 ………………………………48
順方向バイアス ……………………69
準ミリ波 …………………………281
小信号等価回路 ……………134,157
少数キャリア …………………25,356
状態密度 ……………………………26
障壁容量 …………………………75,92
シリコン系太陽電池 ……………223
進行波管 …………………………281
真性キャリア密度 …………………29
真性抵抗率 …………………………38
真性導電率 …………………………38
真性半導体 …………………………21

スタティック MOSRAM ………187

スタティック RAM	185	ダイナミック RAM	185
ストレイン ゲージ	268	ダイナミック形メモリ素子	151
スライドボード法	315	ダーリントン回路	203
スパッタ・エッチング方式	332	ターン・オン	120
水素結合	12	ダブル ヘテロ レーザ	213
		大規模集積回路	184
ゼーベック係数	255	対生成	22
ゼーベック効果	252	太陽光発電システム	234
ゼーベック電界	255	太陽電池の応用	233
センサ	250	太陽電池モジュール	233
制御整流器	117	多結晶	12
整 形	349	多結晶 Si 太陽電池	224
正 孔	17	多数キャリア	25
正孔トラップ	44	単結晶	12
静電誘導形サイリスタ	299	単結晶 Si 太陽電池	223
静電誘導トランジスタ	162, 298	単電子デバイス	306
静電容量型半導体センサ	305	短絡エミッタ構造	238
整流性接触	85	短絡電流	217
整流特性	69		
積層欠陥	354	チップ	170
絶縁体	1	チャネル	124
絶縁ゲートバイポーラトランジスタ	245	チョクラルスキー法	313
接合形電界効果トランジスタ	125	蓄積状態	140
接触電位差	64	注 入	39
遷移速度	45	注入係数	107
線形接合	76	超音波増幅素子	303
線形領域	129	超格子	281, 288
線欠陥	353	超格子デバイス	288
		超格子半導体材料	318
ソース	124	直接再結合	42
ゾーン精製	312	直接遷移	192
相補形 MOS	182		
速度変調管	281	ツェナー降伏	79
		ツェナー電圧	79

タ 行

ダイオード	174	ディジタル集積回路	171
ダイナミック MOSRAM	187	ディップ法	315

索　引

デプレッション形 ……………127,160
抵抗率 ………………………………347
転　位 ………………………………353
点欠陥 ………………………………353
電位障壁 ………………………………64
電界効果トランジスタ ……………124
電界発光 ……………………………203
電荷結合素子 ………………………151
電荷結合デバイス …………………291
電気光学効果 ………………………302
電子親和力 …………………………80
電子遷移効果素子 …………………282
電子対結合 …………………………12
電子トラップ ………………………44
伝導帯 ………………………………17
伝導電子 ……………………………17
伝導度移動度 ………………………351
電流-電圧特性 ……………68,84,96
電力増幅用 MOSFET ………………161

ドーズ量 ……………………………327
ドナー …………………………………23
ドナー形の準位 ………………………43
ドナー準位 …………………………24
ド・ブロイ波 …………………………7
トムソン係数 ………………………257
トンソン効果 ………………………257
ドメイン ……………………………284
ドライ・エッチング方式 …………332
トランジスタ ……………3,100,274
ドリフト速度 …………………………34
ドリフト電流 …………………………37
ドレイン ……………………………124
トンネル効果 …………………………72
トンネル ダイオード ………74,272
等価回路 ……………………………114
同種接合 ………………………………93

導　体 …………………………………1
到達率 ………………………………107
導波路 ………………………………301

ナ 行

なだれ降伏 …………………………79
雪崩増倍 ……………………………37

二極管理論 …………………………85

ネガ型ホトレジスト ………………332
熱拡散技術 …………………………323
熱起電力 ……………………………254
熱降伏 ………………………………80
熱速度 ………………………………34
熱電効果 ……………………………252
熱電交換デバイス …………………258
熱電性能指数 ………………………260
熱平衡状態 ……………………27,45
熱放散係数 …………………………250

ノーマリーオフ形 …………………159
ノーマリーオン形 …………………160
ノリシック集積回路 ………………171

ハ 行

バイ MOS 集積回路 ………………171
ハイブリッド構造太陽電池 ………227
バイポーラ集積回路 …………171,176
バイポーラ トランジスタ ……61,172,342
パウリの排他率 ………………………11
バーチカル pnp トランジスタ ……173
パラメトリック増幅 ………………303
パワー MOSFET ……………………243
パワーバイポーラトランジスタ …242
パンチスルー ………………………101
バンド ギャップ ……………………17

索　　引

配線形成技術 …………………………337
発光過程 …………………………………193
発光ダイオード ………………………206
発光デバイス ……………………………203
発光中心 …………………………………204
反転状態 …………………………………145
半導体 ………………………………………1
半導体結晶 ………………………………12
半導体集積回路 …………………………4
半導体接合形歪センサ ………………271
半導体レーザ ……………………208,211

P^+n^+ 接合 ………………………………72
pnpn スイッチ …………………………117
pnp トランジスタ ………………………97
pn ダイオード …………………………69
pn 接合ダイオードの感圧効果 ………271
pn 接合太陽電池 ………………………216
pn 接合分離 ……………………………176
p チャネル ……………………………124
p 形半導体 …………………………21,24
ピエゾ効果 ……………………………267
ピエゾ抵抗係数 ………………………269
ピエゾ抵抗効果 ………………………269
ビット線 ………………………………188
ピンチオフ曲線 ……………………129,157
ピンチオフ電圧 ………………………131
光集積回路 ……………………………300
光導電デバイス ………………………196
光変調器 ………………………………302
引き上げ法 ……………………………313
非縮退半導体 …………………………24
非晶質 ……………………………………12
微細エッチング技術 …………………335
歪ゲージ ………………………………268
非放射再結合 …………………………193
微分移動度 ……………………………282

表示デバイス …………………………296
表面エネルギー準位 …………………44
表面再結合 ……………………………42

ファラデー効果 ………………………302
ファンデルワールス力結合 …………12
フィルファクタ ………………………219
フェルミ　エネルギー ………………28
フェルミ準位 ………………………28,31,351
フェルミ・ディラックの統計 ………27
フェルミ・ディラックの分布関数 …26
フォノン …………………………35,191
プラズマ・エッチング方式 …………332
フラットバンド ………………………138
フラットバンド電圧 …………………152
プランク定数 ……………………………7
フレーム転送 CCD ……………………294
プログラマブル ROM …………………185
不純物準位 ……………………………351
不純物導入技術 ………………………322
不純物半導体 …………………………21
負性抵抗 ………………………………284
負性抵抗特性 …………………………72
浮融帯法 ………………………………314
不飽和結合 ……………………………44
分子線 …………………………………317
分子線エピタキシー …………………315,317
分布帰還形レーザ ……………………213
分　離 …………………………………176,340

pH センサ ……………………………280
ヘテロ・ピエキシー …………………315,318
ヘテロ結合 ………………………………93
ベース ……………………………………98
ベース幅変調 …………………………114
ペルチエ効果 …………………………256
ペルチエ係数 …………………………256

索　引

ペレット ……………………………330
へき開面 ……………………………213
閉　殻…………………………………11
平均自由行程 …………………………34
偏　析 ………………………………311
偏析係数 ……………………………311
変調ドープ形超格子 ………………288

ポッケルズ効果 ……………………302
ホット エレクトロン …………………37
ポテンシャルの井戸 ………………292
ホト カプラー ………………………208
ホト ダイオード ……………………199
ホト トランジスタ …………………201
ホト レジスト・パターン …………333
ポジ型ホト レジスト ………………333
ボーアの原子模型 ……………………6
ホール移動度 …………………264, 350
ホール角 ……………………………263
ホール係数 …………………………262
ホール効果 …………………………261
ホモ・エピタキシー ………………315
ホモ結合 ………………………………93
ポンピング …………………………304
放射再結合 …………………………193
飽和領域 ……………………………129
捕獲断面積 ……………………………49
捕獲中心 ………………………………44

マ 行

マイクロ波 …………………………281
マイクロモジュール ………………168
マクスウェル・ボルツマン統計………27
マスク ROM …………………………185
マルチエミッタ トランジスタ ……186
マルチチップ ………………………171
マルチモード ………………………214

膜集積回路 …………………………171

ミラー指数 ……………………………14
ミリ波 ………………………………281

無定形…………………………………12

メモリ集積回路の種類 ……………184
面欠陥 ………………………………353

MOS イメージセンサ ………………295
MOS 集積回路 …………………171, 178
　──の構成 ………………………180
MOS ダイオード ……………………138
モス …………………………………126
モジュール …………………………259

ヤ 行

ユニポーラ トランジスタ …………123
有機薄膜型太陽電池 ………………230
有機系太陽電池 ……………………229
有機太陽電池 ………………………220
有機半導体デバイス ………………307
有効質量 ………………………………19
有効状態密度 …………………………29
誘電緩和時間 …………………………56
誘導放射 ……………………………208

ラ 行

RAM …………………………………186
ラテラル pnp トランジスタ ………173
ランダム アクセル メモリ ……185, 186

リソグラフィ ………………………332
リソグラフィ技術 …………………332
リフレッシュ ………………………187
リード オンリー メモリ ……………185

リード ダイオード……………………286
リード/ライトメモリ…………………185
両極性………………………………123
両極性移動度…………………………52
両極性拡散係数………………………52
両極性方程式……………………51,52
量子状態の数…………………………7
最子ドット…………………………307

レーザ………………………………210

励起子………………………………191
励起状態………………………………7
連続の方程式…………………………49

ROM…………………………………188
ロコス法……………………………342
ローレンツ力………………………262

ワ 行

ワード線……………………………188

―執筆者―

青野朋義（第8章，第9章）
木下　彬（第10章）
小林保正（第4章，第8章，第9章）
高井裕司（第7章）
中野朝安（第10章）
原　和裕（第8章，第9章）
樋口政明（第1章，第5章）
深海登世司
藤中正治（第3章）
本間和明（第2章，第6章，第8章，第9章）
町　好雄（第6章，第8章，第9章）
六倉信喜（第6章，第9章）
本橋光也（第8章，第9章，第10章）

【理工学講座】
半導体工学　第2版　―基礎からデバイスまで―

1987年11月20日　第1版1刷発行	ISBN978-4-501-32360-8 C3055
2003年3月20日　第1版17刷発行	
2004年7月10日　第2版1刷発行	
2023年9月20日　第2版8刷発行	

編　者　東京電機大学
©Tokyo Denki University 2004

発行所　学校法人　東京電機大学　〒120-8551　東京都足立区千住旭町5番
　　　　東京電機大学出版局　Tel. 03-5284-5386(営業)　03-5284-5385(編集)
　　　　　　　　　　　　　　Fax. 03-5284-5387　振替口座 00160-5-71715
　　　　　　　　　　　　　　https://www.tdupress.jp/

[JCOPY] ＜(社)出版者著作権管理機構　委託出版物＞
本書の全部または一部を無断で複写複製（コピーおよび電子化を含む）することは，著作権法上での例外を除いて禁じられています。本書からの複製を希望される場合は，そのつど事前に，(社)出版者著作権管理機構の許諾を得てください。
また，本書を代行業者等の第三者に依頼してスキャンやデジタル化をすることは，たとえ個人や家庭内での利用であっても，いっさい認められておりません。
[連絡先] Tel. 03-5244-5088, Fax. 03-5244-5089, E-mail：info@jcopy.or.jp

印刷：三美印刷(株)　　製本：渡辺製本(株)
落丁・乱丁本はお取り替えいたします。　　　　　　　　　Printed in Japan

物理化学関係図書

理工学講座
改訂 物理学

青野朋義 監修
A5判 348頁
理工系大学の一般教養テキスト。内容を全面的に見直し徹底的に補足修正を加えた改訂版。

理工学講座
量子力学演習

桂 重俊/井上 真 共著
A5判 278頁
本書は、非相対論的量子力学を扱った演習書の形式により、量子力学の知識が得られる。特に厳選した問題に詳しい解説をつけた。

理工学講座
量子力学概論
原子スペクトルと分子スペクトル

篠原正三 著
A5判 114頁
物理の立場から物質の勉学をするにはもちろん、化学の方面からの研究にも必要な量子力学の基礎知識を解説。

理工学講座
改訂 量子物理学入門
物質工学を学ぶ人のために

青野朋義/木下 彬/尾林見郎 著
A5判 298頁
理工系大学の基礎課程で物理学に引き続き、量子物理学を学ぶための教科書として編集したものである。物理定数、数学的補遺を付録としてつけ加えた。

代謝工学
原理と方法論

G.N. ステファノポーラス 他著
清水浩/塩谷捨明 訳
B5判 578頁
代謝ネットワークの解析・応用に関する基本原理から具体的方法論までを工学的応用に向けて解説した。

入門 有機化学

佐野隆久 著
A5判 296頁
初めて化学を学ぶ人を対象に、有機化学と有機化合物の基礎的事項に重点をおいて執筆した。

物質工学講座
高分子合成化学

山下雄也 監修
A5判 426頁
高分子化学は急速に進歩し、高性能・高機能を追求した新素材が次々と誕生した。化学専攻課程の教科書として最新の研究を盛り込んで執筆。

高分子科学教科書

F.W. ビルメイヤー Jr 著
田島守隆 訳
A5判 492頁
高分子の物性と合成の科学を解説した。大学の関連学科の教科書や技術者の参考書に最適である。

続高分子科学教科書
材料・加工・応用編

F.W. ビルメイヤー Jr 著
田島守隆/小川俊夫 共訳
A5判 278頁
プラスチックとエラストマーを材料ごとに網羅し、重合・製造・応用と加工技術への発展について解説。

超伝導の基礎

丹羽雅昭 著
B5判 498頁
超伝導技術の標準理論が成立する過程に沿って、超伝導全般を理解できるように解説。数式の展開も丁寧に解説しているので、超伝導の理解に絶好の一冊である。